소방승진

소방기본법
최종모의고사

소방장·교 공통

(주)시대고시기획

2024 SD에듀 소방승진
소방기본법 최종모의고사

Always **with you**

사람의 인연은 길에서 우연하게 만나거나 함께 살아가는 것만을 의미하지는 않습니다.
책을 펴내는 출판사와 그 책을 읽는 독자의 만남도 소중한 인연입니다.
SD에듀는 항상 독자의 마음을 헤아리기 위해 노력하고 있습니다. 늘 독자와 함께하겠습니다.

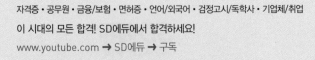

머리말

1998년 4월 21일 소방교, 2002년 7월 27일 소방장, 2002년 9월 5일 소방위 시험승진의 영광에서부터 상위 계급으로의 승진시험 실패(2004년 소방장 시험과 2005년 소방교 승진시험) 등 아픈 경험까지 얻는 동안 많은 수험서를 탐독하면서 시험에 대한 나름의 노하우를 터득할 수 있었다.

이러한 학습 노하우는 승진 소요년수에 도달하기 전의 2년 동안에 소방설비기사(기계/전기), 위험물기능장, 소방시설관리사 등 국가기술자격증을 취득할 수 있는 바탕이 되어 주었다.

위와 같이 그동안 승진시험과 국가기술자격을 준비하면서 겪은 수많은 예상(기출)문제풀이 경험, 출제위원의 출제성향 파악 경험 등을 바탕으로 수험자의 마음을 반영한 입장에서 최소의 노력으로 최대의 효과를 만들어 좋은 성과를 맺을 수 있도록 이 책의 집필에 중점을 두었다.

본 교재는 최신 개정법령과 출제경향을 반영하였고, 최근 출제된 소방장 · 소방교 공개문제와 기출유사문제, 그리고 기출유형을 분석한 최종모의고사로 구성되었습니다.

또한 바쁜 업무로 인하여 공부를 하지 못한 수험자나 시험 마지막 마무리를 위하여 빨리보는 간단한 키워드를 모아 핵심요약을 전면에 배치하여 학습효과를 극대화하고자 하였다.

이 책의 특징

❶ 소방기본법과 소방학교 기본교재를 중심으로 최신 개정법령까지 완벽하게 대비할 수 있도록 하였습니다.

❷ 빨리보는 간단한 키워드(핵심요약)를 수록하여 하위법령과 연계, 업무권한, 기준법령, 자격기준, 숫자 등을 꼼꼼히 정리하여 기본서 없이도 복습효과를 극대화함으로써 불필요한 시간을 줄일 수 있도록 하였습니다.

❸ 2022~2023년 공개문제와 2019~2021년 통합 소방장 · 소방교 기출유사문제를 수록하여 수험자들이 충분히 많은 문제를 풀어볼 수 있도록 하였습니다.

❹ 2014년부터 출제된 문제들을 분석하여 출제경향에 알맞게 기본지식부터 하위법령과 연계된 변별력 있는 최종모의고사 20회분을 수록하여 완벽한 시험대비를 위해 최선을 다하였습니다.

여러 번의 승진시험 경험을 바탕으로 수험자의 마음을 반영한 이 교재로 준비한다면 각 계급 승진시험에서 좋은 성과가 있으리라 기대한다.

편저자 **문옥섭**

소방공무원 승진시험 안내

⬡ 시험실시권자

❶ 소방청장 : 신규채용 및 승진시험과 소방간부후보생 선발시험(소방공무원법 제11조)
다만, 소방청장이 필요하다고 인정할 때에는 대통령령으로 정하는 바에 따라 그 권한의 일부를 시 · 도지사 또는 소방청 소속기관의 장에게 위임할 수 있다.

❷ 시험실시권의 위임(소방공무원 승진임용 규정 제29조)
　㉠ 소방령 · 소방경 · 소방위로의 시험 : 중앙소방학교장
　㉡ 소방청과 그 소속기관 소방공무원의 소방장 이하 계급으로의 시험 : 중앙소방학교장
　㉢ 시 · 도 소속 소방공무원의 소방장 이하 계급으로의 시험 : 시 · 도지사

⬡ 응시자격

다음 각 호의 요건을 갖춘 사람은 그 해당 계급의 승진시험에 응시할 수 있다(소방공무원 승진임용 규정 제30조).

❶ 제1차 시험 실시일 현재 승진소요 최저근무연수에 달할 것
❷ 승진임용의 제한을 받은 자가 아닐 것

⬡ 시험시행 및 공고

❶ 시험실시권자 : 소방청장, 시 · 도지사, 시험실시권의 위임을 받은 자

❷ 공고 : 일시 · 장소 기타 시험의 실시에 관한 사항을 시험실시 20일 전까지 공고

❸ 응시서류의 제출(소방공무원 승진임용 규정 시행규칙 제30조)
　㉠ 응시하고자 하는 자 : 응시원서(시행규칙 별지 제12호 서식)를 기재하여 소속기관의 장 또는 시험실시권자에게 제출
　㉡ 소속기관장 : 승진시험요구서(시행규칙 별지 제12호의2 서식)를 기재하여 시험실시권자에게 제출하여야 함

⬡ 시험의 실시

❶ 시험의 방법(소방공무원 승진임용 규정 제32조)
　㉠ 제1차 시험 : 선택형 필기시험을 원칙으로 하되, 과목별로 기입형을 포함할 수 있다.
　㉡ 제2차 시험 : 면접으로 하되, 직무수행에 필요한 응용능력과 적격성을 검정한다.

❷ 단계별 응시제한
　㉠ 시험실시권자가 필요하다고 인정할 때에는 제2차 시험을 실시하지 아니할 수 있다.
　㉡ 제1차 시험에 합격되지 아니하면 제2차 시험에 응시할 수 없다.

◯ 필기시험 과목

필기시험 과목은 다음 표와 같다(소방공무원 승진임용 규정 시행규칙 제28조 관련 별표 8).

구 분	과목 수	필기시험 과목
소방령 및 소방경 승진시험	3	행정법, 소방법령 Ⅰ·Ⅱ·Ⅲ, 선택1(행정학, 조직학, 재정학)
소방위 승진시험	3	행정법, 소방법령Ⅳ, 소방전술
소방장 승진시험	3	소방법령Ⅱ, 소방법령Ⅲ, 소방전술
소방교 승진시험	3	소방법령Ⅰ, 소방법령Ⅱ, 소방전술

※ 비 고

⑴ 소방법령 Ⅰ : 소방공무원법(같은 법 시행령 및 시행규칙을 포함한다. 이하 같다)

⑵ 소방법령 Ⅱ : 소방기본법, 소방시설 설치 및 관리에 관한 법률 및 화재의 예방 및 안전관리에 관한 법률

⑶ 소방법령 Ⅲ : 위험물안전관리법, 다중이용업소의 안전관리에 관한 특별법

⑷ 소방법령 Ⅳ : 소방공무원법, 위험물안전관리법

⑸ 소방전술 : 화재진압 · 구조 · 구급 관련 업무수행을 위한 지식 · 기술 및 기법 등

※ 소방전술 과목의 출제범위 : 승진시험 시행요강 별표 1과 같고, 세부범위는 시험일 기준 당해 연도 중앙소방학교에서 발행하는 신임교육과정의 공통교재로 함

⬡ 시험의 합격결정(소방공무원 승진임용 규정 제34조)

❶ **제1차 시험** : 매과목 만점의 40퍼센트 이상, 전과목 만점의 60퍼센트 이상 득점한 자로 한다.

❷ **제2차 시험** : 당해 계급에서의 상벌, 교육훈련성적, 승진할 계급에서의 직무수행능력 등을 고려하여 만점의 60퍼센트 이상 득점한 자 중에서 결정한다.

❸ **최종합격자 결정** : 제1차 시험성적의 50퍼센트, 제2차 시험성적 10퍼센트 및 당해 계급에서 최근 작성된 승진대상자명부의 총평정점 40퍼센트를 합산한 성적의 고득점 순위에 의하여 결정한다. 다만, 제2차 시험을 실시하지 아니한 경우에는 제1차 시험성적을 60퍼센트의 비율로 합산한다.

❹ **동점자의 합격자 결정** : 최종합격자를 결정함에 있어 시험승진임용예정 인원수를 초과하여 동점자가 있는 경우에는 승진대상자명부 순위가 높은 순서에 따라 합격자를 결정한다.

소방공무원 승진시험 안내

⬡ 부정행위자에 대한 조치(소방공무원 승진임용 규정 제36조)

❶ 시험응시 제한

시험에 있어서 부정행위를 한 소방공무원에 대하여는 당해 시험을 정지 또는 무효로 하며, 당해 소방공무원은 5년간 「소방공무원 승진임용 규정」에 의한 시험에 응시할 수 없다.

❷ 징계처분

시험실시권자는 부정행위를 한 자의 명단을 그 임용권자에게 통보하여야 하며, 통보를 받은 임용권자는 관할 징계의결기관에 징계의결을 요구하여야 한다.

⬡ 시험승진후보자의 승진임용(소방공무원 승진임용 규정 제37조)

❶ 승진후보자 명부의 작성

임용권자 또는 임용제청권자는 시험에 합격한 자에 대하여는 각 계급별 시험승진후보자명부(소방공무원 승진임용 규정 시행규칙 별지 제13호 서식)를 작성하여야 한다.

❷ 승진후보자의 승진임용

시험승진임용은 시험승진후보자명부의 등재순위에 의하여 승진임용하되, 시험승진후보자명부에 등재된 자가 승진임용되기 전에 감봉 이상의 징계처분을 받은 경우에는 시험승진후보자명부에서 이를 삭제하여야 한다.

⬡ 기타 응시자 준비물 등 참고사항

❶ 승진후보자 명부의 작성

㉠ 응시표

㉡ 신분증(공무원증, 주민등록증 또는 운전면허증을 말한다. 이하 같다)

㉢ 필기구(시험실시권자가 지정하는 필기구)

㉣ 기타 공고내용에 따를 것

❷ 출제의뢰(소방공무원 승진시험 시행요강 제8조)

㉠ 출제위원에게 필기시험문제(이하 "시험문제"라 한다)의 출제를 의뢰할 때에는 별지 제4호 서식부터 별지 제6호 서식의 정해진 용지를 사용한다.

㉡ 시험위원이 출제할 문제의 총 수는 실제로 시험에 출제할 문제의 2배 이상이 되도록 각 위원별로 배분하여 출제의뢰하여야 한다.

㉢ ㉠의 출제의뢰는 시험시행 17일 전에 의뢰하고 시험시행 2일 전까지 회수한다.

❸ 시험문제 선정(소방공무원 승진시험 시행요강 제9조)

㉠ 각 출제위원이 제출한 시험문제 중 실제로 출제할 문제는 시험문제 인쇄 직전에 시험실시기관의 장이 지정하는 책임관(이하 "편집책임관"이라 한다)이 선정한다.

㉡ 「소방공무원 승진임용 규정 시행규칙」 제28조에 따른 필기시험과목 중 소방전술 과목의 출제범위는 별표 1과 같고, 세부범위는 시험일 기준 당해 연도 중앙소방학교에서 발행하는 신임교육과정의 공통교재로 한다.

⭕ 승진시험과목 『소방전술』 세부 출제범위(소방공무원 승진시험 시행요강 제9조 제3항 관련)

분 야	출제범위	비 고
화재분야	화재의 의의 및 성상	
	화재진압의 의의	
	단계별 화재진압활동 및 지휘이론	
	화재진압 전술	
	소방용수 총론 및 시설	
	상수도 소화용수설비 등	
	재난현장 표준작전 절차(화재분야)	소방교 및 소방장 승진시험에서는 제외
	안전관리의 기본	
	소방활동 안전관리	
	재해의 원인, 예방 및 조사	
	안전교육	
	소화약제 및 연소 · 폭발이론	소방교 승진시험에서는 제외
	위험물성상 및 진압이론	
	화재조사실무(관계법령 포함)	
구조분야	구조개론	
	구조활동의 전개요령	
	군중통제, 구조장비개론, 구조장비 조작	
	기본구조훈련(로프 확보, 하강, 등반, 도하 등)	
	응용구조훈련	
	일반(전문) 구조활동(기술)	
	재난현장 표준작전 절차(구조분야)	소방교 및 소방장 승진시험에서는 제외
	안전관리의 기본 및 현장활동 안전관리	
	119구조구급에 관한 법률(시행령 및 시행규칙 포함)	
	재난 및 안전관리 기본법(시행령 및 시행규칙 포함)	소방교 및 소방장 승진시험에서는 제외
구급분야	응급의료개론	
	응급의학총론	
	응급의료장비 운영	
	심폐정지, 순환부전, 의식장해, 출혈, 일반외상, 두부 및 경추손상, 기도 · 소화관이물, 대상이상, 체온이상, 감염증, 면역부전, 급성복통, 화학손상, 산부인과질환, 신생아질환, 정신장해, 창상	소방교 승진시험에서는 제외
소방차량 정비실무	소방자동차 일반	
	소방자동차 점검 · 정비	
	소방자동차 구조 및 원리	
	고가 · 굴절 사다리차	

※ 소방전술 세부범위는 시험일 기준 당해 연도 중앙소방학교에서 발행하는 신임교육과정의 공통교재로 한다.

이 책의 구성과 특징

STEP 1　빨리보는 간단한 키워드 (핵심요약)

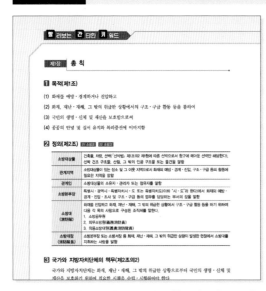

▶ 빨리보는 간단한 키워드는 가장 빈출도가 높은 이론을 핵심적으로 짚어줌으로써 본격적인 학습 전에 중요 키워드를 익혀 학습에 도움이 될 수 있게 하고, 시험 전에 간단하게 훑어봄으로써 시험에 대비할 수 있도록 하였습니다.

STEP 2　공개문제 · 기출유사문제

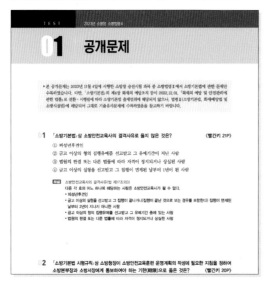

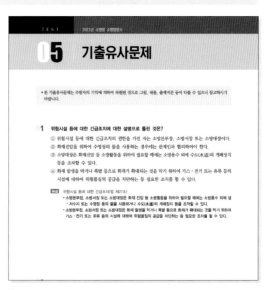

▶ 2022~2023년 공개문제와 2019~2021년 통합 소방장 · 소방교 기출유사문제를 수록하였습니다. 각 문제에는 자세한 해설이 추가되어 부족한 내용을 보충학습하고 출제경향을 파악할 수 있도록 하였습니다.

STEP 3　최종모의고사

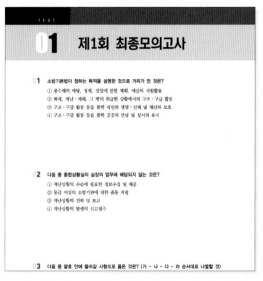

▶ 저자가 직접 구성한 총 20회분의 최종모의고사로 현재 나의 실력을 확인할 수 있습니다. 또한 다양한 문제풀이 유형을 익힘으로써 실제 시험에 대비할 수 있습니다.

STEP 4　정답 및 해설

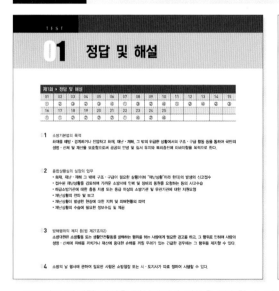

▶ 꼼꼼하고 자세한 해설은 핵심개념과 이론을 복습할 수 있도록 도와줍니다. 문제풀이 후 해설을 통해 부족한 부분을 보완하고, 더 깊이 있는 학습을 할 수 있습니다.

이 책의 목차

핵심이론정리 **빨리보는 간단한 키워드**

공개문제 · 기출유사문제

최종모의고사

이 책의 목차

정답 및 해설

빨간키

빨리보는 간단한 키워드

시험장에서 보라

시험 전에 보는 핵심요약 키워드

시험공부 시 교과서나 노트필기, 참고서 등에 흩어져 있는 정보를 하나로 압축해 공부하는 것이 효과적이므로, 열 권의 참고서가 부럽지 않은 나만의 핵심키워드 노트를 만드는 것은 합격으로 가는 지름길입니다. 빨·간·키만은 꼭 점검하고 시험에 응하세요!

제1장 **총 칙**

1 목적(제1조)

(1) 화재를 예방·경계하거나 진압하고

(2) 화재, 재난·재해, 그 밖의 위급한 상황에서의 구조·구급 활동 등을 통하여

(3) 국민의 생명·신체 및 재산을 보호함으로써

(4) 공공의 안녕 및 질서 유지와 복리증진에 이바지함

2 정의(제2조) 21 소방교 22 소방교

소방대상물	건축물, 차량, 선박(「선박법」 제1조의2 제1항에 따른 선박으로서 항구에 매어둔 선박만 해당한다), 선박 건조 구조물, 산림, 그 밖의 인공 구조물 또는 물건을 말함
관계지역	소방대상물이 있는 장소 및 그 이웃 지역으로서 화재의 예방·경계·진압, 구조·구급 등의 활동에 필요한 지역을 말함
관계인	소방대상물의 소유자·관리자 또는 점유자를 말함
소방본부장	특별시·광역시·특별자치시·도 또는 특별자치도(이하 "시·도"라 한다)에서 화재의 예방·경계·진압·조사 및 구조·구급 등의 업무를 담당하는 부서의 장을 말함
소방대 (消防隊)	화재를 진압하고 화재, 재난·재해, 그 밖의 위급한 상황에서 구조·구급 활동 등을 하기 위하여 다음 각 목의 사람으로 구성된 조직체를 말한다. 1. 소방공무원 2. 의무소방원(義務消防員) 3. 의용소방대원(義勇消防隊員)
소방대장 (消防隊長)	소방본부장 또는 소방서장 등 화재, 재난·재해, 그 밖의 위급한 상황이 발생한 현장에서 소방대를 지휘하는 사람을 말함

3 국가와 지방자치단체의 책무(제2조의2)

국가와 지방자치단체는 화재, 재난·재해, 그 밖의 위급한 상황으로부터 국민의 생명·신체 및 재산을 보호하기 위하여 필요한 시책을 수립·시행하여야 한다.

4 소방기관 등의 설치(제3조)

(1) **소방기관의 설치에 관하여 필요한 사항** : 대통령령(지방소방기관 설치에 관한 규정)

(2) **소방업무를 수행하는 소방본부장 또는 소방서장에 대한 지휘·감독권** : 시·도지사

(3) 화재 예방 및 대형 재난 등 필요한 경우의 소방본부장 또는 소방서장에 대한 지휘·감독권
: 소방청장

(4) 시·도에서 소방업무를 수행하기 위한 시·도지사에 두는 직속기관 : 시·도 소방본부

5 소방공무원의 배치(제3조의2)

소방기관 및 소방본부에는 「지방자치단체에 두는 국가공무원의 정원에 관한 법률」에도 불구하고
대통령령으로 정하는 바에 따라 소방공무원을 둘 수 있다.

6 다른 법률과의 관계(제3조의3)

제주특별자치도에는 이 법 소방공무원 배치 규정(제3조의2)을 우선하여 적용한다.

7 119종합상황실의 설치와 운영(제4조)

(1) 목 적

화재, 재난·재해, 그 밖에 구조·구급이 필요한 상황이 발생하였을 때에 신속한 소방활동(소방
업무를 위한 모든 활동을 말한다. 이하 같다)을 위한 정보의 수집·분석과 판단·전파, 상황관리,
현장 지휘 및 조정·통제 등의 업무를 수행하기 위하여 119종합상황실을 설치·운영하여야 한다.

(2) 설치 운영권자 : 소방청장, 소방본부장 및 소방서장

(3) 119종합상황실의 설치·운영에 필요한 사항 : 행정안전부령
① 종합상황실의 설치·운영
  ㉠ 설치·운영기관 : 소방청, 시·도의 소방본부 및 소방서에 각각 설치
  ㉡ 소방청장, 소방본부장 또는 소방서장은 신속한 소방활동을 위한 정보를 수집·전파하기
    위하여 종합상황실에 「소방력 기준에 관한 규칙」에 의한 전산·통신요원을 배치하고, 소방
    청장이 정하는 유·무선통신시설을 갖추어야 한다.
  ㉢ 종합상황실은 24시간 운영체제를 유지하여야 한다.

「소방기본법」과 「재난 및 안전관리 기본법」에 따른 상황실의 운영		
구 분	소방기본법	재난 및 안전관리 기본법
명 칭	119종합상황실	재난안전상황실
운영자	소방청장, 소방본부장, 소방서장	행정안전부장관, 시·도지사, 시장·군수·구청장
목 적	신속한 소방활동을 위한 정보를 수집·전파 등	재난정보의 수집·전파, 상황관리 재난발생 시 초동조치 및 지휘 등

② 종합상황실의 실장의 업무

    ㉠ 화재, 재난·재해, 그 밖에 구조·구급이 필요한 상황(이하 "재난상황"이라 한다)의 발생의 신고접수

    ㉡ 접수된 재난 상황을 검토하여 가까운 소방서에 인력 및 장비의 동원을 요청하는 등의 사고수습

    ㉢ 하급 소방기관에 대한 출동지령 또는 동급 이상의 소방기관 및 유관기관에 대한 지원요청

    ㉣ 재난상황의 전파 및 보고

    ㉤ 재난상황이 발생한 현장에 대한 지휘 및 피해현황의 파악

    ㉥ 재난상황의 수습에 필요한 정보수집 및 제공

③ 종합상황실의 실장의 지체 없는 상황보고

    ㉠ 보고절차

        소방서의 종합상황실 → 소방본부의 종합상황실에, 소방본부의 종합상황실 → 소방청의 종합상황실에 각각 보고

    ㉡ 보고방법 : 서면·팩스 또는 컴퓨터통신 등

    ㉢ 보고시기 : 지체 없이

    ㉣ 지체 없이 상황보고를 해야 할 화재 `19 소방교·장` `21 소방장` `22 소방장` `23 소방교·장`

        ⓐ 사망자가 5인 이상 발생하거나 사상자가 10인 이상 발생한 화재

        ⓑ 이재민이 100인 이상 발생한 화재

        ⓒ 재산피해액이 50억원 이상 발생한 화재

        ⓓ 관공서·학교·정부미도정공장·문화재·지하철 또는 지하구의 화재

        ⓔ 다음 각목의 어느 하나에 해당하는 화재

           • 관광호텔, 층수가 11층 이상인 건축물

           • 지하상가, 시장, 백화점

           • 지정수량의 3천배 이상의 위험물의 제조소·저장소·취급소

           • 층수가 5층 이상이거나 객실이 30실 이상인 숙박시설

           • 층수가 5층 이상이거나 병상이 30개 이상인 종합병원·정신병원·한방병원·요양소

           • 연면적 1만 5천제곱미터 이상인 공장

           • 화재예방강화지구에서 발생한 화재

        ⓕ 철도차량, 항구에 매어둔 총 톤수가 1천톤 이상인 선박, 항공기, 발전소 또는 변전소에서 발생한 화재

        ⓖ 가스 및 화약류의 폭발에 의한 화재

        ⓗ 다중이용업소의 화재

        ⓘ 긴급구조통제단장의 현장지휘가 필요한 재난상황

        ⓙ 언론에 보도된 재난상황

        ⓚ 그 밖에 소방청장이 정하는 재난상황

④ 종합상황실 근무자의 근무방법 등 종합상황실의 운영에 관하여 필요한 사항

종합상황실을 설치하는 소방청장, 소방본부장 또는 소방서장이 각각 정함

7-1 소방정보통신망 구축 · 운영(제4조의2)(2024.4.12. 시행)

(1) 소방정보통신망을 구축 · 운영

소방청장 및 시 · 도지사는 119종합상황실 등의 효율적 운영을 위하여 소방정보통신망을 구축 · 운영할 수 있다(제1항).

(2) 소방정보통신망의 회선을 이중화

소방청장 및 시 · 도지사는 소방정보통신망의 안정적 운영을 위하여 소방정보통신망의 회선을 이중화할 수 있다. 이 경우 이중화된 각 회선은 서로 다른 사업자로부터 제공받아야 한다(제2항).

(3) 소방정보통신망의 구축 및 운영에 필요한 사항 : 행정안전부령으로 정함(제3항)

(4) 소방정보통신망의 구축 · 운영(시행규칙 제3조의2)

① 소방정보통신망의 이중화된 각 회선은 하나의 회선 장애 발생 시 즉시 다른 회선으로 전환되도록 구축하여야 한다(제1항).

② 소방정보통신망은 회선 수, 구간별 용도, 속도 등을 산정하여 설계 · 구축하여야 한다. 이 경우 소방정보통신망 회선 수는 최소 2회선 이상이어야 한다(제2항).

③ 소방청장 및 시 · 도지사는 소방정보통신망이 안정적으로 운영될 수 있도록 연 1회 이상 소방정보통신망을 주기적으로 점검 · 관리하여야 한다(제3항).

④ 그 밖에 소방정보통신망의 속도, 점검 주기 등 세부 사항은 소방청장이 정한다.

8 소방기술민원센터의 설치 · 운영(제4조의3)

(1) 설치권자 및 목적

소방청장 또는 소방본부장은 소방시설, 소방공사 및 위험물 안전관리 등과 관련된 법령해석 등의 민원을 종합적으로 접수하여 처리할 수 있는 기구(이하 이 조에서 "소방기술민원센터"라 한다)를 설치 · 운영할 수 있다. ※ 소방서장은 없음에 유의

(2) 소방기술민원센터의 설치 · 운영 등에 필요한 사항 : 대통령령으로 정함 `23 소방교`

구 분	설치 · 운영 사항
설치 · 운영권자	소방청장, 소방본부장
설치 · 운영기관	소방청, 소방본부
구 성	18명 이내(센터장을 포함)
업 무	• 소방시설, 소방공사와 위험물 안전관리 등과 관련된 법령해석 등의 민원의 처리 • 소방기술민원과 관련된 질의회신집 및 해설서 발간 • 소방기술민원과 관련된 정보시스템의 운영 · 관리

	• 소방기술민원과 관련된 현장 확인 및 처리 • 그 밖에 소방기술민원과 관련된 업무로서 소방청장 또는 소방본부장이 필요하다고 인정하여 지시하는 업무
파견요청	소방청장 또는 소방본부장은 센터 업무수행을 위하여 필요하다고 인정하는 경우에는 관계 기관의 장에게 소속 공무원 또는 직원의 파견을 요청할 수 있음
이 법령 이외의 운영에 필요한 사항	• 소방청의 경우 : 소방청장 • 소방본부의 경우 : 시 · 도 규칙

9 소방박물관 등의 설립과 운영(제5조)

(1) 소방박물관 22 소방장

① 목적 : 소방의 역사와 안전문화를 발전시키고 국민의 안전의식을 높이기 위함

② 설립 및 운영권자 : 소방청장

③ 소방박물관의 설립과 운영에 필요한 사항 : 행정안전부령

구 분	설치 · 운영 사항
운영인원	소방박물관장 1인과 부관장 1인 ※ 소방박물관장 : 소방공무원 중에서 소방청장이 임명
전시물품	국내 · 외의 소방의 역사, 소방공무원의 복장 및 소방장비 등의 변천 및 발전에 관한 자료를 수집 · 보관 및 전시함
운영위원회	• 기능 : 소방박물관의 운영에 관한 중요한 사항을 심의 • 구성 : 7인 이내의 위원으로 구성된 운영위원회를 둠
법령 이외의 필요사항	소방박물관의 관광업무 · 조직 · 운영위원회의 구성 등에 관하여 필요한 사항은 소방청장이 정한다.

(2) 소방체험관

① 목적 : 화재 현장에서의 피난 등을 체험할 수 있게 하기 위함

② 설립 및 운영권자 : 시 · 도지사

③ 소방체험관의 설립과 운영에 필요한 사항 : 행정안전부령으로 정하는 기준에 따라 시 · 도의 조례로 정함   *제4조의2 제2항 관련 별표1

④ 주요기능 19 소방장

㉠ 재난 및 안전사고 유형에 따른 예방, 대처, 대응 등에 관한 체험교육(이하 "체험교육"이라 한다)의 제공

㉡ 체험교육 프로그램의 개발 및 국민 안전의식 향상을 위한 홍보 · 전시

㉢ 체험교육 인력의 양성 및 유관기관 · 단체 등과의 협력

㉣ 그 밖에 체험교육을 위하여 시 · 도지사가 필요하다고 인정하는 사업의 수행

⑤ 소방체험관의 설립 및 운영에 관한 기준(시행규칙 제4조의2 제2항 관련 별표1)

　㉠ 설립 입지 및 규모 기준

　　ⓐ 소방체험관은 도로 등 교통시설을 갖추고, 재해 및 재난 위험요소가 없는 등 국민의 접근성과 안전성이 확보된 지역에 설립되어야 한다.

　　ⓑ 소방체험관 중 ㉡의 소방안전 체험실로 사용되는 부분의 바닥면적의 합이 900제곱미터 이상이 되어야 한다. `23 소방장`

　㉡ 소방체험관의 시설 기준

　　ⓐ 소방체험관에는 다음 표에 따른 체험실을 모두 갖추어야 한다. 이 경우 체험실별 바닥면적은 100제곱미터 이상이어야 한다.

분 야	체험실
생활안전	화재안전 체험실
	시설안전 체험실
교통안전	보행안전 체험실
	자동차안전 체험실
자연재난안전	기후성 재난 체험실
	지질성 재난 체험실
보건안전	응급처치 체험실

　　ⓑ 소방체험관의 규모 및 지역 여건 등을 고려하여 다음 표에 따른 체험실을 갖출 수 있다. 이 경우 체험실별 바닥면적은 100제곱미터 이상이어야 한다. `23 소방장`

분 야	체험실
생활안전	전기안전 체험실, 가스안전 체험실, 작업안전 체험실, 여가활동 체험실, 노인안전 체험실
교통안전	버스안전 체험실, 이륜차안전 체험실, 지하철안전 체험실
자연재난안전	생물권 재난안전 체험실(조류독감, 구제역 등)
사회기반안전	화생방·민방위안전 체험실, 환경안전 체험실, 에너지·정보통신안전 체험실, 사이버안전 체험실
범죄안전	미아안전 체험실, 유괴안전 체험실, 폭력안전 체험실, 성폭력안전 체험실, 사기범죄 안전 체험실
보건안전	중독안전 체험실(게임·인터넷, 흡연 등), 감염병안전 체험실, 식품안전 체험실, 자살방지 체험실
기 타	시·도지사가 필요하다고 인정하는 체험실

　　ⓒ 소방체험관에는 사무실, 회의실, 그 밖에 시설물의 관리·운영에 필요한 관리시설이 건물규모에 적합하게 설치되어야 한다.

　㉢ 체험교육 인력의 자격 기준 `19 소방장` `21 소방장`

　　ⓐ 체험실별 체험교육을 총괄하는 **교수요원** 자격기준 : 소방공무원 중 다음의 어느 하나에 해당하는 사람

- 소방 관련학과의 석사학위 이상을 취득한 사람
- 소방안전교육사, 소방시설관리사, 소방기술사 또는 소방설비기사 자격을 취득한 사람
- 간호사 또는 응급구조사 자격을 취득한 사람
- 인명구조사시험 또는 화재대응능력시험에 합격한 사람
- 소방활동이나 생활안전활동을 3년 이상 수행한 경력이 있는 사람
- 5년 이상 근무한 소방공무원 중 시·도지사가 체험실의 교수요원으로 적합하다고 인정하는 사람

ⓑ 체험실별 체험교육을 지원하고 실습을 보조하는 조교의 자격기준
- 교수요원의 자격을 갖춘 사람
- 소방활동이나 생활안전활동을 1년 이상 수행한 경력이 있는 사람
- 중앙소방학교 또는 지방소방학교에서 2주 이상의 소방안전교육사 관련 전문교육과정을 이수한 사람
- 소방체험관에서 2주 이상의 체험교육에 관한 직무교육을 이수한 의무소방원
- 그 밖에 위의 자격 또는 능력을 갖추었다고 시·도지사가 인정하는 사람

ⓡ 소방체험관의 관리인력 배치 기준 등
ⓐ 소방체험관의 규모 등에 비추어 체험교육 프로그램의 기획·개발, 대외협력 및 성과분석 등을 담당할 적정한 수준의 행정인력을 두어야 한다.
ⓑ 소방체험관의 규모 등에 비추어 건축물과 체험교육 시설·장비 등의 유지관리를 담당할 적정한 수준의 시설관리인력을 두어야 한다.
ⓒ 시·도지사는 소방체험관 이용자에 대한 안전지도 및 질서 유지 등을 담당할 자원봉사자를 모집하여 활용할 수 있다.

ⓜ 체험교육 운영 기준
ⓐ 체험교육을 실시할 때 체험실에는 1명 이상의 교수요원을 배치하고, 조교는 체험교육 대상자 30명당 1명 이상이 배치되도록 하여야 한다. 다만, 소방체험관의 장은 체험교육 대상자의 연령 등을 고려하여 조교의 배치기준을 달리 정할 수 있다.
ⓑ 교수요원은 체험교육 실시 전에 소방체험관 이용자에게 주의사항 및 안전관리 협조사항을 미리 알려야 한다.
ⓒ 시·도지사는 설치되어 있는 체험실별로 체험교육 표준운영절차를 마련하여야 한다.
ⓓ 시·도지사는 체험교육대상자의 정신적·신체적 능력을 고려하여 체험교육을 운영하여야 한다.
ⓔ 시·도지사는 체험교육 운영인력에 대하여 체험교육과 관련된 지식·기술 및 소양 등에 관한 교육훈련을 연간 12시간 이상 이수하도록 하여야 한다.
ⓕ 체험교육 운영인력은 기동장을 착용하여야 한다. 다만, 계절이나 야외 체험활동 등을 고려하여 제복의 종류 및 착용방법을 달리 정할 수 있다.

ⓗ 안전관리 기준

ⓐ 시·도지사는 소방체험관에서 발생한 사고로 인한 이용자 등의 생명·신체나 재산상의 손해를 보상하기 위한 보험 또는 공제에 가입하여야 한다.

ⓑ 교수요원은 체험교육 실시 전에 체험실의 시설 및 장비의 이상 유무를 반드시 확인하는 등 안전점검을 실시하여야 한다.

ⓒ 소방체험관의 장은 소방체험관에서 발생하는 각종 안전사고 등을 총괄하여 관리하는 안전관리자를 지정하여야 한다.

ⓓ 소방체험관의 장은 안전사고 발생 시 신속한 응급처치 및 병원 이송 등의 조치를 하여야 한다.

ⓔ 소방체험관의 장은 소방체험관의 이용자의 안전에 위해(危害)를 끼치거나 끼칠 위험이 있다고 인정되는 이용자에 대하여 출입 금지 또는 행위의 제한, 체험교육의 거절 등의 조치를 하여야 한다.

ⓢ 이용현황 관리 등

ⓐ 소방체험관의 장은 체험교육의 운영결과, 만족도 조사결과 등을 기록하고 이를 3년간 보관하여야 한다.

ⓑ 소방체험관의 장은 체험교육의 효과 및 개선 사항 발굴 등을 위하여 이용자를 대상으로 만족도 조사를 실시하여야 한다. 다만, 이용자가 거부하거나 만족도 조사를 실시할 시간적 여유가 없는 등의 경우에는 만족도 조사를 실시하지 아니할 수 있다.

ⓒ 소방체험관의 장은 체험교육을 이수한 사람에게 교육이수자의 성명, 체험내용, 체험시간 등을 적은 체험교육 이수증을 발급할 수 있다.

🔟 소방업무에 관한 종합계획의 수립·시행 등(제6조)

(1) 소방업무에 관한 종합계획의 수립·시행 `23 소방장`

① 목적 : 화재, 재난·재해, 그 밖의 위급한 상황으로부터 국민의 생명·신체 및 재산을 보호하기 위함

② 수립·시행권자 : 소방청장

③ 수립연한 : 5년마다

(2) 종합계획에 포함하여야 할 사항 `19 소방장` `22 소방장`

① 소방서비스의 질 향상을 위한 정책의 기본방향

② 소방업무에 필요한 체계의 구축, 소방기술의 연구·개발 및 보급

③ 소방업무에 필요한 장비의 구비

④ 소방전문인력 양성

⑤ 소방업무에 필요한 기반조성

⑥ 소방업무의 교육 및 홍보(소방자동차의 우선 통행 등에 관한 홍보를 포함)

⑦ 그 밖에 소방업무의 효율적 수행을 위하여 필요한 사항으로서 **대통령령**으로 정하는 사항

    ㉠ 재난·재해 환경 변화에 따른 소방업무에 필요한 대응 체계 마련   ↳ 제1조의2 제2항

    ㉡ 장애인, 노인, 임산부, 영유아 및 어린이 등 이동이 어려운 사람을 대상으로 한 소방활동에 필요한 조치

(3) 수립절차 `23 소방교`

① 소방청장은 수립한 종합계획 : 관계 중앙행정기관의 장, 시·도지사에게 통보

② 시·도지사는 관할 지역의 특성을 고려하여 종합계획의 시행에 필요한 세부계획을 매년 수립 : 소방청장에게 제출

③ 소방청장은 소방업무의 체계적 수행을 위하여 필요한 경우 : 시·도지사가 제출한 세부계획의 보완 또는 수정을 요청

(4) 그 밖에 종합계획 및 세부계획의 수립·시행에 필요한 사항 : 대통령령 `19 소방교` `23 소방장`

① 종합계획 수립(영 제1조의2 제1항)

    ㉠ 수립의무자 : 소방청장

    ㉡ 수립기한 : 계획 시행 전년도 10월 31일까지(관계 중앙행정기관의 장과의 협의)

② 종합계획의 시행에 필요한 세부계획 수립(영 제1조의2 제3항)

    ㉠ 수립 의무자 : 시·도지사

    ㉡ 수립기한 : 계획 시행 전년도 12월 31일까지(관계 중앙행정기관의 장과의 협의)

    ㉢ 제출 : 소방청장

11 소방의 날 제정과 운영 등(제7조)

(1) 소방의 날

① 목적 : 국민의 안전의식과 화재에 대한 경각심을 높이고 안전문화를 정착시키기 위함

② 소방의 날 : 매년 11월 9일

③ 소방의 날 행사에 관하여 필요한 사항 : 소방청장 또는 시·도지사가 따로 정하여 시행할 수 있음

(2) 명예직 소방대원 위촉

① 위촉권자 : 소방청장

② 명예직 소방대원 위촉에 해당되는 사람

    ㉠ 의사자(義死者) : 직무 외의 행위로서 구조행위를 하다가 사망(의상자가 그 부상으로 인하여 사망한 경우를 포함한다)하여 보건복지부장관이 이 법에 따라 의사자로 인정한 사람

    ㉡ 의상자(義傷者) : 직무 외의 행위로서 구조행위를 하다가 대통령령으로 정하는 신체상의 부상을 입어 보건복지부장관이 이 법에 따라 의상자로 인정한 사람

    ㉢ 소방행정 발전에 공로가 있다고 인정되는 사람

_{제2장} **소방장비 및 소방용수시설 등**

1 소방력의 기준 등(제8조)

(1) 소방력 기준

① 소방력(消防力)에 관한 기준 : 행정안전부령

② 소방력의 3요소 : 소방공무원, 소방장비, 소방용수(수리)

(2) 소방력을 확충하기 위하여 필요한 계획의 수립·시행권자 : 시·도지사(5년마다)

(3) 소방자동차 등 소방장비의 분류·표준화와 그 관리 등에 필요한 사항 : 따로 법률(소방장비 관리법) 정함

2 소방장비 등에 대한 국고보조(제9조) `19 소방교` `22 소방장`

(1) 소방장비의 구입

소방장비의 구입 등 시·도의 소방업무에 필요한 경비는 국가가 일부 보조한다.

(2) 국고보조 대상사업의 범위와 기준 보조율 : 대통령령
          ↳ 제2조

구 분	법령내용

대상 및 범위	• 소방활동장비와 설비의 구입 및 설치
	  – 소방자동차
	  – 소방헬리콥터 및 소방정
	  – 소방전용통신설비 및 전산설비
	  – 그 밖에 방화복 등 소방활동에 필요한 소방장비
	• 소방관서용 청사의 건축(「건축법」 제2조 제1항 제8호에 따른 건축을 말한다)
	※ "건축"이란 건축물을 신축·증축·개축·재축(再築)하거나 건축물을 이전하는 것을 말한다.
	※ 구조·구급장비(국가재정법에서 50% 보조) 및 소방제복은 국고보조대상이 아님에 유의

산정 기준가격 `22 소방장`	• 국내조달품 : 정부고시가격 • 수입물품 : 조달청에서 조사한 해외시장의 시가 • 정부고시가격 또는 조달청에서 조사한 해외시장의 시가가 없는 물품 : 2 이상의 공신력 있는 물가조사기관에서 조사한 가격의 평균가격

(3) 소방활동장비 및 설비의 종류와 기준가격 : 행정안전부령
            ↳ 제5조

(4) 국고보조 대상사업의 기준 보조율 :「보조금 관리에 관한 법률 시행령」에서 정하는 바에 따름

❸ 소방용수시설의 설치 및 관리 등(제10조) `22 소방장`

(1) 소방용수시설

　① 종류 : 소화전(消火栓)·급수탑(給水塔)·저수조(貯水槽)

　② 설치권자 : 시·도지사

　　예외) 수도법에 따른 소화전 : 소화전을 설치하는 일반수도사업자는 관할 소방서장과 사전협의를 거친 후 소화전을 설치하여야 하며, 설치 사실을 관할 소방서장에게 통지하고, 그 소화전을 유지·관리하여야 한다.

　③ 소방용수시설 및 비상소화장치의 설치의 기준 : 행정안전부령
　　　　　　　　　　　　　　　　　　　　　　　↳ 제6조 관련 별표2,3

(2) 소방용수의 표지(규칙 제6조 제1항 관련 별표2)

　① 지하에 설치하는 소화전 또는 저수조의 소방용수표지 설치기준

　　㉠ 맨홀뚜껑은 지름 648밀리미터 이상의 것으로 할 것. 다만, 승하강식 소화전의 경우에는 이를 적용하지 아니한다.

　　㉡ 맨홀뚜껑에는 "소화전·주정차금지" 또는 "저수조·주정차금지"의 표시를 할 것

　　㉢ 맨홀뚜껑 부근에는 노란색 반사도료로 폭 15센티미터의 선을 그 둘레를 따라 칠할 것

　② 지상에 설치하는 소화전·저수조·급수탑의 경우 소방용수표지 기준

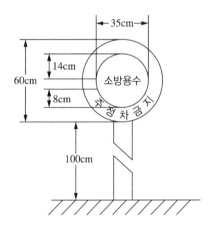

　　㉠ 안쪽 문자는 흰색, 바깥쪽 문자는 노란색, 안쪽바탕은 붉은색, 바깥쪽 바탕은 파란색으로 하고 반사재료를 사용하여야 한다. `21 소방장`

　　㉡ 위의 규격에 따른 소방용수표지를 세우는 것이 매우 어렵거나 부적당한 경우에는 그 규격 등을 다르게 할 수 있다.

(3) 소방용수시설의 설치기준(규칙 제6조 제2항 관련 별표3)

　① 공통기준

　　㉠ 주거지역·상업지역 및 공업지역에 설치하는 경우 : 소방대상물과의 수평거리를 100미터 이하가 되도록 할 것

　　　ⓛ ⑦ 외의 지역에 설치하는 경우 : 소방대상물과의 수평거리를 140미터 이하가 되도록 할 것

　　　※ 용도지역의 지정(국토의 계획 및 이용에 관한 법률 제36조)

　　　　ⓐ 도시지역 : 주거지역, 상업지역, 공업지역, 녹지지역

　　　　ⓑ 관리지역 : 보전관리지역, 생산관리지역, 계획관리지역

　　　　ⓒ 농림지역

　　　　ⓓ 자연환경보전지역

　② 소방용수시설별 설치기준 `22 소방장` `23 소방장`

구 분	설치기준
소화전	• 상수도와 연결하여 지하식 또는 지상식의 구조로 하고, • 소방용호스와 연결하는 소화전의 연결금속구의 구경은 65밀리미터로 할 것
급수탑	• 급수배관의 구경은 100밀리미터 이상으로 하고, • 개폐밸브는 지상에서 1.5미터 이상 1.7미터 이하의 위치에 설치하도록 할 것
저수조	• 지면으로부터의 낙차가 4.5미터 이하일 것 • 흡수부분의 수심이 0.5미터 이상일 것 • 소방펌프자동차가 쉽게 접근할 수 있도록 할 것 • 흡수에 지장이 없도록 토사 및 쓰레기 등을 제거할 수 있는 설비를 갖출 것 • 흡수관의 투입구가 사각형의 경우에는 한 변의 길이가 60센티미터 이상, 원형의 경우에는 지름이 60센티미터 이상일 것 • 저수조에 물을 공급하는 방법은 상수도에 연결하여 자동으로 급수되는 구조일 것

(4) 비상소화장치함(제10조 제2항)

구 분	법령기준 등
정 의	시·도지사가 소방자동차의 진입이 곤란한 지역 등 화재발생 시에 초기 대응이 ┌→ 제2조의2 필요한 지역으로서 대통령령으로 정하는 지역에 소방호스 또는 호스 릴 등을 소방용수시설에 연결하여 화재를 진압하는 시설이나 장치를 설치하고 유지·관리할 수 있는 것을 말함
설치대상	• 화재예방강화지구 • 시·도지사가 비상소화장치 설치가 필요하다고 인정하는 지역
설치기준 `23 소방교`	• 비상소화장치는 비상소화장치함, 소화전, 소방호스(소화전의 방수구에 연결하여 소화용수를 방수하기 위한 도관으로서 호스와 연결금속구로 구성되어 있는 소방용 릴호스 또는 소방용고무내장호스를 말한다), 관창(소방호스용 연결금속구 또는 중간연결금속구 등의 끝에 연결시켜 소화용수를 방수하게 하는 나사식 또는 차입식 토출기구를 말한다)을 포함하여 구성할 것 • 비상소화장치함은 소화전함 성능인증 및 제품검사의 기술기준에 적합한 것으로 설치할 것 • 소방호스는 소방호스의 형식승인 및 제품검사의 기술기준에 적합한 것으로 할 것 • 관창은 관창의 형식승인 및 제품검사의 기술기준에 적합한 것으로 할 것
법령 외의 설치기준 및 관리기준	소방청장이 정함

(5) 소방용수시설 조사 및 지리조사(규칙 제7조)

구 분		법령기준 등
소방용수 시설조사	조사권자	소방본부장 또는 소방서장
	조사횟수	월 1회 이상
지리조사 `21 소방교`	조사권자	소방본부장 또는 소방서장
	조사횟수	월 1회 이상
	조사내용	• 소방대상물에 인접한 도로의 폭 • 교통상황 • 도로주변의 토지의 고 · 저 • 건축물의 개황 • 그 밖의 소방활동에 필요한 자리에 대한 조사
보관기간		2년
조사결과 작성방법		조사결과는 전자적 처리가 불가능한 특별한 사유가 없으면 전자적 처리가 가능한 방법으로 한다.

4 소방업무의 응원(제11조)

(1) 상호응원 `21 소방장` `22 소방장`

① 응원요청 : 소방본부장이나 소방서장 —소방업무의 응원(應援)을 요청→ 이웃한 소방본부장 또는 소방서장

② 소방업무의 응원 요청을 받은 소방본부장 또는 소방서장은 정당한 사유 없이 그 요청을 거절하여서는 아니 된다.

(2) 소방업무의 상호응원협정(=규약) 내용(규칙 제8조) `19 소방장` `21 소방장`

시 · 도지사 —소방업무에 관하여 상호응원협정을 체결→ 이웃하는 다른 시 · 도지사

① 화재의 경계 · 진압활동, 구조 · 구급업무의 지원, 화재조사활동 등 소방활동에 관한 사항
(예방활동은 해당 없음)

② 응원출동대상지역 및 규모

③ 출동대원의 수당 · 식사 및 의복의 수선, 소방장비 및 기구의 정비와 연료의 보급, 그 밖의 경비 등 소요경비의 부담에 관한 사항(장비구입은 해당 없음에 유의)

④ 응원출동의 요청방법

⑤ 응원출동훈련 및 평가

(3) 지휘권 범위

소방업무의 응원을 위하여 파견된 소방대원은 응원을 요청한 소방본부장 또는 소방서장의 지휘에 따라야 한다.

5 소방력의 동원(제11조의2)

(1) 국가적 차원 등의 소방력 동원 `19 소방장`

소방청장은 해당 시·도의 소방력만으로는 소방활동을 효율적으로 수행하기 어려운 화재, 재난·
재해, 그 밖의 구조·구급이 필요한 상황이 발생하거나 특별히 국가적 차원에서 소방활동을 수행할
필요가 인정될 때에는 각 시·도지사에게 **행정안전부령**으로 정하는 바에 따라 소방력을 동원할 것
을 요청할 수 있다.
↳ 제8조의2

① 동원의 요청권자 : 소방청장 → 시·도지사(규칙 제8조의2)

② 요청방법 : 팩스 또는 전화 등의 방법으로 통지

※ 긴급을 요하는 경우 : 시·도 소방본부 또는 소방서의 종합상황실장에게 직접 요청 가능

③ 요청사항

㉠ 동원을 요청하는 인력 및 장비의 규모

㉡ 소방력 이송 수단 및 집결장소

㉢ 소방활동을 수행하게 될 재난의 규모, 원인 등 소방활동에 필요한 정보

④ 그 밖의 시·도 소방력 동원에 필요한 사항 : 소방청장(규칙 제8조의2 제2항)

(2) 동원 요청의 수인 : 시·도지사는 정당한 사유 없이 요청을 거절하여서는 아니 된다.

(3) 소방활동지역으로 지원·파견 요청

소방청장은 시·도지사에게 국가적 차원 등으로 소방활동을 위하여 동원된 소방력을 화재, 재난·
재해 등이 발생한 지역에 지원·파견하여 줄 것을 요청하거나 필요한 경우 직접 소방대를 편성하여
화재진압 및 인명구조 등 소방에 필요한 활동을 하게 할 수 있다.

(4) 지휘권의 범위

① 동원된 소방대원이 다른 시·도에 파견·지원되어 소방활동을 수행할 때에는 특별한 사정이
없으면 화재, 재난·재해 등이 발생한 지역을 관할하는 소방본부장 또는 소방서장의 지휘에
따라야 한다.

② 다만, 소방청장이 직접 소방대를 편성하여 소방활동을 하게 하는 경우에는 소방청장의 지휘에
따라야 한다.

(5) 소방활동을 수행하는 과정에서 발생하는 경비 부담에 관한 사항, 소방활동을 수행한 민간 소방
인력이 사망하거나 부상을 입었을 경우의 보상주체·보상기준 등에 관한 사항, 그 밖에 동원된
소방력의 운용과 관련하여 필요한 사항은 **대통령령**으로 정한다.
↳ 제2조의3

① 동원된 소방력의 소방활동 수행 과정에서 발생하는 경비 부담(영 제2조의3 제1항)

㉠ 화재, 재난·재해 또는 그 밖의 구조·구급이 필요한 상황이 발생한 시·도에서 부담하는
것이 원칙

㉡ 부담의 구체적인 내용 : 해당 시·도가 서로 협의하여 정함

　② 동원된 민간 소방 인력이 소방활동을 수행하다가 사망하거나 부상을 입은 경우(영 제2조의3 제2항)
　　㉠ 보상의무 : 화재, 재난·재해 또는 그 밖의 구조·구급이 필요한 상황이 발생한 시·도
　　㉡ 보상기준 : 해당 시·도의 조례로 정하는 바에 따라 보상함
　③ 기타 동원된 소방력의 운용과 관련하여 필요한 사항 : 소방청장(영 제2조의3 제3항)

제3장　화재의 예방과 경계(警戒)

화재의 예방과 경계는 「화재의 예방 및 안전관리에 관한 법률」로 정한다(2022.12.01. 시행).

제4장　소방활동 등

1 소방활동(제16조)

(1) 소방활동(필요적)의 목적

소방청장, 소방본부장 또는 소방서장은 화재, 재난·재해, 그 밖의 위급한 상황이 발생하였을 때에는 소방대를 현장에 신속하게 출동시켜 화재진압과 인명구조·구급 등 소방에 필요한 활동(이하 이 조에서 "소방활동"이라 한다)을 하게 하여야 한다.

(2) 소방활동 방해금지

누구든지 정당한 사유 없이 출동한 소방대의 소방활동을 방해하여서는 아니 된다.

2 소방지원활동(제16조의2) 　21 소방교

(1) 소방지원활동의 목적

소방청장·소방본부장 또는 소방서장은 공공의 안녕질서 유지 또는 복리증진을 위하여 필요한 경우 소방활동 외에 소방지원활동을 하게 할 수 있다(임의적).

(2) 소방지원활동 　19 소방장　22 소방교

　① 산불에 대한 예방·진압 등 지원활동
　② 자연재해에 따른 급수·배수 및 제설 등 지원활동
　③ 집회·공연 등 각종 행사 시 사고에 대비한 근접대기 등 지원활동
　④ 화재, 재난·재해로 인한 피해복구 지원활동

⑤ 그 밖에 **행정안전부령**으로 정하는 활동

    ↳ 제8조의4

㉠ 군·경찰 등 유관기관에서 실시하는 훈련지원 활동

㉡ 소방시설 오작동 신고에 따른 조치활동

㉢ 방송제작 또는 촬영 관련 지원활동

(3) 소방지원활동의 범위 : 소방활동 수행에 지장을 주지 않는 범위

(4) 소방지원활동의 비용부담

유관기관·단체 등의 요청에 따른 소방지원활동에 드는 비용은 지원요청을 한 유관기관·단체 등에게 부담하게 할 수 있다. 다만, 부담금액 및 부담방법에 관하여는 지원요청을 한 유관기관·단체 등과 협의하여 결정한다.

3 생활안전활동(제16조의3)

(1) 생활안전활동의 목적

소방청장·소방본부장 또는 소방서장은 신고가 접수된 생활안전 및 위험제거 활동(화재, 재난·재해, 그 밖의 위급한 상황에 해당하는 것은 제외한다)에 대응하기 위하여 소방대를 출동시켜 (2)의 활동(이하 "생활안전활동"이라 한다)을 하게 하여야 한다.

(2) 생활안전활동의 종류 `23 소방장`

① 붕괴, 낙하 등이 우려되는 고드름, 나무, 위험 구조물 등의 제거활동

② 위해동물, 벌 등의 포획 및 퇴치 활동

③ 끼임, 고립 등에 따른 위험제거 및 구출 활동

④ 단전사고 시 비상전원 또는 조명의 공급

⑤ 그 밖에 방치하면 급박해질 우려가 있는 위험을 예방하기 위한 활동

(3) 생활안전활동의 방해금지

누구든지 정당한 사유 없이 출동하는 소방대의 생활안전활동을 방해하여서는 아니 된다.

4 소방자동차의 보험 가입 등(제16조의4)

(1) 가입목적

소방자동차의 공무상 운행 중 교통사고가 발생한 경우 그 운전자의 법률상 분쟁에 소요되는 비용을 지원하기 위함

(2) 보험가입의무자 : 시·도지사

(3) 보험 가입비용의 지원 : 국가는 보험 가입비용의 일부를 지원할 수 있다.

5 소방활동에 대한 면책(제16조의5)

소방공무원이 소방활동으로 인하여 타인을 사상(死傷)에 이르게 한 경우 그 소방활동이 불가피하고 소방공무원에게 고의 또는 중대한 과실이 없는 때에는 그 정상을 참작하여 사상에 대한 형사책임을 감경하거나 면제할 수 있다.

6 소송지원(제16조의6)

소방청장, 소방본부장 또는 소방서장은 소방공무원이 소방활동, 소방지원활동, 생활안전활동으로 인하여 민·형사상 책임과 관련된 소송을 수행할 경우 변호인 선임 등 소송수행에 필요한 지원을 할 수 있다.

7 소방교육·훈련(제17조)

(1) 소방대원의 교육·훈련

① 교육·훈련의 실시권자 : 소방청장, 소방본부장 또는 소방서장

② 목적 : 소방업무를 전문적이고 효과적으로 수행함

③ 교육대상 : 소방대원에게 필요한 교육·훈련을 실시하여야 함

(2) 소방대원의 교육·훈련의 종류 및 대상자 등 교육·훈련의 실시에 필요한 사항 : 행정안전부령
└ 제9조

(3) 소방대원에게 실시할 교육·훈련의 종류 등(규칙 제9조 제1항 관련 별표3의2)

① 교육·훈련의 종류 및 교육·훈련을 받아야 할 대상자 `19 소방교` `23 소방교·장`

종 류	교육·훈련을 받아야 할 대상자
화재진압훈련	화재진압업무를 담당하는 소방공무원, 의무소방원, 의용소방대원
인명구조훈련	구조업무를 담당하는 소방공무원, 의무소방원, 의용소방대원
응급처치훈련	구급업무를 담당하는 소방공무원, 의무소방원, 의용소방대원
인명대피훈련	소방공무원, 의무소방원, 의용소방대원
현장지휘훈련	소방공무원 중 소방정, 소방령, 소방경, 소방위 계급에 있는 사람

② 교육·훈련 횟수 및 기간

횟 수	기 간
2년마다 1회	2주 이상

(4) 소방안전교육훈련의 시설, 장비, 강사자격 및 교육방법 등의 기준(규칙 제9조 제2항 관련 별표3의3)

① 시설 및 장비 기준

   ㉠ 소방안전교육훈련에 필요한 장소 및 차량의 기준은 다음과 같다. `23 소방교`

      ⓐ 소방안전교실 : 화재안전 및 생활안전 등을 체험할 수 있는 100제곱미터 이상의 실내시설

      ⓑ 이동안전체험차량 : 어린이 30명(성인은 15명)을 동시에 수용할 수 있는 실내공간을 갖춘 자동차

ⓛ 소방안전교실 및 이동안전체험차량에 갖추어야 할 안전교육장비의 종류는 다음과 같다.

구 분	종 류
화재안전 교육용	안전체험복, 안전체험용 안전모, 소화기, 물소화기, 연기소화기, 옥내소화전 모형장비, 화재모형 타켓, 가상화재 연출장비, 연기발생기, 유도등, 유도표지, 완강기, 소방시설 (자동화재탐지설비, 옥내소화전 등) 계통 모형도, 화재대피용 마스크, 공기호흡기, 119신고 실습전화기
생활안전 교육용	구명조끼, 구명환, 공기 튜브, 안전벨트, 개인로프, 가스안전 실습 모형도, 전기안전 실습 모형도
교육 기자재	유·무선 마이크, 노트북 컴퓨터, 빔 프로젝터, 이동형 앰프, LCD 모니터, 디지털 캠코더
기 타	그 밖에 소방안전교육훈련에 필요하다고 인정하는 장비

② 강사 및 보조강사의 자격 기준 등

　ㄱ 강사의 자격

　　ⓐ 소방 관련학과의 석사학위 이상을 취득한 사람

　　ⓑ 소방안전교육사, 소방시설관리사, 소방기술사 또는 소방설비기사 자격을 취득한 사람

　　ⓒ 응급구조사, 인명구조사, 화재대응능력 등 소방청장이 정하는 소방활동 관련 자격을 취득한 사람

　　ⓓ 소방공무원으로서 5년 이상 근무한 경력이 있는 사람

　ㄴ 보조강사의 자격

　　ⓐ ㄱ에 따른 강사의 자격을 갖춘 사람

　　ⓑ 소방공무원으로서 3년 이상 근무한 경력이 있는 사람

　　ⓒ 그 밖에 보조강사의 능력이 있다고 소방청장, 소방본부장 또는 소방서장이 인정하는 사람

　ㄷ 소방청장, 소방본부장 또는 소방서장은 강사 및 보조강사로 활동하는 사람에 대하여 소방안전교육훈련과 관련된 지식·기술 및 소양 등에 관한 교육 등을 받게 할 수 있다.

③ 교육의 방법

　ㄱ 소방안전교육훈련의 교육시간은 소방안전교육훈련대상자의 연령 등을 고려하여 소방청장, 소방본부장 또는 소방서장이 정한다.

　ㄴ 소방안전교육훈련은 이론교육과 실습(체험)교육을 병행하여 실시하되, 실습(체험)교육이 전체 교육시간의 100분의 30 이상이 되어야 한다.

　ㄷ 소방청장, 소방본부장 또는 소방서장은 ㄴ에도 불구하고 소방안전교육훈련대상자의 연령 등을 고려하여 실습(체험)교육 시간의 비율을 달리할 수 있다.

　ㄹ 실습(체험)교육 인원은 특별한 경우가 아니면 강사 1명당 30명을 넘지 않아야 한다.

　ㅁ 소방청장, 소방본부장 또는 소방서장은 소방안전교육훈련 실시 전에 소방안전교육훈련대상자에게 주의사항 및 안전관리 협조사항을 미리 알려야 한다.

　ㅂ 소방청장, 소방본부장 또는 소방서장은 소방안전교육훈련대상자의 정신적·신체적 능력을 고려하여 소방안전교육훈련을 실시하여야 한다.

④ 안전관리 기준

   ⊙ 소방청장, 소방본부장 또는 소방서장은 소방안전교육훈련 중 발생한 사고로 인한 교육훈련 대상자 등의 생명·신체나 재산상의 손해를 보상하기 위한 보험 또는 공제에 가입하여야 한다.

   ⓛ 소방청장, 소방본부장 또는 소방서장은 소방안전교육훈련 실시 전에 시설 및 장비의 이상 유무를 반드시 확인하는 등 안전점검을 실시하여야 한다.

   ⓒ 소방청장, 소방본부장 또는 소방서장은 사고가 발생한 경우 신속한 응급처치 및 병원 이송 등의 조치를 하여야 한다.

⑤ 교육현황 관리 등

   ⊙ 소방청장, 소방본부장 또는 소방서장은 소방안전교육훈련의 실시결과, 만족도 조사결과 등을 기록하고 이를 3년간 보관하여야 한다.

   ⓛ 소방청장, 소방본부장 또는 소방서장은 소방안전교육훈련의 효과 및 개선사항 발굴 등을 위하여 이용자를 대상으로 만족도 조사를 실시하여야 한다. 다만, 이용자가 거부하거나 만족도 조사를 실시할 시간적 여유가 없는 등의 경우에는 만족도 조사를 실시하지 아니할 수 있다.

   ⓒ 소방청장, 소방본부장 또는 소방서장은 소방안전교육훈련을 이수한 사람에게 교육이수자의 성명, 교육내용, 교육시간 등을 기재한 소방안전교육훈련 이수증을 발급할 수 있다.

(5) 영유아, 유아, 초·중·고등학생의 소방안전교육 실시 `23 소방교`

① 목적 : 화재를 예방하고 화재 발생 시 인명과 재산피해를 최소화하기 위함

② 실시권자 : 소방청장, 소방본부장 또는 소방서장

③ 교육대상

   ⊙ 「영유아보육법」 제2조에 따른 어린이집의 영유아

   ⓛ 「유아교육법」 제2조에 따른 유치원의 유아

   ⓒ 「초·중등교육법」 제2조에 따른 학교의 학생

   ⓔ 「장애인복지법」 제58조에 따른 장애인복지시설에 거주하거나 해당 시설을 이용하는 장애인 (2023.05.16. 시행)

④ 교육협의 : 해당 어린이집·유치원·학교의 장 또는 장애인복지시설의 장과 교육일정 등에 관하여 협의하여야 한다.

(6) 국민의 안전의식 함양을 위한 홍보

소방청장, 소방본부장 또는 소방서장은 국민의 안전의식을 높이기 위하여 화재 발생 시 피난 및 행동 방법 등을 홍보하여야 한다.

(7) 소방안전교육훈련 운영계획의 작성에 필요한 지침의 통보 `23 소방장`

소방청장은 소방안전교육훈련 운영계획의 작성에 필요한 지침을 정하여 소방본부장과 소방서장에게 매년 10월 31일까지 통보하여야 한다.

(8) 소방안전교육훈련 운영계획을 수립

① 수립권자 : 소방청장, 소방본부장 또는 소방서장

② 수립시기 : 매년 12월 31일까지

8 소방안전교육사(제17조의2) 22 소방장

(1) 소방안전교육사의 업무 및 자격(제17조의2)

① 자격 시험실시권자 및 자격부여 : 소방청장

② 소방안전교육사의 업무 : 소방안전교육의 기획·진행·분석·평가 및 교수업무를 수행

③ 응시수수료 : 대통령령 및 행정안전부령
  ↳ 제7조의7   ↳ 제9조의4

  ㉠ 응시수수료 : 제1차 시험의 경우 3만원, 제2차 시험의 경우 2만 5천원

  ㉡ 납부방법 : 수입인지 또는 정보통신망을 이용한 전자화폐·전자결제 등으로 납부해야 한다.

  ㉢ 수수료반환(영 제7조의7 제4항)

     ⓐ 응시수수료를 과오납한 경우 : 과오납한 응시수수료 전액

     ⓑ 시험 시행기관의 귀책사유로 시험에 응시하지 못한 경우 : 납입한 응시수수료 전액

     ⓒ 시험시행일 20일 전까지 접수를 철회하는 경우 : 납입한 응시수수료 전액

     ⓓ 시험시행일 10일 전까지 접수를 철회하는 경우 : 납입한 응시수수료의 100분의 50

(2) 소방안전교육사의 결격사유(제17조의3) 23 소방장

① 피성년후견인

② 금고 이상의 실형을 선고받고 그 집행이 끝나거나(집행이 끝난 것으로 보는 경우를 포함한다) 집행이 면제된 날부터 2년이 지나지 아니한 사람

③ 금고 이상의 형의 집행유예를 선고받고 그 유예기간 중에 있는 사람

④ 법원의 판결 또는 다른 법률에 따라 자격이 정지되거나 상실된 사람

(3) 소방안전교육사 시험의 응시자격 등 시험의 실시에 필요한 사항 : 대통령령
  ↳ 제7조의2에서 8까지

(4) 소방안전교육사시험의 응시자격(영 제7조의2 관련 별표2의2) 23 소방교

① 소방공무원으로 3년 이상 근무한 경력이 있는 사람

② 중앙소방학교·지방소방학교에서 2주 이상의 소방안전교육사 관련 전문교육과정을 이수한 사람

③ 「유아, 초·중등교육법」에 따라 교원의 자격을 취득한 사람

④ 어린이집의 원장 또는 보육교사의 자격을 취득한 후 3년 이상의 보육업무 경력이 있는 사람

⑤ 다음 각 목의 어느 하나에 해당하는 기관에서 교육학과, 응급구조학과, 의학과, 간호학과 또는 소방안전 관련 학과 등 소방청장이 고시하는 학과에 개설된 교과목 중 소방안전교육과 관련하여 소방청장이 정하여 고시하는 교과목을 총 6학점 이상 이수한 사람(2023.09.12. 개정)

  ㉠ 대학, 산업대학, 교육대학, 전문대학, 방송대학·통신대학·방송통신대학 및 사이버대학, 기술대학

  ㉡ 평생교육시설, 직업훈련기관 및 군(軍)의 교육·훈련시설 등 학습과정의 평가인정을 받은 교육훈련기관

⑥ 안전관리 분야의 기술사 자격을 취득한 사람

⑦ 소방시설관리사 자격을 취득한 사람

⑧ 안전관리 분야의 기사 자격을 취득한 후 안전관리 분야에 1년 이상 종사한 사람

⑨ 안전관리 분야의 산업기사 자격을 취득한 후 안전관리 분야에 3년 이상 종사한 사람

> **※ 안전관리분야 국가기술자격증**
> 소방설비(산업)기사(기계, 전기), 가스(산업)기사, 건설안전(산업)기사, 산업안전(산업)기사, 산업위생관리(산업)기사, 화재감식평가(산업)기사, 인간공학기사, 가스기술사, 화공안전기술사, 소방기술사, 인간공학기술사, 전기안전기술사, 건설안전기술사, 기계안전기술사, 산업위생관리기술사

⑩ 간호사 면허를 취득한 후 간호업무 분야에 1년 이상 종사한 사람

⑪ 1급 응급구조사 자격을 취득한 후 응급의료업무 분야에 1년 이상 종사한 사람

⑫ 2급 응급구조사 자격을 취득한 후 응급의료업무 분야에 3년 이상 종사한 사람

⑬ 특급소방안전관리자 자격이 있는 사람

⑭ 1급 소방안전관리자 자격을 갖춘 후 소방안전관리대상물의 소방안전관리에 관한 실무경력이 1년 이상 있는 사람

⑮ 2급 소방안전관리자 자격을 갖춘 후 소방안전관리대상물의 소방안전관리에 관한 실무경력이 3년 이상 있는 사람

⑯ 의용소방대원으로 임명된 후 5년 이상 의용소방대 활동을 한 경력이 있는 사람

⑰ 국가기술자격의 직무분야 중 위험물중직무분야의 기능장 자격을 취득한 사람

(5) 시험방법(영 제7조의3) `23 소방교`

① 시험구분 : 제1차 시험 및 제2차 시험으로 구분하여 시행한다.

② 시험유형 : 제1차 시험은 선택형, 제2차 시험은 논술형을 원칙으로 한다. 다만, 제2차 시험에는 주관식 단답형 또는 기입형을 포함할 수 있다.

③ 시험면제 : 제1차 시험에 합격한 사람에 대해서는 다음 회의 시험에 한정하여 제1차 시험을 면제한다.

(6) 시험과목(영 제7조의4) `23 소방교`

① 제1차 시험 : 소방학개론, 구급·응급처치론, 재난관리론 및 교육학개론 중 응시자가 선택하는 3과목

② 제2차 시험 : 국민안전교육 실무

③ 시험 과목별 출제범위 : 행정안전부령

↳ 제9조의2 관련 별표3의4

구 분	시험 과목	출제범위	비 고
제1차 시험 ※ 4과목 중 3과목 선택	소방학개론	소방조직, 연소이론, 화재이론, 소화이론, 소방시설(소방시설의 종류, 작동원리 및 사용법 등을 말하며, 소방시설의 구체적인 설치 기준은 제외한다)	선택형 (객관식)
	구급·응급 처치론	응급환자 관리, 임상응급의학, 인공호흡 및 심폐소생술(기도폐쇄 포함), 화상환자 및 특수환자 응급처치	
	재난관리론	재난의 정의·종류, 재난유형론, 재난단계별 대응이론	
	교육학개론	교육의 이해, 교육심리, 교육사회, 교육과정, 교육방법 및 교육공학, 교육평가	
제2차 시험	국민안전 교육실무	재난 및 안전사고의 이해, 안전교육의 개념과 기본원리, 안전교육 지도의 실제	논술형 (주관식)

(7) 시험위원 등(영 제7조의5) 23 소방교

① 응시자격심사위원 및 시험위원

소방청장은 소방안전교육사시험 응시자격심사, 출제 및 채점을 위하여 다음의 어느 하나에 해당하는 사람을 응시자격심사위원 및 시험위원으로 임명 또는 위촉하여야 한다.

㉠ 소방 관련 학과, 교육학과 또는 응급구조학과 박사학위 취득자

㉡ 대학, 산업대학, 교육대학, 전문대학, 방송대학·통신대학·방송통신대학 및 사이버대학, 기술대학에서 소방 관련 학과, 교육학과 또는 응급구조학과에서 조교수 이상으로 2년 이상 재직한 자

㉢ 소방위 이상의 소방공무원

㉣ 소방안전교육사 자격을 취득한 자

② 응시자격심사위원 및 시험위원의 수

㉠ 응시자격심사위원 : 3명

㉡ 시험위원 중 출제위원 : 시험과목별 3명

㉢ 시험위원 중 채점위원 : 5명

③ 시험위원 등의 준수사항

응시자격심사위원 및 시험위원으로 임명 또는 위촉된 자는 소방청장이 정하는 시험문제 등의 작성 시 유의사항 및 서약서 등에 따른 준수사항을 성실히 이행해야 한다.

④ 시험위원 등의 수당 등 지급

임명 또는 위촉된 응시자격심사위원 및 시험위원과 시험감독 업무에 종사하는 자에 대하여는 예산의 범위에서 수당 및 여비를 지급할 수 있다.

(8) 시험의 시행 및 공고(영 제7조의6)

① 시행횟수 : 2년마다 1회 시행원칙(필요시 그 횟수를 증감 가능)

② 시험의 공고

ㄱ 공고시기 : 시험의 시행일 90일 전까지

ㄴ 공고방법 : 모든 응시자가 알 수 있도록 소방청 인터넷 홈페이지 등에 공고

ㄷ 공고내용 : 응시자격·시험과목·일시·장소 및 응시절차 등에 관하여 필요한 사항

(9) 응시원서의 제출 등(영 제7조의7)

① 응시원서 제출

소방안전교육사시험에 응시하려는 자는 **행정안전부령**으로 정하는 소방안전교육사시험 응시

↳ 제9조의3 제1항

원서를 소방청장에게 제출(정보통신망에 의한 제출을 포함한다. 이하 이 조에서 같다)하여야 한다.

② 응시자격에 관한 증명서류 제출

소방안전교육사시험에 응시하려는 자는 **행정안전부령**으로 정하는 응시자격에 관한 증명서류를

소방청장이 정하는 기간 내에 제출해야 한다. ↳ 제9조의3 제2항

ㄱ 자격증 사본

ㄴ 교육과정 이수증명서 또는 수료증

ㄷ 교과목 이수증명서 또는 성적증명서

ㄹ 경력(재직)증명서. 다만, 발행 기관에 별도의 경력(재직)증명서 서식이 있는 경우는 그에 따를 수 있음

ㅁ 소방안전관리자자격증 사본

(10) 시험의 합격자 결정 등(영 제7조의8)

① 제1차 시험 : 매과목 100점을 만점으로 하여 매과목 40점 이상, 전과목 평균 60점 이상 득점한 자를 합격자로 한다.

② 제2차 시험 : 100점을 만점으로 하되, 시험위원의 채점점수 중 최고점수와 최저점수를 제외한 점수의 평균이 60점 이상인 사람을 합격자로 한다.

③ 합격자 발표 : 소방청장은 소방안전교육사시험 합격자를 결정한 때에는 이를 소방청의 인터넷 홈페이지 등에 공고해야 한다.

④ 소방안전교육사증 발급 : 소방청장은 시험합격자 공고일부터 1개월 이내에 **행정안전부령**으로

↳ 제9조의5

정하는 소방안전교육사증을 시험합격자에게 발급하며, 이를 소방안전교육사증 교부대장에 기재하고 관리하여야 한다.

(11) **부정행위자에 대한 조치(제17조의4)**

① 소방청장은 소방안전교육사 시험에서 부정행위를 한 사람에 대하여는 해당 시험을 정지시키거나 무효로 처리한다.

② 시험이 정지되거나 무효로 처리된 사람은 그 처분이 있은 날부터 2년간 소방안전교육사 시험에 응시하지 못한다.

(12) **소방안전교육사의 배치(제17조의5)**

① 배치대상(임의적) : 소방청, 소방본부 또는 소방서, 한국소방안전원, 한국소방산업기술원에 배치할 수 있다.

② 배치대상 및 배치기준, 그 밖에 필요한 사항 : 대통령

③ 대상별 배치대상(영 제7조의11 관련 별표2의3) `21 소방교`

배치대상	배치기준(단위 : 명)
소방청	2 이상
소방본부	2 이상
소방서	1 이상
한국소방안전원	본원 : 2 이상 시·도지원 : 1 이상
한국소방산업기술원	2 이상

9 한국119청소년단(법 제17조의6)

(1) **목 적**

청소년에게 소방안전에 관한 올바른 이해와 안전의식을 함양시키기 위하여 한국119청소년단을 설립한다.

(2) **설 립**

한국119청소년단은 법인으로 하고, 그 주된 사무소의 소재지에 설립등기를 함으로써 성립한다.

(3) **시설·장비의 지원 및 경비 등 보조**

국가나 지방자치단체는 한국119청소년단에 그 조직 및 활동에 필요한 시설·장비를 지원할 수 있으며, 운영경비와 시설비 및 국내외 행사에 필요한 경비를 보조할 수 있다.

(4) **금전 등의 기부**

개인·법인 또는 단체는 한국119청소년단의 시설 및 운영 등을 지원하기 위하여 금전이나 그 밖의 재산을 기부할 수 있다.

(5) 유사명칭의 사용 금지 등

① 이 법에 따른 한국119청소년단이 아닌 자는 한국119청소년단 또는 이와 유사한 명칭을 사용할 수 없다.

② 한국119청소년단의 정관 또는 사업의 범위·지도·감독 및 지원에 필요한 사항은 행정안전부령으로 정한다.

③ 한국119청소년단에 관하여 이 법에서 규정한 것을 제외하고는 「민법」 중 사단법인에 관한 규정을 준용한다.

(6) 한국119청소년단의 사업 범위 등(규칙 제9조의6)

① 사업 범위

ㄱ 한국119청소년단 단원의 선발·육성과 활동 지원

ㄴ 한국119청소년단의 활동·체험 프로그램 개발 및 운영

ㄷ 한국119청소년단의 활동과 관련된 학문·기술의 연구·교육 및 홍보

ㄹ 한국119청소년단 단원의 교육·지도를 위한 전문인력 양성

ㅁ 관련 기관·단체와의 자문 및 협력사업

ㅂ 그 밖에 한국119청소년단의 설립목적에 부합하는 사업

② 사업추진 등 지원

소방청장은 한국119청소년단의 설립목적 달성 및 원활한 사업 추진 등을 위하여 필요한 지원과 지도·감독을 할 수 있다.

③ 구성 및 운영 등에 필요한 사항

시행규칙에 정하는 것 외에 한국119청소년단의 구성 및 운영 등에 필요한 사항은 한국119청소년단 정관으로 정한다.

10 소방신호(제18조)

(1) 목 적

① 화재예방

② 소방활동

③ 소방훈련

(2) 소방신호의 종류와 방법 : 행정안전부령 `19 소방장` `21 소방교`
↳ 제10조

① 경계신호 : 화재예방상 필요하다고 인정되거나 「화재의 예방 및 안전관리에 관한 법률」 제20조에 따른 화재위험경보 시 발령

② 발화신호 : 화재가 발생한 때 발령

③ 해제신호 : 소화활동이 필요 없다고 인정되는 때 발령

④ 훈련신호 : 훈련상 필요하다고 인정되는 때 발령

(3) 소방신호의 종류별 소방신호의 방법(규칙 제10조 제2항 관련 별표4)

신호방법 종 별	타종 신호	사이렌 신호	그 밖의 신호
경계신호	1타와 연2타를 반복	5초 간격을 두고 30초씩 3회	"통풍대"　　"게시판" 적색 백색 화재경보발령중
발화신호	난 타	5초 간격을 두고 5초씩 3회	
해제신호	상당한 간격을 두고 1타씩 반복	1분간 1회	"기" 적색 백색
훈련신호	연3타 반복	10초 간격을 두고 1분씩 3회	

비고 1. 소방신호의 방법은 그 전부 또는 일부를 함께 사용할 수 있다.
　　 2. 게시판을 철거하거나 통풍대 또는 기를 내리는 것으로 소방활동이 해제되었음을 알린다.
　　 3. 소방대의 비상소집을 하는 경우에는 훈련신호를 사용할 수 있다.

11 화재 등의 통지(제19조)

(1) 사고현장 발견 시 통지

① 화재 현장 또는 구조·구급이 필요한 사고 현장을 발견한 사람은 그 현장의 상황을 소방본부, 소방서 또는 관계 행정기관에 지체 없이 알려야 한다.

② 화재 또는 구조·구급이 필요한 상황을 거짓으로 알린 사람 : 500만원 이하의 과태료

(2) 화재로 오인할 만한 우려 있는 경우 신고　19 소방교　22 소방장

① 다음의 어느 하나에 해당하는 지역 또는 장소에서 화재로 오인할 만한 우려가 있는 불을 피우거나 연막(煙幕) 소독을 하려는 자는 시·도의 조례로 정하는 바에 따라 관할 소방본부장 또는 소방서장에게 신고하여야 한다.

　㉠ 시장지역

　㉡ 공장·창고가 밀집한 지역

　㉢ 목조건물이 밀집한 지역

　㉣ 위험물의 저장 및 처리시설이 밀집한 지역

　㉤ 석유화학제품을 생산하는 공장이 있는 지역

　㉥ 그 밖에 시·도의 조례로 정하는 지역 또는 장소

　　※ 위 ㉠에서 ㉤까지는 「화재의 예방 및 안전관리에 관한 법률」 제18조에 따른 화재예방강화지구 지정지역에 해당한다.

② 신고를 하지 아니하여 소방자동차를 출동하게 한 자 : 20만원 이하의 과태료

12 관계인의 소방활동 등(제20조) `22 소방교`

(1) 관계인은 소방대상물에 화재, 재난·재해, 그 밖의 위급한 상황이 발생한 경우에는 소방대가 현장에 도착할 때까지 경보를 울리거나 대피를 유도하는 등의 방법으로 사람을 구출하는 조치 또는 불을 끄거나 불이 번지지 아니하도록 필요한 조치를 하여야 한다.

※ 위반 시 처벌 : 100만원 이하의 벌금

(2) 화재, 재난·재해 등의 통지

관계인은 소방대상물에 화재, 재난·재해, 그 밖의 위급한 상황이 발생한 경우에는 이를 소방본부, 소방서 또는 관계 행정기관에 지체 없이 알려야 한다.

13 자체소방대의 설치·운영(제20조의2)

(1) 자체소방대의 설치·운영

관계인은 화재를 진압하거나 구조·구급 활동을 하기 위하여 상설 조직체(「위험물안전관리법」 제19조 및 그 밖의 다른 법령에 따라 설치된 자체소방대를 포함하며, 이하 이 조에서 "자체소방대"라 한다)를 설치·운영할 수 있다.

(2) 소방대의 지휘·통제

자체소방대는 소방대가 현장에 도착한 경우 소방대장의 지휘·통제에 따라야 한다.

(3) 교육·훈련 등의 지원

① 소방청장, 소방본부장 또는 소방서장은 자체소방대의 역량 향상을 위하여 필요한 교육·훈련 등을 지원할 수 있다.

② 교육·훈련 등의 지원에 필요한 사항은 행정안전부령으로 정한다.

(4) 자체소방대의 교육·훈련 등의 지원(시행규칙 제11조)

소방청장, 소방본부장 또는 소방서장은 자체소방대의 역량 향상을 위하여 다음 각 호에 해당하는 교육·훈련 등을 지원할 수 있다.

① 소방학교와 교육훈련기관에서의 자체소방대 교육훈련과정

② 자체소방대에서 수립하는 교육·훈련 계획의 지도·자문

③ 소방기관과 자체소방대와의 합동 소방훈련

④ 소방기관에서 실시하는 자체소방대의 현장실습

⑤ 그 밖에 소방청장이 자체소방대의 역량 향상을 위하여 필요하다고 인정하는 교육·훈련

14 소방자동차의 우선 통행 등(법 제21조) `22 소방장`

(1) 소방출동 방해 금지

모든 차와 사람은 소방자동차(지휘를 위한 자동차와 구조·구급차를 포함한다. 이하 같다)가 화재 진압 및 구조·구급 활동을 위하여 출동을 할 때에는 이를 방해하여서는 아니 된다.

(2) 사이렌 사용

소방자동차가 화재진압 및 구조·구급 활동을 위하여 출동하거나 훈련을 위하여 필요할 때에는 사이렌을 사용할 수 있다.

(3) 소방출동방해 금지

모든 차와 사람은 소방자동차가 화재진압 및 구조·구급 활동을 위하여 사이렌을 사용하여 출동하는 경우에는 다음의 행위를 하여서는 아니 된다.

① 소방자동차에 진로를 양보하지 아니하는 행위

② 소방자동차 앞에 끼어들거나 소방자동차를 가로막는 행위

③ 그 밖에 소방자동차의 출동에 지장을 주는 행위

※ 위반 시 : 100만원 이하 과태료

(4) 소방자동차의 우선 통행

위 (3) 경우를 제외하고 소방자동차의 우선 통행에 관하여는 「도로교통법」에서 정하는 바에 따른다.

15 소방자동차 전용구역 등(제21조의2)

(1) 소방자동차 전용구역의 설치(법 제21조의2 제1항)

「건축법」제2조 제2항 제2호에 따른 공동주택 중 대통령령으로 정하는 공동주택의 건축주는 소방
└ 제7조의12

활동의 원활한 수행을 위하여 공동주택에 소방자동차 전용구역(이하 "전용구역"이라 한다)을 설치하여야 한다.

(2) 소방자동차 전용구역 설치 대상(영 제7조의12) `19 소방교`

① 세대수가 100세대 이상인 아파트

② 기숙사 중 3층 이상의 기숙사

③ 설치제외 : 하나의 대지에 하나의 동(棟)으로 구성되고 정차 또는 주차가 금지된 편도 2차선 이상의 도로에 직접 접하여 소방자동차가 도로에서 직접 소방활동이 가능한 공동주택은 제외한다.

(3) 전용구역의 주차금지 등(법 제21조의2 제2항)

누구든지 전용구역에 차를 주차하거나 전용구역에의 진입을 가로막는 등의 방해행위를 하여서는 아니 된다.

(4) 전용구역의 설치 기준·방법, 방해행위의 기준, 그 밖의 필요한 사항(법 제21조의2 제3항)

: 대통령령

(5) 소방자동차 전용구역의 설치 기준·방법(영 제7조의13)

① 소방차전용구역 설치대상 공동주택의 건축주는 소방자동차가 접근하기 쉽고 소방활동이 원활하게 수행될 수 있도록 각 동별 전면 또는 후면에 소방자동차 전용구역(이하 "전용구역"이라 한다)을 1개소 이상 설치해야 한다. 다만, 하나의 전용구역에서 여러 동에 접근하여 소방활동이 가능한 경우로서 소방청장이 정하는 경우에는 각 동별로 설치하지 아니할 수 있다.

② 전용구역의 설치 방법(영 제7조의13 제2항 관련 별표2의5) `23 소방교`

ㄱ 전용구역 노면표지의 외곽선은 빗금무늬로 표시하되, 빗금은 두께를 30센티미터로 하여 50센티미터 간격으로 표시한다.

ㄴ 전용구역 노면표지 도료의 색채는 황색을 기본으로 하되, 문자(P, 소방차 전용)는 백색으로 표시한다.

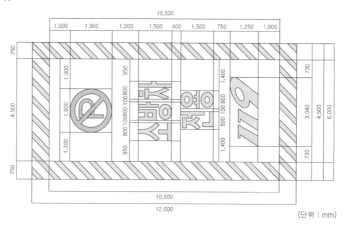

(단위 : mm)

(6) 전용구역 방해행위의 기준(영 제7조의14) `23 소방장`

누구든지 전용구역에 차를 주차하거나 전용구역에의 진입을 가로막는 등의 방해행위를 하여서는 아니 된다(법 제21조2 제2항).

① 전용구역에 물건 등을 쌓거나 주차하는 행위

② 전용구역의 앞면, 뒷면 또는 양 측면에 물건 등을 쌓거나 주차하는 행위. 다만, 「주차장법」 제19조에 따른 부설주차장의 주차구획 내에 주차하는 경우는 제외한다.

③ 전용구역 진입로에 물건 등을 쌓거나 주차하여 전용구역으로의 진입을 가로막는 행위

④ 전용구역 노면표지를 지우거나 훼손하는 행위

⑤ 그 밖의 방법으로 소방자동차가 전용구역에 주차하는 것을 방해하거나 전용구역으로 진입하는 것을 방해하는 행위

※ 위반 시 : 1회 50만원, 2회 100만원, 3회 100만원, 4회 100만원

16 소방자동차 교통안전 분석 시스템 구축·운영(제21조의3)

(1) 운행기록장치 장착 및 운용

① 소방청장 또는 소방본부장은 대통령령으로 정하는 소방자동차에 행정안전부령으로 정하는
↳ 제17조의12   ↳ 제10조의2
기준에 적합한 운행기록장치를 장착하고 운용하여야 한다.

② 운행기록장치를 장착해야 하는 소방자동차의 범위(영 제17조의15)

> ㉠ 소방펌프차
> ㉡ 소방물탱크차
> ㉢ 소방화학차
> ㉣ 소방고가차(消防高架車)
> ㉤ 무인방수차
> ㉥ 구조차
> ㉦ 그 밖에 소방청장이 소방자동차의 안전한 운행 및 교통사고 예방을 위하여 운행기록장치
>   장착이 필요하다고 인정하여 정하는 소방자동차

③ 행정안전부령으로 정하는 기준에 적합한 운행기록장치(규칙 제12조)
「교통안전법 시행규칙」 별표 4에서 정한 기준을 갖춘 전자식 운행기록장치(Digital Tachograph,
이하 "운행기록장치"라 한다)를 말한다.

④ 운행기록장치 데이터 보관(규칙 제13조)
소방청장, 소방본부장 및 소방서장은 소방자동차 운행기록장치에 기록된 데이터를 6개월 동안
저장·관리해야 한다.

⑤ 운행기록장치 데이터 등의 제출(규칙 제13조의2)
㉠ 소방청장은 소방자동차의 안전한 운행 및 교통사고 예방을 위하여 소방본부장 또는 소방서장
에게 운행기록장치 데이터 및 그 분석 결과 등 관련 자료의 제출을 요청할 수 있다.
㉡ 소방본부장은 관할 구역 안의 소방서장에게 운행기록장치 데이터 등 관련 자료의 제출을
요청할 수 있다.
㉢ 소방본부장 또는 소방서장은 운행기록장치의 데이터 제출 요청을 받은 경우 소방청장 또는
소방본부장에게 제출해야 한다. 이 경우 소방서장이 소방청장에게 자료를 제출하는 경우에는
소방본부장을 거쳐야 한다.

⑥ 운행기록장치 데이터의 분석·활용(규칙 제13조의2)
㉠ 소방청장 및 소방본부장은 운행기록장치 데이터 중 과속, 급감속, 급출발 등의 운행기록을
점검·분석해야 한다.
㉡ 소방청장, 소방본부장 및 소방서장은 운행기록장치 데이터 중 과속, 급감속, 급출발 등의
운행기록 분석 결과를 소방자동차의 안전한 소방활동 수행에 필요한 교통안전정책의 수립,
교육·훈련 등에 활용할 수 있다.

⑦ 운행기록장치 데이터 보관 등에 관한 세부사항(규칙 제13조의4)

위 시행규칙에서 정한 사항 외에 운행기록의 보관, 제출 및 활용 등에 필요한 세부사항은 소방청장이 정한다.

(2) 소방자동차 교통안전 분석 시스템의 구축·운영(법 제21조의3 제2항)

소방청장은 소방자동차의 안전한 운행 및 교통사고 예방을 위하여 운행기록장치 데이터의 수집·저장·통합·분석 등의 업무를 전자적으로 처리하기 위한 소방자동차 교통안전 분석 시스템을 구축·운영할 수 있다.

(3) 소방자동차 장비운영자 처벌 제한(법 제21조의3 제3항)

소방청장, 소방본부장 및 소방서장은 소방자동차 교통안전 분석 시스템으로 처리된 자료(이하 이 조에서 "전산자료"라 한다)를 이용하여 소방자동차의 장비운용자 등에게 어떠한 불리한 제재나 처벌을 하여서는 아니 된다.

(4) 운행기록 및 전산자료 등 필요한 사항(법 제21조의3 제4항)

소방자동차 교통안전 분석 시스템의 구축·운영, 운행기록장치 데이터 및 전산자료의 보관·활용 등에 필요한 사항은 행정안전부령으로 정한다(2023.04.27. 시행).

17 소방대의 긴급통행(제22조)

소방대는 화재, 재난·재해, 그 밖의 위급한 상황이 발생한 현장에 신속하게 출동하기 위하여 긴급할 때에는 일반적인 통행에 쓰이지 아니하는 도로·빈터 또는 물 위로 통행할 수 있다.

18 소방활동구역의 설정(제23조) `22 소방장`

(1) 소방활동구역의 설정

소방대장은 화재, 재난·재해, 그 밖의 위급한 상황이 발생한 현장에 소방활동구역을 정하여 소방활동에 필요한 사람으로서 대통령령으로 정하는 사람 외에는 그 구역에 출입하는 것을 제한할 수 있다.
↳ 제8조

(2) 화재 등 위급한 상황이 발생한 현장에서 경찰공무원의 권한

소방대가 소방활동구역에 있지 아니하거나 소방대장의 요청이 있을 때에는 화재, 재난·재해, 그 밖의 위급한 상황이 발생한 현장에 소방활동구역을 정하여 (4)에서 정하는 사람 외에 출입하는 것을 제한할 수 있다.

(3) 소방활동구역 설정권자 : 소방대장

※ 소방대장 : 소방본부장 또는 소방서장 등 화재, 재난·재해, 그 밖의 위급한 상황이 발생한 현장에서 소방대를 지휘하는 사람을 말함

(4) 소방활동구역의 출입자(영 제8조) `22 소방교` `22 소방장`

① 소방활동구역 안에 있는 소방대상물의 소유자·관리자 또는 점유자
② 전기·가스·수도·통신·교통의 업무에 종사하는 사람으로서 원활한 소방활동을 위하여 필요한 사람

③ 의사·간호사 그 밖의 구조·구급업무에 종사하는 사람

④ 취재인력 등 보도업무에 종사하는 사람

⑤ 수사업무에 종사하는 사람

⑥ 그 밖에 소방대장이 소방활동을 위하여 출입을 허가한 사람

19 소방활동 종사 명령(제24조)

(1) 소방활동 종사 명령 `19 소방장`

① 명령권자 : 소방본부장, 소방서장 또는 소방대장

② 명령요건 : 화재, 재난·재해, 그 밖의 위급한 상황이 발생한 현장에서 소방활동을 위하여 필요할 때에는 그 관할구역에 사는 사람 또는 그 현장에 있는 사람에게 명령할 수 있다.

③ 명령내용 `21 소방장`

㉠ 사람을 구출하는 일

㉡ 불을 끄거나 불이 번지지 아니하도록 하는 일

④ 보호강구 지급 : 소방활동종사명령을 한 경우 소방본부장, 소방서장 또는 소방대장은 소방활동에 필요한 보호장구를 지급하는 등 안전을 위한 조치를 하여야 한다.

(2) 소방활동의 비용 지급

소방활동에 종사한 사람은 시·도지사로부터 소방활동의 비용을 지급받을 수 있다.

(3) 소방활동을 하였어도 비용을 지급하지 않는 경우 `21 소방교` `23 소방교`

① 소방대상물에 화재, 재난·재해, 그 밖의 위급한 상황이 발생한 경우 그 관계인

② 고의 또는 과실로 화재 또는 구조·구급 활동이 필요한 상황을 발생시킨 사람

③ 화재 또는 구조·구급 현장에서 물건을 가져간 사람

20 강제처분 등(제25조) `23 소방교`

(1) 화재가 발생하거나 불이 번질 우려가 있는 소방대상물 및 토지의 강제처분(임의적)

① 처분권자 : 소방본부장, 소방서장 또는 소방대장

② 처분요건 : 사람을 구출하거나 불이 번지는 것을 막기 위하여 필요할 때

③ 처분대상 : 화재가 발생하거나 불이 번질 우려가 있는 소방대상물 및 토지

④ 처분내용 : 일시적으로 사용하거나 그 사용의 제한 또는 소방활동에 필요한 처분

⑤ 처분 위반 시 : 3년 이하의 징역 또는 3천만원 이하의 벌금

(2) 화재가 발생하거나 불이 번질 우려가 있는 소방대상물 및 토지 외의 강제처분(임의적)

① 처분권자 : 소방본부장, 소방서장 또는 소방대장

② 처분요건 : 사람을 구출하거나 불이 번지는 것을 막기 위하여 긴급하다고 인정할 때

③ 처분대상 : 화재가 발생하거나 불이 번질 우려가 있는 소방대상물 및 토지 이외

④ 처분내용 : 일시적으로 사용하거나 그 사용의 제한 또는 소방활동에 필요한 처분

⑤ 명령 위반 시 : 300만원 이하의 벌금

(3) 소방출동방해물의 제거 및 이동 `23 소방교`

① 처분권자 : 소방본부장, 소방서장 또는 소방대장

② 처분요건 : 소방활동을 위하여 긴급하게 출동 시 소방자동차의 통행과 소방활동에 방해되는 때

③ 처분대상 : 방해되는 주차 또는 정차된 차량 및 물건 등

④ 처분내용 : 제거 또는 이동 시킬 수 있음

⑤ 명령 위반 시 : 300만원 이하의 벌금

(4) 관할 지방자치단체 등 관련 기관에 견인차량과 인력 등에 대한 지원을 요청

소방본부장, 소방서장 또는 소방대장은 소방활동에 방해가 되는 주차 또는 정차된 차량의 제거나 이동을 위하여 관할 지방자치단체 등 관련 기관에 견인차량과 인력 등에 대한 지원을 요청할 수 있고, 요청을 받은 관련 기관의 장은 정당한 사유가 없으면 이에 협조하여야 한다.

(5) 견인차량과 인력 등을 지원한 자에 대한 비용지급

시·도지사는 (4)에 따라 견인차량과 인력 등을 지원한 자에게 시·도의 조례로 정하는 바에 따라 비용을 지급할 수 있다.

21 피난 명령(제26조)

(1) 명령권자 : 소방본부장, 소방서장 또는 소방대장

(2) 명령요건 : 화재, 재난·재해, 그 밖의 위급한 상황이 발생하여 사람의 생명을 위험하게 할 것으로 인정할 때

(3) 명령내용 : 일정한 구역을 지정하여 그 구역에 있는 사람에게 그 구역 밖으로 피난할 것을 명할 수 있다.

(4) 명령 위반 시 : 100만원 이하의 벌금

(5) 경찰의 협조요청

소방본부장, 소방서장 또는 소방대장은 피난명령을 할 때 필요하면 관할 경찰서장 또는 자치경찰 단장에게 협조를 요청할 수 있다.

22 위험시설 등에 대한 긴급조치(제27조)

(1) 소방용수 외에 수도(水道)의 개폐장치 등 조작 `21 소방장`

소방본부장, 소방서장 또는 소방대장은 화재 진압 등 소방활동을 위하여 필요할 때에는 소방용수 외에 댐·저수지 또는 수영장 등의 물을 사용하거나 수도(水道)의 개폐장치 등을 조작할 수 있다.

(2) 위험물질의 공급을 차단하는 등 필요한 조치

소방본부장, 소방서장 또는 소방대장은 화재 발생을 막거나 폭발 등으로 화재가 확대되는 것을 막기 위하여 가스·전기 또는 유류 등의 시설에 대하여 위험물질의 공급을 차단하는 등 필요한 조치를 할 수 있다.

※ 「소방기본법」상 처분요건

행정 처분	처분 요건
피난명령	화재, 재난·재해, 그 밖의 위급한 상황이 발생하여 사람의 생명을 위험하게 할 것으로 인정할 때
소방활동종사명령	화재, 재난·재해, 그 밖의 위급한 상황이 발생한 현장에서 소방활동을 위하여 필요할 때
강제처분	사람을 구출하거나 불이 번지는 것을 막기 위하여 필요할 때
소방용수 외 물을 사용하거나 수도밸브조작	화재 진압 등 소방활동을 위하여 필요할 때
가스·전기 또는 유류 등의 시설의 공급차단	화재 발생을 막거나 폭발 등으로 화재가 확대되는 것을 막기 위하여

23 방해행위의 제지 등(제27조의2)

소방대원은 소방활동 또는 생활안전활동을 방해하는 행위를 하는 사람에게 필요한 경고를 하고, 그 행위로 인하여 사람의 생명·신체에 위해를 끼치거나 재산에 중대한 손해를 끼칠 우려가 있는 긴급한 경우에는 그 행위를 제지할 수 있다.

24 소방용수시설 및 비상소화장치의 사용금지 등(제28조)

(1) 소방용수시설 및 비상소화장치의 사용금지

누구든지 다음의 어느 하나에 해당하는 행위를 하여서는 아니 된다.

① 정당한 사유 없이 소방용수시설 또는 비상소화장치를 사용하는 행위
② 정당한 사유 없이 손상·파괴, 철거 또는 그 밖의 방법으로 소방용수시설 또는 비상소화장치의 효용(效用)을 해치는 행위
③ 소방용수시설 또는 비상소화장치의 정당한 사용을 방해하는 행위

(2) 위반 시 처벌 : 5년 이하의 징역 또는 5천만원 이하

「소방기본법」에 따른 소방대장의 권한
① 소방활동구역 설정   ② 소방활동종사 명령
③ 강제처분   ④ 피난명령
⑤ 위험물시설 등 긴급조치권

제5장 화재의 조사

화재조사에 관해서는 「소방의 화재조사에 관한 법률」로 정한다(2022.06.09. 시행).

제6장 구조 및 구급

구조대 및 구급대의 편성과 운영에 관하여는 별도의 법률로 정한다.

제7장 의용소방대

의용소방대의 설치 및 운영에 관하여는 별도의 법률로 정한다.

제7장의 2 소방산업의 육성 · 진흥 및 지원 등

1 국가의 책무(제39조의3) 23 소방장

국가는 소방산업(소방용 기계 · 기구의 제조, 연구 · 개발 및 판매 등에 관한 일련의 산업을 말한다. 이하 같다)의 육성 · 진흥을 위하여 필요한 계획의 수립 등 행정상 · 재정상의 지원시책을 마련하여야 한다.

2 소방산업과 관련된 기술개발 등의 지원(제39조의5)

(1) 자금의 출연 또는 보조

국가는 소방산업과 관련된 기술(이하 "소방기술"이라 한다)의 개발을 촉진하기 위하여 기술개발을 실시하는 자에게 그 기술개발에 드는 자금의 전부나 일부를 출연하거나 보조할 수 있다.

(2) 재정적 지원

국가는 우수소방제품의 전시 · 홍보를 위하여 무역전시장 등을 설치한 자에게 다음에서 정한 범위에서 재정적인 지원을 할 수 있다.

① 소방산업전시회 운영에 따른 경비의 일부

② 소방산업전시회 관련 국외 홍보비

③ 소방산업전시회 기간 중 국외의 구매자 초청 경비

③ 소방기술의 연구 · 개발사업 수행(제39조의6)

(1) 소방기술의 연구 · 개발사업을 수행

국가는 국민의 생명과 재산을 보호하기 위하여 다음의 어느 하나에 해당하는 기관이나 단체로 하여금 소방기술의 연구 · 개발사업을 수행하게 할 수 있다.

① 국공립 연구기관

② 「과학기술분야 정부출연연구기관 등의 설립 · 운영 및 육성에 관한 법률」에 따라 설립된 연구기관

③ 「특정연구기관 육성법」 제2조에 따른 특정연구기관

④ 「고등교육법」에 따른 대학 · 산업대학 · 전문대학 및 기술대학

⑤ 「민법」이나 다른 법률에 따라 설립된 소방기술 분야의 법인인 연구기관 또는 법인 부설 연구소

⑥ 「기초연구진흥 및 기술개발지원에 관한 법률」 제14조의2 제1항에 따라 인정받은 기업부설연구소

⑦ 「소방산업의 진흥에 관한 법률」 제14조에 따른 한국소방산업기술원

⑧ 그 밖에 대통령령으로 정하는 소방에 관한 기술개발 및 연구를 수행하는 기관 · 협회

(2) 연구 · 개발사업의 경비의 지원

국가가 국공립연구 기관이나 단체로 하여금 소방기술의 연구 · 개발사업을 수행하게 하는 경우에는 필요한 경비를 지원하여야 한다.

④ 소방기술 및 소방산업의 국제화사업(제39조의7)

(1) 소방기술 및 소방산업 시책

국가는 소방기술 및 소방산업의 국제경쟁력과 국제적 통용성을 높이는 데에 필요한 기반 조성을 촉진하기 위한 시책을 마련하여야 한다.

(2) 국제경쟁 · 통용성 강화 시책사업

소방청장은 소방기술 및 소방산업의 국제경쟁력과 국제적 통용성을 높이기 위하여 다음의 사업을 추진하여야 한다.

① 소방기술 및 소방산업의 국제 협력을 위한 조사 · 연구

② 소방기술 및 소방산업에 관한 국제 전시회, 국제 학술회의 개최 등 국제 교류

③ 소방기술 및 소방산업의 국외시장 개척

④ 그 밖에 소방기술 및 소방산업의 국제경쟁력과 국제적 통용성을 높이기 위하여 필요하다고 인정하는 사업

제8장 한국소방안전원

1 한국소방안전원의 설립 등(제40조)

(1) **한국소방안전원의 설립 목적**

소방기술과 안전관리기술의 향상 및 홍보, 그 밖의 교육·훈련 등 행정기관이 위탁하는 업무의 수행과 소방 관계 종사자의 기술 향상을 위하여 한국소방안전원(이하 "안전원"이라 한다)을 소방청장의 인가를 받아 설립한다.

(2) **사단법인 준용**

안전원에 관하여 이 법에 규정된 것을 제외하고는 「민법」 중 재단법인에 관한 규정을 준용한다.

2 교육계획의 수립 및 평가 등(제40조의2)

(1) **교육계획 수립**

안전원의 장(이하 "안전원장"이라 한다)은 소방기술과 안전관리의 기술향상을 위하여 매년 교육 수요조사를 실시하여 교육계획을 수립하고 소방청장의 승인을 받아야 한다.

(2) **교육결과의 평가·분석 및 보고**

안전원장은 소방청장에게 해당 연도 교육결과를 평가·분석하여 보고하여야 하며, 소방청장은 교육평가 결과를 교육계획에 반영하게 할 수 있다.

(3) **교육평가심의위원회의 운영**

안전원장은 교육결과를 객관적이고 정밀하게 분석하기 위하여 필요한 경우 교육 관련 전문가로 구성된 위원회를 운영할 수 있다.

(4) **교육평가심의위원회의 구성·운영(영 제9조)**

① 심의사항

안전원의 장(이하 "안전원장"이라 한다)은 다음의 사항을 심의하기 위하여 교육평가심의위원회(이하 "평가위원회"라 한다)를 둔다.

㉠ 교육평가 및 운영에 관한 사항

㉡ 교육결과 분석 및 개선에 관한 사항

㉢ 다음 연도의 교육계획에 관한 사항

② 위원회의 구성 및 위원장 선출

㉠ 평가위원회는 위원장 1명을 포함하여 9명 이하의 위원으로 성별을 고려하여 구성한다.

㉡ 평가위원회의 위원장은 위원 중에서 호선(互選)한다.

③ 위원회의 위원의 위촉 및 자격

평가위원회의 위원은 다음의 어느 하나에 해당하는 사람 중에서 안전원장이 임명 또는 위촉한다.

ㄱ 소방안전교육 업무 담당 소방공무원 중 소방청장이 추천하는 사람

ㄴ 소방안전교육 전문가

ㄷ 소방안전교육 수료자

ㄹ 소방안전에 관한 학식과 경험이 풍부한 사람

④ 수당의 지급

평가위원회에 참석한 위원에게는 예산의 범위에서 수당을 지급할 수 있다. 다만, 공무원인 위원이 소관 업무와 직접 관련되어 참석하는 경우에는 수당을 지급하지 아니한다.

⑤ 기타 대통령으로 규정한 사항 외에 평가위원회의 운영 등에 필요한 사항 : 한국소방안전원장

3 안전원의 업무(제41조) `21 소방교` `22 소방교` `23 소방장`

(1) 소방기술과 안전관리에 관한 교육 및 조사·연구

(2) 소방기술과 안전관리에 관한 각종 간행물 발간

(3) 화재 예방과 안전관리의식 고취를 위한 대국민 홍보

(4) 소방업무에 관하여 행정기관이 위탁하는 업무

(5) 소방안전에 관한 국제협력

(6) 그 밖에 회원에 대한 기술지원 등 정관으로 정하는 사항

4 회원의 관리(제42조)

안전원은 소방기술과 안전관리 역량의 향상을 위하여 다음의 사람을 회원으로 관리할 수 있다.

(1) 「소방시설 설치 및 관리에 관한 법률」, 「소방시설공사업법」 또는 「위험물안전관리법」에 따라 등록을 하거나 허가를 받은 사람으로서 회원이 되려는 사람

(2) 「화재예방 및 안전관리에 관한 법률」, 「소방시설공사업법」 또는 「위험물안전관리법」에 따라 소방안전관리자, 소방기술자 또는 위험물안전관리자로 선임되거나 채용된 사람으로서 회원이 되려는 사람

(3) 그 밖에 소방 분야에 관심이 있거나 학식과 경험이 풍부한 사람으로서 회원이 되려는 사람

5 안전원의 정관 등

(1) 안전원의 정관에 포함되어야 할 사항(제43조)
① 목 적
② 명 칭
③ 주된 사무소의 소재지
④ 사업에 관한 사항
⑤ 이사회에 관한 사항
⑥ 회원과 임원 및 직원에 관한 사항
⑦ 재정 및 회계에 관한 사항
⑧ 정관의 변경에 관한 사항

(2) 정관의 변경
안전원은 정관을 변경하려면 소방청장의 인가를 받아야 한다.

(3) 안전원의 운영 경비(제44조)
안전원의 운영 및 사업에 소요되는 경비는 다음의 재원으로 충당한다.
① 소방기술과 안전관리에 관한 교육·조사·연구 및 행정기관이 위탁업무 수행에 따른 수입금
② 회원의 관리에 따른 회원의 회비
③ 자산운영수익금
④ 그 밖의 부대수입

(4) 안전원의 임원(제44조의2)
① 안전원에 임원으로 원장 1명을 포함한 9명 이내의 이사와 1명의 감사를 둔다.
② 원장과 감사는 소방청장이 임명한다.

(5) 유사명칭의 사용금지(제44조의3)
이 법에 따른 안전원이 아닌 자는 한국소방안전원 또는 이와 유사한 명칭을 사용하지 못한다.

제9장 | 보 칙

1 감독(제48조)

(1) 감독권자

소방청장은 안전원의 업무를 감독한다.

(2) 보고 및 검사

소방청장은 안전원에 대하여 업무·회계 및 재산에 관하여 필요한 사항을 보고하게 하거나, 소속 공무원으로 하여금 안전원의 장부·서류 및 그 밖의 물건을 검사하게 할 수 있다.

(3) 시정명령 등 필요한 조치

소방청장은 보고 또는 검사의 결과 필요하다고 인정되면 시정명령 등 필요한 조치를 할 수 있다.

(4) 감독 등(영 제10조)

① 소방청장은 안전원의 다음의 업무를 감독하여야 한다.

ㄱ 이사회의 중요의결 사항

ㄴ 회원의 가입·탈퇴 및 회비에 관한 사항

ㄷ 사업계획 및 예산에 관한 사항

ㄹ 기구 및 조직에 관한 사항

ㅁ 그 밖에 소방청장이 위탁한 업무의 수행 또는 정관에서 정하고 있는 업무의 수행에 관한 사항

② 안전원의 사업계획 및 예산에 관하여는 소방청장의 승인을 얻어야 한다.

③ 소방청장은 안전원의 업무감독을 위하여 필요한 자료의 제출을 명하거나 「소방시설 설치 및 관리에 관한 법률」 제50조, 「소방시설공사업법」 제33조 및 「위험물안전관리법」 제30조의 규정에 의하여 위탁된 업무와 관련된 규정의 개선을 명할 수 있다. 이 경우 협회는 정당한 사유가 없는 한 이에 따라야 한다.

2 권한의 위임(제49조)

소방청장은 이 법에 따른 권한의 일부를 대통령령으로 정하는 바에 따라 시·도지사, 소방본부장 또는 소방서장에게 위임할 수 있다.

3 손실보상(제49조의2)

(1) 손실보상 `19 소방장` `21 소방장` `22 소방교`

소방청장 또는 시·도지사는 다음의 어느 하나에 해당하는 자에게 손실보상심의위원회의 심사·의결에 따라 정당한 보상을 하여야 한다.

① 생활안전활동으로 인하여 손실을 입은 자

② 소방활동 종사명령에 따른 소방활동 종사로 인하여 사망하거나 부상을 입은 자

③ 인명구조 및 연소확대방지를 위하여 소방대상물 또는 토지 외의 소방대상물과 토지에 대하여 강제처분으로 인하여 손실을 입은 자

④ 소방활동을 위하여 긴급하게 출동할 때에는 소방자동차의 통행과 소방활동에 방해가 되는 주차 또는 정차된 차량 및 물건 등을 제거하거나 이동으로 인하여 손실을 입은 자. 다만, 법령을 위반하여 소방자동차의 통행과 소방활동에 방해가 된 경우는 제외한다.

⑤ 화재 진압 등 소방활동을 위하여 필요할 때에는 소방용수 외에 댐・저수지 또는 수영장 등의 물을 사용하거나 수도(水道)의 개폐장치 등의 조작으로 인하여 손실을 입은 자

⑥ 화재 발생을 막거나 폭발 등으로 화재가 확대되는 것을 막기 위하여 가스・전기 또는 유류 등의 시설에 대하여 위험물질의 공급을 차단하는 등 필요한 조치로 인하여 손실을 입은 자

⑦ 그 밖에 소방기관 또는 소방대의 적법한 소방업무 또는 소방활동으로 인하여 손실을 입은 자

(2) 소멸시효 `21 소방장`

① 손실보상을 청구할 수 있는 권리는 손실이 있음을 안 날부터 3년

② 손실이 발생한 날부터 5년간 행사하지 아니하면 시효의 완성으로 소멸한다.

(3) 손실보상심의위원회의 구성・운영

소방청장 또는 시・도지사는 손실보상청구사건을 심사・의결하기 위하여 필요한 경우 손실보상심의위원회를 구성・운영할 수 있다(2023.8.16. 개정, 2024.2.17. 시행).

(4) 위원회를 해산

소방청장 또는 시・도지사는 손실보상심의위원회의 구성 목적을 달성하였다고 인정하는 경우에는 손실보상심의위원회를 해산할 수 있다(2023.8.16. 개정, 2024.2.17. 시행).

(5) 손실보상의 기준, 보상금액, 지급절차 및 방법, 손실보상심의위원회의 구성 및 운영, 그 밖에 필요한 사항 : 대통령령

(6) 손실보상의 기준 및 보상금액(영 제11조)

① **3**의 (1)에 따라 각 호(소방활동 조사명령에 따른 소방활동 종사로 인하여 사망하거나 부상을 입은 자는 제외한다)의 어느 하나에 해당하는 자에게 물건의 멸실・훼손으로 인한 손실보상을 하는 때에는 다음의 기준에 따른 금액으로 보상한다. 이 경우 영업자가 손실을 입은 물건의 수리나 교환으로 인하여 영업을 계속할 수 없는 때에는 영업을 계속할 수 없는 기간의 영업이익액에 상당하는 금액을 더하여 보상한다.

㉠ 손실을 입은 물건을 수리할 수 있는 때 : 수리비에 상당하는 금액

㉡ 손실을 입은 물건을 수리할 수 없는 때 : 손실을 입은 당시의 해당 물건의 교환가액

② 물건의 멸실・훼손으로 인한 손실 외의 재산상 손실에 대해서는 직무집행과 상당한 인과관계가 있는 범위에서 보상한다.

③ 소방활동 종사명령에 따른 소방활동 종사로 인하여 사망하거나 부상을 입은 자의 보상금액 등의
기준은 별표2의4와 같다.

(7) 손실보상의 지급절차 및 방법(영 제12조)

① 손실보상금 지급의 청구

3의 (1)에 따라 소방기관 또는 소방대의 적법한 소방업무 또는 소방활동으로 인하여 발생한
손실을 보상받으려는 자는 행정안전부령으로 정하는 보상금 지급 청구서에 손실내용과 손실
금액을 증명할 수 있는 서류를 첨부하여 소방청장 또는 시·도지사(이하 "소방청장 등"이라 한다)
에게 제출하여야 한다. 이 경우 소방청장 등은 손실보상금의 산정을 위하여 필요하면 손실보상을
청구한 자에게 증빙·보완 자료의 제출을 요구할 수 있다.

② 보상금 지급 여부 및 보상금액을 결정 **19 소방교** **21 소방장**

소방청장 등은 손실보상심의위원회의 심사·의결을 거쳐 특별한 사유가 없으면 보상금 지급
청구서를 받은 날부터 60일 이내에 보상금 지급 여부 및 보상금액을 결정하여야 한다.

③ 손실보상청구의 각하(却下)결정

소방청장 등은 다음의 어느 하나에 해당하는 경우에는 그 청구를 각하(却下)하는 결정을 하여야
한다.

㉠ 청구인이 같은 청구 원인으로 보상금 청구를 하여 보상금 지급 여부 결정을 받은 경우. 다만,
기각 결정을 받은 청구인이 손실을 증명할 수 있는 새로운 증거가 발견되었음을 소명(疎明)
하는 경우는 제외한다.

㉡ 손실보상 청구가 요건과 절차를 갖추지 못한 경우. 다만, 그 잘못된 부분을 시정할 수 있는
경우는 제외한다.

④ 보상금 지급 등 결정의 통지 및 보상금 지급

소방청장 등은 보상금 지급 또는 각하 결정 일부터 10일 이내에 행정안전부령으로 정하는 바에
따라 결정 내용을 청구인에게 통지하고, 보상금을 지급하기로 결정한 경우에는 특별한 사유가
없으면 통지한 날부터 30일 이내에 보상금을 지급하여야 한다.

⑤ 보상금의 지급방법

소방청장 등은 보상금을 지급받을 자가 지정하는 예금계좌(「우체국예금·보험에 관한 법률」에
따른 체신관서 또는 「은행법」에 따른 은행의 계좌를 말한다)에 입금하는 방법으로 보상금을
지급한다. 다만, 보상금을 지급받을 자가 체신관서 또는 은행이 없는 지역에 거주하는 등 부득이한
사유가 있는 경우에는 그 보상금을 지급받을 자의 신청에 따라 현금으로 지급할 수 있다.

⑥ 보상금의 일시불 또는 분할지급

보상금은 일시불로 지급하되, 예산 부족 등의 사유로 일시불로 지급할 수 없는 특별한 사정이
있는 경우에는 청구인의 동의를 받아 분할하여 지급할 수 있다.

⑦ ①부터 ⑥까지에서 규정한 사항 외에 보상금의 청구 및 지급에 필요한 사항은 소방청장이 정
한다.

(8) 손실보상심의위원회의 설치 및 구성(영 제13조) `23 소방장`

구 분	규정 내용
목 적	손실보상청구 사건을 심사·의결하기 위하여 필요한 경우 각각 위원회를 구성·운영할 수 있다.
구성권자	소방청장
위원구성	위원장 1명을 포함하여 5명 이상 7명 이하의 위원으로 구성한다. 다만, 청구금액이 100만원 이하인 사건에 대해서는 위원 3명으로만 구성할 수 있다. ※ 위원장을 제외함(×)
위원장	• 위원 중에서 소방청장 등이 지명한다. • 보상위원회를 대표하며, 보상위원회의 업무를 총괄한다. • 부득이한 사유로 직무를 수행할 수 없는 때에는 보상위원장이 미리 지명한 위원이 그 직무를 대행한다.
위원의 임명 또는 위촉	• 소방청장 또는 시·도지사 • 보상위원회를 구성할 때에는 위원의 과반수는 성별을 고려하여 소방공무원이 아닌 사람으로 하여야 한다.
위원의 자격 `23 소방장`	• 소속 소방공무원 • 판사·검사 또는 변호사로 5년 이상 근무한 사람 • 학교에서 법학 또는 행정학을 가르치는 부교수 이상으로 5년 이상 재직한 사람 • 손해사정사 • 소방안전 또는 의학 분야에 관한 학식과 경험이 풍부한 사람
임 기	2년, 보상위원회가 해산되는 경우에는 그 해산되는 때에 임기가 만료되는 것으로 한다.
간 사	간사 1명을 두되, 간사는 소속 소방공무원 중에서 소방청장 등이 지명한다.
수당, 여비	위원회에 출석한 위원에게는 예산의 범위에서 수당, 여비, 그 밖에 필요한 경비를 지급할 수 있다. 다만, 공무원인 위원이 그 소관 업무와 직접적으로 관련되어 위원회에 출석하는 경우에는 지급하지 않는다.

(9) 보상위원회의 위원장(영 제14조)

① 보상위원회의 위원장(이하 "보상위원장"이라 한다)은 위원 중에서 호선한다.

② 보상위원장은 보상위원회를 대표하며, 보상위원회의 업무를 총괄한다.

③ 보상위원장이 부득이한 사유로 직무를 수행할 수 없는 때에는 보상위원장이 미리 지명한 위원이 그 직무를 대행한다.

(10) 보상위원회의 운영(영 제15조)

① 보상위원장은 보상위원회의 회의를 소집하고, 그 의장이 된다.

② 보상위원회의 회의는 재적위원 과반수의 출석으로 개의(開議)하고, 출석위원 과반수의 찬성으로 의결한다.

③ 보상위원회는 심의를 위하여 필요한 경우에는 관계 공무원이나 관계 기관에 사실조사나 자료의 제출 등을 요구할 수 있으며, 관계 전문가에게 필요한 정보의 제공이나 의견의 진술 등을 요청할 수 있다.

(11) 보상위원회 위원의 제척 · 기피 · 회피(영 제16조)

① 보상위원회의 위원이 다음의 어느 하나에 해당하는 경우에는 보상위원회의 심의 · 의결에서 제척(除斥)된다.

    ㉠ 위원 또는 그 배우자나 배우자였던 사람이 심의 안건의 청구인인 경우

    ㉡ 위원이 심의 안건의 청구인과 친족이거나 친족이었던 경우

    ㉢ 위원이 심의 안건에 대하여 증언, 진술, 자문, 용역 또는 감정을 한 경우

    ㉣ 위원이나 위원이 속한 법인(법무조합 및 공증인가합동법률사무소를 포함한다)이 심의 안건 청구인의 대리인이거나 대리인이었던 경우

    ㉤ 위원이 해당 심의 안건의 청구인인 법인의 임원인 경우

② 청구인은 보상위원회의 위원에게 공정한 심의 · 의결을 기대하기 어려운 사정이 있는 때에는 보상위원회에 기피 신청을 할 수 있고, 보상위원회는 의결로 이를 결정한다. 이 경우 기피 신청의 대상인 위원은 그 의결에 참여하지 못한다.

③ 보상위원회의 위원이 ①에 따른 제척 사유에 해당하는 경우에는 스스로 해당 안건의 심의 · 의결에서 회피(回避)하여야 한다.

(12) 보상위원회 위원의 해촉 및 해임(영 제17조)

소방청장 등은 보상위원회의 위원이 다음의 어느 하나에 해당하는 경우에는 해당 위원을 해촉(解囑)하거나 해임할 수 있다.

① 심신장애로 인하여 직무를 수행할 수 없게 된 경우

② 직무태만, 품위손상이나 그 밖의 사유로 위원으로 적합하지 아니하다고 인정되는 경우

③ (10)의 ① 어느 하나에 해당하는 데에도 불구하고 회피하지 아니한 경우

④ (12)를 위반하여 직무상 알게 된 비밀을 누설한 경우

(13) 보상위원회의 비밀 누설 금지(영 제17조의2)

보상위원회의 회의에 참석한 사람은 직무상 알게 된 비밀을 누설해서는 아니 된다.

(14) 보상위원회의 운영 등에 필요한 사항(영 제18조)

위 (7)부터 (13)에서 규정한 사항 외에 보상위원회의 운영 등에 필요한 사항은 소방청장 등이 정한다.

4 벌칙 적용에서 공무원 의제(제49조의3)

소방업무에 관하여 위탁받은 업무에 종사하는 안전원의 임직원은 수뢰 · 사전수뢰, 제3자뇌물제공, 수뢰후부정처사 · 사후수뢰, 알선수뢰를 적용할 때에는 공무원으로 본다.

제10장 벌 칙

1 5년 이하의 징역 또는 5천만원 이하의 벌금(제50조) `19 소방장` `21 소방교`

(1) 위력(威力)을 사용하여 출동한 소방대의 화재진압·인명구조 또는 구급활동을 방해하는 행위

(2) 소방대가 화재진압·인명구조 또는 구급활동을 위하여 현장에 출동하거나 현장에 출입하는 것을 고의로 방해하는 행위

(3) 출동한 소방대원에게 폭행 또는 협박을 행사하여 화재진압·인명구조 또는 구급활동을 방해하는 행위

(4) 출동한 소방대의 소방장비를 파손하거나 그 효용을 해하여 화재진압·인명구조 또는 구급활동을 방해하는 행위

(5) 소방자동차의 출동을 방해한 사람

(6) 소방본부장, 소방서장 또는 소방대장의 소방활동 종사명령을 받고 사람을 구출하는 일 또는 불을 끄거나 불이 번지지 아니하도록 하는 일을 방해한 사람

(7) 정당한 사유 없이 소방용수시설 또는 비상소화장치를 사용하거나 소방용수시설 또는 비상소화 장치의 효용을 해치거나 그 정당한 사용을 방해한 사람

2 3년 이하의 징역 또는 3천만원 이하의 벌금(제51조)

사람을 구출하거나 불이 번지는 것을 막기 위하여 긴급하다고 인정할 때 화재가 발생하거나 불이 번질 우려가 있는 소방대상물 및 토지의 강제처분을 방해한 자 또는 정당한 사유 없이 그 처분에 따르지 아니한 자

3 300만원 이하의 벌금(제52조)

(1) 소방본부장, 소방서장 또는 소방대장은 사람을 구출하거나 불이 번지는 것을 막기 위하여 긴급하다고 인정할 때에는 화재가 발생하거나 불이 번질 우려가 있는 소방대상물 또는 토지 외의 소방대상물과 토지에 대하여 강제처분에 따르지 아니한 자

(2) 소방본부장, 소방서장 또는 소방대장은 소방활동을 위하여 긴급하게 출동할 때에는 소방자동차의 통행과 소방활동에 방해가 되는 주차 또는 정차된 차량 및 물건 등을 제거하거나 이동활동을 방해하거나 정당한 사유 없이 그 처분에 따르지 아니한 자

4 100만원 이하의 벌금(제54조) `22 소방장` `23 소방교`

(1) 정당한 사유 없이 소방대의 생활안전활동을 방해한 자

(2) 정당한 사유 없이 소방대가 현장에 도착할 때까지 사람을 구출하는 조치 또는 불을 끄거나 불이 번지지 아니하도록 하는 조치를 하지 아니한 사람

(3) 피난 명령을 위반한 사람

(4) 정당한 사유 없이 물의 사용이나 수도의 개폐장치의 사용 또는 조작을 하지 못하게 하거나 방해한 자

(5) 가스·전기 또는 유류 등의 시설에 대하여 위험물질의 공급을 차단하는 등 필요한 조치를 정당한 사유 없이 방해한 자

5 형법상 감경규정에 관한 특례(제54조의2)

음주 또는 약물로 인한 심신장애 상태에서 출동한 소방대원에게 폭행 또는 협박을 행사하여 화재진압·인명구조 또는 구급활동을 방해하는 행위죄를 범한 때에는 「형법」 제10조 제1항 및 제2항을 적용하지 아니할 수 있다.

> 「형법」 제10조(심신장애인)
> ① 심신장애로 인하여 사물을 변별할 능력이 없거나 의사를 결정할 능력이 없는 자의 행위는 벌하지 아니한다.
> ② 심신장애로 인하여 전항의 능력이 미약한 자의 행위는 형을 감경할 수 있다.

6 양벌규정(제55조)

법인의 대표자나 법인 또는 개인의 대리인, 사용인, 그 밖의 종업원이 그 법인 또는 개인의 업무에 관하여 **1**부터 **4**까지의 어느 하나에 해당하는 위반행위를 하면 그 행위자를 벌하는 외에 그 법인 또는 개인에게도 해당 조문의 벌금형을 과(科)한다. 다만, 법인 또는 개인이 그 위반행위를 방지하기 위하여 해당 업무에 관하여 상당한 주의와 감독을 게을리 하지 아니한 경우에는 그러하지 아니하다.

7 과태료(제56조)

(1) 500만원 이하의 과태료(제1항) `23 소방교`

① 화재 또는 구조·구급이 필요한 상황을 거짓으로 알린 사람

② 정당한 사유 없이 화재, 재난·재해, 그 밖의 위급한 상황을 소방본부, 소방서 또는 관계 행정기관에 알리지 아니한 관계인

(2) 200만원 이하의 과태료(제2항)

① 한국119청소년단 또는 이와 유사한 명칭을 사용한 자

② 소방활동을 위하여 사이렌을 사용하여 출동할 때 소방자동차의 출동에 지장을 준 사람

③ 소방활동구역 출입제한을 받는 자가 허가를 받지 않고 소방활동구역을 출입한 사람

④ 한국소방안전원 또는 이와 유사한 명칭을 사용한 자

(3) 100만원 이하의 과태료(제3항)

소방차 전용구역에 차를 주차하거나 전용구역에의 진입을 가로막는 등의 방해행위를 한 자

(4) 20만원 이하의 과태료(제57조)

화재 등의 통지 지역에서 불을 피우거나 연막소독 등 화재로 오인할 만한 신고를 하지 아니하여 소방자동차를 출동하게 한 자

(5) 부과 및 징수권자

① 500만원 이하의 과태료 : 대통령령으로 정하는 바에 따라 관할 시·도지사, 소방본부장 또는 소방서장(제56조 제4항)

② 20만원 이하의 과태료의 부과 및 징수 : 조례기준에 따라 관할 소방본부장 또는 소방서장(제57조 제2항)

(6) 과태료의 부과기준(법 제56조 및 영 제19조 관련)

① 일반기준 `23 소방장`

㉠ 위반행위의 횟수에 따른 과태료의 가중된 부과기준은 최근 1년간 같은 위반행위로 과태료 부과처분을 받은 경우에 적용한다. 이 경우 기간의 계산은 위반행위에 대하여 과태료 부과처분을 받은 날과 그 처분 후 다시 같은 위반행위를 하여 적발된 날을 기준으로 한다.

㉡ 가목에 따라 가중된 부과처분을 하는 경우 가중처분의 적용 차수는 그 위반행위 전 부과처분 차수(가목에 따른 기간 내에 과태료 부과처분이 둘 이상 있었던 경우에는 높은 차수를 말한다)의 다음 차수로 한다.

㉢ 부과권자는 다음의 어느 하나에 해당하는 경우에는 제2호의 개별기준에 따른 과태료의 2분의 1 범위에서 그 금액을 줄여 부과할 수 있다. 다만, 과태료를 체납하고 있는 위반행위자에 대해서는 그렇지 않다.

ⓐ 위반행위가 사소한 부주의나 오류로 인한 것으로 인정되는 경우

ⓑ 위반행위자가 법 위반상태를 시정하거나 해소하기 위하여 노력한 사실이 인정되는 경우

ⓒ 위반행위자가 화재 등 재난으로 재산에 현저한 손실을 입거나 사업 여건의 악화로 그 사업이 중대한 위기에 처하는 등 사정이 있는 경우

ⓓ 그 밖에 위반행위의 정도, 위반행위의 동기와 그 결과 등을 고려하여 감경할 필요가 있다고 인정되는 경우

② 개별기준

위반행위	과태료 금액(만원)		
	1회	2회	3회
한국119청소년단 또는 이와 유사한 명칭을 사용한 경우	100	150	200
화재 또는 구조·구급이 필요한 상황을 거짓으로 알린 경우	200	400	500
정당한 사유 없이 화재, 재난·재해, 그 밖의 위급한 상황을 소방본부, 소방서 또는 관계 행정기관에 알리지 않은 경우	500		
소방활동을 위하여 사이렌을 사용하여 출동하는 소방자동차의 출동에 지장을 준 경우	100		
소방차 전용구역에 차를 주차하거나 전용구역에의 진입을 가로막는 등의 방해 행위를 한 경우	50	100	100
소방활동구역 출입제한을 받는 자가 소방대장의 허가를 받지 않고 소방활동 구역을 출입한 경우	100		
한국소방안전원 또는 이와 유사한 명칭을 사용한 경우	200		

제11장 업무권한

권리·의무자	내 용
국 가	• 소방장비의 구입 등 시·도 소방업무에 필요한 경비 일부 지원 • 소방자동차의 보험 가입비용의 일부를 지원 • 소방산업의 육성·진흥 및 지원 시책 마련 • 소방산업과 관련된 기술(이하 "소방기술"이라 한다)의 개발을 촉진하기 위한 자금의 전부 또는 일부의 출연 또는 보조 • 우수 소방제품의 전시·홍보를 위한 재정적 지원 • 국민의 생명과 재산을 보호하기 위하여 대학 등 기관이나 단체로 하여금 소방기술의 연구·개발 사업을 수행할 수 있다. • 기관이나 단체로 하여금 소방기술의 연구·개발사업을 수행하게 하는 경우에는 필요한 경비를 지원 하여야 한다.
국가와 지방자치단체	• 화재, 재난·재해, 그 밖의 위급한 상황으로부터 국민의 생명·신체 및 재산을 보호하기 위하여 필요한 시책을 수립·시행 • 한국119청소년단에 그 조직 및 활동에 필요한 시설·장비를 지원할 수 있으며, 운영경비와 시설비 및 국내외 행사에 필요한 경비를 보조할 수 있다.
소방청장	• 화재 예방 및 대형 재난 등 필요한 경우 시·도 소방본부장 및 소방서장을 지휘·감독 • 소방박물관의 설립과 운영 • 소방업무에 관한 종합계획의 수립·시행 • 명예직 소방대원의 위촉 • 국가적 차원 등의 소방력 동원 • 국제경쟁·통용성 강화 시책사업 추진 • 한국소방안전원의 정관의 인가 • 한국소방안전원의 업무 감독 • 협회의 사업계획 및 예산 승인권

	• 소방안전교육사 자격시험실시 및 자격부여 등 • 종합계획을 관계 중앙행정기관의 장, 시·도지사에게 통보 • 시·도지사가 제출한 세부계획의 보완 또는 수정을 요청 • 소방활동 등으로 손실을 입은 자의 손실보상 • 소방자동차의 안전한 운행 및 교통사고 예방을 위하여 운행기록장치 데이터의 수집·저장·통합·분석 등의 업무를 전자적으로 처리하기 위한 시스템을 구축·운영할 수 있다.
시·도지사 **19 소방장**	• 소방체험관 설립 및 운영 • 종합계획의 시행에 필요한 세부계획 수립 • 소방의 날 행사를 정하여 시행 • 소방용수시설의 설치 및 유지·관리 • 소방업무 상호응원 협정 체결 의무 • 소방자동차의 보험 가입 의무 • 생활안전활동으로 인한 손실보상 의무 • 소방활동 중 사상자에 대한 보상의무 • 비상소화장치를 설치하고 유지·관리 • 견인차량과 인력 등을 지원한 자에게 시·도의 조례로 정하는 바에 따라 비용의 지급 • 강제처분으로 손실을 입은 사람에 대한 보상 의무 • 위험시설 등에 대한 긴급조치로 인한 손실피해 보상 • 소방청장의 소방력 동원 요청 정당한 사유 없이 거절 금지 의무 • 관할구역의 소방력을 확충하기 위하여 필요한 계획의 수립·시행 • 소방본부장 또는 소방서장에 대한 지휘·감독권, 소방업무에 대한 책임
소방청장 또는 소방본부장	대통령령으로 정하는 소방자동차에 행정안전부령으로 정하는 기준에 적합한 운행기록장치(이하 이 조에서 "운행기록장치"라 한다)를 장착하고 운용하여야 한다.
소방본부장 또는 소방서장	소방시설, 소방공사 및 위험물 안전관리 등과 관련된 법령해석 등의 민원을 종합적으로 접수하여 처리할 수 있는 기구(이하 이 조에서 "소방기술민원센터"라 한다)를 설치·운영할 수 있다.
소방청장, 소방본부장 또는 소방서장	• 119종합상황실 설치 운영 • 소방활동, 소방지원활동, 생활안전활동 • 소방교육·훈련 • 소방대원에게 필요한 소방교육·훈련 실시 • 화재 발생 시 피난 및 행동 방법 등을 홍보 • 자체소방대의 역량 향상을 위하여 필요한 교육·훈련 등을 지원
소방대장	소화활동구역 설정(경찰공무원도 일정조건하에 설치 가능)
소방본부장, 소방서장 또는 소방대장	• 소화활동 종사명령 • 강제처분 • 피난명령 • 위험물 등에 대한 긴급조치 ※ 암기신공 : 강소위 피난명령을 내리게나
소방본부장 또는 소방서장	• 소방용수시설 조사 및 지리조사 • 소방활동을 할 때에 긴급한 경우에는 이웃한 소방본부장 또는 소방서장에게 소방업무의 응원(應援)을 요청할 수 있다. • 20만원 이하의 과태료 부과·징수
관할 시·도지사, 소방본부장, 소방서장	200만원 이하의 과태료 부과·징수
소방대원	소방활동 또는 생활안전활동을 방해하는 행위를 하는 사람에게 필요한 경고를 하고, 그 행위로 인하여 사람의 생명·신체에 위해를 끼치거나 재산에 중대한 손해를 끼칠 우려가 있는 긴급한 경우에는 그 행위를 제지할 수 있다.

제12장 기준법령

권리 · 의무자	내 용
대통령령	• 소방기관의 설치에 필요한 사항 : 지방소방기관 설치에 관한 규정 • 소방업무에 관한 종합계획 및 세부계획의 수립 · 시행에 필요한 사항(제1조의2) • 소방장비의 국고보조 대상사업의 범위와 기준보조율(제2조) • 비상소화장치 설치대상 지역(제2조의2) • 소방활동을 수행하는 과정에서 발생하는 경비 부담에 관한 사항, 소방활동을 수행한 민간 소방 인력이 사망하거나 부상을 입었을 경우의 보상주체 · 보상기준 등에 관한 사항, 그 밖에 동원된 소방력의 운용과 관련하여 필요한 사항(제2조의3) • 소방안전교육사 시험의 응시자격, 시험방법, 시험과목, 시험위원, 그 밖에 소방안전교육사 시험의 실시에 필요한 사항(제7조의2 내지 제7조의8) • 소방안전교육사의 배치대상 및 배치기준, 그 밖에 필요한 사항(제7조의10 내지 제7조의11) • 소방활동구역의 출입자(제8조) • 소방자동차 전용구역의 설치 기준 · 방법, 방해행위의 기준, 그 밖의 필요한 사항(제7조의12 내지 제7조의14) • 한국소방안전원의 교육평가심의위원회의 구성 · 운영에 필요한 사항(제9조) • 손실보상의 기준, 보상금액, 지급절차 및 방법, 손실보상심의위원회의 구성 및 운영, 그 밖에 필요한 사항(제11조 내지 제18조) • 과태료 부과기준(제19조)
행정안전부령	• 119종합상황실의 설치 · 운영에 필요한 사항(제2조 내지 제3조) • 소방박물관 및 소방체험관 설립과 운영에 필요한 사항(제4조 내지 제4조의2) • 국고보조 대상인 소방활동장비 및 설비의 종류와 규격(제5조) • 소방용수시설과 비상소화장치의 설치기준(제6조) • 소방업무의 상호응원협정(제8조) • 소방교육 · 훈련의 종류 및 대상자, 그 밖에 교육 · 훈련의 실시에 필요한 사항(제9조) • 소방안전교육사 시험 과목별 출제범위(제9조의2) • 소방신호의 종류와 방법(제10조)
소방청장	• 소방박물관의 관광업무 · 조직 · 운영위원회의 구성 등에 관하여 필요한 사항 • 비상소화장치의 설치기준과 그밖의 관리기준에 관한 세부 사항 • 동원된 소방력의 운용과 관련하여 필요한 사항 • 대통령령이 정하는 사항 외에 손실보상의 청구 및 지급에 필요한 사항
소방청장, 소방본부장, 소방서장	종합상황실 근무자의 근무방법 등 종합상황실의 운영에 관하여 필요한 사항
소방교육기관	소방안전교육사 교육과목별 교육시간과 실습교육의 방법
한국소방 안전원장	대통령령으로 정하는 것 외에 교육평가심의평가위원회의 운영 등에 필요한 사항
시 · 도 조례	• 행정안전부령이 정하는 기준에 따른 소방체험관 설립 · 운영에 필요한 사항 • 화재로 오인할 만한 법률에서 정하는 신고지역 외 지역 또는 장소 • 화재로 오인할 만한 신고의무 위반에 대한 과태료 기준 • 동원된 민간소방인력의 사상자 보상 기준 • 견인차량과 인력 등을 지원한 자에 대한 비용지급에 관한 기준

법 률	• 소방자동차 등 소방장비의 분류·표준화와 그 관리 등에 필요한 사항 • 소방자동차의 우선통행에 관한 사항 • 구조대 및 구급대의 편성과 운영에 관한 사항 • 의용소방대의 설치 및 운영에 관한 사항 • 소방의 화재조사에 관한 사항 • 화재의 예방 및 안전관리에 관한 사항

제13장   비교 정리

(1) 자격기준 정리

구 분		자격기준
소방안전 체험관	교수요원	소방공무원 중 다음의 어느 하나에 해당하는 사람 • 소방 관련학과의 석사학위 이상을 취득한 사람 • 소방안전교육사, 소방시설관리사, 소방기술사 또는 소방설비기사 자격을 취득한 사람 • 간호사 또는 응급구조사 자격을 취득한 사람 • 소방청장이 실시하는 인명구조사시험 또는 화재대응능력시험에 합격한 사람 • 소방활동이나 생활안전활동을 3년 이상 수행한 경력이 있는 사람 • 5년 이상 근무한 소방공무원 중 시·도지사가 체험실의 교수요원으로 적합하다고 인정하는 사람
	조 교	소방공무원 중 다음의 어느 하나에 해당하는 사람 • 교수요원의 자격을 갖춘 사람 • 소방활동이나 생활안전활동을 1년 이상 수행한 경력이 있는 사람 • 중앙소방학교 또는 지방소방학교에서 2주 이상의 소방안전교육사 관련 전문교육과정을 이수한 사람 • 소방체험관에서 2주 이상의 체험교육에 관한 직무교육을 이수한 의무소방 • 그 밖에 위의 자격 또는 능력을 갖추었다고 시·도지사가 인정하는 사람
소방대원 소방안전 교육훈련	강 사	• 소방 관련학과의 석사학위 이상을 취득한 사람 • 소방안전교육사, 소방시설관리사, 소방기술사 또는 소방설비기사 자격을 취득한 사람 • 응급구조사, 인명구조사, 화재대응능력 등 소방청장이 정하는 소방활동 관련 자격을 취득한 사람 • 소방공무원으로서 5년 이상 근무한 경력이 있는 사람
	보조강사	• 강사의 자격을 갖춘 사람 • 소방공무원으로서 3년 이상 근무한 경력이 있는 사람 • 그 밖에 보조강사의 능력이 있다고 소방청장, 소방본부장 또는 소방서장이 인정하는 사람
한국소방안전원 회원		• 소방시설관리업, 소방시설업 등록을 하거나 위험물제조소 등 설치허가를 받은 사람으로서 회원이 되려는 사람 • 소방안전관리자, 소방기술자 또는 위험물안전관리자로 선임되거나 채용된 사람으로서 회원이 되려는 사람 • 그 밖에 소방 분야에 관심이 있거나 학식과 경험이 풍부한 사람으로서 회원이 되려는 사람

구분		

소방안전교육사	시험응시	• 소방공무원으로 3년 이상 근무한 경력이 있는 사람
		• 중앙소방학교·지방소방학교에서 2주 이상의 소방안전교육사 관련 전문교육과정을 이수한 사람
		• 「유아, 초·중등교육법」에 따라 교원의 자격을 취득한 사람
		• 어린이집의 원장 또는 보육교사의 자격을 취득한 후 3년 이상의 보육업무 경력이 있는 사람
		• 다음 각 목의 어느 하나에 해당하는 기관에서 교육학과, 응급구조학과, 의학과, 간호학과 또는 소방안전 관련 학과 등 소방청장이 고시하는 학과에 개설된 교과목 중 소방안전교육과 관련하여 소방청장이 정하여 고시하는 교과목을 총 6학점 이상 이수한 사람
		  – 대학, 산업대학, 교육대학, 전문대학, 방송대학·통신대학·방송통신대학 및 사이버대학, 기술대학
		  – 평생교육시설, 직업훈련기관 및 군(軍)의 교육·훈련시설 등 학습과정의 평가인정을 받은 교육훈련기관
		• 안전관리 분야의 기술사 자격을 취득한 사람
		• 소방시설관리사 자격을 취득한 사람
		• 안전관리 분야의 기사 자격을 취득한 후 안전관리 분야에 1년 이상 종사한 사람
		• 안전관리 분야의 산업기사 자격을 취득한 후 안전관리 분야에 3년 이상 종사한 사람
		• 간호사 면허를 취득한 후 간호업무 분야에 1년 이상 종사한 사람
		• 1급 응급구조사 자격을 취득한 후 응급의료 업무 분야에 1년 이상 종사한 사람
		• 2급 응급구조사 자격을 취득한 후 응급의료 업무 분야에 3년 이상 종사한 사람
		• 특급소방안전관리자 자격이 있는 사람
		• 1급 소방안전관리자 자격을 갖춘 후 소방안전관리대상물의 소방안전관리에 관한 실무경력이 1년 이상 있는 사람
		• 2급 소방안전관리자 자격을 갖춘 후 소방안전관리대상물의 소방안전관리에 관한 실무경력이 3년 이상 있는 사람
		• 의용소방대원으로 임명된 후 5년 이상 의용소방대 활동을 한 경력이 있는 사람
		• 국가기술자격의 직무분야 중 위험물 직무분야의 기능장 자격을 취득한 사람

	심사위원 및 시험위원 자격	• 소방 관련학과, 교육학과 또는 응급구조학과 박사학위 취득자 • 대학, 산업대학, 교육대학, 전문대학, 방송대학·통신대학·방송통신대학 및 사이버대학, 기술대학에서 소방 관련학과, 교육학과 또는 응급구조학과에서 조교수 이상으로 2년 이상 재직한 자 • 소방위 이상의 소방공무원 • 소방안전교육사 자격을 취득한 자

(2) 각 위원회 정리

구분	손실보상심의 위원회	교육평가심의 위원회	소방박물관 운영위원회
목적	손실보상청구 사건을 심사·의결하기 위함	교육결과를 객관적이고 정밀하게 분석하기 위함	소방박물관의 운영에 관한 중요한 사항을 심의하기 위함
설치	소방청 또는 시·도	한국소방안전원	소방청
구성	위원장 1명을 포함하여 5명 이상 7명 이하의 위원. 다만, 청구금액이 100만원 이하인 사건은 위원 3명으로만 구성할 수 있다.	위원장 1명을 포함하여 9명 이하의 위원으로 성별을 고려	7인 이내
위원장	위원 중에서 소방청장이 지명	위원 중에서 호선(互選)	

위원의 자격	• 소속 소방공무원 • 판사·검사 또는 변호사로 5년 이상 근무한 사람 • 학교에서 법학 또는 행정학을 가르치는 부교수 이상으로 5년 이상 재직한 사람 • 손해사정사 • 소방안전 또는 의학 분야에 관한 학식과 경험이 풍부한 사람	• 소방안전교육 업무 담당 소방 공무원 중 소방청장이 추천하는 사람 • 소방안전교육 전문가 • 소방안전교육 수료자 • 소방안전에 관한 학식과 경험이 풍부한 사람	
위원의 임명 또는 위촉	소방청장 또는 시·도지사 ※ 위원의 과반수는 성별을 고려 하여 소방공무원이 아닌 사람 으로 구성	안전원장	소방청장
위원의 임기	2년 ※ 보상위원회가 해산되는 경우 에는 그 해산되는 때에 임기가 만료되는 것으로 한다.		
간 사	1명 ※ 소속 소방공무원 중 소방청장이 임명		
의결정 족수	재적위원 과반수의 출석으로 개의 (開議)하고, 출석위원 과반수의 찬성으로 의결		

(3) 일·년 정리

90일 전	소방청장은 소방안전교육사시험을 시행하려는 때에는 응시자격·시험과목·일시·장소 및 응시절차 등에 관하여 필요한 사항을 모든 응시 희망자가 알 수 있도록 소방안전교육사시험의 시행일 90일 전까지 소방청의 인터넷 홈페이지 등에 공고해야 한다.
60일 이내	소방청장등은 손실보상심의위원회의 심사·의결을 거쳐 특별한 사유가 없으면 보상금 지급 청구서를 받은 날부터 60일 이내에 보상금 지급 여부 및 보상금액을 결정하여야 한다.
30일 이내	보상금을 지급하기로 결정한 경우에는 특별한 사유가 없으면 통지한 날부터 30일 이내에 보상금을 지급하여야 한다.
20일 전	소방안전교육사시험 응시수수료의 반환 시험시행일 20일 전까지 접수를 철회하는 경우 : 납입한 응시수수료 전액
10일 이내	소방청장등은 보상금 지급 또는 각하 결정일부터 10일 이내에 행정안전부령으로 정하는 바에 따라 결정 내용을 청구인에게 통지한다.
10일 전	소방안전교육사시험 응시수수료의 반환 시험시행일 10일 전까지 접수를 철회하는 경우 : 납입한 응시수수료의 100분의 50
5년	• 소방업무에 관한 종합계획을 5년마다 수립·시행하여야 한다. • 소방기관 또는 소방대의 적법한 소방업무 또는 소방활동으로 손실을 입은 자가 손실보상을 청구할 수 있는 권리는 손실이 있음을 안 날부터 5년간 행사하지 아니하면 시효의 완성으로 소멸한다.

3년	• 소방기관 또는 소방대의 적법한 소방업무 또는 소방활동으로 손실을 입은 자가 손실보상을 청구할 수 있는 권리는 손실이 발생한 날부터 3년간 행사하지 아니하면 시효의 완성으로 소멸한다. • 소방체험관의 장은 체험교육의 운영결과, 만족도 조사결과 등을 기록하고 이를 보관하는 기간 : 3년간
2년	• 금고 이상의 실형을 선고받고 그 집행이 끝나거나(집행이 끝난 것으로 보는 경우를 포함한다) 집행이 면제된 날부터 2년이 지나지 아니한 사람은 안전교육사 시험에 응시할 수 없다. • 부정행위로 소방안전교육사 시험이 정지되거나 무효로 처리된 사람은 그 처분이 있은 날부터 2년간 소방안전교육사 시험에 응시하지 못한다. • 손실보상심의위원회 위원으로 위촉되는 위원의 임기는 2년 • 지리조사 및 소방용수시설 조사결과 보관기간 : 2년간

(4) 횟수 및 주기 등 정리

5년마다	소방업무에 관한 종합계획(이하 이 조에서 "종합계획"이라 한다)을 5년마다 수립·시행하여야 한다.
매 년	시·도지사는 관할 지역의 특성을 고려하여 종합계획의 시행에 필요한 세부계획을 매년 수립하여 이에 따른 소방업무를 성실히 수행하여야 한다.
10월 31일	• 소방업무에 관한 종합계획을 관계 중앙행정기관의 장과의 협의를 거쳐 계획 시행 전년도 10월 31일까지 수립하여야 한다. • 소방청장은 소방안전교육훈련 운영계획의 작성에 필요한 지침을 정하여 소방본부장과 소방서장에게 매년 10월 31일까지 통보하여야 한다.
12월 31일	• 특별시장·광역시장·특별자치시장·도지사 또는 특별자치도지사는 종합계획의 시행에 필요한 세부계획을 계획 시행 전년도 12월 31일까지 수립하여 소방청장에게 제출하여야 한다. • 소방청장, 소방본부장 또는 소방서장은 소방안전교육훈련을 실시하려는 경우 매년 12월 31일까지 다음 해의 소방안전교육훈련 운영계획을 수립하여야 한다.
매년 11월 9일	국민의 안전의식과 화재에 대한 경각심을 높이고 안전문화를 정착시키기 위하여 매년 11월 9일을 소방의 날로 정하여 기념행사를 한다.
월 1회 이상	소방용수시설조사 및 지리조사 : 월 1회 이상
2년마다 1회	• 소방공무원 등 소방안전교육훈련 횟수 : 2년마다 1회 • 소방안전교육사 시험 횟수 : 2년마다 1회
2주 이상	소방공무원 등 소방안전교육훈련 기간 : 2주 이상
24시간	종합상황실의 운영 : 24시간
인(사람)	• 소방박물관에 소방박물관장 1인과 부관장 1인을 둔다. • 소방박물관 운영위원회 위원 : 7인 이내
명	• 소방안전교육사 응시자격심사위원 : 3명 • 소방안전교육사 시험위원 중 출제위원 : 시험과목별 3명 • 소방안전교육사 시험위원 중 채점위원 : 5명

(5) 단위 정리

140m	주거지역·상업지역 및 공업지역 이외에 설치하는 소화전 소방용수시설과 소방대상물과의 수평거리 : 140미터 이하
100m	주거지역·상업지역 및 공업지역에 설치하는 소화전 소방용수시설과 소방대상물과의 수평거리 : 100미터 이하
4.5m	저수조는 지면으로부터의 낙차 : 4.5미터 이하
1.5m 이상 1.7m 이하	급수탑의 개폐밸브의 설치 높이 : 지상에서 1.5미터 이상 1.7미터 이하
0.5m	저수조 흡수부분의 수심 : 0.5미터 이상
100cm	지상에 설치하는 소방용수표지의 높이 : 100cm
60cm	• 저수조의 흡수관 투입구가 사각형의 경우에는 한 변의 길이 : 60센티미터 이상 • 원형의 경우에는 지름 : 60센티미터 이상 • 지상에 설치하는 소방용수표지의 외측의 직경 : 60cm
35cm	지상에 설치하는 소방용수표지의 내측의 직경 : 35cm
15cm	지하식 소화전 및 저수조 맨홀뚜껑 부근에는 황색 반사도료 도색 폭 : 폭 15센티미터
100mm	급수탑의 급수배관의 구경 : 100밀리미터 이상
648mm	지하식 소화전 및 저수조 맨홀뚜껑 : 지름 648밀리미터 이상
65mm	소화전의 연결금속구의 구경 : 65밀리미터

(6) 색상 정리

소화전	• 지상에 설치하는 소화전, 저수조 및 급수탑의 경우 소방용수표지의 안쪽 문자는 흰색, 바깥쪽 문자는 노란색으로, 안쪽 바탕은 붉은색, 바깥쪽 바탕은 파란색으로 하고, 반사재료를 사용해야 한다. • 소방용수시설 표지기준에서 지하에 설치하는 소화전 맨홀뚜껑 부근 테두리 색 : 노란색 반사도료
소방차 전용구역	전용구역 노면표지 도료의 색채는 황색을 기본으로 하되, 문자(P, 소방차 전용)는 백색으로 표시한다.

(7) 면적 정리

900m^2	소방체험관 중 화재안전, 시설안전, 보행안전, 자동차안전, 기후성 재난, 지질성 재난, 응급처치 등 소방안전 체험실로 사용되는 부분의 바닥면적의 합 : 900제곱미터 이상
100m^2	소방체험관에는 화재안전, 시설안전, 보행안전, 자동차안전, 기후성 재난, 지질성 재난, 응급처치 등 소방안전 체험실을 지역여건 등을 고려하여 갖출 수 있다. 이 경우 체험실별 바닥면적의 합은 100제곱미터 이상이어야 한다.

실력확인

OX 문제

▶ 먼저, 기본서의 내용을 충분히 숙지한 후 소방기본법 최종 완성을 위해 본 교재의 OX 문제로 단원별 전체를 정리하시기 바랍니다.

▶ 저자가 추천하는 실력확인 OX 문제 공부 방법
정답을 맞히는 것보다 지문을 반복적으로 읽는 것이 중요합니다. 반드시 정답을 가리고 지문을 먼저 읽고, 정답을 교재에 표시하지 않은 상태로 반복 학습하시길 추천 드립니다.

지식에 대한 투자가 가장 이윤이 많이 남는 법이다.

– 벤자민 프랭클린 –

01 | 실력확인 OX 문제

1 총칙

001 이 법은 화재를 예방·경계하거나 진압하고 화재, 재난·재해, 그 밖의 위급한 상황에서의 구조·구급 활동 등을 통하여 국민의 생명·신체 및 재산을 보호함으로써 공공의 안녕 및 질서 유지와 복리증진에 이바지함을 목적으로 한다. (O | X)

정답   O

002 "소방대상물"이란 건축물, 차량, 선박(「선박법」 제1조의2 제1항에 따른 선박으로서 항구에 매어둔 선박만 해당한다), 선박 건조 구조물, 산림, 그 밖의 인공 구조물 또는 물건을 말한다. (O | X)

정답   O

003 "관계지역"이란 특정소방대상물이 있는 장소 및 그 이웃 지역으로서 화재의 예방·경계·진압, 구조·구급 등의 활동에 필요한 지역을 말한다. (O | X)

정답   X

해설   특정소방대상물 → 소방대상물

004 "관계인"이란 소방대상물의 소유자·관리자를 말하며, 임차인 등 물건을 사실상 지배하고 있는 점유자는 관계인에 포함되지 않는다. (O | X)

정답   X

해설   "관계인"이란 소방대상물의 소유자·관리자 또는 점유자를 말한다.

005 "소방본부장"이란 특별시·광역시·특별자치시·도 또는 특별자치도(이하 "시·도"라 한다)에서 화재의 예방·경계·진압·조사 및 구조·구급 등의 업무를 담당하는 기관의 장을 말한다. (O | X)

정답   X

해설   기관의 장 → 부서의 장

006 "소방대"(消防隊)란 화재를 진압하고 화재, 재난·재해, 그 밖의 위급한 상황에서 구조·구급 활동 등을 하기 위하여 소방공무원, 의용소방대원, 의무소방원, 자체소방대원으로 구성된 조직체를 말한다. (O | X)

정답 X

해설 소방대는 소방공무원, 의용소방대원, 의무소방원으로 구성된 조직체로 자체소방대원은 해당 없다.

007 "소방대장"(消防隊長)이란 소방청장, 소방본부장 또는 소방서장 등 화재, 재난·재해, 그 밖의 위급한 상황이 발생한 현장에서 소방대를 지휘하는 사람을 말한다. (O | X)

정답 X

해설 소방청장, 소방본부장 또는 소방서장 → 소방본부장 또는 소방서장

008 소방본부장 또는 소방서장은 화재, 재난·재해, 그 밖의 위급한 상황으로부터 국민의 생명·신체 및 재산을 보호하기 위하여 필요한 시책을 수립·시행하여야 한다. (O | X)

정답 X

해설 소방본부장 또는 소방서장 → 국가와 지방자치단체

009 시·도의 화재 예방·경계·진압 및 조사, 소방안전교육·홍보와 화재, 재난·재해, 그 밖의 위급한 상황에서의 구조·구급 등의 업무(이하 "소방업무"라 한다)를 수행하는 소방기관의 설치에 필요한 사항은 시·도의 소방공무원 정원 조례로 정한다. (O | X)

정답 X

해설 시·도의 소방공무원 정원 조례 → 대통령령

010 소방업무를 수행하는 소방본부장 또는 소방서장은 소방청장의 지휘와 감독을 받는다. (O | X)

정답 X

해설 소방청장 → 그 소재지를 관할하는 특별시장·광역시장·특별자치시장·도지사 또는 특별자치도지사(이하 "시·도지사"라 한다)의 지휘와 감독을 받는다.

011 소방업무를 수행하는 소방본부장 또는 소방서장은 시·도지사의 지휘와 감독을 받음에도 불구하고 소방청장은 화재 예방 및 대형 재난 등 필요한 경우 시·도 소방본부장 및 소방서장을 지휘·감독할 수 있다. (O | X)

정답 O

012 소방기관 및 소방본부에는 「지방자치단체에 두는 국가공무원의 정원에 관한 법률」에도 불구하고 대통령령으로 정하는 바에 따라 소방공무원을 둘 수 있다.　　　　　　　　　(O | X)

정답　O

013 시·도지사 및 소방본부장은 소방업무를 위한 모든 활동을 위한 정보의 수집·분석과 판단·전파, 상황관리, 현장 지휘 및 조정·통제 등의 업무를 수행하기 위하여 119종합상황실을 설치·운영하여야 한다.　　　　　　　　　(O | X)

정답　X

해설　시·도지사 및 소방본부장은 → 소방청장, 소방본부장 및 소방서장은

014 119종합상황실의 설치·운영에 필요한 사항은 행정안전부령으로 정한다.　　(O | X)

정답　O

015 119종합상황실은 소방청과 시·도의 소방본부 및 소방서에 각각 설치·운영하여야 한다.　(O | X)

정답　O

016 소방청장, 소방본부장 또는 소방서장은 신속한 소방활동을 위한 정보를 수집·전파하기 위하여 119종합상황실에 「지방소방기관 설치기준」에 따라 전산·통신요원을 배치하고, 소방청장이 정하는 유·무선통신시설을 갖추어야 한다.　　　　　　　　　(O | X)

정답　X

해설　「지방소방기관 설치기준」에 따라 → 「소방력 기준에 관한 규칙」에 따라

017 종합상황실은 24시간 운영체제를 유지하여야 한다.　　　　　　　　　(O | X)

정답　O

018 종합상황실에 근무하는 자 중 최고직위에 있는 자 또는 최고직위에 있는 자가 2인 이상인 경우에는 선임자를 종합상황관리팀장이라 한다.　　　　　　　　　(O | X)

정답　X

해설　종합상황관리팀장이라 한다. → 종합상황실장이라 한다.

019 종합상황실장은 동급 소방기관에 대한 출동지령을 행하고 하급소방기관 소방기관에 대한 지원을 요청하고, 그에 관한 내용을 기록·관리하여야 한다. (O | X)

정답 X

해설 종합상황실장은 하급 소방기관에 대한 출동지령 또는 동급 이상의 소방기관 및 유관기관에 대한 지원요청을 행하고 그에 관한 내용을 기록·관리하여야 한다.

020 화재, 재난·재해 그 밖에 구조·구급이 필요한 상황을 "재난상황"이라 한다. (O | X)

정답 O

021 종합상황실장은 재난상황 발생의 신고접수, 접수된 재난상황을 검토하여 가까운 소방서에 인력 및 장비의 동원을 요청하는 등의 사고수습, 수습에 필요한 정보를 수집 및 제공, 재난상황의 전파 및 보고업무를 행하고, 그에 관한 내용을 기록·관리하여야 한다. (O | X)

정답 O

022 종합상황실장은 재난상황이 발생한 현장에 대한 지휘 및 피해현황의 파악하는 업무를 행하고, 그에 관한 내용을 기록·관리하여야 한다. (O | X)

정답 O

023 종합상황실의 실장은 화재로 인하여 사망자가 5인 이상 발생이거나 사상자가 10인 이상, 이재민이 50인 이상, 재산피해액이 100억원 이상 발생한 화재가 발생하는 때에는 그 사실을 지체없이 상황보고서 서식에 따라 서면·팩스 또는 컴퓨터통신 등으로 소방서의 종합상황실의 경우는 소방본부의 종합상황실에, 소방본부의 종합상황실의 경우는 소방청의 종합상황실에 각각 보고해야 한다. (O | X)

정답 X

해설 사망자가 5인 이상 발생하거나 사상자가 10인 이상 발생한 화재, 이재민이 100인 이상 발생한 화재, 재산피해액이 50억원 이상 발생한 화재가 발생하는 때에 보고한다.

024 층수가 3층 이상이거나 병상이 20실 이상인 종합병원·정신병원·한방병원·요양소에서 화재가 발생한 때에는 소방본부 종합상황실장은 서면·팩스 또는 컴퓨터통신 등으로 소방청의 종합상황실에 보고하여야 한다. (O | X)

정답 X

해설 층수가 5층 이상이거나 병상이 30실 이상인 종합병원·정신병원·한방병원·요양소에서 화재가 발생한 때에는 소방본부 종합상황실장은 서면·팩스 또는 컴퓨터통신 등으로 소방청의 종합상황실에 보고하여야 한다.

025 철도차량, 항구에 매어둔 총 톤수가 1만톤 이상인 선박, 항공기, 발전소 또는 변전소에서 화재가 발생한 때에는 소방본부 종합상황실장은 서면 · 팩스 또는 컴퓨터통신 등으로 소방청의 종합상황실에 보고하여야 한다. (O | X)

정답 X

해설 항구에 매어둔 총 톤수가 1만톤 이상인 선박 → 항구에 매어둔 총 톤수가 1천톤 이상인 선박

026 관공서 · 학교 · 정부미도정공장 · 문화재 · 지하철 · 지하구 · 관광호텔 · 층수가 11층 이상인 건축물 · 지하상가 · 시장 · 백화점 또는 지정수량의 3천배 이상의 위험물의 제조소 · 저장소 · 취급소에서 화재가 발생한 때에는 소방본부 종합상황실장은 서면 · 팩스 또는 컴퓨터통신 등으로 소방청의 종합상황실에 보고하여야 한다. (O | X)

정답 O

027 연면적 1만 5천제곱미터 이상인 창고 또는 화재예방강화지구에서 화재가 발생한 때에는 소방본부 종합상황실장은 서면 · 팩스 또는 컴퓨터통신 등으로 소방청의 종합상황실에 보고하여야 한다. (O | X)

정답 X

해설 연면적 1만5천제곱미터 이상인 창고 → 연면적 1만 5천제곱미터 이상인 공장

028 가스 및 화약류의 폭발에 의한 화재, 다중이용업소의 화재, 통제단장의 현장지휘가 필요한 재난상황, 언론에 보도된 재난상황, 그 밖에 소방본부장이 정하는 재난상황에서 화재가 발생한 때에는 소방본부 종합상황실장은 서면 · 팩스 또는 컴퓨터통신 등으로 소방청의 종합상황실에 보고하여야 한다. (O | X)

정답 X

해설 그 밖에 소방본부장이 정하는 재난상황 → 그 밖에 소방청장이 정하는 재난상황

029 종합상황실 근무자의 근무방법 등 종합상황실의 운영에 관하여 필요한 사항은 종합상황실을 설치하는 행정안전부령이 정한다. (O | X)

정답 X

해설 행정안전부령이 정한다. → 소방청장, 소방본부장 또는 소방서장이 각각 정한다.

029-1 소방본부장 및 소방서장은 119종합상황실 등의 효율적 운영을 위하여 소방정보통신망을 구축·운영할 수 있다. (O | X)

정답 X

해설 소방청장 및 시·도지사는 119종합상황실 등의 효율적 운영을 위하여 소방정보통신망을 구축·운영할 수 있다.

029-2 소방청장 및 시·도지사는 소방정보통신망의 안정적 운영을 위하여 소방정보통신망의 회선을 이중화할 수 있다. 이 경우 이중화된 각 회선은 서로 다른 사업자로부터 제공받아야 한다. (O | X)

정답 X

해설 서로 같은 사업자 → 서로 다른 사업자

029-3 소방정보통신망의 구축 및 운영에 필요한 사항은 행정안전부령으로 정한다. (O | X)

정답 O

029-4 소방정보통신망의 이중화된 각 회선은 하나의 회선 장애 발생 시 즉시 다른 회선으로 전환되도록 구축하여야 한다. (O | X)

정답 O

029-5 소방정보통신망은 회선 수, 구간별 용도, 속도 등을 산정하여 설계·구축하여야 한다. 이 경우 소방정보통신망 회선 수는 최대 2회선 이상이어야 한다. (O | X)

정답 X

해설 최대 2회선 이상 → 최소 2회선 이상

029-6 소방청장 및 시·도지사는 소방정보통신망이 안정적으로 운영될 수 있도록 연 2회 이상 소방정보통신망을 주기적으로 점검·관리하여야 한다. (O | X)

정답 X

해설 연 2회 이상 → 연 1회 이상

029-7 그 밖에 소방정보통신망의 속도, 점검 주기 등 세부 사항은 소방본부장이 정한다.   (O | X)

<u>정답</u> X

<u>해설</u> 소방본부장 → 소방청장

030 소방시설, 소방공사 및 위험물 안전관리 등과 관련된 법령해석 등의 민원을 종합적으로 접수하여 처리할 수 있는 기구를 종합민원상담센터라고 한다.   (O | X)

<u>정답</u> X

<u>해설</u> 종합민원상담센터 → 소방기술민원센터

031 소방본부장 또는 소방서장은 소방시설, 소방공사 및 위험물 안전관리 등과 관련된 법령해석 등의 민원을 종합적으로 접수하여 처리할 수 있는 기구인 소방기술민원센터를 설치·운영할 수 있다.   (O | X)

<u>정답</u> X

<u>해설</u> 소방본부장 또는 소방서장 → 소방청장 또는 소방본부장

032 소방기술민원센터의 설치·운영 등에 필요한 사항은 대통령령으로 정한다.   (O | X)

<u>정답</u> O

033 화재 현장에서의 피난 등을 체험할 수 있게 하기 위하여 소방청장은 소방체험관을 시·도지사는 소방박물관(소방의 역사와 안전문화를 발전시키고 국민의 안전의식을 높이기 위한 박물관을 말한다. 이하 이 조에서 같다)을 설립하여 운영할 수 있다.   (O | X)

<u>정답</u> X

<u>해설</u> 소방의 역사와 안전문화를 발전시키고 국민의 안전의식을 높이기 위하여 소방청장은 소방박물관을, 시·도지사는 소방체험관(화재 현장에서의 피난 등을 체험할 수 있는 체험관을 말한다. 이하 이 조에서 같다)을 설립하여 운영할 수 있다.

034 소방청장이 설립하여 운영할 수 있는 소방체험관의 설립과 운영에 필요한 사항은 행정안전부령으로 정하고 시·도지사가 설립하여 운영할 수 있는 소방박물관의 설립과 운영에 필요한 사항은 행정안전부령이 정하는 기준에 따라 시·도의 조례로 정한다.   (O | X)

<u>정답</u> X

<u>해설</u> 소방청장이 설립하여 운영할 수 있는 소방박물관의 설립과 운영에 필요한 사항은 행정안전부령으로 정하고, 시·도지사가 설립하여 운영할 수 있는 소방체험관의 설립과 운영에 필요한 사항은 행정안전부령으로 정하는 기준에 따라 시·도의 조례로 정한다.

035 소방청장은 소방박물관을 설립·운영하는 경우에는 소방박물관에 소방박물관장 1인과 부관장 1인을 두되, 소방박물관장은 소방공무원 중에서 행정안전부장관이 임명한다. (O | X)

정답 X

해설 행정안전부장관이 임명한다. → 소방청장이 임명한다.

036 소방박물관은 국내·외의 소방의 역사, 소방공무원의 복장 및 소방장비 등의 변천 및 발전에 관한 자료를 수집·보관 및 전시한다. (O | X)

정답 O

037 소방박물관에는 그 운영에 관한 중요한 사항을 심의하기 위하여 5인 이내의 위원으로 구성된 운영위원회를 둔다. (O | X)

정답 X

해설 소방박물관에는 그 운영에 관한 중요한 사항을 심의하기 위하여 7인 이내의 위원으로 구성된 운영위원회를 둔다.

038 소방박물관의 관장업무·조직·운영위원회의 구성 등에 관하여 필요한 사항은 소방청장이 정한다. (O | X)

정답 O

039 소방체험관은 재난 및 안전사고 유형에 따른 체험교육의 제공, 체험교육 프로그램의 개발 및 국민 안전의식 향상을 위한 홍보·전시, 체험교육 인력의 양성 및 유관기관·단체 등과의 협력, 그 밖에 체험교육을 위하여 소방청장이 필요하다고 인정하는 사업의 수행 등의 기능을 수행한다. (O | X)

정답 X

해설 소방청장이 → 시·도지사가

040 소방체험관은 도로 등 교통시설을 갖추고, 재해 및 재난 위험요소가 없는 등 국민의 접근성과 안전성이 확보된 지역에 설립되어야 한다. (O | X)

정답 O

041 소방체험관 중 화재안전, 시설안전, 보행안전, 자동차안전, 기후성 재난, 지질성 재난, 응급처치 등 소방안전 체험실로 사용되는 부분의 바닥면적의 합이 100제곱미터 이상이 되어야 한다.

(O | X)

정답   X

해설   바닥면적의 합이 100제곱미터 이상 → 바닥면적의 합이 900제곱미터 이상

042 소방체험관에는 화재안전, 시설안전, 보행안전, 자동차안전, 기후성 재난, 지질성 재난, 응급처치 등 소방안전 체험실을 지역여건 등을 고려하여 갖출 수 있다. 이 경우 체험실별 바닥면적의 합은 900제곱미터 이상이어야 한다.

(O | X)

정답   X

해설   소방체험관에는 위에 따른 체험실을 모두 갖추어야 한다. 이 경우 체험실별 바닥면적은 100제곱미터 이상이어야 한다.

043 소방체험관의 규모 및 지역 여건 등을 고려하여 노인안전, 지하철안전, 환경안전, 사기범죄안전, 감염병안전 등 체험실을 갖출 수 있다. 이 경우 체험실별 바닥면적은 100제곱미터 이상이어야 한다.

(O | X)

정답   O

해설   소방기본법 시행규칙 별표1 제2호 나목

044 소방안전체험교육 인력의 자격 기준에는 체험실별 체험교육을 총괄하는 교수요원과 체험실별 체험교육을 지원하고 실습을 보조하는 부교수 요원이 있다.

(O | X)

정답   X

해설   부교수 → 조교

045 소방안전체험실별 체험교육을 총괄하는 교수요원의 자격을 갖춘 사람은 체험실별 체험교육을 지원하고 실습을 보조하는 조교의 자격기준에 해당한다.

(O | X)

정답   O

046 소방 관련학과의 석사학위 이상을 취득한 사람, 간호사, 인명구조사 자격을 취득한 공무원은 소방안전체험실별 체험교육을 총괄하는 교수요원으로 자격이 있다.

(O | X)

정답   X

해설   공무원 → 소방공무원

047 소방공무원 중 소방안전교육사, 소방시설관리사, 소방기술사, 소방설비기사 또는 소방설비산업기사 자격을 취득한 사람은 소방안전체험실별 체험교육을 총괄하는 교수요원으로 자격이 있다.

(O | X)

정답   X

해설   소방설비산업기사는 자격기준에 해당 없다.

048 소방공무원 중 소방활동이나 생활안전활동을 3년 이상 수행한 경력이 있는 사람은 소방안전체험실별 체험교육을 총괄하는 교수요원으로 자격이 있다.

(O | X)

정답   O

049 소방서에서 2주 이상의 근무한 경력이 있는 의무소방원은 소방안전체험실별 체험교육을 지원하고 실습을 보조하는 조교의 자격이 있다.

(O | X)

정답   X

해설   소방체험관에서 2주 이상의 체험교육에 관한 직무교육을 이수한 의무소방원이 조교의 자격이 있다.

050 중앙소방학교 또는 지방소방학교에서 2주 이상의 소방안전교육사 관련 전문교육과정을 이수한 소방공무원은 소방안전체험실별 체험교육을 지원하고 실습을 보조하는 조교의 자격이 있다.

(O | X)

정답   O

051 소방공무원 중 소방활동이나 소방지원활동을 1년 이상 수행한 경력이 있는 사람은 소방안전체험실별 체험교육을 지원하고 실습을 보조하는 조교의 자격이 있다.

(O | X)

정답   X

해설   소방지원활동 → 생활안전활동

052 소방안전체험교육을 실시할 때 체험실에는 1명 이상의 교수요원을 배치하고, 조교는 체험교육대상자 50명당 1명 이상이 배치되도록 하여야 한다.

(O | X)

정답   X

해설   조교는 체험교육대상자 30명당 1명 이상이 배치되도록 하여야 한다.

053 시 · 도 소방본부장은 체험교육 운영인력에 대하여 체험교육과 관련된 지식 · 기술 및 소양 등에 관한 교육훈련을 연간 12시간 이상 이수하도록 하여야 한다. (O | X)

정답   X

해설   시 · 도 소방본부장은 → 시 · 도지사는

054 소방체험관의 장은 체험교육의 운영결과, 만족도 조사결과 등을 기록하고 이를 2년간 보관하여야 한다. (O | X)

정답   X

해설   2년간 → 3년간

055 소방청장은 화재, 재난 · 재해, 그 밖의 위급한 상황으로부터 국민의 생명 · 신체 및 재산을 보호하기 위하여 소방업무에 관한 종합계획을 5년마다 수립 · 시행하여야 하고, 이에 필요한 재원을 확보하도록 노력하여야 한다. (O | X)

정답   O

056 소방업무에 관한 종합계획에는 소방서비스의 질 향상을 위한 정책의 기본방향, 소방업무에 필요한 체계의 구축, 소방기술의 연구 · 개발 및 보급, 소방업무에 필요한 장비의 구비, 소방전문인력 양성, 소방업무에 필요한 기반조성, 소방업무의 교육 및 홍보, 그 밖에 소방업무의 효율적 수행을 위하여 필요한 사항으로서 대통령령으로 정하는 사항이 포함되어야 한다. (O | X)

정답   O

057 위에서 그 밖에 소방업무의 효율적 수행을 위하여 필요한 사항으로서 대통령령으로 정하는 사항이란 재난 · 재해 환경 변화에 따른 소방업무에 필요한 대응 체계 마련과 장애인, 노인, 임산부, 영유아 및 어린이 등 이동이 어려운 사람을 대상으로 한 소방활동에 필요한 조치를 말한다. (O | X)

정답   O

058 소방청장은 수립한 종합계획을 관계 중앙행정기관의 장, 시 · 도 소방본부장에게 통보하여야 한다. (O | X)

정답   X

해설   시 · 도 소방본부장에게 → 시 · 도지사에게

059 시·도 소방본부장은 관할 지역의 특성을 고려하여 종합계획의 시행에 필요한 세부계획을 5년마다 수립·시행하여야 하고, 이에 필요한 재원을 확보하도록 노력하여야 한다. (O | X)

정답 X

해설 시·도지사는 관할 지역의 특성을 고려하여 종합계획의 시행에 필요한 세부계획(이하 이 조에서 "세부계획"이라 한다)을 매년 수립하여 소방청장에게 제출하여야 하며, 세부계획에 따른 소방업무를 성실히 수행하여야 한다.

060 소방청장은 소방업무의 체계적 수행을 위하여 필요한 경우 시·도지사가 제출한 세부계획의 보완 또는 수정을 요청할 수 있다. (O | X)

정답 O

061 소방업무에 관한 종합계획 및 세부계획의 수립·시행에 필요한 사항은 대통령령으로 정한다. (O | X)

정답 O

062 소방청장은 소방업무에 관한 종합계획을 관계 중앙행정기관의 장과의 협의를 거쳐 계획 시행 전년도 12월 31일까지 수립하여야 한다. (O | X)

정답 X

해설 전년도 12월 31일 → 전년도 10월 31일

063 시·도 소방본부장은 소방업무에 관한 종합계획의 시행에 필요한 세부계획을 계획 시행 전년도 10월 31일까지 수립하여 소방청장에게 제출하여야 한다. (O | X)

정답 X

해설 시·도지사는 소방업무에 관한 종합계획의 시행에 필요한 세부계획을 계획 시행 전년도 12월 31일까지 수립하여 소방청장에게 제출하여야 한다.

064 국민의 안전의식과 화재에 대한 경각심을 높이고 안전문화를 정착시키기 위하여 매년 11월 9일을 소방의 날로 정하여 기념행사를 한다. (O | X)

정답 O

065 소방청장은 소방업무에 관한 종합계획을 시·도 소방본부장과 협의를 거쳐 계획 시행 전년도 10월 31일까지 수립하여야 한다. (O | X)

정답   X

해설   시·도 소방본부장 → 관계 중앙행정기관의 장

066 시·도지사는 종합계획의 시행에 필요한 세부계획을 매년 12월 31일까지 수립하여 소방청장에게 제출하여야 한다. (O | X)

정답   X

해설   매년 12월 31일까지 → 계획 시행 전년도 12월 31일까지

067 소방업무에 관한 종합계획에는 장애인, 노인, 임산부, 영유아 및 어린이 등 이동이 어려운 사람을 대상으로 한 소방활동에 필요한 조치에 관한 사항이 포함되어야 한다. (O | X)

정답   O

068 소방업무에 관한 종합계획에는 재난·재해 환경 변화에 따른 소방업무에 필요한 대응 체계 마련에 관한 사항이 포함되어야 한다. (O | X)

정답   O

069 소방업무에 관한 종합계획에는 소방자동차의 우선 통행 등에 관한 홍보사항이 포함한다. (O | X)

정답   O

070 소방의 날 행사에 관하여 필요한 사항은 소방청장·소방본부장 또는 소방서장이 따로 정하여 시행할 수 있다. (O | X)

정답   X

해설   소방의 날 행사에 관하여 필요한 사항은 소방청장 또는 시·도지사가 따로 정하여 시행할 수 있다.

071 소방청장은 「의사상자 등 예우 및 지원에 관한 법률」 제2조에 따른 의사상자(義死傷者)로서 같은 법 제3조 제3호 또는 제4호에 해당하는 사람, 소방행정 발전에 공로가 있다고 인정되는 사람을 명예직 소방대원으로 위촉할 수 있다. (O | X)

정답   O

072 시·도지사는 소방행정 발전에 공로가 있다고 인정되는 사람을 명예직 소방대원으로 위촉할 수 있다. (O | X)

정답 X

해설 소방청장은 소방행정 발전에 공로가 있다고 인정되는 사람을 명예직 소방대원으로 위촉할 수 있다.

② 소방장비 및 소방용수시설 등

001 소방기관이 소방업무를 수행하는 데에 필요한 인력과 장비 등[이하 "소방력"(消防力)이라 한다]에 관한 기준은 행정안전부령으로 정한다. (O | X)

정답 O

002 소방기관이 소방업무를 수행하는 데에 필요한 인력과 장비 등에 관한 기준은 대통령령인 「지방소방기관 설치에 관한 규정」으로 정한다. (O | X)

정답 X

해설 대통령령인 「지방소방기관 설치에 관한 규정」 → 행정안전부령인 「소방력 기준에 관한 규칙」

003 소방청장은 관할구역의 소방력을 확충하기 위하여 필요한 계획을 수립하여 시행하여야 한다. (O | X)

정답 X

해설 시·도지사는 관할구역의 소방력을 확충하기 위하여 필요한 계획을 수립하여 시행하여야 한다.

004 시·도 소방본부장은 시·도 조례로 정하는 소방력의 기준에 따라 관할구역의 소방력을 확충하기 위하여 필요한 계획을 수립하여 시행하여야 한다. (O | X)

정답 X

해설 시·도지사는 소방력의 기준에 따라 관할구역의 소방력을 확충하기 위하여 필요한 계획을 수립하여 시행하여야 한다.

005 소방자동차 등 소방장비의 분류·표준화와 그 관리 등에 필요한 사항은 따로 법률에서 정한다. (O | X)

정답 O

006 소방자동차 등 소방장비의 분류·표준화와 그 관리 등에 필요한 사항은 「소방장비관리규칙」으로 정한다. (O | X)

정답   X

해설   소방자동차 등 소방장비의 분류·표준화와 그 관리 등에 필요한 사항은 「소방장비관리법」으로 정한다.

007 소방청은 소방장비의 구입 등 시·도의 소방업무에 필요한 경비의 전부를 보조한다. (O | X)

정답   X

해설   국가는 소방장비의 구입 등 시·도의 소방업무에 필요한 경비의 일부를 보조한다.

008 국고보조 대상사업의 범위와 기준보조율은 대통령령으로 정한다. (O | X)

정답   O

009 국고보조 대상사업의 범위·기준보조율 및 국고보조산정을 위한 기준가격은 대통령령으로 정한다. (O | X)

정답   X

해설   국고보조 대상사업의 범위 및 기준보조율은 대통령령으로 정하고, 국고보조산정을 위한 기준가격은 행정안전부령으로 정한다.

010 소방기본법에 따른 구조·구급장비는 국고보조 대상사업의 범위에 해당한다. (O | X)

정답   X

해설   구조·구급장비는 소방기본법에 따른 국고보조 대상사업 범위에 해당하지 않는다.

011 국고보조 대상사업의 범위는 소방자동차, 소방헬리콥터 및 소방정, 소방전용통신설비 및 전산설비, 그 밖에 방화복 등 소방활동에 필요한 소방장비, 소방관서용 청사의 건축이다. (O | X)

정답   O

012 국고보조의 대상이 되는 소방활동장비 및 설비의 종류와 규격은 행정안전부령으로 정한다. (O | X)

정답   O

013 소방활동장비·설비의 규격 및 종류와 국고보조산정을 위한 기준가격은 국고보조산정을 위한 기준가격은 소방기본법 시행령으로 정한다. (O | X)

정답 X

해설 소방기본법 시행령 → 소방기본법 시행규칙

014 국고보조 대상사업의 기준보조율은 「소방기본법 시행령」에서 정하는 바에 따른다. (O | X)

정답 X

해설 소방기본법 시행령 → 보조금 관리에 관한 법률 시행령

015 국고보조의 대상이 되는 소방활동장비 및 설비 중 국내조달품의 국고보조산정을 위한 기준가격은 국내시장가격으로 한다. (O | X)

정답 X

해설 국내조달품의 국고보조산정을 위한 기준가격은 정부고시가격으로 한다.

016 수입물품의 국고보조산정을 위한 기준가격은 소방청에서 조사한 해외시장의 시가로 정한다. (O | X)

정답 X

해설 수입물품의 국고보조산정을 위한 기준가격은 조달청에서 조사한 해외시장의 시가로 정한다.

017 정부고시가격 또는 조달청에서 조사한 해외시장의 시가가 없는 물품의 국고보조산정을 위한 기준가격은 2 이상의 공신력 있는 물가조사기관에서 조사한 가격의 최소가격으로 정한다. (O | X)

정답 X

해설 정부고시가격 또는 조달청에서 조사한 해외시장의 시가가 없는 물품의 국고보조산정을 위한 기준가격은 2 이상의 공신력 있는 물가조사기관에서 조사한 가격의 평균가격으로 정한다.

018 소방활동에 필요한 소방용수시설은 소화전(消火栓)·급수탑(給水塔)·저수조(貯水槽)를 말하며, 댐·저수지 또는 수영장 등의 물을 사용하거나 수도(水道)의 개폐장치도 포함한다. (O | X)

정답 X

해설 소방활동에 필요한 소화전(消火栓)·급수탑(給水塔)·저수조(貯水槽)를 소방용수시설이라 한다.

019 관할 소방서장은 소방활동에 필요한 소화전·급수탑·저수조를 설치하고 유지·관리하여야 한다. (O | X)

정답   X

해설   시·도지사는 소방활동에 필요한 소화전·급수탑·저수조를 설치하고 유지·관리하여야 한다.

020 소화전을 설치하는 일반수도사업자는 시·도 상수도사업본부와 사전협의를 거친 후 소화전을 설치하여야 하며, 설치 사실을 시·도지사에게 통지하고, 그 소화전을 유지·관리하여야 한다. (O | X)

정답   X

해설   「수도법」 제45조에 따라 소화전을 설치하는 일반수도사업자는 관할 소방서장과 사전협의를 거친 후 소화전을 설치하여야 하며, 설치 사실을 관할 소방서장에게 통지하고, 그 소화전을 유지·관리하여야 한다.

021 소방자동차의 진입이 곤란한 지역 등 화재발생 시에 초기 대응을 위하여 소방호스 또는 호스 릴 등을 소방용수시설에 연결하여 화재를 진압하는 시설이나 장치를 비상소화장치라 한다. (O | X)

정답   O

022 시·도지사는 비상소화장치를 설치하고 유지·관리해야 한다. (O | X)

정답   X

해설   시·도지사는 비상소화장치를 설치하고 유지·관리할 수 있다.

023 비상소화장치의 설치대상 지역은 대통령령으로 정한다. (O | X)

정답   O

024 비상소화장치를 설치해야 할 대통령령으로 정하는 지역이란 화재예방강화지구, 소방서장이 비상소화장치의 설치가 필요하다고 인정하는 지역에 비상소화장치를 설치하고 유지·관리할 수 있다. (O | X)

정답   X

해설   화재예방강화지구, 시·도지사가 비상소화장치의 설치가 필요하다고 인정하는 지역에 비상소화장치를 설치하고 유지·관리할 수 있다.

025 관할 소방서장은 소방자동차의 진입이 곤란한 지역 등 화재발생 시에 초기 대응이 필요한 지역으로서 대통령령으로 정하는 지역에 소방호스 또는 호스 릴 등을 소방용수시설에 연결하여 화재를 진압하는 시설이나 장치(이하 "비상소화장치"라 한다)를 설치하고 유지·관리할 수 있다. (O | X)

정답 X

해설 관할 소방서장은 → 시·도지사는

026 소방용수시설과 비상소화장치의 설치기준은 행정안전부령으로 정한다. (O | X)

정답 O

027 비상소화장치는 비상소화장치함, 소화전, 소방호스, 관창을 포함하여 구성해야 한다. (O | X)

정답 O

028 비상소화장치의 소방호스 및 관창은 소방청장이 정하여 고시하는 성능인증 및 제품검사의 기술기준에 적합한 것으로 설치해야 한다. (O | X)

정답 X

해설 비상소화장치의 소방호스 및 관창은 소방청장이 정하여 고시하는 형식승인 및 제품검사의 기술기준에 적합한 것으로 설치해야 한다.

029 비상소화장치의 함은 소방청장이 정하여 고시하는 성능인증 및 제품검사의 기술기준에 적합한 것으로 설치해야 한다. (O | X)

정답 O

030 비상소화장치의 설치기준에 관한 세부 사항은 소방청장이 정한다. (O | X)

정답 O

031 소방활동을 할 때에 긴급한 경우에는 이웃한 시·도지사에게 소방업무의 응원(應援)을 요청할 수 있다. (O | X)

정답 X

해설 소방본부장이나 소방서장은 소방활동을 할 때에 긴급한 경우에는 이웃한 소방본부장 또는 소방서장에게 소방업무의 응원(應援)을 요청할 수 있다.

032 소방업무의 응원 요청을 받은 소방본부장 또는 소방서장은 정당한 사유 있는 경우 그 요청을 거절할 수 있다. (O | X)

정답 O

해설 소방업무의 응원 요청을 받은 소방본부장 또는 소방서장은 정당한 사유 없이 그 요청을 거절하여서는 아니된다.

033 소방업무의 응원을 위하여 파견된 소방대원은 응원을 요청받은 소방본부장 또는 소방서장의 지휘에 따라야 한다. (O | X)

정답 X

해설 소방업무의 응원을 위하여 파견된 소방대원은 응원을 요청한 소방본부장 또는 소방서장의 지휘에 따라야 한다.

034 시·도 소방본부장은 소방업무의 응원을 요청하는 경우를 대비하여 출동 대상지역 및 규모와 필요한 경비의 부담 등에 관하여 필요한 사항을 시·도 조례로 정하는 바에 따라 이웃하는 시·도 소방본부장과 협의하여 미리 규약(規約)으로 정하여야 한다. (O | X)

정답 X

해설 시·도지사는 소방업무의 응원을 요청하는 경우를 대비하여 출동 대상지역 및 규모와 필요한 경비의 부담 등에 관하여 필요한 사항을 행정안전부령으로 정하는 바에 따라 이웃하는 시·도지사와 협의하여 미리 규약(規約)으로 정하여야 한다.

035 시·도지사는 이웃하는 다른 시·도지사와 소방업무에 관하여 상호응원협정을 체결하고자 하는 때에는 화재의 예방·경계·진압활동이 포함되도록 하여야 한다. (O | X)

정답 X

해설 화재의 경계·진압활동이 포함되도록 하여야 한다.

036 소방본부장 또는 소방서장은 이웃하는 다른 소방본부장 또는 소방서장과 소방업무에 관하여 상호응원협정을 체결하고자 하는 때에는 화재의 예방·경계·진압활동, 구조·구급업무의 지원, 화재조사활동사항이 포함되도록 하여야 한다. (O | X)

정답 X

해설 시·도지사는 이웃하는 다른 시·도지사와 소방업무에 관하여 상호응원협정을 체결하고자 하는 때에는 화재의 경계·진압활동, 구조·구급업무의 지원, 화재조사활동사항이 포함되도록 하여야 한다.

037 시·도지사는 이웃하는 다른 시·도지사와 소방업무에 관하여 상호응원협정을 체결하고자 하는 때에는 응원출동의 요청방법, 응원출동훈련 및 평가가 포함되도록 하여야 한다. (O | X)

정답 　O

038 소방업무에 관하여 상호응원협정을 체결하고자 하는 때에는 출동대원의 수당·식사 및 의복의 수선, 장비의 구매 등 소요경비 부담에 관한 사항이 포함되도록 하여야 한다. (O | X)

정답 　X

해설 　출동대원의 수당·식사 및 의복의 수선, 소방장비 및 기구의 정비와 연료의 보급, 그 밖의 경비 등 소요경비 부담에 관한 사항이 포함되도록 하여야 한다.

039 소방업무에 관하여 상호응원협정을 체결하고자 하는 때에는 응원출동훈련 및 평가사항이 포함되도록 하여야 한다. (O | X)

정답 　O

040 소방업무에 관하여 상호응원협정을 체결하고자 하는 때에는 파견된 소방공무원의 지휘권에 관한 사항이 포함되도록 하여야 한다. (O | X)

정답 　X

해설 　소방업무의 응원을 위하여 파견된 소방대원은 응원을 요청한 소방본부장 또는 소방서장의 지휘에 따라야 한다 라고 법률에 규정되어 있다.

041 소방청장은 해당 시·도의 소방력만으로는 소방활동을 효율적으로 수행하기 어려워 특별히 국가적 차원에서 소방활동을 수행할 필요가 인정될 때에는 각 시·도 본부장에게 소방력을 동원할 것을 요청할 수 있다. (O | X)

정답 　X

해설 　소방청장은 해당 시·도의 소방력만으로는 소방활동을 효율적으로 수행하기 어려워 특별히 국가적 차원에서 소방활동을 수행할 필요가 인정될 때에는 각 시·도지사에게 소방력을 동원할 것을 요청할 수 있다.

042 국가적 차원의 소방력의 동원을 요청받은 시·도지사는 정당한 사유 없이 요청을 거절하여서는 아니 된다. (O | X)

정답 　O

043 소방청장은 시·도지사에게 동원된 소방력을 화재, 재난·재해 등이 발생한 지역에 지원·파견하여 줄 것을 요청하거나 필요한 경우 직접 소방대를 편성하여 화재진압 및 인명구조 등 소방에 필요한 활동을 하게 할 수 있다. (O | X)

정답 O

044 국가적 차원의 소방활동을 위하여 동원된 소방대원이 다른 시·도에 파견·지원되어 소방활동을 수행할 때에는 특별한 사정이 없으면 화재, 재난·재해 등이 발생한 지역의 시·도지사의 지휘에 따라야 한다. 다만, 소방청장이 직접 소방대를 편성하여 소방활동을 하게 하는 경우에는 소방청장의 지휘에 따라야 한다. (O | X)

정답 X

해설 시·도지사 → 관할하는 소방본부장 또는 소방서장

045 국가적 차원의 소방활동을 위하여 동원된 소방력의 소방활동을 수행하는 과정에서 발생하는 경비 부담에 관한 사항, 소방활동을 수행한 민간 소방 인력이 사망하거나 부상을 입었을 경우의 보상주체·보상기준 등에 관한 사항, 그 밖에 동원된 소방력의 운용과 관련하여 필요한 사항은 대통령령으로 정한다. (O | X)

정답 O

046 국가적 차원의 소방활동을 위하여 동원된 소방력의 소방활동 수행 과정에서 발생하는 경비는 화재, 재난·재해 또는 그 밖의 구조·구급이 필요한 상황이 발생한 시·도지사가 부담하는 것을 원칙으로 하되, 구체적인 내용은 해당 시·도지사가 서로 협의하여 규약으로 정한다. (O | X)

정답 X

해설 국가적 차원의 소방활동을 위하여 동원된 소방력의 소방활동 수행 과정에서 발생하는 경비는 화재, 재난·재해 또는 그 밖의 구조·구급이 필요한 상황이 발생한 시·도에서 부담하는 것을 원칙으로 하되, 구체적인 내용은 해당 시·도가 서로 협의하여 정한다.

047 국가적 차원의 소방활동을 위하여 동원된 민간 소방 인력이 소방활동을 수행하다가 사망하거나 부상을 입은 경우 화재 등 상황이 발생한 시·도가 해당 시·도의 조례로 정하는 바에 따라 보상한다. (O | X)

정답 O

048 국가적 차원의 소방활동을 위하여 소방력을 시·도지사에게 동원을 요청하는 경우 동원요청 사실과 요청하는 인력 및 장비의 규모 등을 문서로 통지하여야 한다. (O | X)

정답 X

해설 소방청장은 국가적 차원의 소방활동을 위하여 소방력을 각 시·도지사에게 소방력 동원을 요청하는 경우 동원 요청 사실과 소방력 이송 수단 및 집결장소 등을 팩스 또는 전화 등의 방법으로 통지하여야 한다.

049 국가적 차원의 소방활동을 위하여 소방력 동원이 긴급을 요하는 경우에는 시·도 소방본부장 또는 소방서장에게 직접 요청할 수 있다. (O | X)

정답 X

해설 국가적 차원의 소방활동을 위하여 소방력 동원이 긴급을 요하는 경우에는 시·도 소방본부 또는 소방서의 종합 상황실장에게 직접 요청할 수 있다.

050 국가적 차원의 소방활동을 위하여 동원된 소방력의 운용과 관련하여 필요한 사항은 소방기본법에서 정하는 규정사항 외에는 소방청장이 정한다. (O | X)

정답 O

051 상수도와 연결하여 지하식 또는 지상식의 구조로 하고, 소방용호스와 연결하는 소화전의 연결금속구의 구경은 65밀리미터로 해야 한다. (O | X)

정답 O

052 소방차 전용구역 표지방법은 행정안전부령으로 정하고 소방용수표지는 대통령령으로 정한다. (O | X)

정답 X

해설 소방차 전용구역 표지방법은 대통령으로 정하고 소방용수표지는 행정안전부령으로 정한다.

3 소방활동 등

001 "소방활동"이란 화재, 재난·재해, 그 밖의 위급한 상황이 발생하였을 때에는 소방대를 현장에 신속하게 출동시켜 화재진압과 인명구조·구급 등 소방에 필요한 활동을 말한다. (O | X)

정답 ○

002 소방청장, 시·도지사는 화재, 재난·재해, 그 밖의 위급한 상황이 발생하였을 때에는 소방대를 현장에 신속하게 출동시켜 화재진압과 인명구조·구급 등 소방에 필요한 활동(이하 이 조에서 "소방활동"이라 한다)을 하게 하여야 한다. (O | X)

정답 X

해설 소방청장, 시·도지사 → 소방청장, 소방본부장 또는 소방서장

003 누구든지 정당한 사유 없이 소방활동, 소방지원활동, 생활안전활동을 방해하여서는 아니 된다. (O | X)

정답 X

해설 누구든지 정당한 사유 없이 출동하는 소방대의 소방활동 및 생활안전활동을 방해하여서는 아니 된다.

004 "소방지원활동"이란 공공의 안녕질서 유지 또는 복리증진을 위하여 필요한 경우 소방활동 외에 산불에 대한 진압활동, 자연재해에 따른 급수 지원활동 등 법에서 정해진 활동을 말한다. (O | X)

정답 ○

005 소방청장·소방본부장 또는 소방서장은 공공의 안녕질서 유지 또는 복리증진을 위하여 필요한 경우 소방활동 외에 소방지원활동을 하게 해야 한다. (O | X)

정답 X

해설 하게 해야 한다. → 하게 할 수 있다.

006 소방시설 오작동 신고에 따른 조치활동은 소방활동에 해당한다. (O | X)

정답 X

해설 행정안전부령으로 정하는 소방지원활동에 해당한다.

007 행정안전부령으로 정하는 소방지원활동이란 군·경찰 등 유관기관에서 실시하는 훈련지원 활동, 소방시설 오작동 신고에 따른 조치활동, 방송제작 또는 촬영 관련 지원활동, 산불에 대한 예방·진압 등 지원활동을 말한다. (O | X)

정답 X

해설 산불에 대한 예방·진압 등 지원활동은 소방기본법 제16조의2에 규정한 소방지원활동에 해당한다.

008 소방지원활동은 소방활동 수행에 지장을 주지 아니하는 범위에서 할 수 있다. (O | X)

정답 O

009 유관기관·단체 등의 요청에 따른 소방지원활동에 드는 비용은 지원요청을 한 유관기관·단체 등에게 부담하게 하여야 한다. (O | X)

정답 X

해설 부담하게 하여야 한다. → 부담하게 할 수 있다.

010 소방지원활동에 드는 비용의 부담금액 및 부담방법에 관하여는 지원요청을 받은 유관기관·단체 등과 미리 규약(規約)으로 정하여 결정한다. (O | X)

정답 X

해설 소방지원활동에 드는 비용은 부담금액 및 부담방법에 관하여는 지원요청을 한 유관기관·단체 등과 협의하여 결정한다.

011 "생활안전활동"이란 신고가 접수된 생활안전 및 화재, 재난·재해, 그 밖의 위급한 상황에 해당하는 것은 제외한 위험제거 활동에 대응하기 위하여 소방대를 출동시켜 붕괴, 낙하 등이 우려되는 고드름, 나무, 위험 구조물 제거활동 등 법에서 정해진 활동을 말한다. (O | X)

정답 O

012 소방청장·소방본부장 또는 소방서장은 신고가 접수된 생활안전 및 위험제거 활동(화재, 재난·재해, 그 밖의 위급한 상황에 해당하는 것은 제외한다)에 대응하기 위하여 소방대를 출동시켜 붕괴, 낙하 등이 우려되는 고드름 제거 등의 활동을 하게 할 수 있다. (O | X)

정답 X

해설 활동을 하게 할 수 있다. → 활동을 하게 하여야 한다.

013 소방기본법에 따른 생활안전활동이란 붕괴, 낙하 등이 우려되는 고드름, 나무, 위험 구조물 등의 제거활동, 위해동물, 벌 등의 포획 및 퇴치 활동, 집회·공연 등 각종 행사 시 사고에 대비한 근접대기 등 안전활동, 끼임, 고립 등에 따른 위험제거 및 구출 활동, 단전사고 시 비상전원 또는 조명의 공급, 그 밖에 방치하면 급박해질 우려가 있는 위험을 예방하기 위한 활동을 말한다. (O | X)

정답 X

해설 집회·공연 등 각종 행사 시 사고에 대비한 근접대기 등 지원활동은 소방지원활동에 해당한다.

014 소방청장, 소방본부장 또는 소방서장은 소방자동차의 공무상 운행 중 교통사고가 발생한 경우 그 운전자의 법률상 분쟁에 소요되는 비용을 지원할 수 있는 보험에 가입하여야 한다. (O | X)

정답 X

해설 시·도지사는 소방자동차의 공무상 운행 중 교통사고가 발생한 경우 그 운전자의 법률상 분쟁에 소요되는 비용을 지원할 수 있는 보험에 가입하여야 한다.

015 시·도지사는 소방자동차의 보험 가입비용의 전부를 지원할 수 있다. (O | X)

정답 X

해설 국가는 소방자동차의 보험 가입비용의 일부를 지원할 수 있다.

016 소방활동, 소방지원활동, 생활지원활동에 따른 소방공무원의 면책사항이 규정되어 있다. (O | X)

정답 X

해설 소방활동에 대한 면책만 규정하고 있다.

017 소방공무원이 소방활동으로 인하여 타인을 사상(死傷)에 이르게 한 경우 그 소방활동이 불가피하고 소방공무원에게 고의 또는 중대한 과실이 없는 때에는 그 정상을 참작하여 사상에 대한 민·형사상 책임을 감경하거나 면제할 수 있다. (O | X)

정답 X

해설 민·형사상 책임 → 형사책임

018 시 · 도지사는 소방공무원이 소방활동, 소방지원활동 또는 생활안전활동으로 인하여 민 · 형사상 책임과 관련된 소송을 수행할 경우 변호인 선임 등 소송수행에 필요한 지원을 하게 하여야 한다.

(O | X)

정답 X

해설 소방청장, 소방본부장 또는 소방서장은 소방공무원이 법에서 정하는 소방활동, 소방지원활동, 생활안전활동으로 인하여 민 · 형사상 책임과 관련된 소송을 수행할 경우 변호인 선임 등 소송수행에 필요한 지원을 할 수 있다.

019 소방공무원이 소방활동 · 소방지원활동 또는 생활안전활동으로 인하여 타인을 사상(死傷)에 이르게 한 경우 그 소방활동이 불가피하고 소방공무원에게 고의 또는 중대한 과실이 없는 때에는 그 정상을 참작하여 사상에 대한 형사책임을 감경하거나 면제할 수 있다.

(O | X)

정답 X

해설 소방활동의 경우에만 형사책임을 감경하거나 면제할 수 있다.

020 소방공무원이 민 · 형사상 책임과 관련된 소송을 수행할 경우 변호인 선임 등 소송수행에 필요한 지원을 할 수 있는 경우는 법에서 정하는 소방활동에 한정한다.

(O | X)

정답 X

해설 소방활동, 소방지원활동 또는 생활안전활동에 소송을 지원할 수 있다.

021 중앙 · 지방소방학교장은 소방업무를 전문적이고 효과적으로 수행하기 위하여 소방대원에게 필요한 교육 · 훈련을 실시하여야 한다.

(O | X)

정답 X

해설 중앙 · 지방소방학교장은 → 소방청장, 소방본부장 또는 소방서장은

022 소방청장, 소방본부장 또는 소방서장은 화재를 예방하고 화재 발생 시 인명과 재산피해를 최소화하기 위하여 다음 각 호에 해당하는 사람을 대상으로 행정안전부령으로 정하는 바에 따라 소방안전에 관한 교육과 훈련을 실시할 수 있다. 이 경우 소방청장, 소방본부장 또는 소방서장은 해당 어린이집 · 유치원 · 학교의 장 또는 장애인복지시설의 장과 교육일정 등에 관하여 협의하여야 한다.
1. 「영유아보육법」 제2조에 따른 어린이집의 영유아
2. 「유아교육법」 제2조에 따른 유치원의 유아
3. 「초 · 중등교육법」 제2조에 따른 학교의 학생
4. 「장애인복지법」 제58조에 따른 장애인복지시설에 거주하거나 해당 시설을 이용하는 장애인

(O | X)

정답 O

023 시·도 119안전체험관장은 화재를 예방하고 화재 발생 시 인명과 재산피해를 최소화하기 위하여 어린이집의 영유아, 유치원의 유아, 초·중등학생, 장애인복지시설에 거주하거나 해당 시설을 이용하는 장애인을 대상으로 소방안전에 관한 교육과 훈련을 실시해야 한다. 이 경우 소방청장, 소방본부장 또는 소방서장은 해당 어린이집·유치원·학교의 장 또는 장애인복지시설의 장과 교육일정 등에 관하여 협의하여야 한다. (O | X)

정답 X

해설 • 시·도 119안전체험관장은 → 소방청장, 소방본부장 또는 소방서장은
　　 • 교육과 훈련을 실시해야 한다. → 교육과 훈련을 실시할 수 있다.

024 소방청장, 소방본부장 또는 소방서장은 국민의 안전의식을 높이기 위하여 화재 발생 시 피난 및 행동 방법 등을 홍보하여야 한다. (O | X)

정답 O

025 소방대원의 교육·훈련의 종류 및 대상자, 그 밖에 교육·훈련의 실시에 필요한 사항은 행정안전부령으로 정한다. (O | X)

정답 O

해설 소방대원의 교육·훈련의 종류 및 대상자, 그 밖에 교육·훈련의 실시에 필요한 사항은 소방기본법 시행규칙 별표 3의2와 같다.

026 소방대원에게 실시하는 교육·훈련의 종류는 화재진압훈련, 인명구조훈련, 응급처치훈련, 인명대피훈련, 현장지휘훈련이다. (O | X)

정답 O

027 소방기본법에 따른 소방대원에게 실시하는 교육·훈련의 종류 중 모든 소방공무원이 받아야 할 교육·훈련은 화재진압훈련이다. (O | X)

정답 X

해설 모든 소방공무원이 받아야 할 교육·훈련은 인명대피훈련이다.

028 소방안전교육훈련에 필요한 시설, 장비, 강사자격 및 교육방법 등의 기준은 소방기본법 시행규칙에 따른다. (O | X)

정답 O

해설 소방안전교육훈련에 필요한 시설, 장비, 강사자격 및 교육방법 등의 기준은 시행규칙 별표 3의3과 같다.

029 소방경 이상부터 소방정 이하의 계급에 있는 사람이 받아야 하는 교육 · 훈련의 종류는 현장지휘훈련
이다. (O | X)

정답 X

해설 소방위 이상부터 소방정 이하의 계급에 있는 사람이 받아야 하는 교육 · 훈련의 종류는 현장지휘훈련이다.

030 소방청장, 소방본부장 또는 소방서장은 소방안전교육훈련을 실시하려는 경우 매년 10월 31일까지
다음 해의 소방안전교육훈련 운영계획을 수립하여야 한다. (O | X)

정답 X

해설 매년 10월 31일 → 매년 12월 31일

031 소방청장은 소방안전교육훈련 운영계획의 작성에 필요한 지침을 정하여 소방본부장과 소방서장에게
매년 12월 31일까지 통보하여야 한다. (O | X)

정답 X

해설 매년 12월 31일 → 매년 10월 31일

032 소방대원에게 실시하여야 할 교육 · 훈련 횟수는 2년마다 1회로 하고 교육기간은 3주 이상으로
한다. (O | X)

정답 X

해설 3주 이상 → 2주 이상

033 소방공무원으로서 3년 이상 근무한 경력이 있는 사람은 어린이집의 영유아, 유치원의 유아, 초 · 중등
학교의 학생, 장애인복지시설에 거주하거나 해당 시설을 이용하는 장애인을 대상으로 하는 소방
안전교육훈련 강사의 자격이 있다. (O | X)

정답 X

해설 소방안전교육훈련 강사의 자격
• 소방 관련학과의 석사학위 이상을 취득한 사람
• 소방안전교육사, 소방시설관리사, 소방기술사 또는 소방설비기사 자격을 취득한 사람
• 응급구조사, 인명구조사, 화재대응능력 등 소방청장이 정하는 소방활동 관련 자격을 취득한 사람
• 소방공무원으로서 5년 이상 근무한 경력이 있는 사람

034 소방공무원으로서 5년 이상 근무한 경력이 있는 사람은 소방안전교육훈련 강사 및 보조강사의 자격 기준에 해당한다. (O | X)

정답 O

해설 소방안전교육훈련 보조강사의 자격
• 소방안전교육훈련 강사 자격이 있는 사람
• 소방공무원으로서 3년 이상 근무한 경력이 있는 사람
• 그 밖에 보조강사의 능력이 있다고 소방청장, 소방본부장 또는 소방서장이 인정하는 사람

035 소방청장, 소방본부장 또는 소방서장은 강사 및 보조강사로 활동하는 사람에 대하여 소방안전교육훈련과 관련된 지식ㆍ기술 및 소양 등에 관한 교육 등을 받게 해야 한다. (O | X)

정답 X

해설 받게 해야 한다. → 받게 할 수 있다.

036 소방청장, 소방본부장 또는 소방서장은 소방안전교육훈련의 실시결과, 만족도 조사결과 등을 기록하고 이를 2년간 보관하여야 한다. (O | X)

정답 X

해설 3년간 보관하여야 한다.

037 소방안전교육훈련은 소방대원이 받아야 할 교육ㆍ훈련의 종류에 해당한다. (O | X)

정답 X

해설 소방대원에게 실시하는 교육ㆍ훈련의 종류는 화재진압훈련, 인명구조훈련, 응급처치훈련, 인명대피훈련, 현장지휘훈련이다.

038 장애인복지시설에 거주하거나 해당 시설을 이용하는 장애인과도 소방안전교육일정 등에 관하여 협의하여야 한다. (O | X)

정답 O

039 소방안전교육훈련의 교육시간은 소방안전교육훈련대상자의 연령 등을 고려하여 교육을 실시하는 기관의 장이 정한다. (O | X)

정답 X

해설 소방안전교육훈련의 교육시간은 소방안전교육훈련대상자의 연령 등을 고려하여 소방청장, 소방본부장 또는 소방서장이 정한다.

040 소방안전교육훈련은 이론교육과 실습(체험)교육을 병행하여 실시하되, 실습(체험)교육이 전체 교육시간의 100분의 50 이상이 되어야 한다. (O | X)

> 정답 X

> 해설 100분의 30 이상

041 소방청장, 소방본부장 또는 소방서장은 소방안전교육훈련대상자의 연령 등을 고려하여 실습(체험)교육 시간의 비율을 달리할 수 있다. (O | X)

> 정답 O

042 소방안전교육훈련을 할 때는 실습(체험)교육 인원은 특별한 경우가 아니면 강사 1명당 50명을 넘지 않아야 한다. (O | X)

> 정답 X

> 해설 1명당 30명

043 소방안전교육훈련을 실시하는 학교의 장은 소방안전교육훈련 실시 전에 소방안전교육훈련대상자에게 주의사항 및 안전관리 협조사항을 미리 알려야 한다. (O | X)

> 정답 X

> 해설 소방청장, 소방본부장 또는 소방서장은 소방안전교육훈련 실시 전에 소방안전교육훈련대상자에게 주의사항 및 안전관리 협조사항을 미리 알려야 한다.

044 소방청장, 소방본부장 또는 소방서장은 소방안전교육훈련대상자의 정신적 · 신체적 능력을 고려하여 소방안전교육훈련을 실시하여야 한다. (O | X)

> 정답 O

045 소방청장, 소방본부장 또는 소방서장은 소방안전교육훈련 중 발생한 사고로 인한 교육훈련대상자 등의 생명 · 신체나 재산상의 손해를 보상하기 위한 보험 또는 공제에 가입할 수 있다. (O | X)

> 정답 X

> 해설 보험 또는 공제에 가입하여야 한다.

046 소방청장, 소방본부장 또는 소방서장은 소방안전교육훈련 실시 전에 시설 및 장비의 이상 유무를 반드시 확인하는 등 안전점검을 실시하여야 한다. (O | X)

정답   O

047 소방청장, 소방본부장 또는 소방서장은 사고가 발생한 경우 신속한 응급처치 및 병원 이송 등의 조치를 하여야 한다. (O | X)

정답   O

048 소방청장, 소방본부장 또는 소방서장은 소방안전교육훈련의 효과 및 개선사항 발굴 등을 위하여 이용자를 대상으로 만족도 조사를 실시할 수 있다. 다만, 이용자가 거부하거나 만족도 조사를 실시할 시간적 여유가 없는 등의 경우에는 만족도 조사를 실시하지 아니할 수 있다. (O | X)

정답   X

해설   만족도 조사를 실시할 수 있다. → 만족도 조사를 실시하여야 한다.

049 소방청장, 소방본부장 또는 소방서장은 소방안전교육훈련을 이수한 사람에게 교육이수자의 성명, 교육내용, 교육시간 등을 기재한 소방안전교육훈련 이수증을 발급해야 한다. (O | X)

정답   X

해설   발급해야 한다. → 발급할 수 있다.

050 소방청장은 어린이집의 영유아, 유치원의 유아, 초·중등학교의 학생을 대상, 장애인복지시설에 거주하거나 해당 시설을 이용하는 장애인에 대하여 소방안전교육을 위하여 소방청장이 실시하는 시험에 합격한 사람에게 소방안전교육사 자격을 부여한다. (O | X)

정답   O

051 소방안전교육사 시험의 응시자격, 시험방법, 시험과목, 시험위원, 그 밖에 소방안전교육사 시험의 실시에 필요한 사항은 대통령령으로 정한다. (O | X)

정답   O

052 소방안전교육사는 소방안전교육의 기획·진행·분석·평가 및 교수업무를 수행한다. (O | X)

정답   O

053 소방안전교육사 시험에 응시하려는 사람은 행정안전부령으로 정하는 바에 따라 수수료를 내야 한다. (O | X)

정답   X

해설   행정안전부령 → 대통령령

054 소방공무원으로서 소방공무원으로 2년 이상 근무한 경력이 있는 사람은 소방안전교육사 시험의 응시할 수 있는 자격이 있다. (O | X)

정답   X

해설   2년 → 3년

055 소방공무원으로서 중앙소방학교 또는 지방소방학교에서 4주 이상의 소방안전교육사 관련 전문교육 과정을 이수한 사람은 소방안전교육사시험의 응시할 수 있는 자격이 있다. (O | X)

정답   X

해설   4주 → 2주

056 2급 응급구조사 자격을 취득한 후 응급의료 업무 분야에 5년 이상 종사한 사람은 소방안전교육사 시험의 응시할 수 있는 자격이 있다. (O | X)

정답   X

해설   5년 → 3년

057 의용소방대원으로 임명된 후 3년 이상 의용소방대 활동을 한 경력이 있는 사람은 소방안전교육사 시험의 응시할 수 있는 자격이 있다. (O | X)

정답   X

해설   3년 → 5년

058 국가기술자격의 직무분야 중 위험물 중직무분야의 산업기사 자격을 취득한 후 안전관리 분야에 3년 이상 종사한 사람은 소방안전교육사시험의 응시할 수 있는 자격이 있다. (O | X)

정답   X

해설   국가기술자격의 직무분야 중 위험물 중 직무분야의 기능장 자격을 취득한 사람은 소방안전교육사시험의 응시할 수 있는 자격이 있다.

059 소방안전교육사시험의 응시자격은 소방기본법 시행규칙에 따른다. (O | X)

정답　X

해설　소방안전교육사시험의 응시자격은 소방기본법 시행령 별표 2의2와 같다.

060 소방안전교육사 시험 과목별 출제범위는 행정안전부령으로 정한다. (O | X)

정답　O

061 소방안전교육사 1차 시험과목은 소방학개론, 구급·응급처치론, 재난관리론 및 교육학개론 4과목이다. (O | X)

정답　X

해설　1차 시험(소방학개론, 구급·응급처치론, 재난관리론 및 교육학개론) 중 응시자는 3과목을 선택할 수 있다.

062 소방안전교육사 2차 시험과목은 국민안전교육 실무이다. (O | X)

정답　O

063 소방청장은 소방안전교육사시험 응시자격심사, 출제 및 채점을 위하여 소방기본법 시행령에 따른 사람을 응시자격심사위원 및 시험위원으로 임명 또는 위촉하여야 한다. (O | X)

정답　O

064 소방경 이상의 소방공무원을 소방안전교육사 응시자격심사위원 및 시험위원으로 임명 또는 위촉될 수 있는 자격이 있다. (O | X)

정답　X

해설　응시자격심사위원 및 시험위원의 자격
• 소방 관련학과, 교육학과 또는 응급구조학과 박사학위 취득자
• 학교에서 소방 관련학과, 교육학과 또는 응급구조학과에서 조교수 이상으로 2년 이상 재직한 자
• 소방위 이상의 소방공무원
• 소방안전교육사 자격을 취득한 자

065 소방안전교육사 응시자격심사위원, 출제위원, 채점위원은 각각 과목별 3명으로 한다. (O | X)

정답 X

해설 응시자격심사위원 및 시험위원의 수
  • 응시자격심사위원 : 3명
  • 시험위원 중 출제위원 : 시험과목별 3명
  • 시험위원 중 채점위원 : 5명

066 응시자격심사위원 및 시험위원으로 임명 또는 위촉된 자는 소방청장이 정하는 시험문제 등의 작성 시 유의사항 및 서약서 등에 따른 준수사항을 성실히 이행해야 한다. (O | X)

정답 O

067 임명 또는 위촉된 응시자격심사위원 및 시험위원과 시험감독업무에 종사하는 자에 대하여는 예산의 범위에서 수당 및 여비를 지급할 수 있다. (O | X)

정답 O

068 소방안전교육사 시험은 매년 시행함을 원칙으로 한다. (O | X)

정답 X

해설 소방안전교육사시험은 2년마다 1회 시행함을 원칙으로 하되, 소방청장이 필요하다고 인정하는 때에는 그 횟수를 증감할 수 있다.

069 소방청장은 소방안전교육사 시험을 시행하려는 때에는 응시자격·시험과목·일시·장소 및 응시 절차 등에 관하여 필요한 사항을 모든 응시 희망자가 알 수 있도록 소방안전교육사 시험의 시행일 60일 전까지 소방청의 인터넷 홈페이지 등에 공고해야 한다. (O | X)

정답 X

해설 60일 전 → 90일 전

070 소방안전교육사시험에 응시하려는 자는 대통령령으로 정하는 소방안전교육사시험응시원서를 소방 청장에게 제출하여야 한다. (O | X)

정답 X

해설 대통령령 → 행정안전부령

071 소방안전교육사시험에 응시하려는 자는 행정안전부령으로 정하는 응시자격에 관한 증명서류를 소방청장이 정하는 기간 내에 제출해야 한다. (O | X)

정답 O

072 소방안전교육사시험에 응시하려는 자는 행정안전부령으로 정하는 응시수수료를 납부해야 한다. (O | X)

정답 O

073 소방안전교육사 응시수수료는 시험시행일 10일 전까지 접수를 철회하는 경우 납입한 응시수수료의 전액을 반환하여야 한다. (O | X)

정답 X

해설 소방안전교육사시험 응시수수료의 반환
• 응시수수료를 과오납한 경우 : 과오납한 응시수수료 전액
• 시험 시행기관의 귀책사유로 시험에 응시하지 못한 경우 : 납입한 응시수수료 전액
• 시험시행일 20일 전까지 접수를 철회하는 경우 : 납입한 응시수수료 전액
• 시험시행일 10일 전까지 접수를 철회하는 경우 : 납입한 응시수수료의 100분의 50

074 소방안전교육사 제1차 시험은 매 과목 100점을 만점으로 하여 매 과목 40점 이상, 전과목 평균 60점 이상 득점한 자를 합격자로 한다. (O | X)

정답 O

075 소방안전교육사 제2차 시험은 100점을 만점으로 하되, 시험위원의 채점점수 중 최고점수와 최저점수를 제외한 점수의 평균이 60점 이상인 사람을 합격자로 한다. (O | X)

정답 O

076 소방청장은 소방안전교육사시험 합격자를 결정한 때에는 이를 소방청의 인터넷 홈페이지 등에 공고해야 한다. (O | X)

정답 O

077 소방청장은 시험합격자 공고일부터 20일 이내에 행정안전부령으로 정하는 소방안전교육사증을 시험합격자에게 발급하며, 이를 소방안전교육사증 교부대장에 기재하고 관리하여야 한다. (O | X)

정답 X

해설 20일 → 1개월

078 금고 이상의 실형을 선고받고 그 집행이 끝나거나(집행이 끝난 것으로 보는 경우를 포함한다) 집행이 면제된 날부터 1년이 지난 사람은 소방안전교육사 시험에 응시할 수 있다. (O | X)

정답 X

해설 소방안전교육사의 결격사유
다음의 어느 하나에 해당하는 사람은 소방안전교육사가 될 수 없다.
• 피성년후견인
• 금고 이상의 실형을 선고받고 그 집행이 끝나거나(집행이 끝난 것으로 보는 경우를 포함한다) 집행이 면제된 날부터 2년이 지나지 아니한 사람
• 금고 이상의 형의 집행유예를 선고받고 그 유예기간 중에 있는 사람
• 법원의 판결 또는 다른 법률에 따라 자격이 정지되거나 상실된 사람

079 소방청장은 소방안전교육사 시험에서 부정행위를 한 사람에 대하여는 해당 시험을 정지시키거나 무효로 처리한다. (O | X)

정답 O

080 소방안전교육사 시험이 정지되거나 무효로 처리된 사람은 그 처분이 있는 날부터 5년간 소방안전교육사 시험에 응시하지 못한다. (O | X)

정답 X

해설 5년간 → 2년간

081 소방안전교육사를 소방청, 소방본부 또는 소방서, 한국소방안전원, 국립소방연구원에 배치해야 한다. (O | X)

정답 X

해설 소방안전교육사를 소방청, 소방본부 또는 소방서, 그 밖에 대통령령으로 정하는 대상(한국소방안전원, 한국소방산업기술원)에 배치할 수 있다.

082 소방안전교육사의 배치대상 및 배치기준, 그 밖에 필요한 사항은 행정안전부령으로 정한다.

(O | X)

정답 X

해설 소방안전교육사의 배치대상 및 배치기준, 그 밖에 필요한 사항은 대통령령으로 정한다.

083 소방안전교육사 대상별 배치기준은 대통령령에 따라 모두 2인을 배치할 수 있다. (O | X)

정답 X

해설 소방안전교육사의 배치대상별 배치기준
• 소방청, 소방본부, 한국소방안전협회 본회, 한국소방산업기술원 : 2 이상
• 소방서, 한국소방안전협회, 시·도지부 : 1 이상

084 소방서와 한국소방안전협회, 시·도지부의 소방안전교육사 배치기준은 같다. (O | X)

정답 O

해설 1 이상으로 같다.

085 소방청, 소방본부, 한국소방안전협회 본회, 한국소방산업기술원의 소방안전교육사 배치기준은 같다. (O | X)

정답 O

해설 2 이상으로 같다.

086 청소년에게 소방안전에 관한 올바른 이해와 안전의식을 함양시키기 위하여 한국119청소년단을 설립한다. (O | X)

정답 O

087 한국119청소년단은 법인으로 하고, 그 주된 사무소의 소재지에 설립등기를 함으로써 성립한다.

(O | X)

정답 O

088 소방청장은 한국119청소년단에 그 조직 및 활동에 필요한 시설·장비를 지원할 수 있으며, 운영 경비와 시설비 및 국내외 행사에 필요한 경비를 보조할 수 있다. (O | X)

정답 X

해설 국가나 지방자치단체는 한국119청소년단에 그 조직 및 활동에 필요한 시설·장비를 지원할 수 있으며, 운영 경비와 시설비 및 국내외 행사에 필요한 경비를 보조할 수 있다.

089 개인·법인 또는 단체는 한국119청소년단의 시설 및 운영 등을 지원하기 위하여 금전이나 그 밖의 재산을 기부할 수 있으며, 이 법에 따른 한국119청소년단이 아닌 자는 한국119청소년단 또는 이와 유사한 명칭을 사용할 수 없다. (O | X)

정답 O

090 한국119청소년단의 정관 또는 사업의 범위·지도·감독 및 지원에 필요한 사항은 행정안전부령으로 정한다. (O | X)

정답 O

091 한국119청소년단의 사업 범위는 다음과 같다. (O | X)
1. 한국119청소년단 단원의 선발·육성과 활동 지원
2. 한국119청소년단의 활동·체험 프로그램 개발 및 운영
3. 한국119청소년단의 활동과 관련된 학문·기술의 연구·교육 및 홍보
4. 한국119청소년단 단원의 교육·지도를 위한 전문인력 양성
5. 관련 기관·단체와의 자문 및 협력사업
6. 그 밖에 한국119청소년단의 설립목적에 부합하는 사업

정답 O

092 국가나 지방자치단체는 한국119청소년단의 설립목적 달성 및 원활한 사업 추진 등을 위하여 필요한 지원과 지도·감독을 할 수 있다. (O | X)

정답 X

해설 소방청장은 한국119청소년단의 설립목적 달성 및 원활한 사업 추진 등을 위하여 필요한 지원과 지도·감독을 할 수 있다.

093 소방기본법 시행규칙에 따른 규정사항 외에 한국119청소년단의 구성 및 운영 등에 필요한 사항은 소방청장이 정한다. (O | X)

정답 X

해설 소방기본법 시행규칙에 따른 규정사항 외에 한국119청소년단의 구성 및 운영 등에 필요한 사항은 한국119청소년단 정관으로 정한다.

094 한국119청소년단에 관하여 이 법에서 규정한 것을 제외하고는 「민법」 중 재단법인에 관한 규정을 준용한다. (O | X)

정답 X

해설 한국119청소년단에 관하여 이 법에서 규정한 것을 제외하고는 「민법」 중 사단법인에 관한 규정을 준용한다.

095 화재예방, 소방활동 또는 소방훈련을 위하여 사용되는 소방신호의 종류와 방법은 대통령령으로 정한다. (O | X)

정답 X

해설 화재예방, 소방활동 또는 소방훈련을 위하여 사용되는 소방신호의 종류와 방법은 행정안전부령으로 정한다.

096 경계신호는 화재위험경보 시 발령하며, 소방대의 비상소집하는 경우에도 발령한다. (O | X)

정답 X

해설 소방신호의 종류는 다음과 같으며, 소방대의 비상소집을 하는 경우에는 훈련신호를 사용할 수 있다.
• 경계신호 : 화재예방상 필요하다고 인정되거나 화재위험경보 시 발령
• 발화신호 : 화재가 발생한 때 발령
• 해제신호 : 소화활동이 필요 없다고 인정되는 때 발령
• 훈련신호 : 훈련상 필요하다고 인정되는 때 발령

097 소방신호의 종류별 소방신호의 방법은 소방청장이 정한다. (O | X)

정답 X

해설 소방신호의 종류별 소방신호의 방법은 행정안전부령인 시행규칙 별표 4와 같다.

신호방법 / 종별	타종 신호	사이렌 신호	그 밖의 신호
경계신호	1타와 연 2타를 반복	5초 간격을 두고 30초씩 3회	"통풍대 및 게시판"
발화신호	난 타	5초 간격을 두고 5초씩 3회	
해제신호	상당한 간격을 두고 1타씩 반복	1분간 1회	
훈련신호	연 3타 반복	10초 간격을 두고 1분씩 3회	"기"

098 소방신호의 방법으로는 타종 신호, 사이렌신호, 그 밖의 신호로 구분한다. (O | X)

정답 O

099 소방신호의 방법은 그 전부 또는 일부를 함께 사용할 수 없으며, 게시판을 철거하거나 통풍대 또는 기를 내리는 것으로 소방활동이 해제되었음을 알린다. (O | X)

정답 X

해설 소방신호의 방법은 그 전부 또는 일부를 함께 사용할 수 있다.

100 화재예방상 필요하다고 인정되어 경계신호를 발령하는 경우 사이렌 신호방법은 5초 간격을 두고 5초씩 3회 사이렌을 울려 발령한다. (O | X)

정답 X

해설 경계신호의 사이렌 신호방법은 5초 간격을 두고 30초씩 3회 사이렌을 울려 발령한다.

101 소방대의 비상소집을 하는 경우에는 훈련신호를 발령하는 경우 타종신호방법은 1타와 연 2타를 반복 타종하여 발령한다. (O | X)

정답 X

해설 훈련신호의 타종신호방법은 연 3타 반복 타종하여 발령한다.

102 화재 현장 또는 구조·구급이 필요한 사고 현장을 발견한 사람은 그 현장의 상황을 소방본부, 소방서 또는 관계 행정기관에 지체없이 알려야 한다. (O | X)

정답 O

103 모든 지역 또는 장소에서 지역 또는 장소에서 화재로 오인할 만한 우려가 있는 불을 피우거나 연막(煙幕) 소독을 하려는 자는 시·도의 조례로 정하는 바에 따라 119종합상황실장에게 신고하여야 한다. (O | X)

정답 X

해설 다음의 어느 하나에 해당하는 지역 또는 장소에서 화재로 오인할 만한 우려가 있는 불을 피우거나 연막(煙幕) 소독을 하려는 자는 시·도의 조례로 정하는 바에 따라 관할 소방본부장 또는 소방서장에게 신고하여야 한다.
   1. 시장지역
   2. 공장·창고가 밀집한 지역
   3. 목조건물이 밀집한 지역
   4. 위험물의 저장 및 처리시설이 밀집한 지역
   5. 석유화학제품을 생산하는 공장이 있는 지역
   6. 그 밖에 시·도의 조례로 정하는 지역 또는 장소

104 관계인은 소방대상물에 화재, 재난·재해, 그 밖의 위급한 상황이 발생한 경우에는 소방대가 현장에 도착할 때까지 경보를 울리거나 대피를 유도하는 등의 방법으로 사람을 구출하는 조치 또는 불을 끄거나 불이 번지지 아니하도록 필요한 조치를 하여야 한다. (O | X)

정답 O

105 관계인은 소방대상물에 화재, 재난·재해, 그 밖의 위급한 상황이 발생한 경우에는 이를 소방본부장, 소방서장 또는 관계 행정기관장에게 지체 없이 알려야 한다. (O | X)

정답 X

해설 소방본부장, 소방서장 또는 관계 행정기관장에게 → 소방본부, 소방서 또는 관계 행정기관에

106 관계인은 화재를 진압하거나 구조·구급 활동을 하기 위하여 상설 조직체(「위험물안전관리법」 제19조 및 그 밖의 다른 법령에 따라 설치된 자체소방대를 포함하며, 이하 이 조에서 "자체소방대"라 한다)를 설치·운영해야 한다. (O | X)

정답 X

해설 운영해야 한다. → 운영할 수 있다.

107 자체소방대는 소방대가 현장에 도착한 경우 소방대장의 지휘·통제에 따라야 한다.　(O | X)

정답　O

108 시·도지사는 자체소방대의 역량 향상을 위하여 필요한 교육·훈련 등을 지원할 수 있다.
　(O | X)

정답　X

해설　시·도지사는 → 소방청장, 소방본부장 또는 소방서장은

109 자체소방대의 교육·훈련 등의 지원에 필요한 사항은 대통령령으로 정한다.　(O | X)

정답　X

해설　대통령령 → 행정안전부령

109-1 소방청장, 소방본부장 또는 소방서장은 같은 조 제1항에 따른 자체소방대의 역량 향상을 위하여 다음 각 호에 해당하는 교육·훈련 등을 지원할 수 있다.
  1. 교육훈련기관에서의 자체소방대 교육훈련과정
  2. 자체소방대에서 수립하는 교육·훈련 계획의 지도·자문
  3. 소방기관과 자체소방대와의 합동 소방훈련
  4. 소방기관에서 실시하는 자체소방대의 현장실습
  5. 그 밖에 소방청장이 자체소방대의 역량 향상을 위하여 필요하다고 인정하는 교육·훈련
　(O | X)

정답　O

110 모든 차와 사람은 소방자동차(지휘를 위한 자동차와 구조·구급차를 포함한다. 이하 같다)가 화재 진압 및 구조·구급 활동을 위하여 출동을 할 때에는 이를 방해하여서는 아니 된다.　(O | X)

정답　O

111 소방자동차가 화재진압 및 구조·구급 활동을 위하여 출동하거나 훈련을 위하여 필요할 때에는 타종 신호를 사용할 수 있다.
　(O | X)

정답　X

해설　타종 신호를 → 사이렌을

112 모든 차와 사람은 소방자동차가 소방활동을 위하여 사이렌을 사용하지 않고 출동하는 경우라도 진로를 양보하여야 한다. (O | X)

정답   X

해설   모든 차와 사람은 소방자동차가 화재진압 및 구조·구급 활동을 위하여 사이렌을 사용하여 출동하는 경우에는 다음 각 호의 행위를 하여서는 아니 된다.
     1. 소방자동차에 진로를 양보하지 아니하는 행위
     2. 소방자동차 앞에 끼어들거나 소방자동차를 가로막는 행위
     3. 그 밖에 소방자동차의 출동에 지장을 주는 행위

113 소방기본법에서 정하는 것 외에 소방자동차의 우선 통행에 관하여는 「도로교통법」에서 정하는 바에 따른다. (O | X)

정답   O

114 공동주택 중 세대수가 100세대 이상인 아파트의 관계인은 소방활동의 원활한 수행을 위하여 공동 주택에 소방자동차 전용구역을 설치하여야 한다. (O | X)

정답   X

해설   공동주택 중 세대수가 100세대 이상인 아파트의 건축주는 소방활동의 원활한 수행을 위하여 공동주택에 소방 자동차 전용구역을 설치하여야 한다.

115 기숙사 중 2층 이상의 기숙사의 건축주는 소방활동의 원활한 수행을 위하여 기숙사에 소방자동차 전용구역을 설치하여야 한다. (O | X)

정답   X

해설   공동주택 중 다음 각 호 하나의 공동주택의 건축주는 소방활동의 원활한 수행을 위하여 공동주택에 소방자동차 전용구역(이하 "전용구역"이라 한다)을 설치하여야 한다.
     1. 아파트 중 세대수가 100세대 이상인 아파트
     2. 기숙사 중 3층 이상의 기숙사

116 하나의 대지에 하나 이상의 동(棟)으로 구성되고 정차 또는 주차가 금지된 편도 3차선 이상의 도로에 직접 접하여 소방자동차가 도로에서 직접 소방활동이 가능한 공동주택은 소방차 전용구역을 설치 하는 공동주택에서 제외한다. (O | X)

정답   X

해설   하나의 대지에 하나의 동(棟)으로 구성되고 「도로교통법」 제32조 또는 제33조에 따라 정차 또는 주차가 금지된 편도 2차선 이상의 도로에 직접 접하여 소방자동차가 도로에서 직접 소방활동이 가능한 공동주택은 제외한다.

117 누구든지 전용구역에 차를 주차하거나 전용구역에의 진입을 가로막는 등의 방해행위를 하여서는 아니 된다. (O | X)

정답 O

118 전용구역의 설치기준·방법은 대통령령으로 정하고, 방해행위의 기준, 그 밖의 필요한 사항은 행정안전부령으로 정한다. (O | X)

정답 X

해설 전용구역의 설 기준·방법, 방해행위의 기준, 그 밖의 필요한 사항은 대통령령으로 정한다.

119 공동주택의 건축주는 소방자동차가 접근하기 쉽고 소방활동이 원활하게 수행될 수 있도록 각 동별 4개 방향에 소방자동차 전용구역(이하 "전용구역"이라 한다)을 2개소 이상 설치해야 한다. 다만, 하나의 전용구역에서 여러 동에 접근하여 소방활동이 가능한 경우로서 소방청장이 정하는 경우에는 각 동별로 설치하지 않을 수 있다. (O | X)

정답 X

해설 각 동별 전면 또는 후면에 소방자동차 전용구역(이하 "전용구역"이라 한다)을 1개소 이상 설치해야 한다.

120 소방차 전용구역 방해행위의 기준은 행정안전부령으로 정한다. (O | X)

정답 X

해설 소방차 전용구역 방해행위의 기준은 대통령령으로 정한다.
방해행위의 기준은 다음과 같다.
1. 전용구역에 물건 등을 쌓거나 주차하는 행위
2. 전용구역의 앞면, 뒷면 또는 양 측면에 물건 등을 쌓거나 주차하는 행위. 다만, 「주차장법」 제19조에 따른 부설주차장의 주차구획 내에 주차하는 경우는 제외한다.
3. 전용구역 진입로에 물건 등을 쌓거나 주차하여 전용구역으로의 진입을 가로막는 행위
4. 전용구역 노면표지를 지우거나 훼손하는 행위
5. 그 밖의 방법으로 소방자동차가 전용구역에 주차하는 것을 방해하거나 전용구역으로 진입하는 것을 방해하는 행위

121 소방청장, 소방본부장 또는 소방서장은 대통령령으로 정하는 소방자동차에 행정안전부령으로 정하는 기준에 적합한 운행기록장치(이하 이 조에서 "운행기록장치"라 한다)를 장착하고 운용하여야 한다. (O | X)

정답 X

해설 소방청장, 소방본부장 또는 소방서장 → 소방청장 또는 소방본부장

121-1 대통령령으로 정하는 운행기록장치를 장착해야 하는 소방자동차는 다음과 같다.

1. 소방펌프차
2. 소방물탱크차
3. 소방화학차
4. 소방고가차(消防高架車)
5. 무인방수차
6. 구조차
7. 그 밖에 소방청장이 소방자동차의 안전한 운행 및 교통사고 예방을 위하여 운행기록장치 장착이 필요하다고 인정하여 정하는 소방자동차

(O | X)

정답 O

---

122 소방자동차의 안전한 운행 및 교통사고 예방을 위하여 운행기록장치 데이터의 수집 · 저장 · 통합 · 분석 등의 업무를 전자적으로 처리하기 위한 시스템을 소방자동차 운행기록시스템이라 한다.

(O | X)

정답 X

해설 소방자동차 운행기록시스템 → 소방자동차 교통안전 분석 시스템

---

123 시 · 도지사는 소방자동차의 안전한 운행 및 교통사고 예방을 위하여 운행기록장치 데이터의 수집 · 저장 · 통합 · 분석 등의 업무를 전자적으로 처리하기 위한 시스템(이하 이 조에서 "소방자동차 교통안전 분석 시스템"이라 한다)을 구축 · 운영할 수 있다.

(O | X)

정답 X

해설 시 · 도지사는 → 소방청장은

---

124 소방청장, 소방본부장 및 소방서장은 소방자동차 교통안전 분석 시스템으로 처리된 자료(이하 이 조에서 "전산자료"라 한다)를 이용하여 소방자동차의 장비운용자 등에게 어떠한 불리한 제재나 처벌을 하여서는 아니 된다.

(O | X)

정답 O

---

125 소방자동차 교통안전 분석 시스템의 구축 · 운영, 운행기록장치 데이터 및 전산자료의 보관 · 활용 등에 필요한 사항은 행정안전부령으로 정한다.

(O | X)

정답 O

125-1 소방청장, 소방본부장 및 소방서장은 소방자동차 운행기록장치에 기록된 데이터를 3개월 동안 저장·관리해야 한다. (O | X)

정답   X

해설   3개월 → 6개월

125-2 시·도지사는 소방자동차의 안전한 운행 및 교통사고 예방을 위하여 소방본부장 또는 소방서장에게 운행기록장치 데이터 및 그 분석 결과 등 관련 자료의 제출을 요청할 수 있다. (O | X)

정답   X

해설   시·도지사는 → 소방청장은

125-3 소방본부장은 관할 구역 안의 소방서장에게 운행기록장치 데이터 등 관련 자료의 제출을 요청할 수 있다. (O | X)

정답   O

125-4 소방본부장 또는 소방서장은 운행기록장치 데이터 등 관련 자료의 제출을 요청받은 경우에는 소방청장 또는 소방본부장에게 해당 자료를 제출해야 한다. 이 경우 소방서장이 소방청장에게 자료를 제출하는 경우에는 소방본부장을 거쳐야 한다. (O | X)

정답   O

125-5 소방청장 및 소방본부장은 운행기록장치 데이터 중 과속, 급감속, 급출발 등의 운행기록을 점검·분석해야 한다. (O | X)

정답   O

125-6 소방청장, 소방본부장 및 소방서장은 제1항에 따른 분석 결과를 소방자동차의 안전한 소방활동 수행에 필요한 교통안전정책의 수립, 교육·훈련 등에 활용할 수 있다. (O | X)

정답   O

126 소방대는 화재, 재난·재해, 그 밖의 위급한 상황이 발생한 현장에 신속하게 출동하기 위하여 긴급할 때에는 일반적인 통행에 쓰이지 아니하는 도로·빈터 또는 물 위로 통행할 수 있다. (O | X)

정답   O

127 소방청장, 소방본부장 또는 소방서장은 화재가 발생한 현장에 소방활동구역을 정하여 소방활동에 필요한 사람으로서 대통령령으로 정하는 사람 외에는 그 구역에 출입하는 것을 제한할 수 있다.

(O | X)

정답   X

해설   소방청장, 소방본부장 또는 소방서장 → 소방대장

128 전기 · 가스 · 수도 · 통신 · 교통의 업무에 종사하는 사람은 소방활동구역을 출입하는 것을 제한받지 않는다.

(O | X)

정답   X

해설   소방활동구역에서 출입하는 것을 제한받지 않는 사람
1. 소방활동구역 안에 있는 소방대상물의 소유자 · 관리자 또는 점유자
2. 전기 · 가스 · 수도 · 통신 · 교통의 업무에 종사하는 사람으로서 원활한 소방활동을 위하여 필요한 사람
3. 의사 · 간호사 그 밖의 구조 · 구급업무에 종사하는 사람
4. 취재인력 등 보도업무에 종사하는 사람
5. 수사업무에 종사하는 사람
6. 그 밖에 소방대장이 소방활동을 위하여 출입을 허가한 사람

129 소방활동구역의 출입자는 대통령령으로 정한다.

(O | X)

정답   O

130 경찰공무원은 소방대가 소방활동구역에 있지 아니하거나 소방대장의 요청이 있을 때에는 대통령령으로 정하는 사람 외에는 그 구역에 출입하는 것을 제한할 수 있다.

(O | X)

정답   O

131 소방청장, 소방본부장 또는 소방서장은 화재, 재난 · 재해, 그 밖의 위급한 상황이 발생한 현장에서 소방활동을 위하여 필요할 때에는 그 관할구역에 사는 사람 또는 그 현장에 있는 사람으로 하여금 사람을 구출하는 일 또는 불을 끄거나 불이 번지지 아니하도록 하는 일을 하게 할 수 있다. 이 경우 소방청장, 소방본부장 또는 소방서장은 소방활동에 필요한 보호장구를 지급하는 등 안전을 위한 조치를 하여야 한다.

(O | X)

정답   X

해설   소방청장, 소방본부장 또는 소방서장은 → 소방본부장, 소방서장 또는 소방대장은

132 소방본부장, 소방서장 또는 소방대장의 명령을 받아 소방활동에 종사한 사람은 시·도지사로부터 소방활동의 비용을 지급받을 수 있다. (O | X)

정답 O

133 고의 또는 과실로 화재 또는 구조·구급 활동이 필요한 상황을 발생시킨 사람은 소방활동에 종사하였더라도 시·도지사로부터 소방활동의 비용을 지급받을 수 없다. (O | X)

정답 O

해설 소방활동의 비용을 지급 제외
1. 소방대상물에 화재, 재난·재해, 그 밖의 위급한 상황이 발생한 경우 그 관계인
2. 고의 또는 과실로 화재 또는 구조·구급 활동이 필요한 상황을 발생시킨 사람
3. 화재 또는 구조·구급 현장에서 물건을 가져간 사람

134 소방본부장, 소방서장 또는 소방대장은 사람을 구출하거나 불이 번지는 것을 막기 위하여 필요할 때에는 화재가 발생하거나 불이 번질 우려가 있는 소방대상물 및 토지를 일시적으로 사용하거나 그 사용의 제한 또는 소방활동에 필요한 처분을 할 수 있다. (O | X)

정답 O

135 소방본부장, 소방서장 또는 소방대장은 사람을 구출하거나 불이 번지는 것을 막기 위하여 긴급하다고 인정할 때에는 화재가 발생하거나 불이 번질 우려가 있는 소방대상물 또는 토지 외의 소방대상물과 토지에 대하여 강제처분을 할 수 있다. (O | X)

정답 O

136 소방본부장, 소방서장 또는 소방대장은 소방활동을 위하여 긴급하게 출동할 때에는 소방자동차의 통행과 소방활동에 방해가 되는 주차 또는 정차된 차량 및 물건 등을 제거하거나 이동시킬 수 있다. (O | X)

정답 O

137 소방본부장, 소방서장 또는 소방대장은 소방활동을 위하여 긴급하게 출동할 때 소방활동에 방해가 되는 주차 또는 정차된 차량의 제거나 이동을 위하여 관할 지방자치단체 등 관련 기관에 견인차량과 인력 등에 대한 지원을 요청할 수 있고, 요청을 받은 관련 기관의 장은 정당한 사유가 없으면 이에 협조하여야 한다. (O | X)

정답 O

138 소방본부장 또는 소방서장은 소방활동을 위하여 긴급하게 출동할 때 소방활동에 방해가 되는 주차 또는 정차된 차량의 제거나 이동을 위하여 견인차량과 인력 등을 지원한 자에게 시·도의 조례로 정하는 바에 따라 비용을 지급하여야 한다. (O | X)

정답 X

해설 시·도지사는 소방활동을 위하여 긴급하게 출동할 때 소방활동에 방해가 되는 주차 또는 정차된 차량의 제거나 이동을 위하여 견인차량과 인력 등을 지원한 자에게 시·도의 조례로 정하는 바에 따라 비용을 지급할 수 있다.

139 소방본부장, 소방서장 또는 소방대장은 화재, 재난·재해, 그 밖의 위급한 상황이 발생하여 사람의 생명을 위험하게 할 것으로 인정할 때에는 일정한 구역을 지정하여 그 구역에 있는 사람에게 그 구역 밖으로 피난할 것을 명할 수 있다. (O | X)

정답 O

140 소방본부장, 소방서장 또는 소방대장은 피난명령을 할 때 필요하면 관할 경찰서장 또는 자치경찰단장에게 협조를 요청할 수 있다. (O | X)

정답 O

141 소방대장은 소방활동구역 설정, 소화활동 종사명령, 강제처분, 피난명령, 위험시설 등에 대한 긴급조치를 할 수 있다. (O | X)

정답 O

142 소방본부장, 소방서장 또는 소방대장은 화재진압 등 소방활동을 위하여 필요할 때에는 소방용수 외에 댐·저수지 또는 수영장 등의 물을 사용하거나 수도(水道)의 개폐장치 등을 조작할 수 있다. (O | X)

정답 O

143 소방본부장, 소방서장 또는 소방대장은 화재 발생을 막거나 폭발 등으로 화재가 확대되는 것을 막기 위하여 가스·전기 또는 유류 등의 시설에 대하여 위험물질의 공급을 차단하는 등 필요한 조치를 할 수 있다. (O | X)

정답 O

144 소방대원은 소방활동, 소방지원활동 또는 생활안전활동을 방해하는 행위를 하는 사람에게 필요한 예고를 하고, 그 행위로 인하여 사람의 생명·신체에 위해를 끼치거나 재산에 중대한 손해를 끼칠 우려가 있는 긴급한 경우에는 그 행위를 강제할 수 있다. (O | X)

> 정답 X

> 해설 소방대원은 소방활동, 생활안전활동을 방해하는 행위를 하는 사람에게 필요한 경고를 하고, 그 행위로 인하여 사람의 생명·신체에 위해를 끼치거나 재산에 중대한 손해를 끼칠 우려가 있는 긴급한 경우에는 그 행위를 제지할 수 있다.

145 누구든지 정당한 사유 없이 소방용수시설 또는 비상소화장치를 사용하는 행위, 정당한 사용을 방해하는 행위, 효용(效用)을 해치는 행위를 하여서는 아니 된다. (O | X)

> 정답 O

> 해설 소방용수시설 또는 비상소화장치의 사용금지 등(소방기본법 제28조)
> 누구든지 다음의 어느 하나에 해당하는 행위를 하여서는 아니 된다.
> 가. 정당한 사유 없이 소방용수시설 또는 비상소화장치를 사용하는 행위
> 나. 정당한 사유 없이 손상·파괴, 철거 또는 그 밖의 방법으로 소방용수시설 또는 비상소화장치의 효용(效用)을 해치는 행위
> 다. 소방용수시설 또는 비상소화장치의 정당한 사용을 방해하는 행위

146 소방대장의 소방활동 종사명령에 따른 소방활동 종사 사상자의 보상금액 등의 기준은 시·도 조례로 정한다. (O | X)

> 정답 X

> 해설 소방활동 조사 사상자의 보상금액 등의 기준은 대통령령(시행령 별표2의4)으로 정한다.

5 화재조사

- 소방의 화재조사에 관한 법률(2021.06.08.) 제정 및 시행(2022.06.09.)으로 부칙 제4조에 따라 소방기본법 제29조부터 제33조까지, 제52조 제2호, 제53조 제2호 및 제56조 제2항 제5호를 각각 삭제한다.
- 화재의 원인 및 피해 조사에 관하여는 별도의 법률로 정한다.

6 구조 및 구급

구조대 및 구급대의 편성과 운영에 관하여는 별도의 법률로 정한다.

7 의용소방대

구조대 및 구급대의 편성과 운영에 관하여는 별도의 법률로 정한다.

7-2 소방산업의 육성·진흥 및 지원 등

001 국가는 소방산업(소방용 기계·기구의 제조, 연구·개발 및 판매 등에 관한 일련의 산업을 말한다. 이하 같다)의 육성·진흥을 위하여 필요한 계획의 수립 등 행정상·재정상의 지원시책을 마련하여야 한다. (O | X)

<u>정답</u> O

002 소방청장은 소방산업과 관련된 기술(이하 "소방기술"이라 한다)의 개발을 촉진하기 위하여 기술개발을 실시하는 자에게 그 기술개발에 드는 자금의 일부를 출연하거나 보조해야 한다. (O | X)

<u>정답</u> X

<u>해설</u> 국가는 소방산업과 관련된 기술(이하 "소방기술"이라 한다)의 개발을 촉진하기 위하여 기술개발을 실시하는 자에게 그 기술개발에 드는 자금의 전부나 일부를 출연하거나 보조할 수 있다.

003 국가는 우수소방제품의 전시·홍보를 위하여 무역전시장 등을 설치한 자에게 소방산업전시회 운영에 따른 경비의 전부나 일부를 지원을 할 수 있다. (O | X)

<u>정답</u> X

<u>해설</u> 국가는 우수소방제품의 전시·홍보를 위하여 무역전시장 등을 설치한 자에게 다음에서 정한 범위에서 재정적인 지원을 할 수 있다.
1. 소방산업전시회 운영에 따른 경비의 일부
2. 소방산업전시회 관련 국외 홍보비
3. 소방산업전시회 기간 중 국외의 구매자 초청 경비

004 소방청장은 국민의 생명과 재산을 보호하기 위하여 국공립 연구기관, 한국소방산업기술원 등에 해당하는 기관이나 단체로 하여금 소방기술의 연구·개발사업을 수행하게 할 수 있다. (O | X)

<u>정답</u> X

<u>해설</u> 소방청장은 → 국가는

005 국가가 기관이나 단체로 하여금 소방기술의 연구·개발사업을 수행하게 하는 경우에는 필요한 경비를 지원할 수 있다. (O | X)

정답　X

해설　기관이나 단체로 하여금 소방기술의 연구·개발사업을 수행하게 하는 경우에는 필요한 경비를 지원하여야 한다.

006 국가는 소방기술 및 소방산업의 국제경쟁력과 국제적 통용성을 높이는 데에 필요한 기반 조성을 촉진하기 위한 시책을 마련하여야 한다. (O | X)

정답　O

007 국가는 소방기술 및 소방산업의 국제경쟁력과 국제적 통용성을 높이기 위하여 다음의 사업을 추진하여야 한다. (O | X)
1. 소방기술 및 소방산업의 국제 협력을 위한 조사·연구
2. 소방기술 및 소방산업에 관한 국제 전시회, 국제 학술회의 개최 등 국제 교류
3. 소방기술 및 소방산업의 국외시장 개척
4. 그 밖에 소방기술 및 소방산업의 국제경쟁력과 국제적 통용성을 높이기 위하여 필요하다고 인정하는 사업

정답　X

해설　국가는 → 소방청장은

8 한국소방안전원

001 소방기술과 안전관리기술의 향상 및 홍보, 그 밖의 교육·훈련 등 행정기관이 위탁하는 업무의 수행과 소방 관계 종사자의 기술향상을 위하여 한국소방안전원(이하 "안전원"이라 한다)을 소방청장의 허가를 받아 설립한다. (O | X)

정답　X

해설　허가를 → 인가를

002 소방청장의 승인을 받아 설립되는 안전원은 법인으로 한다. (O | X)

정답　X

해설　소방청장의 인가를 받아 설립되는 안전원은 법인으로 한다.

003 안전원에 관하여 소방기본법에 규정된 것을 제외하고는 민법 중 사단법인에 관한 규정을 준용한다. (O | X)

정답 X

해설 안전원에 관하여 이 법에 규정된 것을 제외하고는 민법 중 재단법인에 관한 규정을 준용한다.

004 안전원의 장(이하 "안전원장"이라 한다)은 소방기술과 안전관리의 기술향상을 위하여 5년마다 교육수요조사를 실시하여 교육계획을 수립하고 소방청장의 승인을 받아야 한다. (O | X)

정답 X

해설 5년마다 → 매년

005 소방청장은 안전원장에게 해당 연도 교육결과를 평가·분석하여 통보하여야 하며, 안전원장은 교육평가 결과를 교육계획에 반영해야 한다. (O | X)

정답 X

해설 안전원장은 소방청장에게 해당 연도 교육결과를 평가·분석하여 보고하여야 하며, 소방청장은 교육평가 결과를 교육계획에 반영하게 할 수 있다.

006 소방청장은 해당 연도 교육결과를 객관적이고 정밀하게 분석하기 위하여 필요한 경우 교육 관련 전문가로 구성된 위원회를 운영할 수 있다. (O | X)

정답 X

해설 소방청장은 → 안전원장은

007 교육평가심의위원회의 구성·운영에 필요한 사항은 행정안전부령으로 정한다. (O | X)

정답 X

해설 교육평가심의위원회의 구성·운영에 필요한 사항은 대통령령으로 정한다.

008 소방청장은 교육평가 및 운영에 관한 사항, 교육결과 분석 및 개선에 관한 사항, 다음 연도의 교육계획에 관한 사항을 심의하기 위하여 교육평가심의위원회를 둔다. (O | X)

정답 X

해설 안전원의 장은 교육평가 및 운영에 관한 사항, 교육결과 분석 및 개선에 관한 사항, 다음 연도의 교육계획에 관한 사항을 심의하기 위하여 교육평가심의위원회를 둔다.

009 교육평가심의위원회는 위원장 1명을 포함하여 7명 이하의 위원으로 민간위원과 공무원위원을 고려하여 구성한다. (O | X)

정답   X

해설   평가위원회는 위원장 1명을 포함하여 9명 이하의 위원으로 성별을 고려하여 구성한다.

010 교육평가심의위원회의 위원은 소방안전교육 업무 담당 소방공무원 중 안전원장이 추천하는 사람, 소방안전교육 전문가, 소방안전교육 수료자, 소방안전에 관한 학식과 경험이 풍부한 사람 중에서 소방청장이 임명 또는 위촉한다. (O | X)

정답   X

해설   교육평가심의위원회의 위원은 소방안전교육 업무 담당 소방공무원 중 소방청장이 추천하는 사람, 소방안전교육 전문가, 소방안전교육 수료자, 소방안전에 관한 학식과 경험이 풍부한 사람 중에서 안전원장이 임명 또는 위촉한다.

011 평가위원회에 참석한 위원에게는 예산의 범위에서 수당을 지급할 수 있다. 다만, 공무원인 위원이 소관 업무와 직접 관련되어 참석하는 경우에는 수당을 지급하지 아니한다. (O | X)

정답   O

012 소방기본법 시행령에 규정한 사항 외에 교육평가심의위원회의 운영 등에 필요한 사항은 소방청장이 정한다. (O | X)

정답   X

해설   소방기본법 시행령에 규정한 사항 외에 평가위원회의 운영 등에 필요한 사항은 안전원장이 정한다.

013 안전원은 정관을 변경하려면 소방청장의 허가를 받아야 한다. (O | X)

정답   X

해설   안전원은 정관을 변경하려면 소방청장의 인가를 받아야 한다.

014 안전원의 운영 및 사업에 소요되는 경비는 소방기술과 안전관리에 관한 교육 및 조사·연구 업무 수행에 따른 수입금, 소방업무에 관하여 행정기관이 위탁하는 업무 수행에 따른 수입금, 회원의 회비, 자산운영수익금, 그 밖의 부대수입으로 재원을 충당한다. (O | X)

정답   O

015 안전원에 임원으로 원장 1명을 포함한 9명 이내의 감사와 이사 1명을 둔다. (O | X)

정답 X

해설 안전원에 임원으로 원장 1명을 포함한 9명 이내의 이사와 1명의 감사를 둔다.

016 안전원장과 이사는 모두 소방청장이 임명한다. (O | X)

정답 X

해설 안전원장과 감사는 모두 소방청장이 임명한다.

017 소방기본법에 따라 안전원이 아닌 자는 한국소방안전원 또는 이와 유사한 명칭을 사용하지 못한다.

(O | X)

정답 O

9 보칙

001 소방청장은 안전원의 업무를 감독한다. (O | X)

정답 O

002 소방청장은 안전원에 대하여 업무 · 회계 및 재산에 관하여 필요한 사항을 보고하게 하거나, 소속 공무원으로 하여금 안전원의 장부 · 서류 및 그 밖의 물건을 검사하게 할 수 있다. (O | X)

정답 O

003 소방청장은 안전원에 보고 또는 검사의 결과 필요하다고 인정되면 시정명령 등 필요한 조치를 할 수 있다. (O | X)

정답 O

004 소방청장은 안전원의 다음의 업무를 감독하여야 한다. (O | X)

가. 이사회의 중요의결 사항

나. 회원의 가입·탈퇴 및 회비에 관한 사항

다. 사업계획 및 예산에 관한 사항

라. 기구 및 조직에 관한 사항

마. 그 밖에 소방청장이 위탁한 업무의 수행 또는 정관에서 정하고 있는 업무의 수행에 관한 사항

정답 O

005 안전원의 사업계획 및 예산에 관하여는 소방청장의 인가를 얻어야 한다. (O | X)

정답 X

해설 안전원의 사업계획 및 예산에 관하여는 소방청장의 승인을 얻어야 한다.

006 소방청장은 안전원의 업무감독을 위하여 필요한 자료의 제출을 명하거나 소방관계법령에 따라 위탁된 업무와 관련된 규정의 개선을 명할 수 있다. 이 경우 협회는 정당한 사유가 없는 한 이에 따라야 한다. (O | X)

정답 O

007 소방청장은 이 법에 따른 권한의 일부를 대통령령으로 정하는 바에 따라 시·도지사, 소방본부장 또는 소방서장에게 위임할 수 있다. (O | X)

정답 O

008 시·도 소방본부장은 시·도소방안전지원에 대하여 업무·회계 및 재산에 관하여 필요한 사항을 보고하게 하거나, 소속 공무원으로 하여금 시·도 소방안전지원의 장부·서류 및 그 밖의 물건을 검사하게 할 수 있다. (O | X)

정답 X

해설 소방청장은 안전원에 대하여 업무·회계 및 재산에 관하여 필요한 사항을 보고하게 하거나, 소속 공무원으로 하여금 안전원의 장부·서류 및 그 밖의 물건을 검사하게 할 수 있다.

009 안전원의 정관에 포함되어야 할 사항은 대통령령으로 정한다. (O | X)

정답 X

해설 안전원의 정관에 포함되어야 할 사항은 법 제43조로 정한다.
　가. 목적
　나. 명칭
　다. 주된 사무소의 소재지
　라. 사업에 관한 사항
　마. 이사회에 관한 사항
　바. 회원과 임원 및 직원에 관한 사항
　사. 재정 및 회계에 관한 사항
　아. 정관의 변경에 관한 사항

010 소방청장 또는 시·도지사는 생활안전활동으로 인하여 손실을 입은 자에게 손실보상심의위원회의 심사·의결에 따라 시가 보상을 하여야 한다. (O | X)

정답 X

해설 소방청장 또는 시·도지사는 생활안전활동으로 인하여 손실을 입은 자에게 손실보상심의위원회의 심사·의결에 따라 정당한 보상을 하여야 한다.

011 소방기관 또는 소방대의 적법한 소방업무 또는 소방활동으로 손실을 입은 자가 손실보상을 청구할 수 있는 권리는 손실이 있음을 안 날부터 5년, 손실이 발생한 날부터 3년간 행사하지 아니하면 시효의 완성으로 소멸한다. (O | X)

정답. X

해설 소방기본법에 따른 손실보상을 청구할 수 있는 권리는 손실이 있음을 안 날부터 3년, 손실이 발생한 날부터 5년간 행사하지 아니하면 시효의 완성으로 소멸한다.

012 소방청장 또는 시·도지사는 손실보상청구사건을 심사·의결하기 위하여 필요한 경우 손실보상심의위원회를 구성·운영할 수 있다. (O | X)

정답 O

012-1 소방청장 또는 시·도지사는 손실보상심의위원회의 구성 목적을 달성하였다고 인정하는 경우에는 손실보상심의위원회를 해산할 수 있다. (O | X)

정답 O

013 이 법에 따른 손실보상의 기준, 보상금액, 지급절차 및 방법은 대통령령으로 정하고, 손실보상심의 위원회의 구성 및 운영, 그 밖에 필요한 사항은 행정안전부령으로 정한다. (O | X)

정답 X

해설 이 법에 따른 손실보상의 기준, 보상금액, 지급절차 및 방법, 손실보상심의위원회의 구성 및 운영, 그 밖에 필요한 사항은 대통령령으로 정한다.

014 소방기관 또는 소방대의 적법한 소방업무 또는 소방활동으로 손실을 입은 자에게 손실보상 물건의 멸실 · 훼손으로 인한 손실보상을 하는 때에는 다음의 기준에 따른 금액으로 보상한다. (O | X)
가. 손실을 입은 물건을 수리할 수 있는 때 : 수리비에 상당하는 금액
나. 손실을 입은 물건을 수리할 수 없는 때 : 구입 당시의 해당 물건의 교환가액

정답 X

해설 나. 손실을 입은 물건을 수리할 수 없는 때 : 손실을 입은 당시의 해당 물건의 교환가액

015 소방대의 적법한 소방업무 또는 소방활동으로 손실을 입은 물건의 멸실 · 훼손으로 영업자가 손실을 입은 물건의 수리나 교환으로 인하여 영업을 계속할 수 없는 때에는 영업을 계속할 수 없는 기간의 영업이익액에 상당하는 금액을 더하여 보상한다. (O | X)

정답 O

016 소방기관 또는 소방대의 적법한 소방업무 또는 소방활동으로 손실을 입은 물건의 멸실 · 훼손으로 인한 손실 외의 재산상 손실에 대해서는 직무집행과 직접적인 인과관계가 있는 범위에서 보상한다. (O | X)

정답 X

해설 직접적인 인과관계가 → 상당한 인과관계가

017 소방기관 또는 소방대의 적법한 소방업무 또는 소방활동으로 인하여 발생한 손실을 보상받으려는 자는 행정안전부령으로 정하는 보상금 지급 청구서에 손실내용과 손실금액을 증명할 수 있는 서류를 첨부하여 소방청장 또는 시 · 도지사(이하 "소방청장등"이라 한다)에게 제출하여야 한다. 이 경우 소방청장등은 손실보상금의 산정을 위하여 필요하면 손실보상을 청구한 자에게 증빙 · 보완 자료의 제출을 요구할 수 있다. (O | X)

정답 O

해설 손실보상의 지급절차 및 방법(시행령 제12조 제1항)

018 소방청장 또는 시·도지사는 손실보상심의위원회의 심사·의결을 거쳐 특별한 사유가 없으면 보상금 지급 청구서를 받은 날부터 30일 이내에 보상금 지급 여부 및 보상금액을 결정하여야 한다. (O | X)

정답 X

해설 30일 → 60일

019 소방청장등은 손실보상 청구가 요건과 절차를 갖추지 못한 경우에는 그 청구를 기각하는 결정을 할 수 있다. (O | X)

정답 X

해설 소방청장등은 손실보상 청구가 요건과 절차를 갖추지 못한 경우에는 그 청구를 각하(却下)하는 결정을 해야 한다.

020 소방청장등은 손실보상 청구가 요건과 절차를 갖추지 못한 경우에는 그 청구를 각하(却下)하는 결정을 해야 한다. 또한, 그 잘못된 부분을 시정할 수 있는 경우도 포함한다. (O | X)

정답 X

해설 소방청장등은 손실보상 청구가 요건과 절차를 갖추지 못한 경우에는 그 청구를 각하(却下)하는 결정을 해야 한다. 다만, 그 잘못된 부분을 시정할 수 있는 경우는 제외한다.

021 소방청장등은 손실보상 청구인이 같은 청구 원인으로 보상금 청구를 하여 보상금 지급 여부 결정을 받은 경우에는 그 청구를 각하(却下)하는 결정을 하여야 한다. 다만, 기각 결정을 받은 청구인이 손실을 증명할 수 있는 새로운 증거가 발견되었음을 소명(疎明)하는 경우는 제외한다. (O | X)

정답 O

022 소방청장등은 손실보상 청구 결정일부터 10일 이내에 행정안전부령으로 정하는 바에 따라 결정 내용을 청구인에게 통지하고, 보상금을 지급하기로 결정한 경우에는 특별한 사유가 없으면 통지한 날부터 20일 이내에 보상금을 지급하여야 한다. (O | X)

정답 X

해설 20일 → 30일

023 소방청장등은 손실보상금을 지급받을 자가 지정하는 예금계좌에 입금하는 방법으로 보상금을 지급한다. 다만, 보상금을 지급받을 자가 체신관서 또는 은행이 없는 지역에 거주하는 등 부득이한 사유가 있는 경우에는 그 보상금을 지급받을 자의 신청에 따라 현금으로 지급할 수 있다.

(O | X)

정답   O

---

024 손실보상금은 일시불로 지급하되, 보상금을 지급받을 자의 신청에 따라 분할하여 지급할 수 있다.

(O | X)

정답   X

해설   손실보상금은 일시불로 지급하되, 예산 부족 등의 사유로 일시불로 지급할 수 없는 특별한 사정이 있는 경우에는 청구인의 동의를 받아 분할하여 지급할 수 있다.

---

025 소방기본법 시행령에 따른 손실보상금의 보상사항 외에 보상금의 청구 및 지급에 필요한 사항은 손실보상심의위원회가 정한다.

(O | X)

정답   X

해설   소방기본법 시행령에 따른 손실보상금의 보상사항 외에 보상금의 청구 및 지급에 필요한 사항은 소방청장이 정한다.

---

026 소방청장등은 소방기관 또는 소방대의 위법한 소방업무 또는 소방활동으로 인하여 발생한 손실보상청구 사건을 심사·의결하기 위하여 각각 손실보상심의위원회(이하 "보상위원회"라 한다)를 구성·운영할 수 있다.

(O | X)

정답   X

해설   위법한 → 적법한

---

027 손실보상심의위원회는 위원장 1명을 포함하여 9명 이하의 위원으로 구성한다. 다만, 청구금액이 100만원 이하인 사건에 대해서는 해당하는 위원 3명으로만 구성할 수 있다.

(O | X)

정답   X

해설   손실보상심의위원회는 위원장 1명을 포함하여 5명 이상 7명 이하의 위원으로 구성한다.

---

028 손실보상심의위원회의 위원은 위원장이 위촉하거나 임명한다. 보상위원회를 구성할 때에는 위원의 2/3 이상은 성별을 고려하여 소방공무원이 아닌 사람으로 하여야 한다.

(O | X)

정답   X

해설   손실보상심의위원회의 위원은 소방청장등이 위촉하거나 임명한다. 보상위원회를 구성할 때에는 위원의 과반수는 성별을 고려하여 소방공무원이 아닌 사람으로 하여야 한다.

029 소방안전 또는 약학 분야에 관한 학식과 경험이 풍부한 사람은 소방청장등으로부터 보상위원회의 위촉을 받을 자격이 있다. (O | X)

정답 X

해설 손실보상심의위원회 위원의 자격
　가. 소속 소방공무원
　나. 판사·검사 또는 변호사로 5년 이상 근무한 사람
　다. 「고등교육법」 제2조에 따른 학교에서 법학 또는 행정학을 가르치는 부교수 이상으로 5년 이상 재직한 사람
　라. 「보험업법」 제186조에 따른 손해사정사
　마. 소방안전 또는 의학 분야에 관한 학식과 경험이 풍부한 사람

030 손실보상심의위원회 위원으로 위촉되는 위원의 임기는 2년으로 한다. 다만, 보상위원회가 해산되는 경우에 그 해산되는 때에 임기가 만료되는 것으로 한다. (O | X)

정답 O

031 손실보상심의위원회의 사무를 처리하기 위하여 보상위원회에 간사 1명을 두되, 간사는 소속 소방공무원 중에서 소방청장등이 지명한다. (O | X)

정답 O

032 소방업무에 관하여 행정기관으로부터 위탁받은 업무에 종사하는 안전원의 임직원은 「형법」에 따른 수뢰·사전수뢰, 제3자뇌물제공, 수뢰후부정처사·사후수뢰, 알선수뢰를 적용할 때에는 공무원으로 본다. (O | X)

정답 O

🔟 벌칙

001 소방기본법에 따른 최고의 벌칙은 5년 이하의 징역 또는 3천만원 이하의 벌금이다. (O | X)

정답 X

해설 최고의 벌칙은 5년 이하의 징역 또는 5천만원 이하의 벌금이다.

002 소방기본법에 따른 500만원 이하의 벌금에 해당하는 조문이 있다. (O | X)

정답 X

해설 500만원 이하의 과태료 규정은 있으나, 500만원 이하의 벌금에 해당하는 조문은 없다.

003 출동한 소방대원에게 폭행 또는 협박을 행사하여 화재진압을 방해하는 행위를 한 사람은 5년 이하의 징역 또는 5천만원 이하의 벌금에 처한다. (O | X)

정답 O

004 정당한 사유 없이 소방용수시설 또는 비상소화장치를 사용하거나 소방용수시설 또는 비상소화장치의 효용을 해치거나 그 정당한 사용을 방해한 사람은 3년 이하의 징역 또는 3천만원 이하의 벌금에 처한다. (O | X)

정답 X

해설 5년 이하의 징역 또는 5천만원 이하의 벌금에 처한다.

005 소방본부장, 소방서장 또는 소방대장의 소방활동 종사명령을 받고 사람을 구출하는 일 또는 불을 끄거나 불이 번지지 아니하도록 하는 일을 방해한 사람은 3년 이하의 징역 또는 3천만원 이하의 벌금에 처한다. (O | X)

정답 X

해설 5년 이하의 징역 또는 5천만원 이하의 벌금에 처한다.

006 사람을 구출하거나 불이 번지는 것을 막기 위하여 긴급하다고 인정할 때 화재가 발생하거나 불이 번질 우려가 있는 소방대상물 및 토지의 강제처분을 방해한 자 또는 정당한 사유 없이 그 처분에 따르지 아니한 사람은 3년 이하의 징역 또는 3천만원 이하의 벌금에 처한다. (O | X)

정답 O

007 사람을 구출하거나 불이 번지는 것을 막기 위하여 긴급하다고 인정할 때 화재가 발생하거나 불이 번질 우려가 있는 소방대상물 및 토지 이외 강제처분을 방해한 자 또는 정당한 사유 없이 그 처분에 따르지 아니한 사람은 3년 이하의 징역 또는 3천만원 이하의 벌금에 처한다. (O | X)

정답 X

해설 300만원 이하의 벌금에 처한다.

008 소방활동을 위하여 긴급하게 출동 시 소방자동차의 통행과 소방활동에 방해되는 때, 방해되는 주차 또는 정차된 차량 및 물건 등 이동 또는 제거활동을 방해한 자 또는 정당한 사유 없이 그 처분에 따르지 아니한 자는 300만원 이하의 벌금에 처한다. (O | X)

정답 O

009 정당한 사유 없이 소방대의 소방활동 또는 생활안전활동을 방해한 자는 100만원 이하의 벌금에 처한다. (O | X)

정답 X

해설 정당한 사유 없이 소방대의 생활안전활동을 방해한 자는 100만원 이하의 벌금에 처한다.

010 음주 또는 약물로 인한 심신장애 상태에서 출동한 소방대원에게 폭행 또는 협박을 행사하여 화재진압·인명구조 또는 구급활동을 방해하는 행위 죄를 범한 때에는 「형법」 제10조(심신장애인) 제1항(면책) 및 제2항(감경)을 적용하지 아니한다. (O | X)

정답 X

해설 적용하지 아니한다. → 적용하지 아니할 수 있다.

011 법인의 대표자나 법인 또는 개인의 대리인, 사용인, 그 밖의 종업원이 그 법인 또는 개인의 업무에 관하여 소방기본법에 따른 벌칙에 해당하는 위반행위를 하면 그 행위자를 벌하는 외에 그 법인 또는 개인에게도 해당 조문의 징역형 또는 벌금형을 과(科)한다. (O | X)

정답 X

해설 징역형 또는 벌금형을 과(科)한다. → 벌금형을 과(科)한다.

012 소방차 전용구역에 차를 주차하거나 전용구역에의 진입을 가로막는 등의 방해행위를 한 자에게는 위반횟수와 관계없이 100만원 이하의 과태료를 부과한다. (O | X)

정답 X

해설 개별기준

위반행위	과태료 금액(만원)		
	1회	2회	3회
소방차 전용구역에 차를 주차하거나 전용구역에의 진입을 가로막는 등의 방해행위를 한 경우	50	100	100

013 과태료 부과 개별기준에 따라 구급차가 응급환자를 병원에 이송하기 위하여 사이렌을 켜고 출동하는 때에 진로를 방해하는 등 출동에 지장을 준 사람은 200만원 이하의 과태료를 부과한다.(O | X)

정답 X

해설 개별기준 : 100만원

위반행위	과태료 금액(만원)		
	1회	2회	3회
소방활동을 위하여 사이렌을 사용하여 출동하는 소방자동차의 출동에 지장을 준 경우		100	

014 한국119청소년단, 한국소방안전원 또는 이와 유사한 명칭을 사용한 경우 과태료 부과 개별기준은 같다. (O | X)

정답 X

해설 개별기준

위반행위	과태료 금액(만원)		
	1회	2회	3회
한국119청소년단 또는 이와 유사한 명칭을 사용한 경우	100	150	200
한국소방안전원 또는 이와 유사한 명칭을 사용한 경우	200		

014-1 화재 또는 구조·구급이 필요한 상황을 거짓으로 알린 경우 과태료 부과 개별기준은 다음과 같다. (O | X)

위반행위	과태료 금액(만원)		
	1회	2회	3회
화재 또는 구조·구급이 필요한 상황을 거짓으로 알린 경우	100	150	200

정답 X

해설

위반행위	과태료 금액(만원)		
	1회	2회	3회
화재 또는 구조·구급이 필요한 상황을 거짓으로 알린 경우	200	400	500

014-2 소방활동구역 출입제한을 받는 자가 소방대장의 허가를 받지 않고 소방활동구역을 출입한 경우 과태료 부과 개별기준에 따라 200만원의 과태료를 부과할 수 있다. (O | X)

정답 X

해설

위반행위	과태료 금액(만원)		
	1회	2회	3회
소방활동구역 출입제한을 받는 자가 소방대장의 허가를 받지 않고 소방활동구역을 출입한 경우	100		

015 소방기본법에 따른 과태료 부과·징수의 권한은 관할 소방본부장 또는 소방서장에게만 있다. (O | X)

정답 X

해설 소방기본법에 따른 과태료 부과·징수의 권한은 관할 시·도지사, 소방본부장 또는 소방서장에게 있다.

016 소방기본법에 따른 500만원 이하의 과태료는 대통령령으로 정하는 바에 따라 소방청장, 관할 소방본부장 또는 관할 소방서장이 부과·징수한다. (O | X)

정답 X

해설 500만원 이하의 과태료는 대통령령으로 정하는 바에 따라 관할 시·도지사, 소방본부장 또는 소방서장이 부과·징수한다.

017 소방기본법에 따른 20만원 이하의 과태료는 대통령령으로 정하는 바에 따라 관할 시·도지사, 소방본부장 또는 소방서장이 부과·징수한다. (O | X)

정답 X

해설 소방기본법에 따른 20만원 이하의 과태료는 조례로 정하는 바에 따라 관할 소방본부장 또는 소방서장이 부과·징수한다.

018 정당한 사유 없이 법 제20조 제2항을 위반하여 화재, 재난·재해, 그 밖의 위급한 상황을 소방본부, 소방서 또는 관계 행정기관에 알리지 않은 경우 과태료 부과 개별기준에 따라 위반 횟수와 관계없이 500만원의 과태료를 부과할 수 있다. (O | X)

정답 O

019 과태료 부과 일반기준에서 위반행위의 횟수에 따른 과태료의 가중된 부과기준은 최근 1년간 같은 위반행위로 과태료 부과처분을 받은 경우에 적용한다. 이 경우 기간의 계산은 위반행위에 대하여 과태료 부과처분을 받은 날과 그 처분 후 다시 같은 위반행위를 하여 부과처분을 받은 날을 기준으로 한다. (O | X)

정답 X

해설 이 경우 기간의 계산은 위반행위에 대하여 과태료 부과처분을 받은 날과 그 처분 후 다시 같은 위반행위를 하여 적발된 날을 기준으로 한다.

020 가중된 부과처분을 하는 경우 가중처분의 적용 차수는 그 위반행위 전 부과처분 차수의 다음 차수로 한다. (O | X)

정답 O

021 과태료 부과권자는 다음의 어느 하나에 해당하는 경우에는 과태료 부과 개별기준에 따른 과태료의 2분의 1 범위에서 그 금액을 줄여 부과할 수 있다. 다만, 과태료를 체납하고 있는 위반행위자에 대해서는 그렇지 않다.

1) 위반행위가 사소한 부주의나 오류로 인한 것으로 인정되는 경우

2) 위반행위자가 법 위반상태를 시정하거나 해소하기 위하여 노력한 사실이 인정되는 경우

3) 위반행위자가 화재 등 재난으로 재산에 현저한 손실을 입거나 사업 여건의 악화로 그 사업이 중대한 위기에 처하는 등 사정이 있는 경우

4) 그 밖에 위반행위의 정도, 위반행위의 동기와 그 결과 등을 고려하여 감경할 필요가 있다고 인정되는 경우 (O | X)

정답　O

공개문제 · 기출유사문제

(공개문제 / 통합소방장 기출유사문제 / 통합소방교 기출유사문제)

배우기만 하고 생각하지 않으면 얻는 것이 없고,
생각만 하고 배우지 않으면 위태롭다.

– 공자 –

끝까지 책임진다! SD에듀!

QR코드를 통해 도서 출간 이후 발견된 오류나 개정법령, 변경된 시험 정보, 최신기출문제, 도서 업데이트
자료 등이 있는지 확인해 보세요! 시대에듀 합격 스마트 앱을 통해서도 알려 드리고 있으니 구글 플레이나
앱 스토어에서 다운받아 사용하세요. 또한, 파본 도서인 경우에는 구입하신 곳에서 교환해 드립니다.

01 | 공개문제

▶ 본 공개문제는 2023년 11월 4일에 시행한 소방장 승진시험 과목 중 소방법령Ⅱ에서 「소방기본법」에 관한 문제만 수록하였습니다. 다만, 「소방기본법」의 제4장 화재의 예방조치 등이 2022.12.01. 「화재의 예방 및 안전관리에 관한 법률」로 전환·시행됨에 따라 소방기본법 출제범위에 해당되지 않으나, 법령Ⅱ(소방기본법, 화재예방법 및 소방시설법)에 해당되어 그대로 기출유사문제에 수록하였음을 참고하기 바랍니다.

01 「소방기본법」상 소방안전교육사의 결격사유로 옳지 않은 것은?　〈빨간키 21P〉

① 피성년후견인

② 금고 이상의 형의 집행유예를 선고받고 그 유예기간이 지난 사람

③ 법원의 판결 또는 다른 법률에 따라 자격이 정지되거나 상실된 사람

④ 금고 이상의 실형을 선고받고 그 집행이 면제된 날부터 1년이 된 사람

> **해설** 소방안전교육사의 결격사유(법 제17조의3)
> 다음 각 호의 어느 하나에 해당하는 사람은 소방안전교육사가 될 수 없다.
> • 피성년후견인
> • 금고 이상의 실형을 선고받고 그 집행이 끝나거나(집행이 끝난 것으로 보는 경우를 포함한다) 집행이 면제된 날부터 2년이 지나지 아니한 사람
> • 금고 이상의 형의 집행유예를 선고받고 그 유예기간 중에 있는 사람
> • 법원의 판결 또는 다른 법률에 따라 자격이 정지되거나 상실된 사람

02 「소방기본법 시행규칙」상 소방청장이 소방안전교육훈련 운영계획의 작성에 필요한 지침을 정하여 소방본부장과 소방서장에게 통보하여야 하는 기한(期限)으로 옳은 것은?　〈빨간키 18P〉

① 매년 9월 30일

② 매년 10월 31일

③ 매년 11월 30일

④ 매년 12월 31일

> **해설** 소방교육·훈련의 종류 등(시행규칙 제9조)
> • 소방청장, 소방본부장 또는 소방서장은 소방안전교육훈련을 실시하려는 경우 매년 12월 31일까지 다음 해의 소방안전교육훈련 운영계획을 수립하여야 한다.
> • 소방청장은 제3항에 따른 소방안전교육훈련 운영계획의 작성에 필요한 지침을 정하여 소방본부장과 소방서장에게 매년 10월 31일까지 통보하여야 한다.

03 「소방기본법」상 국가의 책무로 옳은 것은? 〈빨간키 36P〉

① 소방력의 기준에 따라 관할구역의 소방력을 확충하기 위하여 필요한 계획을 수립하여 시행하여야 한다.

② 소방용수시설을 설치하고 유지·관리하여야 한다.

③ 소방자동차의 공무상 운행 중 교통사고가 발생한 경우 그 운전자의 법률상 분쟁에 소요되는 비용을 지원할 수 있는 보험에 가입하여야 한다.

④ 소방산업의 육성·진흥을 위하여 필요한 계획의 수립 등 행정상·재정상의 지원시책을 마련하여야 한다.

> **해설** ④ 국가는 소방산업(소방용 기계·기구의 제조, 연구·개발 및 판매 등에 관한 일련의 산업을 말한다. 이하 같다)의 육성·진흥을 위하여 필요한 계획의 수립 등 행정상·재정상의 지원시책을 마련하여야 한다(법 제39조의3).
> ① 시·도지사는 제1항에 따른 소방력의 기준에 따라 관할구역의 소방력을 확충하기 위하여 필요한 계획을 수립하여 시행하여야 한다(법 제8조 제2항).
> ② 시·도지사는 소방 활동에 필요한 소화전(消火栓)·급수탑(給水塔)·저수조(貯水槽)(이하 "소방용수시설"이라 한다)를 설치하고 유지·관리하여야 한다. 다만, 「수도법」 제45조에 따라 소화전을 설치하는 일반수도사업자는 관할 소방서장과 사전협의를 거친 후 소화전을 설치하여야 하며, 설치 사실을 관할 소방서장에게 통지하고, 그 소화전을 유지·관리하여야 한다(법 제10조).
> ③ 시·도지사는 소방자동차의 공무상 운행 중 교통사고가 발생한 경우 그 운전자의 법률상 분쟁에 소요되는 비용을 지원할 수 있는 보험에 가입하여야 한다(법 제16조의4 제1항).

04 「소방기본법 시행령」상 소방청장 등이 손실보상심의위원회의 위원으로 위촉하거나 임명할 수 있는 사람으로 옳지 않은 것은? 〈빨간키 44P〉

① 소속 소방공무원

② 「보험업법」 제186조에 따른 손해사정사

③ 판사·검사 또는 변호사로 3년 근무한 사람

④ 「고등교육법」 제2조에 따른 학교에서 법학 또는 행정학을 가르치는 부교수 이상으로 5년 재직한 사람

> **해설** 손실보상심의위원회의 자격
> 보상위원회의 위원은 다음 각 호의 어느 하나에 해당하는 사람 중에서 소방청장 등이 위촉하거나 임명한다. 이 경우 위원의 과반수는 성별을 고려하여 소방공무원이 아닌 사람으로 하여야 한다(영 제13조 제3항).
> • 소속 소방공무원
> • 판사·검사 또는 변호사로 5년 이상 근무한 사람
> • 「고등교육법」 제2조에 따른 학교에서 법학 또는 행정학을 가르치는 부교수 이상으로 5년 이상 재직한 사람
> • 「보험업법」 제186조에 따른 손해사정사
> • 소방안전 또는 의학 분야에 관한 학식과 경험이 풍부한 사람

05 「소방기본법 시행규칙」상 종합상황실의 실장의 업무에 관한 내용이다. 밑줄 친 상황으로 옳은 것은?
〈빨간키 4P〉

> 종합상황실의 실장은 <u>다음 각 호의 어느 하나에 해당하는 상황</u>이 발생하는 때에는 그 사실을 지체 없이 별지 제1호 서식에 따라 서면·팩스 또는 컴퓨터통신 등으로 소방서의 종합상황실의 경우는 소방본부의 종합상황실에, 소방본부의 종합상황실의 경우는 소방청의 종합상황실에 각각 보고해야 한다.

① 「위험물안전관리법」 규정에 의한 지정수량의 2천배 이상의 위험물의 제조소에서 발생한 화재
② 층수가 4층 이상이거나 객실이 20실 이상인 숙박시설에서 발생한 화재
③ 항구에 매어둔 총 톤수가 1천톤 이상인 선박에서 발생한 화재
④ 연면적 1만제곱미터 이상인 공장에서 발생한 화재

해설 종합상황실의 실장의 업무 등(시행규칙 제3조)
종합상황실의 실장은 다음 각 호의 어느 하나에 해당하는 상황이 발생하는 때에는 그 사실을 지체 없이 별지 제1호 서식에 따라 서면·팩스 또는 컴퓨터통신 등으로 소방서의 종합상황실의 경우는 소방본부의 종합상황실에, 소방본부의 종합상황실의 경우는 소방청의 종합상황실에 각각 보고해야 한다.
• 사망자가 5인 이상 발생하거나 사상자가 10인 이상 발생한 화재
• 이재민이 100인 이상 발생한 화재
• 재산피해액이 50억원 이상 발생한 화재
• 관공서·학교·정부미도정공장·문화재·지하철 또는 지하구의 화재
• 관광호텔, 층수가 11층 이상인 건축물, 지하상가, 시장, 백화점, 지정수량의 3천배 이상의 위험물의 제조소·저장소·취급소, 층수가 5층 이상이거나 객실이 30실 이상인 숙박시설, 층수가 5층 이상이거나 병상이 30개 이상인 종합병원·정신병원·한방병원·요양소, 연면적 1만 5천제곱미터 이상인 공장 또는 화재예방강화지구에서 발생한 화재
• 철도차량, 항구에 매어둔 총 톤수가 1천톤 이상인 선박, 항공기, 발전소 또는 변전소에서 발생한 화재
• 가스 및 화약류의 폭발에 의한 화재
• 다중이용업소의 화재
• 긴급구조통제단장의 현장지휘가 필요한 재난상황
• 언론에 보도된 재난상황
• 그 밖에 소방청장이 정하는 재난상황

06 「소방기본법 시행령」상 소방자동차 전용구역 방해행위의 기준으로 옳지 않은 것은?
〈빨간키 30P〉

① 전용구역 노면표지를 지우거나 훼손하는 행위
② 전용구역에 물건 등을 쌓거나 주차하는 행위
③ 「주차장법」에 따른 부설주차장의 주차구획 내에 주차하는 경우
④ 전용구역 진입로에 물건 등을 쌓거나 주차하여 전용구역으로의 진입을 가로막는 행위

해설 전용구역 방해행위의 기준(영 제7조의14)
- 전용구역에 물건 등을 쌓거나 주차하는 행위
- 전용구역의 앞면, 뒷면 또는 양 측면에 물건 등을 쌓거나 주차하는 행위. 다만, 「주차장법」 제19조에 따른 부설주차장의 주차구획 내에 주차하는 경우는 제외한다.
- 전용구역 진입로에 물건 등을 쌓거나 주차하여 전용구역으로의 진입을 가로막는 행위
- 전용구역 노면표지를 지우거나 훼손하는 행위
- 그 밖의 방법으로 소방자동차가 전용구역에 주차하는 것을 방해하거나 전용구역으로 진입하는 것을 방해하는 행위

07 「소방기본법 시행규칙」상 소방체험관에 설치할 수 있는 체험실 중 사회기반안전분야의 종류만을 모두 고른 것으로 옳은 것은?　　〈빨간키 7P〉

> 가. 사이버안전 체험실
> 나. 여가활동 체험실
> 다. 지하철안전 체험실
> 라. 환경안전 체험실
> 마. 작업안전 체험실
> 바. 에너지·정보통신안전 체험실

① 가, 라, 바
② 가, 다, 라
③ 나, 마, 바
④ 나, 다, 마

해설 소방체험관의 시설 기준(시행규칙 별표 1)

소방체험관의 규모 및 지역 여건 등을 고려하여 다음 표에 따른 체험실을 갖출 수 있다. 이 경우 체험실별 바닥면적은 100제곱미터 이상이어야 한다.

분 야	체험실
생활안전	전기안전 체험실, 가스안전 체험실, 작업안전 체험실, 여가활동 체험실, 노인안전 체험실
교통안전	버스안전 체험실, 이륜차안전 체험실, 지하철안전 체험실
자연재난안전	생물권 재난안전 체험실(조류독감, 구제역 등)
사회기반안전	화생방·민방위안전 체험실, 환경안전 체험실, 에너지·정보통신안전 체험실, 사이버안전 체험실
범죄안전	미아안전 체험실, 유괴안전 체험실, 폭력안전 체험실, 성폭력안전 체험실, 사기범죄안전 체험실
보건안전	중독안전 체험실(게임·인터넷, 흡연 등), 감염병안전 체험실, 식품안전 체험실, 자살방지 체험실
기 타	시·도지사가 필요하다고 인정하는 체험실

08 「소방기본법」상 한국소방안전원의 업무로 옳지 않은 것은? 〈빨간키 39P〉

① 소방안전에 관한 국제협력

② 소방기술과 안전관리에 관한 각종 간행물 발간

③ 소방산업의 육성과 기술진흥을 위한 정책연구

④ 화재 예방과 안전관리의식 고취를 위한 대국민 홍보

해설 안전원의 업무(법 제41조)
- 소방기술과 안전관리에 관한 교육 및 조사·연구
- 소방기술과 안전관리에 관한 각종 간행물 발간
- 화재 예방과 안전관리의식 고취를 위한 대국민 홍보
- 소방업무에 관하여 행정기관이 위탁하는 업무
- 소방안전에 관한 국제협력
- 그 밖에 회원에 대한 기술지원 등 정관으로 정하는 사항

09 「소방기본법」 및 같은 법 시행규칙상 소방대의 생활안전활동 종류를 모두 고른 것으로 옳은 것은? 〈빨간키 17P〉

> 가. 벌 등의 포획 및 퇴치 활동
> 나. 화재진압 및 인명구조 활동
> 다. 단전사고 시 비상전원 공급
> 라. 끼임에 따른 위험제거 및 구출 활동
> 마. 소방시설 오작동 신고에 따른 조치활동
> 바. 산불에 대한 예방·진압 등 지원활동

① 가, 다, 라

② 나, 마, 바

③ 다, 라, 바

④ 가, 다, 마

해설 생활안전활동(법 제16조의3)
- 붕괴, 낙하 등이 우려되는 고드름, 나무, 위험 구조물 등의 제거활동
- 위해동물, 벌 등의 포획 및 퇴치 활동
- 끼임, 고립 등에 따른 위험제거 및 구출 활동
- 단전사고 시 비상전원 또는 조명의 공급
- 그 밖에 방치하면 급박해질 우려가 있는 위험을 예방하기 위한 활동

10 「소방기본법」 및 같은 법 시행령상 소방업무에 관한 종합계획 및 세부계획에 관한 설명으로 옳은 것은?   〈빨간키 9P〉

① 소방청장은 종합계획을 10년마다 수립·시행하여야 한다.

② 종합계획에는 소방전문인력 양성, 소방업무의 교육 및 홍보사항이 포함되어야 한다.

③ 소방청장은 소방업무에 관한 종합계획을 중앙소방기술 심의위원회의 심의를 거쳐 계획 시행 전년도 10월 31일까지 수립해야 한다.

④ 시·도지사는 세부계획을 계획 시행 전년도 11월 30일까지 수립하여 소방청장에게 제출하여야 한다.

해설 소방업무에 관한 종합계획의 수립·시행 등(법 제6조 및 영 제1조의2)
　　① 소방청장은 화재, 재난·재해, 그 밖의 위급한 상황으로부터 국민의 생명·신체 및 재산을 보호하기 위하여 소방업무에 관한 종합계획(이하 이 조에서 "종합계획"이라 한다)을 5년마다 수립·시행하여야 하고, 이에 필요한 재원을 확보하도록 노력하여야 한다.
　　② 종합계획에는 다음 각 호의 사항이 포함되어야 한다.
　　　1. 소방서비스의 질 향상을 위한 정책의 기본방향
　　　2. 소방업무에 필요한 체계의 구축, 소방기술의 연구·개발 및 보급
　　　3. 소방업무에 필요한 장비의 구비
　　　4. 소방전문인력 양성
　　　5. 소방업무에 필요한 기반조성
　　　6. 소방업무의 교육 및 홍보(제21조에 따른 소방자동차의 우선 통행 등에 관한 홍보를 포함한다)
　　　7. 그 밖에 소방업무의 효율적 수행을 위하여 필요한 사항으로서 대통령령으로 정하는 사항
　　③ 소방청장은 법 제6조 제1항에 따른 소방업무에 관한 종합계획을 관계 중앙행정기관의 장과의 협의를 거쳐 계획 시행 전년도 10월 31일까지 수립해야 한다(영 제1조의2).
　　④ 특별시장·광역시장·특별자치시장·도지사 또는 특별자치도지사(이하 "시·도지사"라 한다)는 법 제6조 제4항에 따른 종합계획의 시행에 필요한 세부계획을 계획 시행 전년도 12월 31일까지 수립하여 소방청장에게 제출하여야 한다(영 제1조의2).

11 「소방기본법 시행규칙」상 소방용수시설의 설치기준으로 옳은 것은? 〈빨간키 12P〉

① 급수탑의 급수배관 구경은 80밀리미터 이상으로 할 것

② 급수탑의 개폐밸브는 지상에서 1.5미터 이상 1.7미터 이하의 위치에 설치하도록 할 것

③ 저수조의 흡수관 투입구가 사각형의 경우에는 한 변의 길이가 50센티미터 이상일 것

④ 저수조에 물을 공급하는 방법은 상수도에 연결하여 필요시 수동으로 급수되는 구조일 것

해설 소방용수시설 설치기준(시행규칙 별표 3)

1. 공통기준
   가. 「국토의 계획 및 이용에 관한 법률」제36조 제1항 제1호의 규정에 의한 주거지역·상업지역 및 공업지역에 설치하는 경우 : 소방대상물과의 수평거리를 100미터 이하가 되도록 할 것
   나. 가목 외의 지역에 설치하는 경우 : 소방대상물과의 수평거리를 140미터 이하가 되도록 할 것
2. 소방용수시설별 설치기준
   가. 소화전의 설치기준 : 상수도와 연결하여 지하식 또는 지상식의 구조로 하고, 소방용 호스와 연결하는 소화전의 연결금속구의 구경은 65밀리미터로 할 것
   나. 급수탑의 설치기준 : 급수배관의 구경은 100밀리미터 이상으로 하고, 개폐밸브는 지상에서 1.5미터 이상 1.7미터 이하의 위치에 설치하도록 할 것
   다. 저수조의 설치기준
   (1) 지면으로부터의 낙차가 4.5미터 이하일 것
   (2) 흡수부분의 수심이 0.5미터 이상일 것
   (3) 소방펌프자동차가 쉽게 접근할 수 있도록 할 것
   (4) 흡수에 지장이 없도록 토사 및 쓰레기 등을 제거할 수 있는 설비를 갖출 것
   (5) 흡수관의 투입구가 사각형의 경우에는 한 변의 길이가 60센티미터 이상, 원형의 경우에는 지름이 60센티미터 이상일 것
   (6) 저수조에 물을 공급하는 방법은 상수도에 연결하여 자동으로 급수되는 구조일 것

12 「소방기본법 시행령」상 과태료의 부과기준에서 부과권자는 개별기준에 따른 과태료의 1/2 범위에서 그 금액을 줄여 부과할 수 있다. 감경이 가능한 경우로 옳지 않은 것은?　〈빨간키 48P〉

① 위반행위가 사소한 부주의나 오류로 인한 것으로 인정되는 경우

② 위반행위자가 화재 등 재난으로 재산에 현저한 손실을 입은 경우

③ 위반행위자가 법 위반상태를 시정하거나 해소하기 위하여 노력한 사실이 인정되는 경우

④ 위반행위자가 사업 여건의 악화로 그 사업이 중대한 위기에 처하여 과태료를 체납하고 있는 경우

해설　과태료의 부과기준 중 일반기준(영 별표 3)

　　가. 위반행위의 횟수에 따른 과태료의 가중된 부과기준은 최근 1년간 같은 위반행위로 과태료 부과처분을 받은 경우에 적용한다. 이 경우 기간의 계산은 위반행위에 대하여 과태료 부과처분을 받은 날과 그 처분 후 다시 같은 위반행위를 하여 적발된 날을 기준으로 한다.

　　나. 가목에 따라 가중된 부과처분을 하는 경우 가중처분의 적용 차수는 그 위반행위 전 부과처분 차수(가목에 따른 기간 내에 과태료 부과처분이 둘 이상 있었던 경우에는 높은 차수를 말한다)의 다음 차수로 한다.

　　다. 부과권자는 다음의 어느 하나에 해당하는 경우에는 제2호의 개별기준에 따른 과태료의 2분의 1 범위에서 그 금액을 줄여 부과할 수 있다. 다만, 과태료를 체납하고 있는 위반행위자에 대해서는 그렇지 않다.

　　　1) 위반행위가 사소한 부주의나 오류로 인한 것으로 인정되는 경우

　　　2) 위반행위자가 법 위반상태를 시정하거나 해소하기 위하여 노력한 사실이 인정되는 경우

　　　3) 위반행위자가 화재 등 재난으로 재산에 현저한 손실을 입거나 사업 여건의 악화로 그 사업이 중대한 위기에 처하는 등 사정이 있는 경우

　　　4) 그 밖에 위반행위의 정도, 위반행위의 동기와 그 결과 등을 고려하여 감경할 필요가 있다고 인정되는 경우

　　　　　　　　　　　　　　　　　　　　　　　　　12 ④ **정답**

02 | 공개문제

▶ 본 공개문제는 2023년 11월 4일에 시행한 소방교 승진시험 과목 중 소방법령॥에서 「소방기본법」에 관한 문제만 수록하였습니다. 다만, 「소방기본법」의 제4장 화재의 예방조치 등이 2022.12.01. 「화재의 예방 및 안전관리에 관한 법률」로 전환·시행됨에 따라 소방기본법 출제범위에 해당되지 않으나, 법령॥(소방기본법, 화재예방법 및 소방시설법)에 해당되어 그대로 기출유사문제에 수록하였음을 참고하기 바랍니다.

01 「소방기본법 시행규칙」상 소방대원에게 실시할 교육·훈련의 종류로 옳지 않은 것은? 〈빨간키 18P〉

① 현장지휘훈련　　　　　　　　　② 불시출동훈련
③ 인명대피훈련　　　　　　　　　④ 인명구조훈련

해설 소방대원에게 실시할 교육·훈련의 종류 등(시행규칙 별표 3의2)
1. 교육·훈련의 종류 및 교육·훈련을 받아야 할 대상자

종 류	교육·훈련을 받아야 할 대상자
화재진압훈련	화재진압업무를 담당하는 소방공무원, 의무소방원, 의용소방대원
인명구조훈련	구조업무를 담당하는 소방공무원, 의무소방원, 의용소방대원
응급처치훈련	구급업무를 담당하는 소방공무원, 의무소방원, 의용소방대원
인명대피훈련	소방공무원, 의무소방원, 의용소방대원
현장지휘훈련	소방공무원 중 소방정, 소방령, 소방경, 소방위 계급에 있는 사람

2. 교육·훈련의 횟수 및 기간

횟 수	기 간
2년마다 1회	2주 이상

02 「소방기본법」상 소방업무에 관한 종합계획의 수립·시행 등에 필요한 세부계획의 수립 주기 및 주체에 관한 것으로 옳은 것은? 〈빨간키 9P〉

	수립 주기	수립 주체
①	매년	소방청장
②	매년	시·도지사
③	5년마다	소방청장
④	5년마다	시·도지사

시·도지사는 관할 지역의 특성을 고려하여 종합계획의 시행에 필요한 세부계획을 매년 수립하여 소방청장에게 제출하여야 하며, 세부계획에 따른 소방업무를 성실히 수행하여야 한다.

03 「소방기본법 시행령」상 소방자동차 전용구역의 설치 방법에 관한 설명이다. (   ) 안에 들어갈 내용으로 옳은 것은? 〈빨간키 30P〉

> 가. 전용구역 노면표지의 외곽선은 빗금무늬로 표시하되, 빗금은 두께를 (ㄱ)센티미터로 하여 (ㄴ)센티미터 간격으로 표시한다.
> 나. 전용구역 노면표지 도료의 색채는 (ㄷ)을 기본으로 하되, 문자(P, 소방차 전용)는 (ㄹ)으로 표시한다.

	ㄱ	ㄴ	ㄷ	ㄹ
①	30	50	황색	백색
②	30	50	백색	황색
③	50	70	황색	백색
④	50	70	백색	황색

해설 전용구역의 설치 방법(영 별표 2의5)

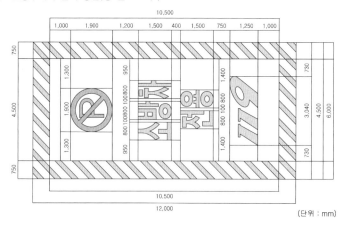

(단위 : mm)

비고
1. 전용구역 노면표지의 외곽선은 빗금무늬로 표시하되, 빗금은 두께를 30센티미터로 하여 50센티미터 간격으로 표시한다.
2. 전용구역 노면표지 도료의 색채는 황색을 기본으로 하되, 문자(P, 소방차 전용)는 백색으로 표시한다.

04 「소방기본법 시행령」상 소방기술민원센터의 설치·운영에 관한 설명이다. (   ) 안에 들어갈 내용으로 옳은 것은? 〈빨간키 5P〉

> 소방기술민원센터의 설치·운영에 필요한 사항은 (ㄱ)에 설치하는 경우에는 소방청장이 정하고, (ㄴ)에 설치하는 경우에는 해당 특별시·광역시·특별자치시·도 또는 특별자치도(이하 "시·도"라 한다)의 규칙으로 정한다.

	ㄱ	ㄴ
①	소방본부	소방서
②	소방청	소방본부
③	소방서	시·도
④	소방청	시·도

해설 소방기술민원센터의 설치·운영(영 제1조의2 제5항)
소방기술민원센터의 설치·운영에 필요한 사항은 소방청에 설치하는 경우에는 소방청장이 정하고, 소방본부에 설치하는 경우에는 해당 특별시·광역시·특별자치시·도 또는 특별자치도(이하 "시·도"라 한다)의 규칙으로 정한다.

05 「소방기본법 시행규칙」상 소방안전교육훈련에 필요한 장소 및 차량의 기준에 관한 설명이다. (   ) 안에 들어갈 내용으로 옳은 것은? 〈빨간키 18P〉

> 가. 소방안전교실 : 화재안전 및 생활안전 등을 체험할 수 있는 (ㄱ)제곱미터 이상의 실내시설
> 나. 이동안전체험차량 : 어린이 (ㄴ)명(성인은 (ㄷ)명)을 동시에 수용할 수 있는 실내공간을 갖춘 자동차

	ㄱ	ㄴ	ㄷ
①	50	20	10
②	50	30	15
③	100	20	10
④	100	30	15

해설 소방안전교육훈련의 시설, 장비, 강사자격 및 교육 방법 등의 기준(시행규칙 별표 3의3)
소방안전교육훈련에 필요한 장소 및 차량의 기준은 다음과 같다.
• 소방안전교실 : 화재안전 및 생활안전 등을 체험할 수 있는 100제곱미터 이상의 실내시설
• 이동안전체험차량 : 어린이 30명(성인은 15명)을 동시에 수용할 수 있는 실내공간을 갖춘 자동차

06 「소방기본법 시행규칙」상 비상소화장치의 설치기준에 관한 설명이다. ( ) 안에 들어갈 내용으로 옳은 것은? 〈빨간키 13P〉

> 가. 비상소화장치는 비상소화장치함, (ㄱ), 소방호스, 관창을 포함하여 구성할 것
> 나. 소방호스 및 관창은 소방청장이 정하여 고시하는 (ㄴ) 및 제품검사의 기술기준에 적합한 것으로 설치할 것
> 다. 비상소화장치함은 소방청장이 정하여 고시하는 (ㄷ) 및 제품검사의 기술기준에 적합한 것으로 설치할 것

	ㄱ	ㄴ	ㄷ
①	송수구	형식승인	성능인증
②	송수구	성능인증	형식승인
③	소화전	형식승인	성능인증
④	소화전	성능인증	형식승인

해설 비상소화장치 설치기준(시행규칙 제6조 제3항)
- 비상소화장치는 비상소화장치함, 소화전, 소방호스, 관창을 포함하여 구성할 것
- 소방호스 및 관창은 소방청장이 정하여 고시하는 형식승인 및 제품검사의 기술기준에 적합한 것으로 설치할 것
- 비상소화장치함은 소방청장이 정하여 고시하는 성능인증 및 제품검사의 기술기준에 적합한 것으로 설치할 것

07 「소방기본법 시행령」상 소방안전교육사시험에 관한 설명으로 옳은 것은? 〈빨간키 21P〉

① 국가기술자격의 직무분야 중 안전관리 분야의 기사 자격을 취득한 사람은 소방안전교육사 시험 응시자격이 있다.
② 제1차 시험 및 제2차 시험으로 구분하여 시행하되, 제1차 시험에 합격한 사람에 대해서는 합격한 날부터 다음 회의 시험에 한정하여 제1차 시험을 면제한다.
③ 제1차 시험과목은 안전관리론, 소방관계법령, 재난관리론 및 교육학개론 중 응시자가 세 과목을 선택한다.
④ 소방청장은 응시자격심사위원 및 시험위원으로 대학에서 소방 관련 학과 조교수 이상으로 재직한 사람을 임명 또는 위촉할 수 있다.

소방안전교육사시험의 응시자격 등

① 「국가기술자격법」 제2조 제3호에 따른 국가기술자격의 직무분야 중 안전관리 분야의 기사 자격을 취득한 후 안전관리 분야에 1년 이상 종사한 사람

② 제1차 시험에 합격한 사람에 대해서는 다음 회의 시험에 한정하여 제1차 시험을 면제한다.

③ 소방안전교육사시험의 제1차 시험 및 제2차 시험 과목은 다음 각 호와 같다.

 ㉠ 제1차 시험 : 소방학개론, 구급·응급처치론, 재난관리론 및 교육학개론 중 응시자가 선택하는 3과목

 ㉡ 제2차 시험 : 국민안전교육 실무

④ 소방청장은 소방안전교육사시험 응시자격심사, 출제 및 채점을 위하여 다음 각 호의 어느 하나에 해당하는 사람을 응시자격심사위원 및 시험위원으로 임명 또는 위촉하여야 한다.

 ㉠ 소방 관련 학과, 교육학과 또는 응급구조학과 박사학위 취득자

 ㉡ 「고등교육법」 제2조 제1호부터 제6호까지의 규정 중 어느 하나에 해당하는 학교에서 소방 관련 학과, 교육학과 또는 응급구조학과에서 조교수 이상으로 2년 이상 재직한 자

 ㉢ 소방위 이상의 소방공무원

 ㉣ 소방안전교육사 자격을 취득한 자

08 「소방기본법 시행규칙」상 종합상황실의 실장이 재난상황 발생 시 그 사실을 지체 없이 소방서의 종합상황실의 경우는 소방본부의 종합상황실에, 소방본부의 종합상황실의 경우는 소방청의 종합상황실에 각각 보고하여야 하는 상황으로 옳은 것은? 〈빨간키 4P〉

① 항구에 매어둔 총 톤수가 1,400톤인 선박 화재

② 지하2층/지상4층이고 병상 35개인 치과병원 화재

③ 사망자 4명이고 부상자 5명이 발생한 연립주택 화재

④ 지상 3층이고 각 층의 바닥면적의 합이 1만제곱미터인 창고 화재

해설 종합상황실의 실장의 업무 등(시행규칙 제3조)

종합상황실의 실장은 다음 각 호의 어느 하나에 해당하는 상황이 발생하는 때에는 그 사실을 지체 없이 별지 제1호 서식에 따라 서면·팩스 또는 컴퓨터통신 등으로 소방서의 종합상황실의 경우는 소방본부의 종합상황실에, 소방본부의 종합상황실의 경우는 소방청의 종합상황실에 각각 보고해야 한다.

• 사망자가 5인 이상 발생하거나 사상자가 10인 이상 발생한 화재

• 이재민이 100인 이상 발생한 화재

• 재산피해액이 50억원 이상 발생한 화재

• 관공서·학교·정부미도정공장·문화재·지하철 또는 지하구의 화재

• 관광호텔, 층수가 11층 이상인 건축물, 지하상가, 시장, 백화점, 지정수량의 3천배 이상의 위험물의 제조소·저장소·취급소, 층수가 5층 이상이거나 객실이 30실 이상인 숙박시설, 층수가 5층 이상이거나 병상이 30개 이상인 종합병원·정신병원·한방병원·요양소, 연면적 1만 5천제곱미터 이상인 공장 또는 화재예방강화지구에서 발생한 화재

• 철도차량, 항구에 매어둔 총 톤수가 1천톤 이상인 선박, 항공기, 발전소 또는 변전소에서 발생한 화재

• 가스 및 화약류의 폭발에 의한 화재

• 다중이용업소의 화재

• 긴급구조통제단장의 현장지휘가 필요한 재난상황

• 언론에 보도된 재난상황

• 그 밖에 소방청장이 정하는 재난상황

09 「소방기본법」상 화재, 재난·재해, 그 밖의 위급한 상황이 발생한 현장에 있는 사람이 소방대장의 소방활동 종사 명령에 따라 사람을 구출하는 일 또는 불을 끄거나 불이 번지지 아니하도록 하는 일을 하였음에도 시·도지사로부터 소방활동의 비용을 지급받을 수 없는 사람을 모두 고른 것으로 옳은 것은? 〈빨간키 33P〉

> 가. 소방대상물에 화재, 재난·재해, 그 밖의 위급한 상황이 발생한 경우 그 관계인
> 나. 고의 또는 과실로 화재 또는 구조·구급 활동이 필요한 상황을 발생시킨 사람
> 다. 화재 또는 구조·구급 현장에서 물건을 가져간 사람

① 가, 나

② 가, 다

③ 나, 다

④ 가, 나, 다

해설 소방활동 종사 명령(법 제24조)
① 소방본부장, 소방서장 또는 소방대장은 화재, 재난·재해, 그 밖의 위급한 상황이 발생한 현장에서 소방활동을 위하여 필요할 때에는 그 관할구역에 사는 사람 또는 그 현장에 있는 사람으로 하여금 사람을 구출하는 일 또는 불을 끄거나 불이 번지지 아니하도록 하는 일을 하게 할 수 있다. 이 경우 소방본부장, 소방서장 또는 소방대장은 소방활동에 필요한 보호장구를 지급하는 등 안전을 위한 조치를 하여야 한다.
② 삭제 〈2017. 12. 26.〉
③ 제1항에 따른 명령에 따라 소방활동에 종사한 사람은 시·도지사로부터 소방활동의 비용을 지급받을 수 있다. 다만, 다음 각 호의 어느 하나에 해당하는 사람의 경우에는 그러하지 아니하다.
1. 소방대상물에 화재, 재난·재해, 그 밖의 위급한 상황이 발생한 경우 그 관계인
2. 고의 또는 과실로 화재 또는 구조·구급 활동이 필요한 상황을 발생시킨 사람
3. 화재 또는 구조·구급 현장에서 물건을 가져간 사람

10 「소방기본법」상 다음 내용에 해당하는 것은? 〈빨간키 33P〉

> 소방본부장, 소방서장 또는 소방대장은 소방활동을 위하여 긴급하게 출동할 때에는 소방자동차의 통행과 소방활동에 방해가 되는 주차 또는 정차된 차량 및 물건 등을 제거하거나 이동시킬 수 있다.

① 강제처분 등
② 방해행위의 제지
③ 소방대의 긴급통행
④ 위험시설 등에 대한 긴급조치

해설 강제처분 등(법 제25조)
① 소방본부장, 소방서장 또는 소방대장은 사람을 구출하거나 불이 번지는 것을 막기 위하여 필요할 때에는 화재가 발생하거나 불이 번질 우려가 있는 소방대상물 및 토지를 일시적으로 사용하거나 그 사용의 제한 또는 소방활동에 필요한 처분을 할 수 있다.
② 소방본부장, 소방서장 또는 소방대장은 사람을 구출하거나 불이 번지는 것을 막기 위하여 긴급하다고 인정할 때에는 제1항에 따른 소방대상물 또는 토지 외의 소방대상물과 토지에 대하여 제1항에 따른 처분을 할 수 있다.
③ 소방본부장, 소방서장 또는 소방대장은 소방활동을 위하여 긴급하게 출동할 때에는 소방 자동차의 통행과 소방활동에 방해가 되는 주차 또는 정차된 차량 및 물건 등을 제거하거나 이동시킬 수 있다.
④ 소방본부장, 소방서장 또는 소방대장은 제3항에 따른 소방활동에 방해가 되는 주차 또는 정차된 차량의 제거나 이동을 위하여 관할 지방자치단체 등 관련 기관에 견인 차량과 인력 등에 대한 지원을 요청할 수 있고, 요청을 받은 관련 기관의 장은 정당한 사유가 없으면 이에 협조하여야 한다.
⑤ 시·도지사는 제4항에 따라 견인차량과 인력 등을 지원한 자에게 시·도의 조례로 정하는 바에 따라 비용을 지급할 수 있다.

---

11 「소방기본법」상 법률위반 행위자에 관한 벌칙 기준이 나머지 셋과 다른 것은? 〈빨간키 46P〉

① 정당한 사유 없이 소방대의 생활안전활동을 방해한 자
② 소방대장의 피난명령을 위반한 사람
③ 화재 또는 구조·구급이 필요한 상황을 거짓으로 알린 사람
④ 정당한 사유 없이 물의 사용이나 수도의 개폐장치의 사용 또는 조작을 하지 못하게 하거나 방해한 자

해설 벌칙(법 제54조)
다음 각 호의 어느 하나에 해당하는 자는 100만원 이하의 벌금에 처한다.
• 정당한 사유 없이 소방대의 생활안전활동을 방해한 자
• 정당한 사유 없이 소방대가 현장에 도착할 때까지 사람을 구출하는 조치 또는 불을 끄거나 불이 번지지 아니하도록 하는 조치를 하지 아니한 사람
• 피난 명령을 위반한 사람
• 정당한 사유 없이 물의 사용이나 수도의 개폐장치의 사용 또는 조작을 하지 못하게 하거나 방해한 자
• 가스·전기 또는 유류 등의 시설에 대하여 위험물질의 공급을 차단하는 등 조치를 정당한 사유 없이 방해한 자
③ 화재 또는 구조·구급이 필요한 상황을 거짓으로 알린 사람 : 500만원 이하의 과태료(법 제56조)

12 「소방기본법」상 소방청장, 소방본부장 또는 소방서장이 화재를 예방하고 화재 발생 시 인명과 재산 피해를 최소화하기 위하여 소방안전에 관한 교육과 훈련을 실시할 수 있는 대상으로 옳지 않은 것은? 〈빨간키 20P〉

① 「영유아보육법」에 따른 어린이집의 영유아

② 「유아교육법」에 따른 유치원의 유아

③ 「노인복지법」에 따른 노인주거전용시설의 노인

④ 「장애인복지법」에 따른 장애인복지시설에 거주하거나 해당 시설을 이용하는 장애인

해설 소방교육 · 훈련(법 제17조 제2항)

소방청장, 소방본부장 또는 소방서장은 화재를 예방하고 화재 발생 시 인명과 재산피해를 최소화하기 위하여 다음 각 호에 해당하는 사람을 대상으로 행정안전부령으로 정하는 바에 따라 소방안전에 관한 교육과 훈련을 실시할 수 있다. 이 경우 소방청장, 소방본부장 또는 소방서장은 해당 어린이집 · 유치원 · 학교의 장 또는 장애인 복지시설의 장과 교육일정 등에 관하여 협의하여야 한다.

• 「영유아보육법」 제2조에 따른 어린이집의 영유아
• 「유아교육법」 제2조에 따른 유치원의 유아
• 「초 · 중등교육법」 제2조에 따른 학교의 학생
• 「장애인복지법」 제58조에 따른 장애인복지시설에 거주하거나 해당 시설을 이용하는 장애인

03 | 공개문제

▶ 본 공개문제는 2022년 9월 3일에 시행한 소방장 승진시험 과목 중 소방법령 Ⅱ에서 「소방기본법」에 관한 문제만 수록하였습니다. 다만, 「소방기본법」의 제4장 화재의 예방조치 등이 2022.12.01. 「화재의 예방 및 안전관리에 관한 법률」로 전환·시행됨에 따라 소방기본법 출제범위에 해당되지 않으나, 법령Ⅱ(소방기본법, 화재예방법 및 소방시설법)에 해당되어 그대로 기출유사문제에 수록하였음을 참고하기 바랍니다.

01 「소방기본법 시행규칙」상 종합상황실의 실장이 지체 없이 상급의 종합상황실에 보고해야 하는 상황으로 옳은 것은? 〈빨간키 4P〉

① 이재민이 10인 이상 발생한 화재

② 가스 및 화약류의 폭발에 의한 화재

③ 재산피해액이 10억원 이상 발생한 화재

④ 「위험물안전관리법」 제2조 제2항의 규정에 의한 지정수량의 1천배 이상의 위험물저장소 화재

해설 소방본부의 종합상황실장이 소방청 종합상황실장에게 지체 없이 보고하여야 할 화재
- 사망자가 5인 이상 발생하거나 사상자가 10인 이상 발생한 화재
- 이재민이 100인 이상 발생한 화재
- 재산피해액이 50억원 이상 발생한 화재
- 관공서·학교·정부미도정공장·문화재·지하철 또는 지하구의 화재
- 다음 각목의 어느 하나에 해당하는 화재
  - 관광호텔, 층수가 11층 이상인 건축물
  - 지하상가, 시장, 백화점
  - 지정수량의 3천배 이상의 위험물의 제조소·저장소·취급소
  - 층수가 5층 이상이거나 객실이 30실 이상인 숙박시설
  - 층수가 5층 이상이거나 병상이 30개 이상인 종합병원·정신병원·한방병원·요양소
  - 연면적 1만 5천제곱미터 이상인 공장
  - 화재예방강화지구에서 발생한 화재
- 철도차량, 항구에 매어둔 총 톤수가 1천톤 이상인 선박, 항공기, 발전소 또는 변전소에서 발생한 화재
- 가스 및 화약류의 폭발에 의한 화재
- 다중이용업소의 화재
- 긴급구조통제단장의 현장지휘가 필요한 재난상황
- 언론에 보도된 재난상황
- 그 밖에 소방청장이 정하는 재난상황

02 「소방기본법」 및 같은 법 시행규칙상 소방박물관 등의 설립과 운영에 관한 내용으로 옳은 것은?
⟨빨간키 6P⟩

① 소방청장은 소방박물관을, 소방본부장은 소방체험관을 설립하여 운영한다.
② 소방박물관에는 소방박물관장 1인과 부관장 2인을 둔다.
③ 소방박물관장은 소방공무원 중에서 행정안전부장관이 임명한다.
④ 소방박물관에는 중요한 사항을 심의하기 위하여 7인 이내의 위원으로 구성된 운영위원회를 둔다.

해설 소방박물관 등 설립 및 운영(법 제5조)
① 소방청장은 소방박물관을, 시·도지사는 소방체험관을 설립하여 운영한다.
② 소방박물관에는 소방박물관장 1인과 부관장 1인을 둔다.
③ 소방박물관장은 소방공무원 중에서 행정안전부장관이 임명한다.

03 「소방기본법 시행규칙」상 소방활동장비 및 설비의 국고보조 산정을 위한 기준가격으로 옳지 않은 것은?
⟨빨간키 11P⟩

① 국내조달품 : 정부고시가격
② 수입물품 : 조달청에서 조사한 해외시장의 시가
③ 국내생산품 : 국세청과 KS인증지원시스템에서 정하여 공고한 가격
④ 정부고시 가격 또는 조달청에서 조사한 해외시장의 시가가 없는 물품 : 2 이상의 공신력 있는 물가조사기관에서 조사한 가격의 평균가격

해설 국고보조산정을 위한 기준가격(시행규칙 제5조 제2항)
• 국내조달품 : 정부고시가격
• 수입물품 : 조달청에서 조사한 해외시장의 시가
• 정부고시가격 또는 조달청에서 조사한 해외시장의 시가가 없는 물품 : 2 이상의 공신력 있는 물가조사기관에서 조사한 가격의 평균가격

04 「소방기본법」 및 같은 법 시행규칙상 소방용수시설의 설치기준으로 옳지 않은 것은?

〈빨간키 12P〉

① 시·도지사는 소방용수시설을 설치하고 유지·관리하여야 한다.
② 지하에 설치하는 저수조의 소방용수표지 맨홀 뚜껑은 지름 648밀리미터 이상의 것으로 하여야 한다.
③ 주거지역에 설치하는 소방용수시설은 소방대상물과의 보행거리를 100미터 이하가 되도록 하여야 한다.
④ 소방본부장 또는 소방서장은 원활한 소방활동을 위하여 소방용수시설에 대한 조사를 월 1회 이상 실시하여야 한다.

해설 주거지역에 설치하는 소방용수시설은 소방대상물과의 수평거리를 100미터 이하가 되도록 하여야 한다.

05 「소방기본법」 및 같은 법 시행규칙상 소방업무의 응원에 관한 내용으로 옳지 않은 것은?

〈빨간키 14P〉

① 소방업무의 응원요청을 받은 소방본부장 또는 소방서장은 정당한 사유 없이 이를 거절하여서는 아니 된다.
② 소방업무의 응원을 위하여 파견된 소방대원은 응원을 요청한 소방본부장 또는 소방서장의 지휘에 따라야 한다.
③ 소방본부장이나 소방서장은 소방활동에 있어서 긴급한 때에는 이웃한 소방본부장 또는 소방서장에게 소방업무의 응원을 요청할 수 있다.
④ 소방본부장 또는 소방서장은 응원을 요청하는 경우를 대비하여 출동 대상지역 및 소요경비의 부담 등에 관하여 필요한 사항을 행정안전부령으로 정하는 바에 따라 이웃한 소방본부장 또는 소방서장과 협의하여 규약으로 정하여야 한다.

해설 시·도지사는 응원을 요청하는 경우를 대비하여 출동 대상지역 및 소요경비의 부담 등에 관하여 필요한 사항을 행정안전부령으로 정하는 바에 따라 이웃한 시·도지사와 협의하여 규약으로 정하여야 한다.

06 「화재의 예방 및 안전관리에 관한 법률 시행령」상 시·도지사가 화재예방강화지구 관리대장에 작성하고 관리하여야 할 사항으로 옳지 않은 것은?

① 화재안전조사 계획

② 소방훈련 및 교육의 실시 현황

③ 소화기구, 소방용수시설 또는 소방설비등의 설치 명령 현황

④ 화재예방강화지구의 지정 현황

> **해설** 화재예방강화지구의 관리(영 제20조)
> 시·도지사는 법 제18조 제6항에 따라 다음의 사항을 행정안전부령으로 정하는 화재예방강화지구 관리대장에 작성하고 관리해야 한다.
> • 화재예방강화지구의 지정 현황
> • 화재안전조사의 결과
> • 소화기구, 소방용수시설 또는 그 밖에 소방에 필요한 설비(이하 "소방설비등"이라 한다)의 설치(보수, 보강을 포함한다) 명령 현황
> • 소방훈련 및 교육의 실시 현황
> • 그 밖에 화재예방 강화를 위하여 필요한 사항

07 「화재의 예방 및 안전관리에 관한 법률 시행령」상 보일러 등의 위치·구조 및 관리와 화재예방을 위하여 불의 사용에 있어서 지켜야 하는 사항으로 옳지 않은 것은?

① 음식조리를 위하여 설치하는 설비 : 열을 발생하는 조리 기구는 반자 또는 선반으로부터 0.5미터 이상 떨어지게 할 것

② 보일러 : 기체연료를 사용하는 경우에는 화재 등 긴급 시 연료를 차단할 수 있는 개폐밸브를 연료용기 등으로부터 0.5미터 이내에 설치할 것

③ 보일러 : 경유·등유 등 액체연료를 사용하는 경우 연료 탱크에는 화재 등 긴급상황이 발생하는 경우 연료를 차단할 수 있는 개폐밸브를 연료탱크로부터 0.5미터 이내에 설치할 것

④ 노·화덕설비 : 노 또는 화덕의 주위에는 녹는 물질이 확산되지 않도록 높이 0.1미터 이상의 턱을 설치할 것

> **해설** ① 음식조리를 위하여 설치하는 설비 : 열을 발생하는 조리 기구는 반자 또는 선반으로부터 0.5밀리미터 이상 떨어지게 할 것

08 「화재의 예방 및 안전관리에 관한 법률 시행령」상 특수가연물의 저장 및 취급의 기준으로 옳지 않은 것은? (다만, 석탄·목탄류를 발전용으로 저장하는 경우는 제외)

① 실외에 쌓아 저장하는 경우 쌓는 부분이 대지경계선, 도로 및 인접 건축물과 최소 5미터 이상 간격을 둘 것

② 특수가연물의 쌓는 높이는 10미터 이하가 되도록 할 것

③ 특수가연물의 쌓는 부분의 바닥면적은 50제곱미터(석탄·목탄류의 경우에는 200제곱미터) 이하가 되도록 할 것

④ 살수설비를 설치하거나 방사능력 범위에 해당 특수가연물이 포함되도록 대형수동식소화기를 설치 하는 경우에는 쌓는 부분의 바닥면적을 200제곱미터(석탄·목탄류의 경우에는 300제곱미터) 이하로 할 수 있다.

> **해설** 특수가연물의 저장·취급기준(영 별표 3)
> 실외에 쌓아 저장하는 경우 쌓는 부분이 대지경계선, 도로 및 인접 건축물과 최소 6미터 이상 간격을 둘 것

09 「소방기본법」 및 같은 법 시행령상 소방안전교육사 시험에 관한 내용으로 옳지 않은 것은?

〈빨간키 21P〉

① 소방안전교육사 시험 응시자격 심사위원은 3명, 시험위원 중 출제위원은 시험과목별 3명, 시험위원 중 채점위원은 5명이다.

② 소방청장은 소방안전교육사 시험 응시자격 심사·출제 및 채점을 위하여 소방경 이상의 소방공무 원을 응시자격 심사위원 및 시험위원으로 임명 또는 위촉해야 한다.

③ 소방청장은 소방안전교육사 시험에서 부정행위를 한 사람에 대하여는 해당 시험을 정지시키거나 무효로 처리한다. 시험이 정지되거나 무효로 처리된 사람은 그 처분이 있는 날로부터 2년간 소방 안전교육사 시험에 응시하지 못한다.

④ 소방청장은 소방안전교육사 시험을 시행하려는 때에는 응시자격·시험과목·일시·장소 및 응 시절차 등에 관하여 필요한 사항을 모든 응시 희망자가 알 수 있도록 소방안전교육사 시험의 시행일 90일 전까지 소방청의 인터넷 홈페이지 등에 공고해야 한다.

> **해설** ② 소방청장은 소방안전교육사 시험 응시자격 심사·출제 및 채점을 위하여 소방위 이상의 소방공무원을 응시 자격 심사위원 및 시험위원으로 임명 또는 위촉해야 한다.

10 「소방기본법」상 소방활동을 위한 소방대의 긴급통행 및 소방자동차의 우선통행 등에 관한 내용으로 옳지 않은 것은? 〈빨간키 32P〉

① 「소방기본법」에서 규정하는 사항 외에 소방자동차의 우선통행에 관하여는 「도로교통법」이 정하는 바에 따른다.

② 모든 차와 사람은 소방자동차가 화재진압 및 구조·구급 활동을 위하여 출동을 할 때에는 이를 방해하여서는 아니 된다.

③ 소방자동차는 화재진압 및 구조·구급 활동을 위해 출동할 때에만 사이렌을 사용할 수 있다.

④ 소방대가 현장에 신속하게 출동하기 위하여 긴급할 때에는 일반적인 통행에 쓰이지 아니하는 도로·빈터 또는 물 위로 통행할 수 있다.

해설 사이렌 사용
소방자동차가 화재진압 및 구조·구급 활동을 위하여 출동하거나 훈련을 위하여 필요할 때에는 사이렌을 사용할 수 있다.

11 「소방기본법」 및 같은 법 시행령상 소방활동구역에 관한 내용으로 옳지 않은 것은? 〈빨간키 32P〉

① 소방활동구역의 설정권자는 소방대장이다.

② 소방활동구역의 출입 제한자가 출입한 경우에는 「소방기본법」상 200만원 이하의 과태료를 부과하도록 규정되어 있다.

③ 경찰공무원은 소방대가 소방활동구역에 있지 아니할 때에는 소방활동구역의 출입을 제한하는 조치를 할 수 있다.

④ 전기·기계·가스·수도·통신·교통의 업무에 종사하는 자는 자유롭게 소방활동구역에 출입이 가능하다.

해설 전기·가스·수도·통신·교통의 업무에 종사하는 사람으로서 원활한 소방활동을 위하여 필요한 사람만 출입이 가능하다.

12 「소방기본법」상 시·도의 조례로 정하는 바에 따라 연막(煙幕)소독을 하려는 자가 관할 소방본부장 또는 소방서장에게 신고하지 않아도 되는 지역은? 〈빨간키 27P〉

① 목조건물이 밀집한 지역

② 석유화학 제품을 생산하는 공장이 있는 지역

③ 위험물의 저장 및 처리시설이 밀집한 지역

④ 소방시설·소방용수시설 또는 소방출동로가 없는 지역

해설 화재로 오인할 만한 우려 있는 경우 신고
다음의 어느 하나에 해당하는 지역 또는 장소에서 화재로 오인할 만한 우려가 있는 불을 피우거나 연막(煙幕)소독을 하려는 자는 시·도의 조례로 정하는 바에 따라 관할 소방본부장 또는 소방서장에게 신고하여야 한다.
• 시장지역
• 공장·창고가 밀집한 지역
• 목조건물이 밀집한 지역
• 위험물의 저장 및 처리시설이 밀집한 지역
• 석유화학제품을 생산하는 공장이 있는 지역
• 그 밖에 시·도의 조례로 정하는 지역 또는 장소

13 「소방기본법」상 벌칙 처분이 나머지 셋과 다른 것은? 〈빨간키 46P〉

① 피난 명령을 위반한 사람

② 화재 또는 구조·구급이 필요한 상황을 거짓으로 알린 사람

③ 정당한 사유 없이 소방대의 생활안전활동을 방해한 자

④ 위반하여 정당한 사유 없이 소방대가 현장에 도착할 때까지 사람을 구출하는 조치 또는 불을 끄거나 불이 번지지 아니하도록 하는 조치를 하지 아니한 사람

해설 ①·③·④의 경우 100만원 이하의 벌금에 해당하며, ②의 경우 500만원 이하의 과태료 처분대상에 해당한다.

04 | 공개문제

▶ 본 공개문제는 2022년 9월 3일에 시행한 소방교 승진시험 과목 중 소방법령 II에서 「소방기본법」에 관한 문제만 수록하였습니다. 다만, 「소방기본법」의 제4장 화재의 예방조치 등이 2022.12.01. 「화재의 예방 및 안전관리에 관한 법률」로 전환·시행됨에 따라 소방기본법 출제범위에 해당되지 않으나, 법령 II(소방기본법, 화재예방법 및 소방시설법)에 해당되어 그대로 기출유사문제에 수록하였음을 참고하기 바랍니다.

01 「소방기본법」상 용어의 정의로 옳지 않은 것은? 〈빨간키 2P〉

① 관계인 : 소방대상물의 소유자·관리자·점유자

② 소방본부장 : 특별시·광역시·특별자치시·도 또는 특별자치도에서 화재의 예방·경계·진압·조사 및 구조·구급 등의 업무를 담당하는 부서의 장

③ 특정소방대상물 : 건축물, 차량, 선박(항구에 매어둔 선박), 선박 건조 구조물, 산림, 그 밖의 인공 구조물 또는 물건

④ 소방대장 : 소방본부장 또는 소방서장 등 화재·재난·재해 그 밖의 위급한 상황이 발생한 현장에서 소방대를 지휘하는 자

> **해설** "소방대상물"이란 건축물, 차량, 선박(「선박법」 제1조의2 제1항에 따른 선박으로서 항구에 매어둔 선박만 해당한다), 선박 건조 구조물, 산림, 그 밖의 인공 구조물 또는 물건을 말한다.

02 「소방기본법」상 소방업무에 관한 종합계획의 수립·시행에 관한 내용이다. (   ) 안에 들어갈 내용으로 옳은 것은? 〈빨간키 9P〉

> (㉠   )은 화재, 재난·재해, 그 밖의 위급한 상황으로부터 국민의 생명·신체 및 재산을 보호하기 위하여 소방업무에 관한 종합계획을 (㉡   )마다 수립·시행하여야 하고, 이에 필요한 재원을 확보하도록 노력하여야 한다.

	㉠	㉡
①	소방청장	3년
②	행정안전부장관	3년
③	소방청장	5년
④	행정안전부장관	5년

3 「소방기본법 시행규칙」상 소방용수시설의 설치기준이다. (   ) 안에 들어갈 내용으로 옳은 것은?

〈빨간키 12P〉

가. 소화전의 설치기준 : 상수도와 연결하여 지하식 또는 지상식의 구조로 하고, 소방용호스와
　　연결하는 소화전의 연결금속구의 구경은 (　㉠　)밀리미터로 할 것

나. 급수탑의 설치기준 : 급수배관의 구경은 100밀리미터 이상으로 하고, 개폐밸브는 지상에서
　　1.5미터 이상 (　㉡　)미터 이하의 위치에 설치하도록 할 것

다. 저수조의 설치기준
　　(1) 지면으로부터의 낙차가 4.5미터 이하일 것
　　(2) 흡수부분의 수심이 (　㉢　)미터 이상일 것
　　(3) 소방펌프자동차가 쉽게 접근할 수 있도록 할 것
　　(4) 흡수에 지장이 없도록 토사 및 쓰레기 등을 제거할 수 있는 설비를 갖출 것
　　(5) 흡수관의 투입구가 사각형의 경우에는 한 변의 길이가 (　㉣　)센티미터 이상, 원형의
　　　　경우에는 지름이 (　㉤　)센티미터 이상일 것
　　(6) 저수조에 물을 공급하는 방법은 상수도에 연결하여 자동으로 급수되는 구조일 것

	㉠	㉡	㉢	㉣	㉤
①	40	1.8	1.0	60	65
②	40	1.7	1.0	65	60
③	65	1.8	0.5	60	65
④	65	1.7	0.5	60	60

해설 소방용수시설별 설치기준
　가. 소화전의 설치기준 : 상수도와 연결하여 지하식 또는 지상식의 구조로 하고, 소방용호스와 연결하는 소화전의
　　　연결금속구의 구경은 65밀리미터로 할 것
　나. 급수탑의 설치기준 : 급수배관의 구경은 100밀리미터 이상으로 하고, 개폐밸브는 지상에서 1.5미터 이상
　　　1.7미터 이하의 위치에 설치하도록 할 것
　다. 저수조의 설치기준
　　　(1) 지면으로부터의 낙차가 4.5미터 이하일 것
　　　(2) 흡수부분의 수심이 0.5미터 이상일 것
　　　(3) 소방펌프자동차가 쉽게 접근할 수 있도록 할 것
　　　(4) 흡수에 지장이 없도록 토사 및 쓰레기 등을 제거할 수 있는 설비를 갖출 것
　　　(5) 흡수관의 투입구가 사각형의 경우에는 한 변의 길이가 60센티미터 이상, 원형의 경우에는 지름이 60센티
　　　　　미터 이상일 것
　　　(6) 저수조에 물을 공급하는 방법은 상수도에 연결하여 자동으로 급수되는 구조일 것

04 「화재의 예방 및 안전관리에 관한 법률」 및 같은 법 시행령상 화재의 예방조치 등에 관한 내용으로 옳지 않은 것은?

① 옮긴물건등의 보관기간은 소방관서의 게시판의 공고기간의 종료일 다음 날부터 7일까지로 한다.

② 소방관서의 장은 보관기간이 종료되는 때에는 보관하고 있는 옮긴물건등을 매각해야 한다.

③ 소방관서장은 매각되거나 폐기된 옮긴물건등의 소유자가 보상을 요구하는 경우에는 보상 금액에 대하여 소유자와 협의를 거쳐 이를 보상해야 한다.

④ 소방관서장은 옮긴물건등을 보관하는 경우에는 그날부터 10일 동안 해당 소방관서의 인터넷 홈페이지에 그 사실을 공고해야 한다.

> **해설** 소방관서장은 법 제17조 제2항 각 호 외의 부분 단서에 따라 옮긴 물건 등(이하 "옮긴물건등"이라 한다)을 보관하는 경우에는 그날부터 14일 동안 해당 소방관서의 인터넷 홈페이지에 그 사실을 공고해야 한다.

05 「화재의 예방 및 안전관리에 관한 법률 시행령」상 불을 사용하는 설비의 관리기준 중 난로의 기준에 해당하지 않는 것은?

① 난로와 벽 사이의 거리는 0.5미터 이상 되도록 하여야 한다.

② 연통은 천장으로부터 0.6미터 이상 떨어지고, 건물 밖으로 0.6미터 이상 나오게 설치하여야 한다.

③ 가연성 벽·바닥 또는 천장과 접촉하는 연통의 부분은 규조토·석면 등 난연성 단열재로 덮어 씌워야 한다.

④ 이동식난로는 종합병원·병원에 사용하여서는 아니 된다. 다만, 난로가 쓰러지지 아니하도록 받침대를 두어 고정시키거나 쓰러지는 경우, 즉시 소화되고 연료의 누출을 차단할 수 있는 장치가 부착된 경우에는 그러하지 아니한다.

> **해설** 난로의 경우 벽 사이와 거리 기준은 없으며 건조설비의 경우 벽·천장 사이의 거리는 0.5미터 이상 되도록 하여야 한다.

06 「화재의 예방 및 안전관리에 관한 법률 시행령」상 특수가연물에 관한 내용으로 옳은 것은?

① 면화류는 불연성 또는 난연성인 면상 또는 팽이모양의 섬유와 마사 원료를 말한다.

② 사류는 불연성 또는 난연성인 실(실부스러기와 솜털을 포함한다)과 누에고치를 말한다.

③ 가연성고체가 특수가연물이 되기 위한 조건은 1,000킬로그램 이상이다.

④ 석탄·목탄류에는 코크스, 석탄가루를 물에 갠 것, 마세크탄(조개탄), 연탄, 석유코크스, 활성탄 및 이와 유사한 것을 포함한다.

> **해설** 특수가연물(영 별표 2)
> ① 면화류는 불연성 또는 난연성이 아닌 면상 또는 팽이모양의 섬유와 마사 원료를 말한다.
> ② 사류는 불연성 또는 난연성이 아닌 실(실부스러기와 솜털을 포함한다)과 누에고치를 말한다.
> ③ 가연성고체가 특수가연물이 되기 위한 조건은 3,000킬로그램 이상이다.

07 「소방기본법」 및 같은 법 시행규칙상 소방지원활동에 해당하지 않는 것은?　〈빨간키 16P〉

① 화재, 재난, 재해로 인한 피해복구 지원활동

② 군·경찰 등 유관기관이 실시하는 훈련지원활동

③ 위급한 상황에서 구조, 구급, 생활안전 및 위험제거활동

④ 집회, 공연 등 각종 행사 시 사고에 대비한 근접대기 지원활동

> **해설** 소방지원활동(법 제16조의2)
> • 산불에 대한 예방·진압 등 지원활동
> • 자연재해에 따른 급수·배수 및 제설 등 지원활동
> • 집회·공연 등 각종 행사 시 사고에 대비한 근접대기 등 지원활동
> • 화재, 재난·재해로 인한 피해복구 지원활동
> • 그 밖에 행정안전부령으로 정하는 활동
> 　- 군·경찰 등 유관기관에서 실시하는 훈련지원 활동
> 　- 소방시설 오작동 신고에 따른 조치활동
> 　- 방송제작 또는 촬영 관련 지원활동

08 「소방기본법」상 소방대가 현장에 도착할 때까지 관계인의 소방활동 조치에 해당하지 않는 것은?

〈빨간키 28P〉

① 사람을 구출하는 조치
② 소방활동구역을 설정하는 조치
③ 경보를 울리거나 대피를 유도하는 조치
④ 불을 끄거나 불이 번지지 않도록 하는 조치

> **해설** 관계인의 소방활동(법 제20조)
> 관계인은 소방대상물에 화재, 재난·재해, 그 밖의 위급한 상황이 발생한 경우에는 소방대가 현장에 도착할 때까지 경보를 울리거나 대피를 유도하는 등의 방법으로 사람을 구출하는 조치 또는 불을 끄거나 불이 번지지 아니하도록 필요한 조치를 하여야 한다.

09 「소방기본법 시행령」상 소방활동구역에 출입할 수 있는 자가 아닌 것은? 〈빨간키 32P〉

① 소방활동구역 주변에 있는 소방대상물의 소유자·관리자 또는 점유자
② 의사·간호사 그 밖의 구조·구급업무에 종사하는 자
③ 취재인력 등 보도업무에 종사하는 자
④ 전기·가스·수도·통신·교통의 업무에 종사하는 사람으로서 원활한 소방활동을 위하여 필요한 자

> **해설** 소방활동구역의 출입자(영 제8조)
> • 소방활동구역 안에 있는 소방대상물의 소유자·관리자 또는 점유자
> • 전기·가스·수도·통신·교통의 업무에 종사하는 사람으로서 원활한 소방활동을 위하여 필요한 사람
> • 의사·간호사 그 밖의 구조·구급업무에 종사하는 사람
> • 취재인력 등 보도업무에 종사하는 사람
> • 수사업무에 종사하는 사람
> • 그 밖에 소방대장이 소방활동을 위하여 출입을 허가한 사람

10 「소방기본법」상 한국소방안전원의 수행 업무가 아닌 것은? 〈빨간키 39P〉

① 소방안전에 관한 국제협력
② 소방정책의 연구·개발에 관한 사항
③ 소방기술과 안전관리에 관한 각종 간행물 발간
④ 소방기술과 안전관리에 관한 교육 및 조사·연구

해설 한국소방안전원의 업무(법 제41조)
• 소방기술과 안전관리에 관한 교육 및 조사·연구
• 소방기술과 안전관리에 관한 각종 간행물 발간
• 화재 예방과 안전관리의식 고취를 위한 대국민 홍보
• 소방업무에 관하여 행정기관이 위탁하는 업무
• 소방안전에 관한 국제협력
• 그 밖에 회원에 대한 기술지원 등 정관으로 정하는 사항

11 「소방기본법」상 손실보상의 대상이 아닌 것은? 〈빨간키 42P〉

① 위험 구조물 등의 제거활동으로 인하여 손실을 입은 자
② 소방대의 위법한 소방업무 또는 소방활동으로 인하여 손실을 입은 자
③ 위해동물, 벌 등의 포획 및 퇴치 활동으로 인하여 손실을 입은 자
④ 화재 진압 등 소방활동을 위하여 필요할 때에는 소방용수 외에 댐·저수지 또는 수영장 등의 물을 사용하거나 수도(水道)의 개폐장치 등의 조작으로 인하여 손실을 입은 자

해설 손실보상
소방청장 또는 시·도지사는 다음의 어느 하나에 해당하는 자에게 손실보상심의위원회의 심사·의결에 따라 정당한 보상을 하여야 한다.
• 생활안전활동으로 인하여 손실을 입은 자
• 소방활동 조사명령에 따른 소방활동 종사로 인하여 사망하거나 부상을 입은 자
• 인명구조 및 연소확대방지를 위하여 소방대상물 또는 토지 외의 소방대상물과 토지에 대하여 강제처분으로 인하여 손실을 입은 자
• 소방활동을 위하여 긴급하게 출동할 때에는 소방자동차의 통행과 소방활동에 방해가 되는 주차 또는 정차된 차량 및 물건 등을 제거하거나 이동으로 인하여 손실을 입은 자. 다만, 법령을 위반하여 소방자동차의 통행과 소방활동에 방해가 된 경우는 제외한다.
• 화재 진압 등 소방활동을 위하여 필요할 때에는 소방용수 외에 댐·저수지 또는 수영장 등의 물을 사용하거나 수도(水道)의 개폐장치 등의 조작으로 인하여 손실을 입은 자
• 화재 발생을 막거나 폭발 등으로 화재가 확대되는 것을 막기 위하여 가스·전기 또는 유류 등의 시설에 대하여 위험물질의 공급을 차단하는 등 필요한 조치로 인하여 손실을 입은 자
• 그 밖에 소방기관 또는 소방대의 적법한 소방업무 또는 소방활동으로 인하여 손실을 입은 자

12 「소방기본법」상 벌칙 규정 중 과태료의 부과기준이 나머지 셋과 다른 것은?　　〈빨간키 48P〉

① 제19조 제2항에 따른 신고를 하지 아니하여 소방자동차를 출동하게 한 자

② 제23조 제1항을 위반하여 소방활동구역을 출입한 자

③ 제21조 제3항을 위반하여 소방자동차의 출동에 지장을 준 자

④ 제44조의3을 위반하여 한국소방안전원 또는 이와 유사한 명칭을 사용한 자

해설 ①의 경우 소방기본법 제57조에 따라 20만원 이하의 과태료에 해당하며, 나머지는 200만원 이하의 과태료 대상에 해당한다.

05 | 기출유사문제

▸ 본 기출유사문제는 수험자의 기억에 의하여 복원된 것으로 그림, 내용, 출제지문 등이 다를 수 있으니 참고하시기 바랍니다.

01 위험시설 등에 대한 긴급조치에 대한 설명으로 틀린 것은?

① 위험시설 등에 대한 긴급조치의 권한을 가진 자는 소방본부장, 소방서장 또는 소방대장이다.

② 화재진압을 위하여 수영장의 물을 사용하는 경우에는 관계인과 협의하여야 한다.

③ 소방대장은 화재진압 등 소방활동을 위하여 필요할 때에는 소방용수 외에 수도(水道)의 개폐장치 등을 조작할 수 있다.

④ 화재 발생을 막거나 폭발 등으로 화재가 확대되는 것을 막기 위하여 가스·전기 또는 유류 등의 시설에 대하여 위험물질의 공급을 차단하는 등 필요한 조치를 할 수 있다.

해설 위험시설 등에 대한 긴급조치(법 제27조)
- 소방본부장, 소방서장 또는 소방대장은 화재 진압 등 소방활동을 위하여 필요할 때에는 소방용수 외에 댐·저수지 또는 수영장 등의 물을 사용하거나 수도(水道)의 개폐장치 등을 조작할 수 있다.
- 소방본부장, 소방서장 또는 소방대장은 화재 발생을 막거나 폭발 등으로 화재가 확대되는 것을 막기 위하여 가스·전기 또는 유류 등의 시설에 대하여 위험물질의 공급을 차단하는 등 필요한 조치를 할 수 있다.

02 「소방기본법」에서 정하는 권한자의 연결로 맞는 것은?

① 한국소방안전원의 업무감독 – 시·도지사

② 소방활동종사명령 – 소방대장

③ 소방박물관의 설립과 운영 – 시·도지사

④ 위험물 등 긴급조치 – 소방청장, 소방본부장, 소방서장

해설 「소방기본법」에 따른 권한
① 한국소방안전원의 업무감독 – 소방청장
③ 소방박물관의 설립과 운영 – 소방청장
④ 위험물 등 긴급조치 – 소방본부장, 소방서장 또는 소방대장

03 「화재의 예방 및 안전관리에 관한 법령」상 특수가연물 중 "가연성 고체류"에 대하여 옳지 않은 것은?

① 인화점이 섭씨 40도 이상 100도 미만인 것
② 인화점이 섭씨 100도 이상 200도 미만이고, 연소열량이 1g당 8kcal 이상인 것
③ 1기압과 섭씨 40도 초과 60도 이하에서 액상인 것으로서 인화점이 섭씨 70도 이상 섭씨 200도 미만인 것
④ 인화점이 섭씨 200도 이상이고, 연소열량이 1g당 8kcal 이상인 것으로서 융점이 100도 미만인 것

해설 "가연성 고체류"라 함은 고체로서 다음의 것을 말한다.
   ㉠ 인화점이 섭씨 40도 이상 100도 미만인 것
   ㉡ 인화점이 섭씨 100도 이상 200도 미만이고, 연소열량이 1그램당 8킬로칼로리 이상인 것
   ㉢ 인화점이 섭씨 200도 이상이고 연소열량이 1그램당 8킬로칼로리 이상인 것으로서 녹는점(융점)이 100도 미만인 것
   ㉣ 1기압과 섭씨 20도 초과 40도 이하에서 액상인 것으로서 인화점이 섭씨 70도 이상 섭씨 200도 미만이거나 ㉡ 또는 ㉢에 해당하는 것

04 「소방기본법 시행규칙」에 따른 종합상황실장이 재난상황발생 시 그 사실을 지체없이 보고하여야 하는 상황으로 옳지 않은 것은?

① 이재민 100명 이상 발생한 화재
② 항구에 매어둔 총 톤수가 1천 톤 이상인 선박화재
③ 재산피해액 10억원 이상의 화재
④ 사상자가 10인 이상 발생한 화재

해설 소방본부의 종합상황실장이 소방청 종합상황실장에게 지체 없이 긴급보고하여야 할 화재
• 사망자가 5인 이상 발생하거나 사상자가 10인 이상 발생한 화재
• 이재민이 100인 이상 발생한 화재
• 재산피해액이 50억원 이상 발생한 화재
• 관공서・학교・정부미도정공장・문화재・지하철 또는 지하구의 화재
• 다음 각목의 어느 하나에 해당하는 화재
  – 관광호텔, 층수가 11층 이상인 건축물
  – 지하상가, 시장, 백화점
  – 지정수량의 3천배 이상의 위험물의 제조소・저장소・취급소
  – 층수가 5층 이상이거나 객실이 30실 이상인 숙박시설
  – 층수가 5층 이상이거나 병상이 30개 이상인 종합병원・정신병원・한방병원・요양소
  – 연면적 1만 5천제곱미터 이상인 공장
  – 화재예방강화지구에서 발생한 화재
• 철도차량, 항구에 매어둔 총 톤수가 1천톤 이상인 선박, 항공기, 발전소 또는 변전소에서 발생한 화재
• 가스 및 화약류의 폭발에 의한 화재
• 다중이용업소의 화재
• 긴급구조통제단장의 현장지휘가 필요한 재난상황
• 언론에 보도된 재난상황
• 그 밖에 소방청장이 정하는 재난상황

05 「소방기본법령」상 손실보상 및 지급절차 및 방법에 대한 설명으로 옳은 것은?

① 손실보상을 청구할 수 있는 권리는 손실이 있음을 안 날부터 3년, 손실이 발생한 날부터 5년간 행사하지 아니하면 시효의 완성으로 소멸한다.

② 소방청장 등은 손실보상심의위원회의 심사·의결을 거쳐 특별한 사유가 없으면 보상금 지급 청구서를 받은 날부터 30일 이내에 보상금 지급 여부 및 보상금액을 결정하여야 한다.

③ 보상금을 지급하기로 결정한 경우에는 특별한 사유가 없으면 통지한 날부터 20일 이내에 보상금을 지급하여야 한다.

④ 소방활동을 위하여 긴급하게 출동할 때에는 불법주차된 차량이 소방활동에 장애가 되어 이를 제거하는 과정에 손실을 입은 경우에 손실보상심의위원회 심사·의결에 따라 정당한 보상을 하여야 한다.

> **해설** 손실보상(법 제49조의2) 및 지급절차 및 방법(영 제12조)
> ② 소방청장 등은 손실보상심의위원회의 심사·의결을 거쳐 특별한 사유가 없으면 보상금 지급 청구서를 받은 날부터 60일 이내에 보상금 지급 여부 및 보상금액을 결정하여야 한다.
> ③ 보상금을 지급하기로 결정한 경우에는 특별한 사유가 없으면 통지한 날부터 30일 이내에 보상금을 지급하여야 한다.
> ④ 소방활동을 위하여 긴급하게 출동할 때에는 법령에 위반하여 주차된 차량이 소방활동에 장애가 되어 이를 제거하는 과정에 손실을 입은 경우에는 손실보상에서 제외한다.

06 다음 지상에 설치하는 소화전·저수조 및 급수탑의 소방용수표지 기준 내용으로 옳은 것은?

> 안쪽 문자는 ( ), 바깥쪽 문자는 ( ), 안쪽 바탕은 ( ), 바깥쪽 바탕은 ( )으로 하고 반사재료를 사용하여야 한다.

	안쪽 문자	바깥쪽 문자	안쪽 바탕	바깥쪽 바탕
①	노란색	흰 색	파란색	붉은색
②	흰 색	노란색	붉은색	파란색
③	붉은색	파란색	흰 색	노란색
④	파란색	흰 색	붉은색	노란색

> **해설** 지상에 설치하는 소화전·저수조·급수탑의 경우 소방용수표지 기준
> 안쪽 문자는 흰색, 바깥쪽 문자는 노란색, 안쪽 바탕은 붉은색, 바깥쪽 바탕은 파란색으로 하고 반사재료를 사용하여야 한다.

07 「화재의 예방 및 안전관리에 관한 법률 시행령」상 일반음식점에서 조리를 위하여 불을 사용하는 설비를 설치할 경우 화재예방을 위하여 지켜야 할 사항 중 옳지 않은 것은?

① 주방설비에 부속된 배출덕트(공기 배출통로)는 0.1mm 이상의 아연도금강판 또는 이와 동등 이상의 내식성 불연재료로 설치할 것

② 주방시설에는 기름을 제거할 수 있는 필터 등을 설치할 것

③ 열을 발생하는 조리기구는 반자 또는 선반으로부터 0.6m 이상 떨어지게 할 것

④ 열을 발생하는 조리기구로부터 0.15m 이내의 거리에 있는 가연성 주요 구조부는 단열성이 있는 불연재로 덮어씌울 것

해설 일반음식점 주방에서 음식조리를 위하여 설치하는 설비가 화재예방을 위하여 불을 사용할 때 지켜야 할 사항 (영 별표 1)
- 주방설비에 부속된 배출덕트(공기 배출통로)는 0.5밀리미터 이상의 아연도금강판 또는 이와 동등 이상의 내식성 불연재료로 설치할 것
- 주방시설에는 동물 또는 식물의 기름을 제거할 수 있는 필터 등을 설치할 것
- 열을 발생하는 조리기구는 반자 또는 선반으로부터 0.6미터 이상 떨어지게 할 것
- 열을 발생하는 조리기구로부터 0.15미터 이내의 거리에 있는 가연성 주요 구조부는 단열성이 있는 불연재료로 덮어씌울 것

08 「소방기본법」에 따른 소방활동 종사 명령의 내용으로 옳지 않은 것은?

① 소방용수시설의 교체 정비

② 사람을 구출하는 일

③ 불을 끄는 일

④ 불이 번지지 아니하도록 하는 일

해설 **소방활동 종사 명령(법 제24조)**
소방본부장, 소방서장 또는 소방대장은 화재, 재난·재해, 그 밖의 위급한 상황이 발생한 현장에서 소방활동을 위하여 필요할 때에는 그 관할구역에 사는 사람 또는 그 현장에 있는 사람으로 하여금 사람을 구출하는 일 또는 불을 끄거나 불이 번지지 아니하도록 하는 일을 하게 할 수 있다. 이 경우 소방본부장, 소방서장 또는 소방대장은 소방활동에 필요한 보호장구를 지급하는 등 안전을 위한 조치를 하여야 한다.

09 소방체험관의 설립 및 운영에 대한 설명으로 틀린 것은?

① 체험교육을 실시할 때 체험실에는 1명 이상의 교수요원을 배치하고, 조교는 체험교육대상자 30명당 1명 이상이 배치되도록 하여야 한다.

② 소방안전 체험실로 사용되는 부분의 바닥면적의 합이 900제곱미터 이상이 되어야 한다.

③ 소방체험관의 장은 체험교육의 운영결과, 만족도 조사결과 등을 기록하고 이를 3년간 보관하여야 한다.

④ 소방체험관의 체험실별 바닥면적은 50제곱미터 이상이어야 한다.

> **해설** 소방체험관의 시설 기준
> 소방체험관에는 생활안전, 교통안전, 자연재난안전, 보건안전체험실을 모두 갖추어야 한다. 이 경우 체험실별 바닥면적은 100제곱미터 이상이어야 한다.

10 「소방기본법」상 소방업무의 응원에 대한 설명으로 옳지 않은 것은?

① 소방업무의 응원 요청을 받은 소방본부장 또는 소방서장은 정당한 사유 없이 그 요청을 거절하여서는 아니 된다.

② 소방업무의 응원을 위하여 파견된 소방대원은 응원을 요청한 소방본부장 또는 소방서장의 지휘에 따라야 한다.

③ 소방본부장이나 소방서장은 소방활동을 할 때에 긴급한 경우에는 이웃한 소방본부장 또는 소방서장에게 소방업무의 응원(應援)을 요청할 수 있다.

④ 소방본부장은 소방업무의 응원을 요청하는 경우를 대비하여 이웃하는 소방본부장과 협의하여 미리 규약으로 정하여야 한다.

> **해설** 시·도지사는 소방업무의 응원을 요청하는 경우를 대비하여 출동 대상지역 및 규모와 필요한 경비의 부담 등에 관하여 필요한 사항을 행정안전부령으로 정하는 바에 따라 이웃하는 시·도지사와 협의하여 미리 규약(規約)으로 정하여야 한다(법 제11조 제4항).

11 「화재의 예방 및 안전관리에 관한 법률 시행령」상 시·도지사가 화재예방강화지구에서 화재예방을 위하여 작성 및 관리하여야 할 자료로 옳지 않은 것은?

① 화재예방강화지구의 지정 현황
② 화재안전조사의 결과
③ 소방시설의 종류 및 소방시설의 설치 현황
④ 소방교육 및 훈련의 실시 현황

> **해설** 화재예방강화지구의 관리(영 제20조)
> 시·도지사는 다음의 사항을 행정안전부령으로 정하는 화재예방강화지구 관리대장에 작성하고 관리해야 한다.
> • 화재예방강화지구의 지정 현황
> • 화재안전조사의 결과
> • 소화기구, 소방용수시설 또는 그 밖에 소방에 필요한 설비(이하 "소방설비등"이라 한다)의 설치(보수, 보강을 포함한다) 명령 현황
> • 소방훈련 및 교육의 실시 현황
> • 그 밖에 화재예방 강화를 위하여 필요한 사항

12 「화재의 예방 및 안전관리에 관한 법률 시행령」상 화재예방강화지구 관리에서 화재안전조사 및 소방교육·훈련의 실시권자와 횟수로 옳은 것은?

> 가. (ㄱ)은(는) 화재예방강화지구 안의 소방대상물의 위치·구조 및 설비 등에 대한 화재안전조사를 (ㄴ) 이상 실시하여야 한다.
> 나. (ㄷ)은(는) 화재예방강화지구 안의 관계인에 대하여 소방상 필요한 훈련 및 교육을 (ㄹ) 이상 실시할 수 있다.

	ㄱ	ㄴ	ㄷ	ㄹ
①	소방관서장	연 1회	소방관서장	연 1회
②	소방관서장	연 2회	소방본부장 또는 소방서장	연 2회
③	시·도지사	연 1회	시·도지사	연 1회
④	시·도지사	연 2회	시·도지사	연 2회

> **해설** 화재예방강화지구의 관리(영 제20조)
> • 소방관서장은 화재예방강화지구 안의 소방대상물의 위치·구조 및 설비 등에 대한 화재안전조사를 연 1회 이상 실시하여야 한다.
> • 소방관서장은 화재예방강화지구 안의 관계인에 대하여 소방에 필요한 훈련 및 교육을 연 1회 이상 실시할 수 있다.

06 | 기출유사문제

▶ 본 기출유사문제는 수험자의 기억에 의하여 복원된 것으로 그림, 내용, 출제지문 등이 다를 수 있으니 참고하시기 바랍니다.

01 소방안전교육사 배치대상별 배치기준으로 옳지 않은 것은?

① 소방청 – 2명 이상

② 한국소방안전원 본원 – 2명 이상

③ 소방서 – 1명 이상

④ 소방본부 – 1명 이상

해설 소방안전교육사 배치대상별 배치기준(영 제7조의11 관련 별표2의3)

배치대상	배치기준(단위 : 명)
소방청	2 이상
소방본부	2 이상
소방서	1 이상
한국소방안전원	• 본원 : 2 이상 • 시 · 도지원 : 1 이상
한국소방산업기술원	2 이상

02 「화재의 예방 및 안전관리에 관한 법령」상 화재예방조치 등과 옮긴물건등 보관기간 및 보관기간 경과 후 처리 등에 관하여 옳지 않은 것은?

① 소방본부장이나 소방서장은 옮긴물건등을 보관하는 경우에는 그날부터 14일 동안 소방관서의 인터넷 홈페이지에 그 사실을 공고해야 한다.

② 보관하고 있는 옮긴물건등이 부패·파손 또는 이와 유사한 사유로 정해진 용도로 계속 사용할 수 없는 경우에는 폐기할 수 있다.

③ 소방관서장은 보관하던 옮긴물건등을 매각한 경우에는 지체 없이 「국고금관리법」에 의하여 세입조치를 해야 한다.

④ 소방본부장 또는 소방서장은 매각되거나 폐기된 옮긴물건등의 소유자가 보상을 요구하는 경우에는 보상금액에 대하여 소유자와 협의를 거쳐 이를 보상한다.

해설 소방관서장은 보관하던 옮긴물건등을 매각한 경우에는 지체 없이 「국가재정법」에 따라 세입조치를 해야 한다 (영 제17조).

03 다음 중 한국소방안전원의 업무가 아닌 것은?

① 소방안전에 관한 국제협력

② 소방기술과 안전관리에 관한 교육 및 조사·연구

③ 소방용품의 형식승인

④ 화재 예방과 안전관리의식 고취를 위한 대국민 홍보

해설 소방장비의 품질 확보, 품질 인증 및 신기술·신제품에 관한 인증 업무는 한국소방산업기술원의 업무에 해당한다.

04 다음은 「소방기본법」에 규정한 용어 정의에 관한 내용으로 (   ) 안에 알맞은 내용은?

> "관계지역"이란 소방대상물이 있는 장소 및 그 이웃지역으로서 화재의 (   )·(   )·(   ),
> 구조·구급 등의 활동에 필요한 지역을 말한다.

① 예방, 경계, 조사

② 예방, 경계, 진압

③ 진압, 예방, 조사

④ 조사, 경계, 진압

해설 "관계지역"이란 소방대상물이 있는 장소 및 그 이웃 지역으로서 화재의 예방·경계·진압, 구조·구급 등의
활동에 필요한 지역을 말한다.

05 소방신호의 종류로 옳지 않은 것은?

① 경보신호

② 훈련신호

③ 발화신호

④ 해제신호

해설 소방신호의 종류
- 경계신호 : 화재예방상 필요하다고 인정되거나 법 제14조의 규정에 의한 화재위험경보 시 발령
- 발화신호 : 화재가 발생한 때 발령
- 해제신호 : 소화활동이 필요 없다고 인정되는 때 발령
- 훈련신호 : 훈련상 필요하다고 인정되는 때 발령

06 「화재의 예방 및 안전관리에 관한 법률」상 화재의 확대가 빠른 특수가연물 중 품목별 지정수량이 옳지 않은 것은?

① 볏짚류 – 1,000킬로그램 이상

② 나무껍질 및 대팻밥 – 1,000킬로그램 이상

③ 가연성액체 – 2세제곱미터 이상

④ 가연성고체 – 3,000킬로그램 이상

해설 특수가연물의 종류 및 수량

품 명		수 량
면화류		200킬로그램 이상
나무껍질 및 대팻밥		400킬로그램 이상
넝마 및 종이부스러기		1,000킬로그램 이상
사류(絲類)		1,000킬로그램 이상
볏짚류		1,000킬로그램 이상
가연성고체류		3,000킬로그램 이상
석탄·목탄류		10,000킬로그램 이상
가연성액체류		2세제곱미터 이상
목재가공품 및 나무부스러기		10세제곱미터 이상
합성수지류	발포시킨 것	20세제곱미터 이상
	그 밖의 것	3,000킬로그램 이상

07 「소방기본법」에서 규정하고 있는 소방지원활동에 대한 설명으로 틀린 것은?

① 방송제작 또는 촬영 관련 지원활동을 할 수 있다.

② 소방지원활동은 공공의 안녕질서 유지 또는 복리증진을 위하여 필요한 경우에 할 수 있다.

③ 집회·공연 등 각종 행사 시 사고에 대비한 근접대기 등 지원활동을 할 수 있다.

④ 시·도지사, 소방본부장 또는 소방서장은 소방활동 외에 소방지원활동을 하게 할 수 있다.

해설 소방청장·소방본부장 또는 소방서장은 공공의 안녕질서 유지 또는 복리증진을 위하여 필요한 경우 소방활동 외에 소방지원활동을 하게 할 수 있다(법 제16조의2 제1항).

08 「소방기본법」상 규정하고 있는 소방용수조사 및 지리조사 내용에서 (   )에 들어갈 내용으로 틀린 것은?

> 소방본부장 또는 소방서장은 설치된 소방용수시설에 대한 조사와 소방대상물에 인접한 (   ) ·
> (   ), (   ) · (   ) 그 밖의 소방활동에 필요한 지리에 대한 조사를 월 1회 이상하여야 한다.

① 도로의 폭
② 교통상황
③ 도로주변의 토지의 이용
④ 건축물의 개황

해설 소방대상물에 인접한 도로의 폭 · 교통상황, 도로주변의 토지의 고저 · 건축물의 개황 그 밖의 소방활동에 필요한 지리에 대한 조사를 월 1회 이상 실시해야 한다.

09 「화재의 예방 및 안전관리에 관한 법령」상 보일러의 위치 · 구조 및 관리와 화재예방을 위하여 불의 사용에 있어서 지켜야 하는 사항으로 옳지 않은 것은?

① 연료탱크는 보일러 본체로부터 수평거리 0.5미터 이상의 간격을 두어 설치할 것
② 연료탱크에는 화재 등 긴급상황이 발생하는 경우 연료를 차단할 수 있는 개폐밸브를 연료탱크로 부터 0.5미터 이내에 설치할 것
③ 연료탱크 또는 연료를 공급하는 배관에는 여과장치를 설치할 것
④ 보일러와 벽 · 천장 사이의 거리는 0.6미터 이상 되도록 하여야 할 것

해설 연료탱크는 보일러 본체로부터 수평거리 1미터 이상의 간격을 두어 설치하여야 한다.

10 다음 중 소방활동 종사명령에 따라 소방활동에 종사한 사람으로 시 · 도지사로부터 소방활동의 비용을 지급받을 수 있는 사람은?

① 화재가 발생한 소방상대물의 소방안전관리자
② 소방활동을 한 숙박시설의 소유자
③ 과실로 화재를 발생시킨 사람
④ 화재가 난 숙박시설의 투숙객

해설 소화활동종사명령(법 제24조)
소방활동에 종사한 사람은 시 · 도지사로부터 소방활동의 비용을 지급받을 수 있다. 다만, 다음 각 호의 어느 하나에 해당하는 사람의 경우에는 그러하지 아니하다.
• 소방대상물에 화재, 재난 · 재해, 그 밖의 위급한 상황이 발생한 경우 그 관계인
• 고의 또는 과실로 화재 또는 구조 · 구급 활동이 필요한 상황을 발생시킨 사람
• 화재 또는 구조 · 구급 현장에서 물건을 가져간 사람

11 「소방기본법」상 5년 이하의 징역 또는 5천만원 이하의 벌금에 해당하지 않는 것은?

① 정당한 사유 없이 출동한 소방대의 소방활동을 방해한 자
② 정당한 사유 없이 소방대의 생활안전활동을 방해한 자
③ 소방자동차의 출동을 방해한 사람
④ 정당한 사유 없이 소방용수시설 또는 비상소화장치를 사용한 자

해설 벌칙(법 제50조)
다음 각 호의 어느 하나에 해당하는 사람은 5년 이하의 징역 또는 5천만원 이하의 벌금에 처한다.
• 소방활동을 위반하여 다음 각 목의 어느 하나에 해당하는 행위를 한 사람
　- 위력(威力)을 사용하여 출동한 소방대의 화재진압·인명구조 또는 구급활동을 방해하는 행위
　- 소방대가 화재진압·인명구조 또는 구급활동을 위하여 현장에 출동하거나 현장에 출입하는 것을 고의로 방해하는 행위
　- 출동한 소방대원에게 폭행 또는 협박을 행사하여 화재진압·인명구조 또는 구급활동을 방해하는 행위
　- 출동한 소방대의 소방장비를 파손하거나 그 효용을 해하여 화재진압·인명구조 또는 구급활동을 방해하는 행위
• 소방자동차의 출동을 방해한 사람
• 사람을 구출하는 일 또는 불을 끄거나 불이 번지지 아니하도록 하는 일을 방해한 사람
• 정당한 사유 없이 소방용수시설 또는 비상소화장치를 사용하거나 소방용수시설 또는 비상소화장치의 효용을 해치거나 그 정당한 사용을 방해한 사람

12 「소방기본법」상 소방용수시설의 설치 및 관리 등에 관한 설명으로 옳지 않은 것은?

① 시·도지사는 소방활동에 필요한 소화전(消火栓)·급수탑(給水塔)·저수조(貯水槽)(이하 "소방용수시설"이라 한다)를 설치하고 유지·관리하여야 한다.
② 「수도법」에 따라 소화전을 설치하는 일반수도사업자는 시·도지사의 허가를 득한 후 소화전을 설치하여야 하며, 설치 사실을 관할 소방서장에게 통지하고, 그 소화전을 유지·관리하여야 한다.
③ 시·도지사는 소방자동차의 진입이 곤란한 지역 등 비상소화장치를 설치하고 유지·관리할 수 있다.
④ 소방용수시설과 비상소화장치의 설치기준은 행정안전부령으로 정한다.

해설 소방용수시설의 설치 및 관리 등(법 제10조)
• 시·도지사는 소방활동에 필요한 소화전(消火栓)·급수탑(給水塔)·저수조(貯水槽)(이하 "소방용수시설"이라 한다)를 설치하고 유지·관리하여야 한다. 다만, 「수도법」 제45조에 따라 소화전을 설치하는 일반수도사업자는 관할 소방서장과 사전협의를 거친 후 소화전을 설치하여야 하며, 설치 사실을 관할 소방서장에게 통지하고, 그 소화전을 유지·관리하여야 한다.
• 시·도지사는 소방자동차의 진입이 곤란한 지역 등 화재발생 시에 초기 대응이 필요한 지역으로서 대통령으로 정하는 지역에 소방호스 또는 호스 릴 등을 소방용수시설에 연결하여 화재를 진압하는 시설이나 장치(이하 "비상소화장치"라 한다)를 설치하고 유지·관리할 수 있다.
• 소방용수시설과 비상소화장치의 설치기준은 행정안전부령으로 정한다.

07 | 기출유사문제

▶ 본 기출유사문제는 수험자의 기억에 의하여 복원된 것으로 그림, 내용, 출제지문 등이 다를 수 있으니 참고하시기 바랍니다.

01 종합상황실 실장의 업무로 옳지 않은 것은?

① 화재, 재난·재해 그 밖에 구조·구급이 필요한 상황(재난상황)의 발생의 신고접수
② 하급소방기관에 대한 출동지령 또는 동급 이상의 소방 및 유관기관에 대한 지원요청
③ 재난상황이 발생한 현장에 대한 지휘 및 피해현황의 파악
④ 재난예방에 필요한 정보수집 및 제공

> **해설** 종합상황실장의 임무
> ①·②·③ 이외에 접수된 재난상황을 검토하여 가까운 소방서에 인력 및 장비의 동원을 요청하는 등의 사고수습, 재난상황의 전파 및 보고, 재난상황의 수습에 필요한 정보수집 및 제공이다.

02 비상소화장치의 설치기준에 대한 설명으로 틀린 것은?

① 비상소화장치함, 소화전, 소방호스, 관창을 포함하여 구성할 것
② 소방호스 및 관창은 소방청장이 정하여 고시하는 형식승인 및 제품검사의 기술기준에 적합한 것으로 설치할 것
③ 소방청장이 정하여 고시하는 성능인증 및 제품검사의 기술기준에 적합한 것으로 설치할 것
④ 비상소화장치의 설치기준에 관한 세부 사항은 시·도지사가 정한다.

> **해설** 비상소화장치의 설치기준에 관한 세부 사항은 소방청장이 정한다.

03 소방용수표지에 관한 설명으로 틀린 것은?

① 맨홀 뚜껑은 지름 648밀리미터 이상의 것으로 할 것. 다만, 승하강식 소화전의 경우에는 이를 적용하지 않는다.
② 맨홀 뚜껑에는 "소화전·주정차금지" 또는 "저수조·주정차금지"의 표시를 할 것
③ 맨홀 뚜껑 부근에는 노란색 반사도료로 폭 15센티미터의 선을 그 둘레를 따라 칠할 것
④ 안쪽 문자는 붉은색, 안쪽 바탕은 흰색, 바깥쪽 바탕은 파란색으로 하고 반사재료를 사용해야 한다.

> **해설** 안쪽 문자는 흰색, 바깥쪽 문자는 노란색으로, 안쪽 바탕은 붉은색, 바깥쪽 바탕은 파란색으로 하고 반사재료를 사용해야 한다.

04 소방박물관 등의 설립 및 운영에 대한 설명으로 틀린 것은?

① 소방의 역사와 안전문화를 발전시키고 국민의 안전의식을 높이기 위하여 소방청장은 소방박물관을, 시·도지사는 소방체험관을 설립하여 운영할 수 있다.

② 소방박물관의 설립과 운영에 필요한 사항은 행정안전부령으로 정한다.

③ 소방체험관은 재난 및 안전사고 유형에 따른 예방, 대처, 대응 등에 관한 체험교육(이하 "체험교육" 이라 한다)의 제공 등을 수행한다.

④ 소방체험관의 설립과 운영에 필요한 사항은 시·도의 조례로 정하는 기준에 따라 행정안전부령으로 정한다.

해설 소방체험관의 설립과 운영에 필요한 사항은 행정안전부령으로 정하는 기준에 따라 시·도의 조례로 정한다.

05 소방업무의 상호응원협정을 체결함에 있어 포함하여야 할 내용으로 옳지 않은 것은?

① 접경지역의 화재안전조사에 관한 사항

② 응원출동대상지역 및 규모

③ 응원출동의 요청방법

④ 응원출동훈련 및 평가

해설 소방업무의 상호응원협정(시행규칙 제8조)
시·도지사는 이웃하는 다른 시·도지사와 소방업무에 관하여 상호응원협정을 체결하고자 하는 때에는 다음 각 호의 사항이 포함되도록 하여야 한다.
1. 다음 각 목의 소방활동에 관한 사항
   가. 화재의 경계·진압활동
   나. 구조·구급업무의 지원
   다. 화재조사활동
2. 응원출동대상지역 및 규모
3. 다음 각 목의 소요경비의 부담에 관한 사항
   가. 출동대원의 수당·식사 및 의복의 수선
   나. 소방장비 및 기구의 정비와 연료의 보급
   다. 그 밖의 경비
4. 응원출동의 요청방법
5. 응원출동훈련 및 평가

06 「화재의 예방 및 안전관리에 관한 법령」상 보일러 등의 위치·구조 및 관리와 화재예방을 위하여 불을 사용함에 있어서 지켜야 하는 사항으로 맞는 것은?

① 기체연료를 사용하는 보일러의 경우 연료를 공급하는 배관은 금속 수지관으로 할 것

② 액체연료를 사용하는 보일러의 경우 화재 등 긴급 시 연료를 차단할 수 있는 개폐밸브를 연료탱크 등으로부터 0.5미터 이내에 설치할 것

③ 화목등 고체연료는 보일러 본체와 수평거리 1미터 이상 간격을 두어 보관하거나 불연재료로 된 별도의 구획된 공간에 보관할 것

④ 보일러를 실내에 설치하는 경우에는 콘크리트바닥 또는 금속 등의 불연재료로 된 바닥 위에 설치 해야 한다.

해설 ① 기체연료를 사용하는 보일러의 경우 연료를 공급하는 배관은 금속관으로 할 것
③ 화목등 고체연료는 보일러 본체와 수평거리 2미터 이상 간격을 두어 보관하거나 불연재료로 된 별도의 구획된 공간에 보관할 것
④ 보일러를 실내에 설치하는 경우에는 콘크리트바닥 또는 금속 외의 불연재료로 된 바닥 위에 설치하여야 한다.

07 「화재의 예방 및 안전관리에 관한 법령」상 소방기본법상 특수가연물 중 가연성 액체류에 관해서 틀린 것은?

① 1기압과 섭씨 20도 이하에서 액상인 것으로서 가연성 액체량이 40중량퍼센트 이하이면서 인화점이 섭씨 40도 이상 섭씨 70도 미만이고 연소점이 섭씨 60도 이상인 물품

② 1기압과 섭씨 20도에서 액상인 것으로서 가연성 액체량이 40중량퍼센트 이하이고 인화점이 섭씨 70도 이상 섭씨 250도 미만인 물품

③ 동물의 기름기와 살코기 또는 식물의 씨나 과일의 살로부터 추출한 것으로서 1기압과 섭씨 20도에서 액상이고 인화점이 250도 미만인 것으로서 「위험물안전관리법」 제20조 제1항의 규정에 의한 용기 기준과 수납·저장기준에 적합하고 용기외부에 물품명·수량 및 "물기엄금" 등의 표시를 한 것

④ 동물의 기름기와 살코기 또는 식물의 씨나 과일의 살로부터 추출한 것으로서 1기압과 섭씨 20도 에서 액상이고 인화점이 섭씨 250도 이상인 것

해설 동물의 기름기와 살코기 또는 식물의 씨나 과일의 살로부터 추출한 것으로서 1기압과 섭씨 20도에서 액상이고 인화점이 250도 미만인 것으로서 「위험물안전관리법」 제20조 제항의 규정에 의한 용기기준과 수납·저장기준에 적합하고 용기외부에 물품명·수량 및 "화기엄금" 등의 표시를 한 것

08 「소방기본법」상 내용이다. 아래의 설명은 무엇에 대한 것인가?

> 소방대는 화재, 재난·재해, 그 밖의 위급한 상황이 발생한 현장에 신속하게 출동하기 위하여 긴급할 때에는 일반적인 통행에 쓰이지 아니하는 도로·빈터 또는 물 위로 통행할 수 있다.

① 소방대의 긴급통행　　　　　　② 소방대의 우선통행
③ 긴급처분　　　　　　　　　　　④ 강제처분

해설 소방대의 긴급통행(법 제22조)
소방대는 화재, 재난·재해, 그 밖의 위급한 상황이 발생한 현장에 신속하게 출동하기 위하여 긴급할 때에는 일반적인 통행에 쓰이지 아니하는 도로·빈터 또는 물 위로 통행할 수 있다.

09 「소방기본법」상 내용이다. 아래의 설명은 무엇에 대한 것인가?

> 소방본부장, 소방서장 또는 소방대장은 화재 진압 등 소방활동을 위하여 필요할 때에는 소방용수 외에 댐·저수지 또는 수영장 등의 물을 사용하거나 수도(水道)의 개폐장치 등을 조작할 수 있다.

① 강제처분　　　　　　　　　　　② 위험시설 등에 대한 긴급조치
③ 즉시강제　　　　　　　　　　　④ 직접강제명령

해설 위험시설 등에 대한 긴급조치(법 제27조)
• 소방본부장, 소방서장 또는 소방대장은 화재 진압 등 소방활동을 위하여 필요할 때에는 소방용수 외에 댐·저수지 또는 수영장 등의 물을 사용하거나 수도(水道)의 개폐장치 등을 조작할 수 있다.
• 소방본부장, 소방서장 또는 소방대장은 화재 발생을 막거나 폭발 등으로 화재가 확대되는 것을 막기 위하여 가스·전기 또는 유류 등의 시설에 대하여 위험물질의 공급을 차단하는 등 필요한 조치를 할 수 있다.

10 이상기상(異常氣象)의 예보 또는 특보가 있을 때에 화재에 관한 경보를 발령하고 그에 따른 조치를 할 수 있는 사람은?

① 소방청장　　　　　　　　　　　② 시·도지사
③ 소방본부장 또는 소방서장　　　④ 소방대장

해설 화재에 관한 위험경보(법 제14조)
소방본부장이나 소방서장은 기상법 제13조 제1항에 따른 이상기상(異常氣象)의 예보 또는 특보가 있을 때에는 화재에 관한 경보를 발령하고 그에 따른 조치를 할 수 있다.

11 다음 중 국고보조 대상이 아닌 것은?

① 소방자동차

② 소방헬리콥터 및 소방정

③ 소방전용통신설비 및 전산설비

④ 방화복 및 정복의 구매

해설 국고보조 대상사업의 범위(영 제2조)
- 다음 각 목의 소방활동장비와 설비의 구입 및 설치
  가. 소방자동차
  나. 소방헬리콥터 및 소방정
  다. 소방전용통신설비 및 전산설비
  라. 그 밖에 방화복 등 소방활동에 필요한 소방장비
- 소방관서용 청사의 건축

08 | 기출유사문제

▶ 본 기출유사문제는 수험자의 기억에 의하여 복원된 것으로 그림, 내용, 출제지문 등이 다를 수 있으니 참고하시기 바랍니다.

01 119종합상황실의 설치·운영에 대한 설명으로 틀린 것은?

① 소방청과 특별시·광역시·특별자치시·도 또는 특별자치도의 소방본부 및 소방서에 둔다.

② 119종합상황실은 24시간 운영체제를 유지하여야 한다.

③ 119종합상황실의 실장이 상급기관의 종합상황실에 보고하여야 한다.

④ 119종합상황실의 실장은 신속한 소방활동을 위한 정보를 수집·전파하기 위하여 119종합상황실에 전산·통신요원을 배치하여야 한다.

> **해설** 소방청장, 소방본부장 또는 소방서장은 신속한 소방활동을 위한 정보를 수집·전파하기 위하여 종합상황실에 소방력 기준에 관한 규칙에 의한 전산·통신요원을 배치하고, 소방청장이 정하는 유·무선통신시설을 갖추어야 한다.

02 소방업무에 관한 종합계획에 대한 설명으로 맞는 것은?

① 종합계획은 재난·재해 환경 변화에 따른 소방업무에 필요한 대응체계 마련과 장애인, 노인 등 이동이 어려운 사람을 대상으로 한 소방활동에 필요한 조치를 포함한다.

② 소방청장은 화재, 재난·재해, 그 밖의 위급한 상황으로부터 국민의 생명·신체 및 재산을 보호하기 위하여 소방업무에 관한 종합계획을 3년마다 수립·시행하여야 한다.

③ 소방청장은 소방업무에 관한 종합계획을 관계 중앙행정기관의 장과의 협의를 거쳐 시행 전년도 12월 31일까지 수립하여야 한다.

④ 특별시장·광역시장·특별자치시장·도지사 또는 특별자치도지사는 종합계획의 시행에 필요한 세부계획을 계획 시행 전년도 10월 31일까지 수립하여 소방청장에게 제출하여야 한다.

> **해설** 소방업무에 관한 종합계획의 수립·시행 등(법 제6조)
> ② 소방청장은 화재, 재난·재해, 그 밖의 위급한 상황으로부터 국민의 생명·신체 및 재산을 보호하기 위하여 소방업무에 관한 종합계획을 5년마다 수립·시행하여야 한다.
> ③ 소방청장은 소방업무에 관한 종합계획을 관계 중앙행정기관의 장과의 협의를 거쳐 시행 전년도 10월 31일까지 수립하여야 한다.
> ④ 특별시장·광역시장·특별자치시장·도지사 또는 특별자치도지사는 종합계획의 시행에 필요한 세부계획을 계획 시행 전년도 12월 31일까지 수립하여 소방청장에게 제출하여야 한다.

정답 01 ④ 02 ①

03 「소방기본법」상 소방력의 동원요청에 대한 설명으로 틀린 것은?

① 해당 시·도의 소방력만으로는 소방활동을 효율적으로 수행하기 어려운 화재, 재난 등이 발생한 때에는 해당 시·도지사가 각 시·도지사에게 소방력을 동원할 것을 요청할 수 있다.

② 동원 요청을 받은 시·도지사는 정당한 사유 없이 요청을 거절하여서는 아니 된다.

③ 각 시·도지사에게 소방력 동원을 요청하는 경우 동원 요청 사실과 사항을 팩스 또는 전화 등의 방법으로 통지하여야 한다.

④ 동원된 소방대원이 다른 시·도에 파견·지원되어 소방활동을 수행할 때에는 특별한 사정이 없으면 화재 등이 발생한 지역을 관할하는 소방본부장 또는 소방서장의 지휘에 따라야 한다.

> **해설** 해당 시·도의 소방력만으로는 소방활동을 효율적으로 수행하기 어려운 화재, 재난 등이 발생한 때에는 해당 소방청장이 각 시·도지사에게 소방력을 동원할 것을 요청할 수 있다.

04 「화재의 예방 및 안전관리에 관한 법령」상 소방관서장의 화재 예방조치등에 대한 설명으로 틀린 것은?

① 모닥불, 흡연 등 화기취급 행위를 금지 또는 제한할 수 있다.

② 관계인에게 소방차량의 통행이나 소화 활동에 지장을 줄 수 있는 물건의 이동을 명할 수 있다.

③ 관계인에게 목재, 플라스틱 등 가연성이 큰 물건의 제거, 이격, 적재 금지 등의 조치를 할 수 있다.

④ 관계인의 주소와 성명을 알 수 없어서 필요한 명령을 할 수 없을 때에는 신고자로 하여금 물건을 옮기거나 보관하는 등 필요한 조치를 하게 할 수 있다.

> **해설** 물건의 소유자, 관리자 또는 점유자를 알 수 없는 경우 소속 공무원으로 하여금 그 물건을 옮기거나 보관하는 등 필요한 조치를 하게 할 수 있다.

05 「화재의 예방 및 안전관리에 관한 법령」상 화재예방강화지구 지정의 효과에 대한 설명으로 틀린 것은?

① 소방관서장은 화재예방강화지구 안의 관계인에 대하여 연 2회 이상 소방에 필요한 훈련 및 교육을 실시할 수 있다.

② 소방관서장은 화재예방강화지구 안의 관계인에 대하여 소방에 필요한 훈련 및 교육을 연 1회 이상 실시할 수 있다.

③ 소방관서장은 화재예방강화지구 안의 소방대상물의 위치·구조 및 설비 등에 대한 화재안전조사를 연 1회 이상 실시해야 한다.

④ 소방관서장은 훈련 및 교육을 실시하려는 경우에는 화재예방강화지구 안의 관계인에게 훈련 또는 교육 10일 전까지 그 사실을 통보해야 한다.

해설 소방관서장은 화재예방강화지구 안의 관계인에 대하여 연 1회 이상 소방에 필요한 훈련 및 교육을 실시해야 한다.

06 「화재의 예방 및 안전관리에 관한 법령」상 화재예방을 위하여 불의 사용에 있어서 지켜야 하는 사항에서 화목등 보일러 설비의 설치 및 관리기준으로 틀린 것은?

① 고체연료는 보일러 본체와 수평거리 2미터 이상 간격을 두어 보관하거나 불연재료로 된 별도의 구획된 공간에 보관할 것

② 연통은 천장으로부터 0.5미터 떨어지고, 연통의 배출구는 건물 밖으로 0.5미터 이상 나오도록 설치할 것

③ 연통의 배출구는 보일러 본체보다 2미터 이상 높게 설치할 것

④ 연통재질은 불연재료로 사용하고 연결부에 청소구를 설치할 것

해설 연통은 천장으로부터 0.6미터 떨어지고, 연통의 배출구는 건물 밖으로 0.6미터 이상 나오도록 설치할 것

07 다음 중 소방신호의 종류에 대한 설명으로 틀린 것은?

① 경계신호 : 화재예방상 필요하다고 인정되거나 화재위험경보 시 발령

② 발화신호 : 화재가 발생한 때 발령

③ 해제신호 : 화재진압이 끝나거나 훈련이 끝난 때 발령

④ 훈련신호 : 훈련상 필요하다고 인정되는 때

해설 해제신호 : 소화활동이 필요없다고 인정되는 때 발령

08 소방자동차 전용구역의 설치 · 방법으로 맞는 것은?

① 전용구역 노면표지 도료의 색체는 황색을 기본으로 하되, 문자는 백색으로 표시한다.

② 공동주택의 관계자는 소방자동차가 접근하기 쉽고 소방활동이 원활하게 수행될 수 있도록 소방자동차 전용구역을 설치하여야 한다.

③ 각 동별 후면을 제외하고 전면 또는 측면에 1개소 이상 설치하여야 한다.

④ 빗금은 두께를 50센티미터로 하여 30센티미터의 간격으로 표시한다.

해설 ② · ③ 공동주택의 건축주는 소방자동차가 접근하기 쉽고 소방활동이 원활하게 수행될 수 있도록 각 동별 전면 또는 후면에 소방자동차 전용구역(이하 "전용구역"이라 한다)을 1개소 이상 설치하여야 한다.
④ 전용구역 노면표지의 외곽선은 빗금무늬로 표시하되, 빗금은 두께를 30센티미터로 하여 50센티미터 간격으로 표시한다.

09 다음 중 「소방기본법」상 벌칙이 다른 것은?

① 사람을 구출하거나 불이 번지는 것을 막기 위하여 긴급하다고 인정할 때 화재가 발생하거나 불이 번질 우려가 있는 소방대상물 및 토지 이외 강제처분을 방해한 자 또는 정당한 사유 없이 그 처분에 따르지 아니한 자

② 정당한 사유 없이 피난 명령을 위반한 사람

③ 정당한 사유 없이 소방대의 생활안전활동을 방해한 하는 행위

④ 정당한 사유 없이 물의 사용이나 수도의 개폐장치의 사용 또는 조작을 하지 못하게 하거나 방해한 행위

해설 사람을 구출하거나 불이 번지는 것을 막기 위하여 긴급하다고 인정할 때 화재가 발생하거나 불이 번질 우려가 있는 소방대상물 및 토지 이외 강제처분을 방해한 자 또는 정당한 사유 없이 그 처분에 따르지 아니한 자는 300만원 이하의 벌금이며 ② · ③ · ④는 100만원 이하의 벌금에 해당하는 행위이다.

08 ① 09 ① **정답**

09 | 기출유사문제

▸ 본 기출유사문제는 수험자의 기억에 의하여 복원된 것으로 그림, 내용, 출제지문 등이 다를 수 있으니 참고하시기 바랍니다.

01 「소방기본법」의 구성에서 실체규정이란 법률이 달성하고자 하는 목적을 구현하기 위하여 필요한 가장 기본적인 사항을 규정해 놓은 것으로, 법률의 본질적이고 핵심적인 부분을 말한다. 다음 중 실체규정만으로 묶인 것은?

> 가. 소방기관의 설치에 필요한 사항
> 나. 소방업무에 관한 종합계획의 수립·시행에 관한 사항
> 다. 손실보상에 관한 사항
> 라. 소방활동 종사명령
> 마. 소방산업의 육성·진흥 및 지원 등에 관한 사항
> 바. 소방안전원의 업무에 관한 사항

① 가, 나, 다
② 가, 다, 마
③ 나, 다, 라
④ 라, 마, 바

해설 법률의 구성

• 법률은 전체적으로 법률의 제목에 해당하는 제명이 있으며 본칙과 부칙으로 구성된다.
• 본칙규정은 법률의 본체가 되는 부분으로서 일반적으로 총칙규정(제1조 내지 제7조), 실체규정(제8조 내지 제47조), 보칙규정(제48조 내지 제49조의3), 벌칙규정(제50조 내지 제57조)으로 구분하고 있다.
• 실체규정은 각 법률의 본질적이고 핵심적인 부분으로 법률이 달성하고자 하는 목적을 구현하기 위하여 규정된 것이다.
• 「소방기본법」의 실체규정은 제2장부터 제8장까지가 해당된다.
  가. 소방기관의 설치에 필요한 사항 : 제1장 제3조로 총칙 규정
  나. 소방업무에 관한 종합계획의 수립·시행에 관한 사항 : 제1장 제6조로 총칙 규정
  다. 손실보상에 관한 사항 : 제9장 제49조의2로 보칙 규정
  라. 소방활동 종사명령 : 제4장 제24조
  마. 소방산업의 육성·진흥 및 지원 등에 관한 사항 : 제7장의2로 실체 규정 내지 제33조 실체 규정
  바. 소방안전원의 업무에 관한 사항 : 제8장 제41조로 실체 규정

02 「소방기본법」및 같은 법 시행규칙상 소방체험관의 기능에 관한 내용으로 옳지 않은 것은?

① 체험교육 인력의 양성 및 유관기관·단체 등과의 협력

② 그 밖에 체험교육을 위하여 소방청장이 필요하다고 인정하는 사업의 수행

③ 체험교육 프로그램의 개발 및 국민 안전의식 향상을 위한 홍보·전시

④ 재난 및 안전사고 유형에 따른 예방, 대처, 대응 등에 관한 체험교육의 제공

해설 그 밖에 체험교육을 위하여 시·도지사가 필요하다고 인정하는 사업의 수행

03 「소방기본법」상 소방지원활동 등에 관한 내용으로 옳지 않은 것은?

① 화재, 재난·재해로 인한 피해복구, 위험 구조물 등의 제거활동은 소방지원활동에 속한다.

② 소방지원활동을 하게 할 수 있는 권한을 가진 자는 소방청장·소방본부장 또는 소방서장으로서 소방활동 권한을 가진 자와 같다.

③ 유관기관·단체 등의 요청에 따른 소방지원활동에 드는 비용은 지원을 요청한 유관기관·단체 등에서 부담하게 할 수 있다.

④ 소방지원활동은 소방활동에 지장을 주지 아니하는 범위에서 할 수 있다.

해설 화재, 재난·재해로 인한 피해복구는 소방지원활동에 해당되고, 위험 구조물 등의 제거활동은 생활안전활동에 속한다.

04 「소방기본법」및 같은 법 시행규칙상 시·도지사는 소방업무의 응원을 요청한 경우를 대비하여 출동대상지역 및 규모와 필요한 경비의 부담 등에 관하여 필요한 사항을 이웃하는 시·도지사와 협의하여 미리 규약으로 정하여야 한다. 이러한 상호응원협정에 포함되어야 하는 사항 중 소방활동에 관한 사항으로 옳지 않은 것은?

① 화재의 경계·진압활동

② 소방장비 및 기구의 정비와 연료의 보급

③ 구조·구급업무의 지원

④ 화재조사활동

해설 소방업무의 상호응원협정(= 규약) 내용 중에서 소방장비 및 기구의 정비와 연료의 보급은 그 밖의 경비 등 소요경비의 부담에 관한 사항에 해당된다.

05 「화재의 예방 및 안전관리에 관한 법률 시행령」상 특수가연물의 저장 및 취급에 관한 기준으로 옳지 않은 것은?

① 품명별로 구분하여 쌓을 것

② 특수가연물을 저장 또는 취급하는 장소에는 품명, 최대저장수량, 단위부피당 질량 또는 단위체적당 질량, 관리책임자 성명·직책, 연락처 및 화기취급의 금지표시가 포함된 특수가연물 표지를 설치해야 한다.

③ 쌓는 높이는 10미터 이하가 되도록 하고, 쌓는 부분의 바닥면적은 50제곱미터(석탄·목탄류의 경우에는 200제곱미터) 이하가 되도록 할 것

④ 실외에 쌓아 저장하는 경우 쌓는 부분이 대지경계선, 도로 및 인접 건축물과 최소 5미터 이상 간격을 둘 것

> **해설** 특수가연물의 저장·취급 기준에서 실외에 쌓아 저장하는 경우 쌓는 부분이 대지경계선, 도로 및 인접 건축물과 최소 6미터 이상 간격을 둘 것

06 「소방기본법 시행규칙」에 따른 화재예방, 소방활동 또는 소방훈련을 위하여 사용하는 소방신호의 종류로 옳은 것은?

가. 경계신호	나. 발화신호
다. 해산신호	라. 훈련신호
마. 해제신호	바. 비상탈출신호

① 가, 나, 다, 라   ② 가, 다, 라, 마

③ 가, 나, 라, 마   ④ 가, 다, 라, 바

> **해설** 소방신호의 종류
> - 경계신호 : 화재예방상 필요하다고 인정되거나 화재위험경보 시 발령
> - 발화신호 : 화재가 발생한 때 발령
> - 해제신호 : 소화활동이 필요 없다고 인정되는 때 발령
> - 훈련신호 : 훈련상 필요하다고 인정되는 때 발령

07 「소방기본법」에 따른 소방활동 종사명령에 대한 내용으로 옳지 않은 것은?

① 시·도지사는 소방대상물에 화재, 재난·재해, 그 밖의 위급 사항이 발생한 경우 그 관계인에게는 소방활동 비용을 지급하지 아니한다.

② 명령권자는 시·도지사 또는 소방본부장·소방서장이다.

③ 화재, 재난·재해, 그 밖의 위급상황이 발생한 현장에서 소방활동을 위하여 필요한 때에는 그 관할구역에 사는 사람 또는 그 현장에 있는 사람으로 하여금 사람을 구출하는 일 또는 불을 끄거나 불이 번지지 않도록 하는 일을 말한다.

④ 화재 또는 구조·구급현장에서 물건을 가져간 사람에게는 소방활동의 비용을 지급하지 아니한다.

해설 명령권자는 소방본부장·소방서장 또는 소방대장이다.

08 「소방기본법 시행규칙」에 따른 종합상황실장이 재난상황발생 시 그 사실을 지체 없이 보고하여야 하는 상황으로 옳지 않은 것은?

① 이재민이 150명 발생한 화재

② 15층 건축물 화재

③ 사망자가 3명이고 부상자가 6명인 화재

④ 유흥업소 화재

해설 인명피해의 경우 사망자가 5인 이상 발생하거나 사상자가 10인 이상 발생한 화재가 긴급상황보고 대상에 해당된다.

09 「소방기본법」 규정에 따른 시·도지사의 업무 또는 권한으로 옳지 않은 것은?

① 소방업무에 대한 세부계획 수립

② 소방자동차의 보험가입

③ 119종합상황실의 설치와 운영

④ 소방용수시설의 설치·유지·관리(단, 수도법에 따른 소화전은 제외)

해설 119종합상황실 설치 운영은 소방청장·소방본부장 또는 소방서장의 권한에 해당한다.

10 「소방기본법」 및 같은 법 시행령의 규정에 따른 소방청장이 수립·시행하는 소방업무에 관한 종합계획 수립 시 포함하지 않는 사항은?

① 소방전문인력 양성

② 장애인, 노인, 임산부, 영유아 및 어린이 등 이동이 어려운 사람을 대상으로 한 소방활동에 필요한 조치

③ 소방업무에 필요한 장비의 구비

④ 소방대상물의 안전관리 확보 기본방안

해설 종합계획에 포함하여야 할 사항
- 소방서비스의 질 향상을 위한 정책의 기본방향
- 소방업무에 필요한 체계의 구축, 소방기술의 연구·개발 및 보급
- 소방업무에 필요한 장비의 구비
- 소방전문인력 양성
- 소방업무에 필요한 기반조성
- 소방업무의 교육 및 홍보(소방자동차의 우선 통행 등에 관한 홍보를 포함)
- 그 밖에 소방업무의 효율적 수행을 위하여 필요한 사항으로서 **대통령령**으로 정하는 사항 _{↳ 제1조의2 제2항}
  - 재난·재해 환경 변화에 따른 소방업무에 필요한 대응 체계 마련
  - 장애인, 노인, 임산부, 영유아 및 어린이 등 이동이 어려운 사람을 대상으로 한 소방활동에 필요한 조치

10 | 기출유사문제

> ▶ 본 기출유사문제는 수험자의 기억에 의하여 복원된 것으로 그림, 내용, 출제지문 등이 다를 수 있으니 참고하시기 바랍니다.

01 「소방기본법」상 화재로 오인할 만한 우려가 있는 불을 피우거나 연막(煙幕) 소독을 하려는 자는 시·도의 조례로 정하는 바에 따라 관할 소방본부장 또는 소방서장에게 신고하여야 한다. 그 지역으로 옳지 않은 것은?

① 석유화학제품을 생산하는 공장이 있는 지역

② 공장·창고가 밀집한 지역

③ 노후·불량건축물이 밀접한 지역

④ 시장지역

해설 화재로 오인할 만한 우려가 있는 경우 신고 지역
- 시장지역
- 공장·창고가 밀집한 지역
- 목조건물이 밀집한 지역
- 위험물의 저장 및 처리시설이 밀집한 지역
- 석유화학제품을 생산하는 공장이 있는 지역
- 그 밖에 시·도의 조례로 정하는 지역 또는 장소

02 「화재의 예방 및 안전관리에 관한 법률」상 「기상법」 제13조에 따른 기상현상 및 기상영향에 대한 예보·특보가 있을 때에는 화재에 관한 경보를 발령하고 그에 따른 조치를 할 수 있는 자로 옳은 것은?

① 소방서장

② 행정안전부 장관

③ 시·도지사

④ 기상청장

해설 화재에 관한 위험경보
소방관서장은 「기상법」 제13조에 따른 기상현상 및 기상영향에 대한 예보·특보에 따라 화재의 발생 위험이 높다고 분석·판단되는 경우에는 화재에 관한 위험경보를 발령하고 그에 따른 필요한 조치를 할 수 있다.

03 「소방기본법」 및 같은 법 시행규칙상 소방청장이 시·도지사에게 소방력의 동원을 요청하는 방법에 관한 내용으로 옳지 않은 것은?

① 긴급을 요하는 경우에는 시·도 소방본부장 또는 소방서장에게 직접 요청할 수 있다.

② 소방활동을 수행하게 될 재난의 규모, 원인 등 소방활동에 필요한 정보도 포함되어야 한다.

③ 소방력의 동원요청 방법은 팩스 또는 전화 등으로 통지하여야 한다.

④ 동원요청 내용에는 동원을 요청하는 인력 및 장비의 규모, 소방력의 이동수단 및 집결장소를 명시하여야 한다.

해설 긴급을 요하는 경우에는 시·도 소방본부 또는 소방서의 종합상황실장에게 직접 요청할 수 있다.

04 「화재의 예방 및 안전관리에 관한 법률 시행령」상 기체연료를 사용하는 보일러설비의 기준으로 옳지 않은 것은?

① 연료를 공급하는 배관은 금속관으로 할 것

② 보일러를 설치하는 장소에는 환기구를 설치하는 등 가연성 가스가 머무르지 아니하도록 할 것

③ 보일러가 설치된 장소에는 가스누설경보기 및 비상경보설비를 설치할 것

④ 화재 등 긴급 시 연료를 차단할 수 있는 개폐밸브를 연료용기 등으로부터 0.5미터 이내에 설치할 것

해설 기체연료를 사용하는 경우 보일러의 위치·구조 및 관리기준
- 보일러를 설치하는 장소에는 환기구를 설치하는 등 가연성 가스가 머무르지 아니하도록 할 것
- 연료를 공급하는 배관은 금속관으로 할 것
- 화재 등 긴급 시 연료를 차단할 수 있는 개폐밸브를 연료용기 등으로부터 0.5미터 이내에 설치할 것
- 보일러가 설치된 장소에는 가스누설경보기를 설치할 것

05 「소방기본법」상 화재진압 및 구조·구급 등 소방활동을 방해하는 행위를 한 사람에게 처분할 수 있는 벌칙 기준이 다른 것은?

① 출동한 소방대의 소방장비를 파손하거나 그 효용을 해하여 화재진압·인명구조 또는 구급활동을 방해하는 행위

② 소방대가 화재진압·인명구조 또는 구급활동을 위하여 현장에 출동하는 것을 고의로 방해하는 행위

③ 정당한 사유 없이 소방용수시설 또는 비상소화장치를 사용하거나 소방용수시설 또는 비상소화장치의 효용을 해치거나 그 정당한 사용을 방해한 사람

④ 사람을 구출하거나 불이 번지는 것을 막기 위하여 필요한 때에는 화재가 발생하거나 불이 번질 우려가 있는 소방대상물 및 토지를 일시적으로 사용하거나 그 사용의 제한 또는 소방활동에 필요한 처분을 방해한 자 또는 정당한 사유 없이 그 처분에 따르지 아니한 자

해설 ①·②·③은 5년 이하의 징역 또는 5천만원 이하의 벌금에 해당하고 ④의 경우 3년 이하의 징역 또는 3천만원 이하의 벌금에 해당한다.

06 「소방기본법」 및 같은 법 시행령상 소방장비 등에 대한 국고보조 및 소방자동차의 보험가입 등에 관한 내용으로 옳은 것은?

① 소방관 인건비, 소용수시설은 국고보조대상 사업이다.

② 소방자동차의 보험가입비용의 경우에는 국가가 일부를 지원할 수 있다.

③ 국가는 소방장비의 구입 등 시·도의 소방업무에 필요한 경비를 전부 보조한다.

④ 보조대상사업의 범위와 기준보조율은 행정안전부령으로 정한다.

> **해설** 소방장비 등에 대한 국고보조
> • 소방관 인건비, 소용수시설은 국고보조대상에 해당되지 않는다.
> • 국가는 소방장비의 구입 등 시·도의 소방업무에 필요한 경비를 일부 보조한다.
> • 보조대상사업의 범위와 기준보조율은 대통령령으로 정한다.

07 「화재의 예방 및 안전관리에 관한 법령」상 화재 발생 위험이 크거나 소화 활동에 지장을 줄 수 있다고 인정되는 목재, 플라스틱 등 가연성이 큰 물건에 대한 소유자·점유자·관리자를 알 수 없는 경우 조치 절차로 옳은 것은?

① 소속공무원에게 옮기거나 치우도록 조치 → 14일 동안 인터넷 홈페이지에 공고 → 공고기간 종료 후 14일간 보관(경과) → 매각 또는 폐기 → 매각의 경우 「국가재정법」에 따라 세입조치 → 보상요구가 있을 경우 보상

② 소속공무원에게 옮기거나 치우도록 조치 → 14일 동안 인터넷 홈페이지에 공고 → 공고기간 종료 후 7일간 보관(경과) → 매각 또는 폐기 → 매각의 경우 「국가재정법」에 따라 세입조치 → 보상요구가 있을 경우 보상

③ 소속공무원에게 옮기거나 치우도록 조치 → 7일 동안 인터넷 홈페이지에 공고 → 공고기간 종료 후 14일간 보관(경과) → 매각 또는 폐기 → 매각의 경우 「국가재정법」에 따라 세입조치 → 보상요구가 있을 경우 보상

④ 소속공무원에게 옮기거나 치우도록 조치 → 7일 동안 인터넷 홈페이지에 공고 → 공고기간 종료 후 7일간 보관(경과) → 매각 또는 폐기 → 매각의 경우 「국가재정법」에 따라 세입조치 → 보상요구가 있을 경우 보상

> **해설** 화재 발생 위험이 크거나 소화 활동에 지장을 줄 수 있다고 인정되는 목재, 플라스틱 등 가연성이 큰 물건의 소유자·관리자 또는 점유자의 주소와 성명을 알 수 없어서 필요한 명령을 할 수 없을 때의 조치는 소속공무원에게 옮기거나 치우도록 조치 → 보관한 날로부터 14일 동안 소방본부 또는 소방서 인터넷 홈페이지에 공고 → 공고기간 종료일 다음날로 부터 7일간 보관(경과) → 매각 또는 폐기 → 매각의 경우 「국가재정법」에 따라 세입조치 → 보상요구가 있을 경우 소유자와 협의를 거쳐 보상

08 「소방기본법 시행령」상 "소방자동차 전용구역" 설치대상을 설명한 것이다. 다음 (   ) 안에 들어갈 내용으로 옳은 것은?

> 소방자동차 전용구역 설치대상 중 "대통령령으로 정하는 공동주택"이란 다음 각 호의 주택을 말한다.
> 1. 「건축법 시행령」 별표1 제2호 가목의 아파트 중 세대수가 (ㄱ) 이상인 아파트
> 2. 「건축법 시행령」 별표1 제2호 라목의 기숙사 중 (ㄴ) 이상의 기숙사

	(ㄱ)	(ㄴ)
①	100세대	5층
②	100세대	3층
③	300세대	5층
④	300세대	3층

해설 소방자동차 전용구역 설치 대상(영 제7조의12)
법 제21조의2 제1항에서 "대통령령으로 정하는 공동주택"이란 다음의 주택을 말한다.
• 「건축법 시행령」 별표1 제2호 가목의 아파트 중 세대수가 100세대 이상인 아파트
• 「건축법 시행령」 별표1 제2호 라목의 기숙사 중 3층 이상의 기숙사

09 「소방기본법 시행규칙」상 소방공무원 중 소방체험관의 체험실별 체험교육을 총괄하는 교수요원의 자격기준으로 옳지 않은 것은?

① 소방청장이 실시하는 화재대응능력시험에 합격한 사람
② 간호사 또는 「응급의료에 관한 법률」 제36조에 따른 응급구조사 자격을 취득한 사람
③ 소방 관련학과의 석사학위 이상을 취득한 사람
④ 국가기술자격법에 따라 소방설비산업기사 자격을 취득한 사람

해설 체험실별 체험교육을 총괄하는 소방공무원 중 교수요원 자격기준
• 소방 관련학과의 석사학위 이상을 취득한 사람
• 소방안전교육사, 소방시설관리사, 소방기술사 또는 소방설비기사 자격을 취득한 사람
• 간호사 또는 응급구조사 자격을 취득한 사람
• 인명구조사시험 또는 화재대응능력시험에 합격한 사람
• 소방활동이나 생활안전활동을 3년 이상 수행한 경력이 있는 사람
• 5년 이상 근무한 소방공무원 중 시·도지사가 체험실의 교수요원으로 적합하다고 인정하는 사람

10 「소방기본법」 및 같은 법 시행령상 소방업무에 관한 종합계획 수립·시행에 관한 내용이다. 다음 ( ) 안에 들어갈 내용으로 옳은 것은?

> 가. 소방청장은 화재, 재난·재해, 그 밖의 위급한 상황으로부터 국민의 생명·신체 및 재산을 보호하기 위하여 소방업무에 관한 종합계획을 (ㄱ)마다 수립·시행하여야 하고, 이에 필요한 재원을 확보하도록 노력하여야 한다.
> 나. 소방업무에 관한 종합계획은 관계 중앙행정기관의 장과의 협의를 거쳐 계획 시행 전년도 (ㄴ) 까지 수립하여야 한다.

	(ㄱ)	(ㄴ)
①	5년	10월 31일
②	5년	11월 30일
③	3년	10월 31일
④	3년	11월 30일

해설 가. 법 제6조 제1항
　　　 나. 시행령 제1조의2 제1항

11 「소방기본법 시행규칙」상 ○○소방서 △△119안전센터 화재진압업무를 담당하는 소방장 김아무개가 받아야 할 교육·훈련으로 옳은 것은?

① 인명구조훈련　　　　　　　　　② 응급처치훈련

③ 인명대피훈련　　　　　　　　　④ 현장지휘훈련

해설 소방대원에게 실시할 교육·훈련의 종류 및 대상자

종 류	교육·훈련을 받아야 할 대상자
화재진압훈련	화재진압업무를 담당하는 소방공무원, 의무소방원, 의용소방대원
인명구조훈련	구조업무를 담당하는 소방공무원, 의무소방원, 의용소방대원
응급처치훈련	구급업무를 담당하는 소방공무원, 의무소방원, 의용소방대원
인명대피훈련	소방공무원, 의무소방원, 의용소방대원
현장지휘훈련	소방공무원 중 소방정, 소방령, 소방경, 소방위 계급에 있는 사람

12 「소방기본법」 및 같은 법 시행령상 손실보상에 관한 설명으로 옳지 않은 것은?

① 생활안전활동에 관련하여 손실을 입은 자에게 손실보상심의위원회 심사·의결에 따라 정당한 보상을 하여야 한다.

② 손실보상심의위원회 심사·의결을 거쳐 특별한 사유가 없으면 보상금 지급 청구서를 받은 날부터 30일 이내에 보상금지급 여부 및 보상금액을 결정하여야 한다.

③ 소방활동을 위하여 긴급하게 출동할 때에는 법령에 위반하여 주차된 차량이 소방활동에 장애가 되어 이를 제거하는 과정에 손실을 입은 경우에는 손실보상에서 제외한다.

④ 손실보상을 청구할 수 있는 권리는 손실이 있음을 안 날로부터 3년, 손실이 발생한 날로부터 5년간 행사하지 아니하면 시효의 완성으로 소멸한다.

해설 보상금 지급 여부 및 보상금액을 결정
소방청장 등은 손실보상심의위원회의 심사·의결을 거쳐 특별한 사유가 없으면 보상금 지급 청구서를 받은 날부터 60일 이내에 보상금 지급 여부 및 보상금액을 결정하여야 한다.

우리 인생의 가장 큰 영광은
결코 넘어지지 않는 데 있는 것이 아니라
넘어질 때마다 일어서는 데 있다.

– 넬슨 만델라 –

최종모의고사

합격의 공식 SD에듀 www.sdedu.co.kr

아이들이 답이 있는 질문을 하기 시작하면
그들이 성장하고 있음을 알 수 있다.

- 존 J. 플롬프 -

01 | 제1회 최종모의고사

01 소방기본법이 정하는 목적을 설명한 것으로 거리가 먼 것은?

① 풍수해의 예방, 경계, 진압에 관한 계획, 예산의 지원활동
② 화재, 재난·재해, 그 밖의 위급한 상황에서의 구조·구급 활동
③ 구조·구급 활동 등을 통한 국민의 생명·신체 및 재산의 보호
④ 구조·구급 활동 등을 통한 공공의 안녕 및 질서의 유지

02 다음 중 종합상황실 실장의 업무에 해당되지 않는 것은?

① 재난상황의 수습에 필요한 정보수집 및 제공
② 동급 이상의 소방기관에 대한 출동 지령
③ 재난상황의 전파 및 보고
④ 재난상황의 발생의 신고접수

03 다음 중 괄호 안에 들어갈 사항으로 옳은 것은? (가 - 나 - 다 - 라 순서대로 나열할 것)

> 소방대원은 (가) 또는 (나)을 방해하는 행위를 하는 사람에게 필요한 (다)를 하고, 그 행위로 인하여 사람의 생명·신체에 위해를 끼치거나 재산에 중대한 손해를 끼칠 우려가 있는 긴급한 경우에는 그 행위를 (라) 할 수 있다.

① 소방지원활동 – 생활안전활동 – 경고 – 제지
② 소방활동 – 소방지원활동 – 제지 – 경고
③ 소방활동 – 생활안전활동 – 경고 – 제지
④ 소방지원활동 – 생활안전활동 – 제지 – 경고

04 소방기본법에 따른 소방의 날 행사에 관하여 필요한 사항을 따로 정하여 시행할 수 있는 사람은?

① 소방서장
② 소방청장 또는 시·도지사
③ 소방본부장
④ 소방청장

05 소방기본법령상 소방용수시설 중 저수조의 설치기준으로 옳지 않은 것은? `22 소방교`

① 지면으로부터 낙차가 4.5m 이하일 것
② 흡수부분의 수심이 0.5m 이상일 것
③ 흡수관의 투입구가 원형의 경우에는 지름이 50cm 이상일 것
④ 저수조에 물을 공급하는 방법은 상수도에 연결하여 자동으로 급수되는 구조일 것

06 소방기본법령상 소방업무 상호응원협정 체결 시 포함되도록 하여야 하는 사항이 아닌 것은?

① 응원출동의 요청방법
② 응원출동훈련 및 평가
③ 응원출동대상지역 및 규모
④ 응원출동 시 현장지휘에 관한 사항

07 다음은 소방기본법령상 국가의 책무 등에 관한 규정 내용이다. 옳은 것을 모두 고른 것은?

> 가. 국가는 국민의 생명과 재산을 보호하기 위하여 국공립 연구기관 기관이나 단체 등으로 하여금 소방기술의 연구·개발사업을 수행하게 할 수 있다.
> 나. 국가는 국민의 생명과 재산을 보호하기 위하여 국공립 연구기관 기관이나 단체 등으로 하여금 소방기술의 연구·개발사업을 수행하게 하는 경우에는 필요한 경비를 지원하여야 한다.
> 다. 국가는 소방기술 및 소방산업의 국제경쟁력과 국제적 통용성을 높이는 데에 필요한 기반 조성을 촉진하기 위한 시책을 마련하여야 한다.
> 라. 국가는 소방자동차 보험 가입비용의 일부를 지원할 수 있다.

① 가, 나, 다, 라
② 나, 다, 라
③ 가, 나
④ 다, 라

08 소방기본법상 관계인이 화재를 진압하거나 구조·구급 활동을 하기 위하여 설치·운영할 수 있는 상설 조직체를 무엇이라 하는가?

① 상설소방대
② 자위소방대
③ 자체소방대
④ 소방진압대

09 소방기본법상 소방자동차 교통안전 분석 시스템 구축·운영에 관한 사항으로 옳지 않은 것은?

① 소방청장 또는 소방본부장은 대통령령으로 정하는 소방자동차에 행정안전부령으로 정하는 기준에 적합한 운행기록장치(이하 이 조에서 "운행기록장치"라 한다)를 장착하고 운용하여야 한다.

② 소방청장 또는 소방본부장은 소방자동차의 안전한 운행 및 교통사고 예방을 위하여 운행기록장치 데이터의 수집·저장·통합·분석 등의 업무를 전자적으로 처리하기 위한 시스템(이하 이 조에서 "소방자동차 교통안전 분석 시스템"이라 한다)을 구축·운영해야 한다.

③ 소방청장, 소방본부장 및 소방서장은 소방자동차 교통안전 분석 시스템으로 처리된 자료(이하 이 조에서 "전산자료"라 한다)를 이용하여 소방자동차의 장비운용자 등에게 어떠한 불리한 제재나 처벌을 하여서는 아니 된다.

④ 소방자동차 교통안전 분석 시스템의 구축·운영, 운행기록장치 데이터 및 전산자료의 보관·활용 등에 필요한 사항은 행정안전부령으로 정한다.

10 소방기본법에 따른 규정 내용으로 옳지 않은 것은?

① 소방기본법은 화재를 예방·경계하거나 진압하고 화재, 재난·재해, 그 밖의 위급한 상황에서의 구조·구급 활동 등을 통하여 국민의 생명·신체 및 재산을 보호함으로써 공공의 안녕 및 질서 유지와 복리증진에 이바지함을 목적으로 한다.

② 소방업무를 수행하는 데에 필요한 인력과 장비 등에 관한 기준은 행정안전부령인 소방력 기준에 관한 규칙으로 정한다.

③ 소방업무를 수행하는 소방본부장 또는 소방서장은 그 소재지를 관할하는 시·도지사의 지휘와 감독을 받는다.

④ 소방기본법상 500만원 이하의 벌금에 해당하는 조문이 있다.

11 소방안전교육훈련의 시설, 장비, 강사자격 및 교육방법 등의 기준에 대한 설명으로 옳은 것은?

① 어린이 30명(성인은 15명)을 동시에 수용할 수 있는 실내공간을 갖춘 자동차는 이동안전체험차량의 기준에 해당한다.

② 소방공무원으로서 1년 이상 근무한 경력이 있는 사람은 보조강사의 자격이 있다.

③ 소방안전교육훈련의 실시결과, 만족도 조사결과 등을 기록하고 이를 2년간 보관해야 한다.

④ 소방안전교육훈련은 이론교육과 실습(체험)교육을 병행하여 실시하되, 실습(체험)교육이 전체 교육시간의 100분의 50 이상이 되어야 한다.

12 소방기본법에 따른 규정 내용으로 옳은 것은?

① 시·도지사 및 소방본부장은 소방업무를 위한 모든 활동을 위한 정보의 수집·분석과 판단·전파, 상황관리, 현장 지휘 및 조정·통제 등의 업무를 수행하기 위하여 119종합상황실을 설치·운영하여야 한다.

② 소방청장, 소방본부장 또는 소방서장은 화재, 재난·재해, 그 밖의 위급한 상황이 발생하였을 때에는 소방대를 현장에 신속하게 출동시켜 화재진압과 인명구조·구급 등 소방에 필요한 활동을 하게 해야 한다.

③ 소방업무를 수행하는 데에 필요한 인력과 장비 등에 관한 기준은 대통령령인 지방소방기관 설치에 관한 규정으로 정한다.

④ 소방기관 및 소방본부에는 「지방자치단체에 두는 국가공무원의 정원에 관한 법률」에도 불구하고 행정안전부령이 정하는 바에 따라 소방공무원을 둘 수 있다.

13 소방기본법상 규정하고 있는 소방자동차의 우선 통행 등에 대한 설명으로 옳지 않은 것은?

① 모든 차와 사람은 소방자동차가 화재진압 및 구조·구급 활동을 위하여 출동을 할 때에는 이를 방해하여서는 아니 된다.

② 소방자동차의 화재진압 출동을 고의로 방해한 자는 5년 이하의 징역 또는 5천만원 이하의 벌금에 처한다.

③ 소방자동차는 화재진압 및 구조·구급 활동을 위하여 출동하거나 훈련을 위하여 필요할 때에는 사이렌을 사용할 수 있다.

④ 소방자동차의 우선통행에 관하여는 자동차 관리법에서 정하는 바에 따른다.

14 소방기본법령상 위반 차수에 따른 과태료 부과 개별기준에 해당되는 경우를 모두 고른 것은?

> 가. 화재 또는 구조·구급이 필요한 상황을 거짓으로 알린 경우
> 나. 한국119청소년단 또는 이와 유사한 명칭을 사용한 경우
> 다. 소방차 전용구역에 차를 주차하거나 전용구역에의 진입을 가로막는 등의 방해행위를 한 경우
> 라. 한국소방안전원 또는 이와 유사한 명칭을 사용한 경우

① 나, 다, 라   ② 가, 나, 다
③ 가, 다, 라   ④ 가, 나, 다, 라

15 소방기본법에 따른 규정 내용으로 옳지 않은 것은?

① "소방대상물"이란 건축물, 차량, 선박(선박법 제1조의2 제1항에 따른 선박으로서 항구에 매어둔 선박만 해당한다), 선박 건조 구조물, 산림, 그 밖의 인공 구조물 또는 물건을 말한다.
② 시·도지사는 행정안전부령이 정하는 소방력의 기준에 따라 관할구역의 소방력을 확충하기 위하여 필요한 계획을 수립하여 시행해야 한다.
③ 안전원에 관하여 소방기본법에 규정된 것을 제외하고는 민법 중 사단법인에 관한 규정을 준용한다.
④ 소방본부장은 함부로 버려두거나 그냥 둔 위험물의 소유자·관리자 또는 점유자에게 위험물을 옮기거나 치우게 하는 등의 조치를 명할 수 있다.

16 소방안전교육사 시험에 관한 규정으로 나머지 셋과 다른 것은?

① 시험합격자 결정   ② 응시수수료 및 납부 방법
③ 소방안전교육사증   ④ 응시자격에 관한 증빙서류

17 소방기본법에 따른 규정 내용으로 옳은 것은?

① 소방기본법에서 최고의 벌칙은 5년 이하의 징역 또는 5천만원 이하의 벌금이다.
② 시·도 소방본부장은 시·도 조례로 정하는 소방력의 기준에 따라 관할구역의 소방력을 확충하기 위하여 필요한 계획을 수립하여 시행해야 한다.
③ "관할지역"이란 소방대상물이 있는 장소 및 그 이웃 지역으로서 화재의 예방·경계·진압, 구조·구급 등의 활동에 필요한 지역을 말한다.
④ 시·도의 화재 예방·경계·진압 및 조사, 소방안전교육·홍보와 화재, 재난·재해, 그 밖의 위급한 상황에서의 구조·구급 등의 업무(이하 소방업무라 한다)를 수행하는 소방기관의 설치에 필요한 사항은 시·도의 소방공무원 정원 조례로 정한다.

18 화재예방, 소방활동 또는 소방훈련을 위하여 사용하는 신호를 무엇이라 하는가? `21 소방교`

① 해제신호　　　　　　　　　　　② 소방신호
③ 경계신호　　　　　　　　　　　④ 발화신호

19 소방대상물에 화재, 재난·재해, 그 밖의 위급한 상황이 발생한 경우에 소방대가 현장에 도착할 때까지 소방대상물의 관계인이 경보를 울리거나 대피를 유도하는 등의 방법으로 사람을 구출하는 조치 또는 불을 끄거나 불이 번지지 아니하도록 필요한 조치를 하지 아니한 경우 행정벌은? `22 소방교`

① 200만원 이하의 벌금
② 100만원 이하의 벌금
③ 200만원 이하의 과태료
④ 처벌규정이 없다.

20 소방기본법에 따른 규정 내용으로 옳지 않은 것은?

① 119종합상황실의 설치·운영에 필요한 사항은 행정안전부령으로 정한다.
② 종합상황실 근무자의 근무방법 등 종합상황실의 운영에 관하여 필요한 사항은 종합상황실을 설치하는 행정안전부령이 정한다.
③ 시·도지사는 이웃하는 다른 시·도지사와 소방업무에 관하여 상호응원협정을 체결하고자 하는 때에는 응원출동의 요청방법이 포함되도록 해야 한다.
④ 소방본부장, 소방서장 또는 소방대장은 피난 명령을 할 때 필요하면 관할 경찰서장 또는 자치경찰단장에게 협조를 요청할 수 있다.

21 소방기본법에서 정하는 소방활동 종사 명령에 대한 설명으로 옳지 않은 것은?

① 화재 현장에 있는 사람으로 하여금 사람을 구출하는 일을 하게 할 수 있다.
② 소방대장의 소방활동에 종사 명령에 따른 화재를 진압한 소방대상물의 점유자는 시·도지사로부터 소방활동의 비용을 지급받을 수 있다.
③ 소방활동 종사 명령의 요건은 화재, 재난·재해, 그 밖의 위급한 상황이 발생한 현장에서 소방활동을 위하여 필요할 때이다.
④ 소방대장은 그 관할구역에 사는 사람으로 하여금 소방활동 종사 명령을 할 수 있다.

22 소방기본법 시행령상 규정하는 소방자동차 전용구역 방해행위 기준으로 옳지 않은 것은?

① 주차장법 제19조에 따른 부설주차장의 주차구획 내에 주차하는 행위

② 전용구역에 물건 등을 쌓거나 주차하는 행위

③ 전용구역 진입로에 물건 등을 쌓거나 주차하여 전용구역으로의 진입을 가로막는 행위

④ 전용구역 노면표지를 지우거나 훼손하는 행위

23 소방기본법 시행규칙상 지리조사에 관한 내용이다. 다음 ㉠과 ㉡에 들어갈 내용으로 옳은 것은?

> 지리조사를 하여야 할 항목은 소방대상물에 인접한 도로의 폭ㆍ교통상황, 도로주변의 (㉠)ㆍ
> 건축물의 개황 그 밖의 소방활동에 필요한 조사이며, 그 조사결과는 문서보존기간에 따라 (㉡)
> 보관하여야 한다.

	㉠	㉡
①	공사구간	3년간
②	토지의 고저	5년간
③	공사구간	1년간
④	토지의 고저	2년간

24 소방기본법에서 정하는 것 외에 따로 법률로 정하는 것에 해당되지 않는 것은?

① 소방자동차 등 소방장비의 분류ㆍ표준화와 그 관리 등에 필요한 사항

② 소방활동의 강제처분에 관한 사항

③ 구조대 및 구급대의 편성과 운영에 관한 사항

④ 의용소방대의 설치 및 운영에 관한 사항

25 소방기본법 시행령에 따른 과태료 부과 개별기준에서 과태료 금액이 다른 것은?

① 화재진압을 위하여 출동하는 소방자동차의 출동에 지장을 준 경우

② 소방대장의 허가 없이 소방활동구역을 출입한 경우

③ 한국119청소년단 또는 이와 유사한 명칭을 사용을 1회 위반한 경우

④ 한국소방안전원 또는 이와 유사한 명칭을 사용을 1회 위반한 경우

02 | 제2회 최종모의고사

01 소방기본법을 정하는 목적으로 옳은 것은?

① 소방시설공사 및 소방기술의 관리에 필요한 사항을 규정함으로써 소방시설업을 건전하게 발전시키고 소방기술을 진흥시켜 화재로부터 공공의 안전을 확보하고 국민경제에 이바지함을 목적으로 한다.

② 화재를 예방·경계하거나 진압하고 화재, 재난·재해, 그 밖의 위급한 상황에서의 구조·구급활동 등을 통하여 국민의 생명·신체 및 재산을 보호함으로써 공공의 안녕 및 질서 유지와 복리증진에 이바지함을 목적으로 한다.

③ 특정소방대상물 등에 설치하여야 하는 소방시설등의 설치·관리와 소방용품 성능관리에 필요한 사항을 규정함으로써 국민의 생명·신체 및 재산을 보호하고 공공의 안전과 복리 증진에 이바지함을 목적으로 한다.

④ 위험물의 저장·취급 및 운반과 이에 따른 안전관리에 관한 사항을 규정함으로써 위험물로 인한 위해를 방지하여 공공의 안전을 확보함을 목적으로 한다.

02 119종합상황실의 설치와 운영에 관한 규정사항으로 옳은 것은?

① 소방청장, 소방본부장 및 소방서장이 설치·운영할 수 있다.

② 화재, 재난·재해, 그 밖에 구조·구급이 필요한 상황이 발생하였을 때를 대비하여 소방청, 시·도에 종합상황실을 설치·운영해야 한다.

③ 신속한 소방활동을 위한 정보의 수집·분석과 판단·전파, 상황관리, 현장지휘 및 화재진압 등의 업무를 수행하기 위하여 설치·운영해야 한다.

④ 119종합상황실의 설치·운영에 필요한 사항은 대통령령으로 정한다.

03 소방공무원 중 시·도지사가 체험실의 교수요원으로 적합하다고 인정하는 사람의 경력기준으로 옳은 것은?

① 1년 이상   ② 3년 이상

③ 5년 이상   ④ 7년 이상

04 소방기본법상 총칙 규정에 포함되지 않는 것은?

> ㄱ. 소방기관의 설치
> ㄴ. 소방업무에 관한 종합계획의 수립·시행
> ㄷ. 소방의 날 제정과 운영
> ㄹ. 소방업무에 관련 소방력의 기준 등
> ㅁ. 형법상 감경규정에 관한 특례

① ㄱ, ㄴ
② ㄷ, ㄹ
③ ㄴ, ㄷ
④ ㄹ, ㅁ

05 소방용수시설 중 소화전과 급수탑의 설치기준으로 틀린 것은? 22 소방장

① 소화전은 상수도와 연결하여 지하식 또는 지상식의 구조로 할 것
② 소방용호스와 연결하는 소화전의 연결금속구의 구경은 65mm로 할 것
③ 급수탑 급수배관의 구경은 100mm 이상으로 할 것
④ 급수탑의 개폐밸브는 지상에서 0.8m 이상 1.5m 이하의 위치에 설치할 것

06 소방기본법령상 소방업무 상호응원협정 체결 시 포함되도록 하여야 하는 사항으로 옳은 것은?

① 소방지원활동에 관한 사항
② 화재조사활동에 관한 사항
③ 생활안전활동에 관한 사항
④ 화재의 예방·경계 또는 진압활동에 관한 사항

07 소방기본법령상 과태료 부과 개별기준에서 소방차 전용구역에 차를 주차하거나 전용구역에의 진입을 가로막는 등의 방해행위를 한 경우 과태료 금액으로 옳지 않은 것은?

① 3회 100만원
② 1회 50만원
③ 2회 100만원
④ 3회 200만원

08 소방기본법 시행령상 비상소화장치의 설치 대상 지역을 모두 고른 것은?

> 가. 화재예방 및 안전관리에 관한 법률 제18조 제1항에 따라 지정된 화재예방강화지구
> 나. 목조건물이 밀집한 지역
> 다. 소방시설·소방용수시설 또는 소방출동로가 없는 지역
> 라. 노후·불량건축물 밀집지역
> 마. 시·도지사가 법 제10조 제2항에 따른 비상소화장치의 설치가 필요하다고 인정하는 지역

① 가, 나
② 가, 나, 다, 라
③ 가, 나, 다, 라, 마
④ 나, 다, 라

09 소방기본법 및 같은 법 시행규칙상 소방체험관의 설립 및 운영에 관한 내용으로 옳지 않은 것은?

① 소방체험관의 설립과 운영에 필요한 사항은 행정안전부령으로 정하는 기준에 따라 시·도의 조례로 정한다.
② 소방체험관은 체험교육 프로그램의 개발 및 국민 안전의식 향상을 위한 홍보·전시 기능을 수행한다.
③ 국민의 안전의식을 높이기 위하여 소방청장은 소방체험관을 설립하여 운영할 수 있다.
④ 화재 현장에서의 피난 등을 체험할 수 있는 체험관은 시·도지사가 운영할 수 있다.

10 소방기본법에 따른 규정 내용으로 옳지 않은 것은?

① 손실보상의 기준, 보상금액, 지급절차 및 방법, 손실보상심의위원회의 구성 및 운영, 그 밖에 필요한 사항은 대통령령으로 정한다.
② 소방본부장, 소방서장 또는 소방대장은 화재진압 등 소방활동을 위하여 필요할 때에는 소방용수 외에 댐·저수지 또는 수영장 등의 물을 사용하거나 수도(水道)의 개폐장치 등을 조작할 수 있다.
③ 소방자동차 등 소방장비의 분류·표준화와 그 관리 등에 필요한 사항은 따로 법률에서 정한다.
④ "소방대"(消防隊)란 화재를 진압하고 화재, 재난·재해, 그 밖의 위급한 상황에서 구조·구급 활동 등을 하기 위하여 소방공무원, 의용소방대, 의무소방원, 자위소방대원으로 구성된 조직체를 말한다.

11 소방기본법상 소방관서장이 자체소방대 교육·훈련 등의 지원에 필요한 사항은 무엇으로 정하는가?

① 대통령
② 행정안전부령
③ 시·도 조례
④ 소방청장

12 소방안전교육훈련의 시설 및 장비기준 중 소방안전교육훈련에 필요한 장소 및 차량의 기준에 대한 내용이다. 다음 빈칸에 알맞은 것은?

> 가. 소방안전교실 : 화재안전 및 생활안전 등을 체험할 수 있는 (   ) 이상의 실내시설
> 나. 이동안전체험차량 : 어린이 (   )을 동시에 수용할 수 있는 실내공간을 갖춘 자동차

① 50제곱미터, 20명
② 100제곱미터, 30명
③ 150제곱미터, 40명
④ 200제곱미터, 30명

13 소방기본법에 따른 규정 내용으로 옳은 것은?

① "관계인"이란 소방대상물의 소유자·관리자를 말하며, 임차인 등 물건을 사실상 지배하고 있는 점유자는 관계인에 포함되지 않는다.
② 소방본부장이나 소방서장은 함부로 버려두거나 그냥 둔 위험물이 화재의 예방상 위험하여 그 위험물의 소유자·관리자 또는 점유자의 주소와 성명을 알 수 없어서 필요한 명령을 할 수 없을 때에는 소속 공무원으로 하여금 그 위험물을 옮기거나 치우게 할 수 있다.
③ 소방자동차 등 소방장비의 분류·표준화와 그 관리 등에 필요한 사항은 소방장비규칙으로 정한다.
④ 경계신호는 화재위험경보 시 발령하며, 소방대의 비상소집하는 경우에도 발령한다.

14 다음 중 소방안전교육사 시험의 응시자격이 없는 사람으로 옳은 것은?

① 간호사 면허를 취득한 후 간호업무 분야에 2년간 종사한 경력이 있는 사람
② 1급 응급구조사 자격을 취득한 후 응급의료 업무 분야에 3년간 종사한 경력이 있는 사람
③ 2급 응급구조사 자격을 취득한 후 응급의료 업무 분야에 2년 이상 종사한 사람
④ 소방공무원으로 5년 이상 근무한 경력이 있는 사람

15 소방청장은 소방안전교육사시험을 시행할 때, 응시자격·시험과목·일시·장소 및 응시절차 등에 관하여 필요한 사항을 모든 응시 희망자가 알 수 있도록 시험의 시행일 며칠 전까지 공고하여야 하는가?

① 60일
③ 50일
② 90일
④ 30일

16 소방기본법에 따른 규정 내용으로 옳지 않은 것은?

① "소방본부장"이란 특별시·광역시·특별자치시·도 또는 특별자치도에서 화재의 예방·경계·진압·조사 및 구조·구급 등의 업무를 담당하는 부서의 장을 말한다.

② 소방자동차 등 소방장비의 분류·표준화와 그 관리 등에 필요한 사항은 소방장비관리법으로 정한다.

③ 소방청과 특별시·광역시·특별자치시·도 또는 특별자치도의 소방본부 및 소방서에 둔다.

④ 소방안전교육사 배치대상별 배치기준은 대통령령에 따라 모두 2인을 배치할 수 있다.

17 다음 중 소방신호의 종류별 사이렌 신호 방법으로 옳지 않은 것은?

① 해제신호 : 1분간 1회
② 훈련신호 : 1분씩 3회
③ 경계신호 : 5초 간격을 두고 30초씩 3회
④ 발화신호 : 5초 간격을 두고 5초씩 3회

18 소방기본법상 규정하는 소방지원활동과 생활안전활동을 옳게 연결한 것은? (순서대로 소방지원활동, 생활안전활동) 21 소방교 22 소방교

> 가. 산불에 대한 예방·진압 등 지원활동
> 나. 자연재해에 따른 급수·배수 및 제설 등 지원활동
> 다. 집회·공연 등 각종 행사 시 사고에 대비한 근접대기 등 지원활동
> 라. 화재, 재난·재해로 인한 피해복구 지원활동
> 마. 붕괴, 낙하 등이 우려되는 고드름, 나무, 위험 구조물 등의 제거활동
> 바. 위해동물, 벌 등의 포획 및 퇴치 활동
> 사. 끼임, 고립 등에 따른 위험제거 및 구출 활동
> 아. 단전사고 시 비상전원 또는 조명의 공급

① 나−다−바−아, 가−라−마−사
② 가−라−마−사, 나−다−바−아
③ 마−바−사−아, 가−나−다−라
④ 가−나−다−라, 마−바−사−아

19 소방자동차의 우선 통행 등에 관한 설명으로 옳지 않은 것은? `22 소방장`

① 모든 차와 사람은 소방자동차(지휘를 위한 자동차와 구조·구급차를 포함한다. 이하 같다)가 화재진압 및 구조·구급 활동을 위하여 출동을 할 때에는 이를 방해하여서는 아니 된다.

② 소방자동차가 훈련을 위하여 필요할 때에는 사이렌을 사용할 수 없다.

③ 소방자동차의 우선 통행에 관하여는 도로교통법에서 정하는 바에 따른다.

④ 모든 차와 사람은 소방활동을 위하여 사이렌을 사용하여 출동하는 경우 소방자동차 앞에 끼어드는 행위를 하여서는 아니 된다.

20 소방기본법에 따른 규정 내용으로 옳지 않은 것은?

① 소방청장의 승인을 받아 설립되는 안전원은 법인으로 한다.

② 시·도의 화재 예방·경계·진압 및 조사, 소방안전교육·홍보와 화재, 재난·재해, 그 밖의 위급한 상황에서의 구조·구급 등의 업무(이하 "소방업무"라 한다)를 수행하는 소방기관의 설치에 필요한 사항은 대통령령으로 정한다.

③ 국가는 소방장비의 구입 등 시·도의 소방업무에 필요한 경비의 일부를 보조한다.

④ 소방안전교육사를 소방청, 소방본부 또는 소방서, 한국소방안전원, 한국소방산업기술원에 배치할 수 있다.

21 다음 중 소방활동 종사 명령에 대한 설명으로 옳은 것은?

① 관계인이 소방활동 업무를 돕다가 사망하거나 부상을 입은 경우에는 시·도에서 보상한다.

② 소방활동에 종사한 관계인은 소방청장 또는 시·도지사로부터 비용을 지급받을 수 있다.

③ 소방서장은 인근 사람에게 인명구출, 화재진압, 화재조사를 명할 수 있다.

④ 소방자동차의 출동을 방해하는 경우에는 5년 이하의 징역 또는 5천만원 이하의 벌금에 해당된다.

22 소방기본법의 구성에서 보칙 규정은 일반적으로 실체 규정을 실현하는데 부수하는 절차적 또는 보충적 사항을 규정한 것으로 총칙 규정으로 적합하지 않은 기술적, 절차적인 것들을 취합하여 규정한 것이다. 다음 중 보칙 규정만으로 묶인 것은?

가. 감 독	나. 소방기술민원센터의 설치·운영
다. 권한의 위임	라. 한국119청소년단
마. 손실보상	바. 벌칙적용에서 공무원의 의제

① 가, 나, 다

③ 다, 라, 마, 바

② 가, 다, 마, 바

④ 가, 다, 라

23 소방기본법에 따른 규정 내용으로 옳은 것은?

① "소방대장"(消防隊長)이란 소방청장, 소방본부장 또는 소방서장 등 화재, 재난·재해, 그 밖의 위급한 상황이 발생한 현장에서 소방대를 지휘하는 사람을 말한다.

② 소방본부장이나 소방서장이 화재예방조치로 보관하는 위험물 또는 물건의 보관기간 및 보관기간 경과 후 처리 등에 대하여는 대통령령으로 정한다.

③ 금고 이상의 실형을 선고받고 그 집행이 끝나거나(집행이 끝난 것으로 보는 경우를 포함한다) 집행이 면제된 날부터 1년이 지난 사람은 소방안전교육사 시험에 응시할 수 있다.

④ 소방청장은 대통령이 정하는 소방력의 기준에 따라 관할구역의 소방력을 확충하기 위하여 필요한 계획을 수립하여 시행해야 한다.

24 소방기본법에 따른 정보통신망 구축·운영에 관한 내용이다. 다음 빈칸에 알맞은 내용은?

> 가. 소방정보통신망은 회선 수, 구간별 용도, 속도 등을 산정하여 설계·구축하여야 한다. 이 경우 소방정보통신망 회선 수는 (㉠) 이상이어야 한다(제2항).
> 나. 소방청장 및 시·도지사는 소방정보통신망이 안정적으로 운영될 수 있도록 (㉡) 이상 소방 정보통신망을 주기적으로 점검·관리하여야 한다.

	㉠	㉡
①	최소 2회선	연 1회
②	최대 2회선	연 2회
③	최대 1회선	연 1회
④	최대 1회선	연 2회

25 다음은 손실보상에 관한 시효의 완성에 대한 설명이다. 빈칸에 들어갈 내용으로 옳은 것은?

> 소방대의 적법한 소방활동 등으로 손실을 입은 자가 손실보상을 청구할 수 있는 권리는 손실이 있음을 안 날부터 ( ), 손실이 발생한 날부터 ( )간 행사하지 아니하면 시효의 완성으로 소멸한다.

① 5년, 3년　　　　　　　② 3년, 5년

③ 2년, 3년　　　　　　　④ 3년, 2년

03 | 제3회 최종모의고사

01 다음은 소방기본법의 목적에 관한 내용이다. 빈칸에 들어갈 규정 내용으로 맞는 것은?

> 화재를 (ㄱ) 하거나 진압하고 화재, (ㄴ), 그 밖의 위급한 상황에서의 (ㄷ) 활동 등을 통하여 국민의 (ㄹ)을 보호함으로써 공공의 안녕 및 질서 유지와 복리증진에 이바지함을 목적으로 한다.

	ㄱ	ㄴ	ㄷ	ㄹ
①	예 방	재 난	소 방	인명 및 재산
②	예방·경계	구조·구급	소 방	생명·신체 및 재산
③	예 방	구조·구급	생활안전	인명 및 재산
④	예방·경계	재난·재해	구조·구급	생명·신체 및 재산

02 119종합상황실장이 지체 없이 상급종합상황실에 보고하여야 할 화재가 아닌 것은?

`21 소방장` `22 소방교`

① 사망자가 5명 이상 발생한 화재
② 재산피해액이 50억원 이상인 화재
③ 이재민이 50명 발생한 화재
④ 연면적 1만 5천m^2 이상인 공장에서 발생한 화재

03 소방체험관 체험실별 체험교육을 지원하고 실습을 보조하는 조교의 자격기준으로 맞지 않는 것은?

① 소방설비산업기사 자격을 취득한 소방공무원
② 경기소방학교에서 2주 이상의 소방안전교육사 관련 전문교육과정을 이수한 사람
③ 소방체험관에서 2주 이상의 체험교육에 관한 직무교육을 이수한 의무소방원
④ 구급활동을 1년 이상 수행한 경력이 있는 사람

04 소방기본법에서 규정한 내용에 대한 설명으로 옳은 것은?

① 소방기관이 소방업무를 수행하는 데에 필요한 인력과 장비 등에 관한 기준은 대통령령으로 정한다.
② 국고보조 소방활동 장비 및 설비의 종류와 규격은 행정안전부령으로 정한다.
③ 국가는 소방자동차 보험 가입비용의 일부를 지원한다.
④ 국고보조 대상 사업의 범위와 기준 보조율은 행정안전부령으로 정한다.

05 소방용수시설 급수탑 개폐밸브의 설치기준으로 옳은 것은? `22 소방장`

① 지상에서 1.0m 이상 1.5m 이하
② 지상에서 1.5m 이상 1.7m 이하
③ 지상에서 1.2m 이상 1.8m 이하
④ 지상에서 1.5m 이상 2.0m 이하

06 소방업무의 응원을 요청하는 경우를 대비하여 출동 대상지역 및 규모와 필요한 경비의 부담 등에 관하여 필요한 사항을 이웃하는 시·도지사와 협의하여 미리 규약(規約)으로 정하는 것을 무엇이라 하는가?

① 소방업무의 상호출동협정
② 소방업무의 지원협정
③ 소방업무의 상호응원협정
④ 소방업무의 경계·진압협정

07 소방기본법령상 소방기술민원센터에 관한 내용이다. (   ) 안에 들어갈 내용으로 옳지 않은 것은?

> 소방청장 또는 소방본부장은 (   ), (   ) 및 (   ) 등과 관련된 법령해석 등의 민원을 종합적으로 접수하여 처리할 수 있는 기구(이하 이 조에서 "소방기술민원센터"라 한다)를 설치·운영할 수 있다.

① 소방시설
② 소방공사
③ 위험물안전관리
④ 소방시설업

08 소방기본법 및 같은 법 시행규칙상 자체소방대의 교육·훈련 등의 지원에 필요한 사항에 해당하지 않는 것은?

① 자체소방대에서 수립하는 교육·훈련 계획의 지도·자문

② 소방기관과 자체소방대와의 합동 소방훈련

③ 소방기관에서 실시하는 자체소방대의 현장실습

④ 그 밖에 시·도지사가 자체소방대의 역량 향상을 위하여 필요하다고 인정하는 교육·훈련

09 소방기본법 시행령상 운행기록장치 장착 소방자동차 범위에 관한 사항에서 대통령령으로 정하는 운행기록장치를 장착해야 하는 소방자동차를 모두 고른 것은?

> 무인방수차, 소방화학차, 소방펌프차, 구조차, 소방고가차

① 소방화학차, 소방펌프차, 소방고가차

② 소방화학차, 소방펌프차, 무인방수차, 소방고가차

③ 소방화학차, 소방펌프차, 구조차, 소방고가차

④ 무인방수차, 소방화학차, 소방펌프차, 구조차, 소방고가차

10 다음 중 소방본부장, 소방서장의 권한으로 옳은 것은? `21 소방장`

① 화재에 관한 경보 발령 및 조치

② 소방용수시설의 설치 및 유지·관리

③ 소방박물관 설립·운영

④ 소방활동구역 설정

11 소방기본법에 따른 규정 내용으로 옳은 것은?

① 소방안전교육사의 배치대상 및 배치기준, 그 밖에 필요한 사항은 행정안전부령으로 정한다.

② 국고보조 대상사업의 범위·기준보조율 및 국고보조산정을 위한 기준가격은 대통령령으로 정한다.

③ 소방기본법에 따른 20만원 이하의 과태료는 조례로 정하는 바에 따라 관할 소방본부장 또는 소방서장이 부과·징수한다.

④ 기숙사 중 2층 이상의 기숙사는 소방자동차 전용구역 설치 대상에 해당한다.

12 소방기본법에 따른 한국119청소년단에 대한 규정 내용으로 옳지 않은 것은?

① 청소년에게 소방안전에 관한 올바른 이해와 안전의식을 함양시키기 위해 설립한다.

② 소방청장이나 소방본부장은 한국119청소년단에 그 조직 및 활동에 필요한 시설·장비를 지원할 수 있으며, 운영경비와 시설비 및 국내외 행사에 필요한 경비를 보조할 수 있다.

③ 법인으로 하고, 그 주된 사무소의 소재지에 설립등기를 함으로써 성립한다.

④ 개인·법인 또는 단체는 한국119청소년단의 시설 및 운영 등을 지원하기 위하여 금전이나 그 밖의 재산을 기부할 수 있다.

13 소방기본법 시행령상 소방안전교육사시험 응시자격에 대한 설명으로 옳은 것은?

> ㄱ. 영유아보육법 제21조에 따라 보육교사 자격을 취득한 후 2년 이상의 보육업무 경력이 있는 사람
> ㄴ. 국가기술자격법 제2조 제3호에 따른 국가기술자격의 직무분야 중 안전관리 분야의 산업기사 자격을 취득한 후 안전관리 분야에 3년 이상 종사한 사람
> ㄷ. 의료법 제7조에 따라 간호조무사 자격을 취득한 후 간호업무 분야에 2년 이상 종사한 사람
> ㄹ. 응급의료에 관한 법률 제36조 제3항에 따라 2급 응급구조사 자격을 취득한 후 응급의료 업무 분야에 3년 이상 종사한 사람
> ㅁ. 소방공무원법 제2조에 따른 소방공무원으로 2년 이상 근무한 경력이 있는 사람
> ㅂ. 의용소방대 설치 및 운영에 관한 법률 제3조에 따라 의용소방대원으로 임명된 후 5년 이상 의용소방대 활동을 한 경력이 있는 사람

① ㄱ, ㄷ, ㅁ

② ㄹ, ㅁ, ㅂ

③ ㄷ, ㄹ, ㅁ

④ ㄴ, ㄹ, ㅂ

14 소방기본법에 따른 규정 내용으로 옳지 않은 것은?

① 119종합상황실의 설치·운영에 필요한 사항은 행정안전부령으로 정한다.

② 구조·구급장비는 국고보조 대상사업의 범위에 해당한다.

③ 한국소방안전원 또는 이와 유사한 명칭을 사용한 경우 200만원 이하의 과태료에 처한다.

④ 소방서와 한국소방안전원 시·도 지원의 소방안전교육사 배치기준은 같다.

15 다음 중 소방신호의 종류에 관한 설명으로 옳지 않은 것은? `21 소방교`

① 훈련신호 : 훈련상 필요하다고 인정되는 때 발령

② 경보신호 : 화재예방상 필요하다고 인정되거나 화재위험경보 시 발령

③ 해제신호 : 소화활동이 필요없다고 인정되는 때 발령

④ 발화신호 : 화재가 발생한 때 발령

16 소방기본법에 따른 규정 내용으로 옳은 것은?

① 소방청장, 시·도지사, 소방본부장 및 소방서장은 화재, 재난·재해, 그 밖에 구조·구급이 필요한 상황이 발생하였을 때에 신속한 소방활동을 위한 정보의 수집·분석과 판단·전파, 상황관리, 현장 지휘 및 조정·통제 등의 업무를 수행하기 위하여 119종합상황실을 설치·운영해야 한다.

② 소방신호의 방법은 그 전부 또는 일부를 함께 사용할 수 없으며, 게시판을 철거하거나 통풍대 또는 기를 내리는 것으로 소방활동이 해제되었음을 알린다.

③ 소방안전 또는 약학 분야에 관한 학식과 경험이 풍부한 사람은 소방청장 등으로부터 보상위원회의 위촉을 받을 자격이 있다.

④ 소방자동차, 소방헬리콥터 및 소방정, 소방전용 통신설비 및 전산설비, 소방관서용 청사는 국고 보조 대상사업의 범위에 해당한다.

17 소방기본법에 따른 소방자동차가 화재진압 및 구조·구급 활동을 위하여 사이렌을 사용하여 출동하는 경우 모든 차와 사람이 하지 말아야 할 행위로 옳지 않은 것은?

① 소방자동차에 진로를 양보하지 아니하는 행위

② 소방자동차 앞에 끼어드는 행위

③ 소방자동차를 가로막는 행위

④ 소방자동차를 위하여 도로의 우측으로 피하는 행위

18 소방기본법에 따른 규정 내용으로 옳은 것은?

① 소방용수시설과 비상소화장치의 설치기준은 대통령령으로 정한다.

② 소방의 날 행사에 관하여 필요한 사항은 소방본부장 또는 소방서장이 따로 정하여 시행할 수 있다.

③ 소방업무에 관한 종합계획에는 소방자동차의 우선 통행 등에 관한 홍보사항이 포함되어야 한다.

④ 국가는 소방자동차의 보험 가입비용의 전부 또는 일부를 지원할 수 있다.

19 소방기본법상 피난명령을 할 수 있는 권한이 있는 자가 아닌 것은?

① 시·도지사

② 소방본부장

③ 소방서장

④ 소방대장

20 소방기본법에 따른 규정내용으로 옳지 않은 것은?

① 119종합상황실은 소방청과 특별시·광역시·특별자치시·도 또는 특별자치도의 소방본부 및 소방서에 각각 설치·운영해야 한다.

② 국고보조의 대상이 되는 소방활동장비 및 설비의 종류와 규격은 대통령령으로 정한다.

③ 소방청, 소방본부, 한국소방안전원 본원, 한국소방산업기술원의 소방안전교육사 배치기준은 같다.

④ 손실보상심의위원회의 사무를 처리하기 위하여 보상위원회에 간사 1명을 두되, 간사는 소속 소방공무원 중에서 소방청장 등이 지명한다.

21 소방기본법에서 정하는 기준에 대한 설명으로 옳은 것은?

① 화재, 재난·재해로 인한 피해복구 지원활동은 소방활동에 해당하지 않는다.

② 특정소방대상물이란 건축물, 차량, 선박(항구에 매어둔 선박), 선박 건조 구조물, 산림, 그 밖의 인공 구조물 또는 물건이다.

③ 재산피해액이 20억원 이상 발생한 화재의 경우 종합상황실의 실장이 지체 없이 상급의 종합상황실에 보고해야 한다.

④ 소방박물관에는 중요한 사항을 심의하기 위하여 7인 이내의 위원으로 구성된 운영위원회를 둔다.

22 다음 설명 중 ( ) 안의 숫자의 합은 얼마인가? `22 소방장`

> 가. 소방용수시설의 설치기준에서 주거지역·상업지역 및 공업지역에 설치하는 경우에는 소방
> 대상물과의 수평거리를 ( )미터 이하가 되도록 할 것
> 나. 저수조는 지면으로부터의 낙차가 ( )미터 이하일 것
> 다. 상수도와 연결하여 지하식 또는 지상식의 구조로 하고, 소방용호스와 연결하는 소화전의
> 연결금속구의 구경은 ( )밀리미터로 할 것
> 라. 지하에 설치하는 소화전은 맨홀 뚜껑은 지름 ( )밀리미터 이상의 것으로 할 것

① 269.5
② 813.5
③ 817.5
④ 871.5

23 소방기본법에 따른 119종합상황실 등의 효율적 운영을 위하여 정보통신망 구축·운영해야하는 자는 누구인가?

① 국가 및 지방자치단체
② 소방청장 및 시·도지사
③ 소방청 및 시·도 소방본부장
④ 소방본부장 또는 소방서장

24 소방기본법에 따른 과태료 부과 일반기준에 대한 설명으로 옳지 않은 것은?

① 위반행위자가 법 위반상태를 시정하거나 해소하기 위하여 노력한 사실이 인정되는 경우 그 금액을 줄여 부과할 수 있다.
② 위반행위의 횟수에 따른 과태료의 부과기준은 최근 1년간 같은 위반행위로 과태료를 부과 받은 경우에 적용한다.
③ 위반행위에 대하여 과태료 부과처분을 한 날과 다시 같은 위반행위를 부과처분한 날을 기준으로 하여 위반횟수를 계산한다.
④ 적발된 날부터 소급하여 1년이 되는 날 전에 한 부과처분은 가중처분차수 산정 대상에서 제외한다.

25 소방서장이 화재 진압 등 소방활동에 필요한 수도(水道)의 개폐장치 등의 조작에 따른 조치로 인하여 손실을 입은 자가 손실보상을 청구할 수 있는 권리는 손실이 발생한 날로부터 몇 년간 행사하지 아니하면 시효가 완성되는가?

① 5년
② 3년
③ 2년
④ 10년

04 | 제4회 최종모의고사

01 소방기본법에서 정하는 궁극적인 목적으로 옳은 것은?

① 화재를 예방·경계하거나 진압
② 국민의 생명·신체 및 재산을 보호
③ 화재, 재난·재해, 그 밖의 위급한 상황에서의 구조·구급 활동
④ 공공의 안녕 및 질서 유지와 복리증진

02 소방본부 종합상황실의 실장이 소방청 종합상황실에 보고해야 하는 상황에 해당되지 않는 것은?

① 남대문시장에서 발생한 화재
② 병상이 30개 이상인 한방병원
③ 항구에 매어둔 총 톤수가 100톤 이상인 선박의 화재
④ 가스 및 화약류의 폭발에 의한 화재

03 소방체험관의 설립 및 운영에 관한 기준의 내용에 해당되지 않는 것은?

① 소방체험관의 관리인력 배치 기준 등
② 소방체험관의 면적기준
③ 체험실별 체험교육을 지원하고 실습을 보조하는 조교의 자격기준
④ 소방체험관의 체험실별 층수 기준

04 소방기본법상 명예직 소방대원으로 위촉할 수 있는 사람으로 옳지 않은 것은?

① 의사자(義死者)
② 의상자(義傷者)
③ 소방행정 발전에 공로가 있다고 인정되는 사람
④ 통·리·반장

05 소방기본법에서 시·도의 조례로 기준을 정할 수 있는 사항은?

① 소방체험관의 설립과 운영에 필요한 사항
② 소방용수시설 설치의 기준
③ 화재예방, 소방활동 또는 소방훈련을 위하여 사용되는 소방신호의 종류와 방법
④ 소방안전교육사의 배치대상 및 배치기준

06 소방기본법에서 정하는 소방업무 상호응원협정에 관한 내용에서 ( )에 들어갈 규정으로 옳은 것은? 22 소방장

> 소방업무의 응원을 요청하는 경우를 대비하여 출동 대상지역 및 규모와 필요한 경비의 부담 등에 관하여 필요한 사항을 (㉠)으로 정하는 바에 따라 이웃하는 (㉡)와(과) 협의하여 미리 (㉢)으로 정해야 한다.

① ㉠ 행정안전부령 ㉡ 시·도지사 ㉢ 규약
② ㉠ 대통령령 ㉡ 시·도지사 ㉢ 응원협정
③ ㉠ 행정안전부령 ㉡ 소방본부장 ㉢ 규약
④ ㉠ 대통령령 ㉡ 소방본부장 ㉢ 응원협정

07 다음은 소방기본법 시행규칙상 소방체험관의 주요기능에 관한 내용이다. 옳은 것을 모두 고른 것은?

> 가. 재난 및 안전사고 유형에 따른 예방, 대처, 대응 등에 관한 체험교육(이하 "체험교육"이라 한다)의 제공
> 나. 체험교육 프로그램의 개발 및 국민 안전의식 향상을 위한 훈련
> 다. 소방안전교육사의 인력의 양성 및 유관기관·단체 등과의 협력
> 라. 그 밖에 체험교육을 위하여 소방청장이 필요하다고 인정하는 사업의 수행

① 가
② 가, 나
③ 가, 나, 다
④ 가, 나, 다, 라

08 소방자동차 전용구역(이하 "전용구역"이라 한다)을 설치해야 하는 공동주택에 대한 내용이다. 다음 설명 중 ( ) 안의 숫자의 합은 얼마인가?

> 소방자동차 전용구역 설치대상은 다음 각 호의 공동주택을 말한다.
> 가. 건축법 시행령 별표1 제2호 가목의 아파트 중 세대수가 ( )세대 이상인 아파트
> 나. 건축법 시행령 별표1 제2호 라목의 기숙사 중 ( )층 이상의 기숙사

① 53 ② 102

③ 103 ④ 105

09 다음은 소방기본법상 방해행위 제지 등에 관한 사항으로 ( )에 들어갈 내용을 순서대로 나열한 것은?

> (㉠)은 (㉡) 또는 (㉢)을 방해하는 행위를 하는 사람에게 필요한 경고를 하고, 그 행위로 인하여 사람의 생명·신체에 위해를 끼치거나 재산에 중대한 손해를 끼칠 우려가 있는 긴급한 경우에는 그 행위를 제지할 수 있다.

① 소방대장 − 소방지원활동 − 생활안전활동

② 소방대원 − 소방활동 − 소방지원활동

③ 소방대원 − 소방활동 − 생활안전활동

④ 소방대장 − 소방지원활동 − 소방활동

10 소방기본법에서 정하는 소방활동 등에 대한 설명으로 틀린 것은?

① 소방청장은 화재가 발생하였을 때에는 소방대를 현장에 신속하게 출동시켜 화재진압에 필요한 활동을 하게 해야 한다.

② 누구든지 정당한 사유 없이 출동한 소방대의 화재진압 및 인명구조·구급 등 소방활동을 방해하여서는 아니 된다.

③ 소방서장은 공공의 안녕질서 유지 또는 복리증진을 위하여 필요한 경우 소방활동 외에 소방지원활동을 하게 할 수 있다.

④ 유관기관·단체 등의 요청에 따른 소방지원활동에 드는 비용은 지원요청을 한 유관기관·단체 등에게 부담해야 한다.

11 소방기본법에 따른 규정 내용으로 옳은 것은?

① 소방공무원으로서 5년 이상 근무한 경력이 있는 사람은 소방대원의 소방안전교육훈련 강사 및 보조강사의 자격이 있다.

② 음주 또는 약물로 인한 심신장애 상태에서 출동한 소방대원에게 폭행 또는 협박을 행사하여 화재진압·인명구조 또는 구급활동을 방해하는 행위 죄를 범한 때에는 형법 제10조(심신장애인) 제1항(면책) 및 제2항(감면)을 적용하지 아니한다.

③ 소방청장, 소방본부장 또는 소방서장은 신속한 소방활동을 위한 정보를 수집·전파하기 위하여 119종합상황실에 지방소방기관 설치기준에 따라 전산·통신요원을 배치하고, 소방청장이 정하는 유·무선통신시설을 갖추어야 한다.

④ 국고보조의 대상이 되는 소방 활동 장비 및 설비의 종류와 규격은 대통령령으로 정한다.

12 소방기본법에 따른 소방시설, 소방공사 및 위험물 안전관리 등과 관련된 법령해석 등의 민원을 종합적으로 접수하여 처리할 수 있는 기구를 무엇이라 하는가?

① 소방종합민원기구
② 소방산업기술센터
③ 소방안전원
④ 소방기술민원센터

13 다음 중 소방안전교육사 시험에 응시자격이 없는 사람은?

① 대학에서 소방안전교육관련 교과목을 총 6학점 이수한 사람
② 유아교육법에 따라 교원의 자격을 취득한 사람
③ 사이버대학에서 소방안전교육관련 교과목을 총 6학점 이수한 사람
④ 의용소방대원으로 임명된 후 3년 이상 의용소방대 활동을 한 경력이 있는 사람

14 소방기본법에 따른 규정 내용으로 옳지 않은 것은?

① 소방대의 적법한 소방활동으로 손실을 입은 자가 손실보상을 청구할 수 있는 권리는 손실이 있음을 안 날부터 3년, 손실이 발생한 날부터 5년간 행사하지 아니하면 시효의 완성으로 소멸한다.

② 출동한 화재진압대원에게 폭행 또는 협박을 행사하여 화재진압을 방해하는 행위를 한 사람은 5년 이하의 징역 또는 5천만원 이하의 벌금에 처한다.

③ 소방대장은 하급소방기관에 대한 출동지령 또는 동급 이상의 소방기관 및 유관기관에 대한 지원 요청을 행한다.

④ 국고보조 대상사업의 기준보조율은 보조금 관리에 관한 법률 시행령에서 정하는 바에 따른다.

15 소방기본법령상 소방신호의 종류별 신호방법에 관한 설명으로 옳은 것은?

① 경계신호의 타종 신호는 1타와 연2타를 반복하며, 사이렌 신호는 5초 간격을 두고 10초씩 3회이다.

② 발화신호의 타종 신호는 난타이며, 사이렌 신호는 5초 간격을 두고 5초씩 3회이다.

③ 해제신호의 타종 신호는 상당한 간격을 두고 1타씩 반복하며, 사이렌 신호는 30초간 1회이다.

④ 훈련신호의 타종 신호는 연 3타 반복이며, 사이렌 신호는 30초 간격을 두고 1분씩 3회이다.

16 소방기본법에 따른 규정 내용으로 옳은 것은?

① 국고보조 대상사업의 기준 보조율은 국고보조금 통합관리지침에서 정하는 바에 따른다.

② 종합상황실장은 재난상황이 발생한 현장에 대한 지휘 및 피해현황을 파악하고, 그에 관한 내용을 기록·관리해야 한다.

③ 정당한 사유 없이 소방대의 소방활동 또는 생활안전활동을 방해한 자는 100만원 이하의 벌금에 처한다.

④ 한국소방안전원은 정관을 변경하려면 소방청장의 승인을 받아야 한다.

17 공동주택의 소방자동차 전용구역에 차를 주차하거나 전용구역에의 진입을 가로막는 등의 방해행위를 한 자에 대한 처벌은?

① 200만원 이하의 과태료

② 100만원 이하의 과태료

③ 200만원 이하의 벌금

④ 100만원 이하의 벌금

18 소방기본법에 따른 규정 내용으로 옳지 않은 것은?

① 한국소방안전원장과 감사는 모두 소방청장이 임명한다.

② 국가는 국민의 생명과 재산을 보호하기 위하여 국공립연구기관 기관이나 단체 등으로 하여금 소방기술의 연구·개발사업을 수행하게 할 수 있다.

③ 국가적 차원의 소방활동을 위하여 소방력 동원이 긴급을 요하는 경우에는 시·도 재난안전상황실장에게 직접 요청할 수 있다.

④ 국가가 기관이나 단체로 하여금 소방기술의 연구·개발사업을 수행하게 하는 경우에는 필요한 경비를 지원하여야 한다.

19 소방기본법상 피난명령에 대한 내용으로 옳지 않은 것은?

① 일정한 구역을 지정하여 그 구역에 있는 사람에게 그 구역 밖으로 피난할 것을 명하는 것을 말한다.

② 명령권자는 소방본부장, 소방서장 또는 소방대장이다.

③ 소방대장이 명령을 할 때 필요하면 관할 경찰서장 또는 자치경찰단장에게 협조를 요청할 수 있다.

④ 피난명령으로 부상을 입은 자가 있는 경우 소방청장 또는 시·도지사는 정당한 보상을 해야 한다.

20 소방기본법에 따른 규정 내용으로 옳지 않은 것은?

① 소방공무원이 소방활동으로 인하여 타인을 사상(死傷)에 이르게 한 경우 그 소방활동이 불가피하고 소방공무원에게 고의 또는 중대한 과실이 없는 때에는 그 정상을 참작하여 사상에 대한 형사책임을 감경하거나 면제할 수 있다.

② 국가는 국민의 생명과 재산을 보호하기 위하여 국공립연구기관 기관이나 단체 등으로 하여금 소방기술의 연구·개발사업을 수행하게 하는 경우에는 필요한 경비를 지원하여야 한다.

③ 비상소화장치의 설치대상 지역은 대통령령으로 정한다.

④ 시·도지사는 소방행정 발전에 공로가 있다고 인정되는 사람을 명예직 소방대원으로 위촉할 수 있다.

21 소방자동차의 우선 통행 등에 대한 내용으로 옳지 않은 것은?

① 소방자동차가 화재진압 및 구조·구급 활동을 위하여 출동하거나 훈련을 위하여 필요할 때에는 사이렌을 사용할 수 있다.

② 모든 차와 사람은 소방자동차가 화재진압 및 구조·구급 활동을 위하여 출동을 할 때에는 이를 방해하여서는 아니 된다.

③ 소방활동을 위하여 긴급출동하는 경우를 제외하고 소방자동차의 우선 통행에 관하여는 도로교통법에서 정하는 바에 따른다.

④ 모든 차와 사람은 소방자동차가 모든 소방활동 위하여 출동하는 경우 소방자동차의 진로를 방해하는 행위를 하지 말아야 한다.

22 소방기본법에 따른 각 위원회 및 안전원의 구성에 대한 내용으로 옳지 않은 것은?

① 안전원에 임원으로 원장 1명을 포함한 9명 이내의 이사를 둔다.

② 손실보상위원회는 위원장 1명을 포함하여 5명 이상 7명 이하의 위원으로 구성한다.

③ 교육평가심의위원회는 위원장 1명을 포함하여 5명 이상 9명 이하의 위원으로 성별을 고려하여 구성한다.

④ 안전원의 임원 중 위원장과 감사는 소방청장이 임명한다.

23 소방기본법에 따른 한국119청소년단의 사업범위로 옳지 않은 것은?

① 소방기술 및 소방산업의 국제 협력을 위한 조사·연구

② 한국119청소년단의 활동·체험 프로그램 개발 및 운영

③ 한국119청소년단의 활동과 관련된 학문·기술의 연구·교육 및 홍보

④ 한국119청소년단 단원의 선발·육성과 활동 지원

24 소방업무에 관하여 위탁받은 업무에 종사하는 안전원의 임직원을 공무원으로 볼 수 있는 때가 아닌 것은?

① 수뢰·사전수뢰

② 제3자 뇌물제공

③ 수뢰후부정처사·사후수뢰

④ 뇌물공여

25 소방기본법에 따른 손실보상을 청구할 수 있는 권리의 소멸시효로 맞는 것은?

① 손실이 있음을 안 날부터 3년

② 손실이 있음을 안 날부터 2년

③ 손실이 있음을 안 날부터 5년

④ 손실이 발생한 날부터 3년간

05 | 제5회 최종모의고사

01 화재 진압이나, 화재 · 재난 · 재해 또는 그 밖의 위급한 상황에서의 구조 · 구급활동을 위하여 소방 공무원, 의무소방원, 의용소방대원으로 구성된 조직체를 무엇이라 하는가?

① 구조구급대

② 의무소방대

③ 소방대

④ 의용소방대

02 소방기본법령상 소방서 종합상황실의 실장이 서면 · 모사전송 또는 컴퓨터통신 등으로 소방본부의 종합상황실에 지체 없이 보고하여야 하는 화재로 맞지 않는 것은?

① 지하철 화재

② 지하상가 화재

③ 철도 화재

④ 지하구 화재

03 소방체험관의 설립 및 운영에 관한 기준에서 체험교육의 운영기준으로 옳지 않은 것은? `21 소방장`

① 체험교육 운영인력에 대하여 체험교육과 관련된 지식 · 기술 및 소양 등에 관한 교육훈련을 연간 12시간 이상 이수하도록 해야 한다.

② 교수요원은 근무복을 착용해야 한다.

③ 체험교육을 실시할 때 체험실에는 1명 이상의 교수요원을 배치해야 한다.

④ 시 · 도지사는 체험교육대상자의 정신적 · 신체적 능력을 고려하여 체험교육을 운영해야 한다.

04 소방기본법상 명예직 소방대원으로 위촉할 수 있는 의사상자를 인정할 권한이 있는 사람은 누구 인가?

① 행정안전부장관

② 소방청장

③ 보건복지부장관

④ 시 · 도지사

5 소방기본법상 소방활동에 필요한 소방용수시설을 설치하고 유지·관리하여야 할 의무가 있는 사람은 누구인가? (단, 권한의 위임 등 기타 사항은 고려하지 않음)

① 소방본부장·소방서장
② 수자원공사
③ 시·도지사
④ 소방청장

6 다음 중 소방업무의 응원에 대한 규정내용으로 옳은 것은?

① 소방본부장이나 소방서장은 소방활동을 할 때에 긴급한 경우에는 이웃한 다른 소방본부장이나 소방서장에게 소방업무의 응원(應援)을 요청할 수 있다.
② 응원요청할 경우를 대비하여 이웃하는 소방본부장 또는 소방서장과 협의하여 미리 규약(規約)으로 정하여야 한다.
③ 소방업무의 응원을 위하여 파견된 소방대원은 응원을 요청 받은 소방본부장 또는 소방서장의 지휘에 따라야 한다.
④ 소방업무의 응원 요청을 받은 시·도지사는 정당한 사유 없이 그 요청을 거절하여서는 아니 된다.

7 소방기본법상 강제처분에 대한 설명으로 옳은 것은?

① 소방본부장, 소방서장 또는 소방대장은 화재진압 등 소방활동을 위하여 필요한 경우에는 소방용수 외에 댐, 저수지, 수영장의 물을 사용하거나 수도개폐장치 등을 조작할 수 있다.
② 화재로 오인할 만한 우려가 있는 불을 피우거나 연막소독을 하려는 자는 시·도의 조례로 정하는 바에 따라 관할 소방본부장 또는 소방서장에게 신고하여야 한다.
③ 화재가 발생하거나 불이 번질 우려가 있는 소방대상물 및 토지를 일시적으로 사용하거나 그 사용의 제한 또는 소방활동에 필요한 처분을 할 수 있다.
④ 화재, 재난, 재해, 그 밖의 위급한 상황이 발생하여 사람의 생명을 위험하게 할 것으로 인정할 때에는 일정한 구역을 지정하여 그 구역에 있는 사람에게 그 구역 밖으로 피난할 것을 명할 수 있다.

8 소방기본법에 따른 소방업무의 책무에 관한 규정이다. (   ) 안에 들어갈 내용을 옳게 나열한 것은?

> (   )은(는) 화재, (   ), 그 밖의 위급한 상황으로부터 국민의 생명·신체 및 재산을 보호하기 위하여 필요한 시책을 수립·시행해야 한다.

① 국가와 지방자치단체 − 재난·재해
② 국가와 지방자치단체 − 구조·구급
③ 소방청장과 소방본부장 − 재난·재해
④ 소방청장과 소방본부장 − 구조·구급

09 소방기본법 시행령상 과태료 부과 일반기준에 따라 부과권자가 과태료의 2분의 1 범위에서 개별기준의 금액을 줄여 부과할 수 있는 기준으로 옳지 않은 것은?

① 위반행위가 중대한 과실로 인정되는 경우
② 위반행위자가 법 위반상태를 시정하거나 해소하기 위하여 노력한 사실이 인정되는 경우
③ 위반행위자가 화재 등 재난으로 재산에 현저한 손실을 입거나 사업 여건의 악화로 그 사업이 중대한 위기에 처하는 등 사정이 있는 경우
④ 그 밖에 위반행위의 정도, 위반행위의 동기와 그 결과 등을 고려하여 감경할 필요가 있다고 인정되는 경우

10 다음 중 소방기본법에서 소방지원활동이 아닌 것은? 21 소방교 22 소방교

① 집회·공연 등 각종 행사 시 사고에 대비한 근접대기 등 지원활동
② 화재, 재난·재해로 인한 피해복구 지원활동
③ 자연재해에 따른 급수·배수, 제설 등 지원활동
④ 위급한 상황에서 119에 접수된 생활안전 및 위험제거활동

11 소방기본법에 따른 규정 내용으로 옳은 것은?

① 안전원의 정관에 포함되어야 할 사항은 대통령령으로 정한다.
② 소방박물관의 설립과 운영에 필요한 사항은 행정안전부령으로 정하고, 소방체험관의 설립과 운영에 필요한 사항은 행정안전부령으로 정하는 기준에 따라 시·도의 조례로 정한다.
③ 시·도지사는 소방기본법에서 정하는 지역 중 화재가 발생할 우려가 높거나 화재가 발생하는 경우 그로 인하여 피해가 클 것으로 예상되는 지역을 소방활동지역으로 지정할 수 있다.
④ 국가적 차원의 소방활동을 위하여 동원된 소방력의 운용과 관련하여 필요한 사항은 소방기본법에서 정하는 규정사항 외에는 시·도지사가 정한다.

12 소방기본법에 따른 소방안전교육훈련의 보조강사자격에 해당되는 사람으로 옳은 것은?

① 소방 관련학과의 학사학위 이상을 취득한 사람
② 소방설비산업기사 자격을 취득한 사람
③ 응급구조사 자격을 취득한 사람
④ 소방공무원으로서 1년 이상 근무한 경력이 있는 사람

13 소방기본법 및 같은 법 시행규칙상 소방용수시설 설치 기준 등에 대한 설명으로 옳지 않은 것은? `21 소방교`

① 소화전은 상수도와 연결하여 지하식 또는 지상식의 구조로 하고 소방용 호스와 연결하는 소화전의 연결 금속구의 구경은 65밀리미터로 하여야 하며, 급수탑은 급수배관의 구경을 100밀리미터 이상으로 하고 개폐 밸브는 지상에서 1.5미터 이상 1.7미터 이하의 높이에 설치할 수 있다.

② 정당한 사유 없이 소방용수시설 또는 비상소화장치를 사용하거나 소방용수시설 또는 비상소화장치의 효용을 해치거나 그 정당한 사용을 방해한 사람에 대해서는 5년 이하의 징역 또는 5천만원 이하의 벌금에 처한다.

③ 소방본부장 또는 소방서장은 원활한 소방활동을 위하여 소방용수시설에 대한 조사, 소방대상물에 인접한 도로의 폭·교통상황, 도로주변의 토지의 고저·건축물의 개황 그 밖의 소방활동에 필요한 지리에 대한 조사를 월 1회 이상 실시하여야 하며, 조사결과는 2년간 보관하여야 한다.

④ 시·도지사는 소방활동에 필요한 소방용수시설을 설치하고 유지·관리하여야 하고, 수도법 제45조에 따라 소화전을 설치하는 일반수도사업자는 관할 소방서장과 사전협의를 거친 후 소화전을 설치하여야 하며, 설치 사실을 관할 소방서장에게 통지하고, 그 소화전은 소방서장이 유지·관리하여야 한다.

14 소방기본법에 따른 규정 내용으로 옳지 않은 것은?

① 국가적 차원의 소방활동을 위하여 동원된 소방력의 소방활동을 수행하는 과정에서 발생하는 경비 부담에 관한 사항, 민간 소방 인력이 사망하거나 부상을 입었을 경우의 보상주체·보상기준 등에 관한 사항, 그 밖에 동원된 소방력의 운용과 관련하여 필요한 사항은 행정안전부령으로 정한다.

② 종합상황실장은 하급소방기관에 대한 출동지령 또는 동급 이상의 소방기관 및 유관기관에 대한 지원요청을 행하고, 그에 관한 내용을 기록·관리해야 한다.

③ 국가가 기관이나 단체로 하여금 소방기술의 연구·개발사업을 수행하게 하는 경우에는 필요한 경비를 지원하여야 한다.

④ 누구든지 정당한 사유 없이 소방용수시설 또는 비상소화장치를 사용하는 행위를 하여서는 아니 된다.

15 다음 소방신호 중에서 소방대를 비상소집하는 경우에 사용할 수 있는 소방신호로 옳은 것은?

① 경계신호　　　　　　　　　② 발화신호

③ 해제신호　　　　　　　　　④ 훈련신호

16 소방기본법에 따른 규정 내용으로 옳은 것은?

① 기숙사 중 2층 이상의 기숙사의 건축주는 소방활동의 원활한 수행을 위하여 기숙사에 소방자동차 전용구역을 설치하여야 한다.

② 재산피해액이 50억원 이상 발생한 화재가 발생한 경우 종합상황실장은 서면·모사전송 또는 컴퓨터통신 등으로 소방서의 종합상황실의 경우는 소방본부의 종합상황실에, 소방본부의 종합상황실의 경우는 소방청의 종합상황실에 각각 보고해야 한다.

③ 국가적 차원의 소방활동을 위하여 동원된 민간 소방 인력이 소방활동을 수행하다가 사망하거나 부상을 입은 경우 손실보상심의위원회의 심사·의결에 따라 정당한 보상을 해야 한다.

④ 시·도 소방본부장은 시·도소방안전지원에 대하여 업무·회계 및 재산에 관하여 필요한 사항을 보고하게 하거나, 소속 공무원으로 하여금 안전원의 장부·서류 및 그 밖의 물건을 검사하게 할 수 있다.

17 소방활동의 원활한 수행을 위하여 공동주택에 소방자동차 전용구역을 설치하여야 하는 의무자는?

① 관계인
② 건축주
③ 입주자대표회의
④ 공동주택 관리소장

18 소방기본법에 따른 규정 내용으로 옳지 않은 것은?

① 소방대장은 소방활동구역 설정, 소방활동 종사명령, 강제처분, 피난명령, 위험시설 등에 대한 긴급조치를 할 수 있다.

② 소방차 전용구역 방해행위의 기준은 대통령령으로 정한다.

③ 국가적 차원의 소방활동을 위하여 동원된 소방대원이 다른 시·도에 파견·지원되어 소방활동을 수행할 때에는 항상 화재 등이 발생한 지역을 관할하는 소방본부장 또는 소방서장의 지휘에 따라야 한다.

④ 종합상황실은 24시간 운영체제를 유지해야 한다.

19 다음 중 소방활동 등과 관련한 설명으로 옳은 것은?

① 소방자동차가 화재진압을 위하여 사이렌을 사용하여 출동하는 데 소방자동차 앞에 끼어들기를 한 경우 실효성 확보 수단이 있다.

② 전기·가스·수도·통신·교통의 업무에 종사하는 사람은 소방활동과 관계없이 출입할 수 있다.

③ 화재가 발생하거나 불이 번질 우려가 있는 소방대상물 및 토지의 강제처분으로 인하여 손실을 입은 자가 발생한 경우 소방청장 또는 시·도지사는 정당한 보상을 해야 한다.

④ 화재가 발생한 소방대상물에 대한 강제처분을 방해한 자는 5년 이하의 징역 또는 5천만원 이하의 벌금에 처한다.

20 소방기본법에 따른 규정 내용으로 옳은 것은?

① 소방업무에 관한 종합계획에는 소방기술의 연구·개발 및 보급사항이 포함되어야 한다.

② 지리조사를 하여야 할 항목은 소방대상물에 인접한 도로의 폭·교통상황, 도로주변의 토지의 고저·건축물의 개황 그 밖의 소방활동에 필요한 조사이며, 그 조사결과는 문서보존기간에 따라 3년간 보관해야 한다.

③ 공동주택의 건축주는 소방자동차가 접근하기 쉽고 소방활동이 원활하게 수행될 수 있도록 각 동별 4개 방향에 소방자동차 전용구역(이하 "전용구역"이라 한다)을 2개소 이상 설치해야 한다.

④ 소방공무원이 소방활동으로 인하여 타인을 사상(死傷)에 이르게 한 경우 그 소방활동이 불가피하고 소방공무원에게 고의 또는 중대한 과실이 없는 때에는 그 정상을 참작하여 사상에 대한 민사책임을 감경하거나 면제할 수 있다.

21 소방기본법에 따른 소방업무에 관한 종합계획의 수립·시행 등에 대한 규정 내용이다. 다음 ㉠~㉣의 내용으로 옳은 것은?

가. 소방청장은 소방업무에 관한 종합계획을 관계 중앙행정기관의 장과의 협의를 거쳐 계획 시행 전년도 (㉠)까지 수립하여야 한다.

나. 시·도지사는 소방업무에 관한 종합계획의 시행에 필요한 세부계획을 계획 시행 전년도 (㉡)까지 수립하여 소방청장에게 제출하여야 한다.

다. 소방청장은 소방안전교육훈련 운영계획의 작성에 필요한 지침을 정하여 소방본부장과 소방서장에게 매년 (㉢)까지 통보하여야 한다.

라. 소방청장, 소방본부장 또는 소방서장은 소방안전교육훈련을 실시하려는 경우 매년 (㉣)까지 다음 해의 소방안전교육훈련 운영계획을 수립하여야 한다.

	㉠	㉡	㉢	㉣
①	12월 31일	10월 31일	12월 31일	10월 31일
②	11월 31일	12월 31일	11월 31일	12월 31일
③	12월 31일	11월 31일	12월 31일	11월 31일
④	10월 31일	12월 31일	10월 31일	12월 31일

22 신고가 접수된 생활안전 및 화재, 재난·재해, 그 밖의 위급한 상황에 해당하는 것은 제외한 위험제거 활동에 대응하기 위하여 소방대를 출동시켜 붕괴, 낙하 등이 우려되는 고드름, 나무, 위험 구조물 제거활동 등 법에서 정해진 활동을 말하는 것은?

① 소방활동
② 소방지원활동
③ 위험제거활동
④ 생활안전활동

23 소방기본법에 따른 소방공무원의 배치에 관한 규정이다. (　) 안에 들어갈 내용으로 옳은 것은?

> (　　　)에는 지방자치단체에 두는 국가공무원의 정원에 관한 법률에도 불구하고 (　　　)으로 정하는 바에 따라 소방공무원을 둘 수 있다.

① 시·도 소방본부 및 소방서 - 행정안전부령
② 소방기관 및 소방본부 - 법률
③ 시·도 소방본부 및 소방서 - 대통령령
④ 소방기관 및 소방본부 - 대통령령

24 소방대가 화재진압·인명구조 또는 구급활동을 위하여 현장에 출동하거나 현장에 출입하는 것을 고의로 방해하는 행위에 대한 처벌로 옳은 것은?

① 5년 이하의 징역 또는 5천만원 이하의 벌금
② 3년 이하의 징역 또는 3천만원 이하의 벌금
③ 5년 이하의 징역 또는 3천만원 이하의 벌금
④ 5년 이하의 징역 또는 2천500만원 이하의 벌금

25 소방기본법에 따른 보상규정의 설명으로 옳지 않은 것은? 　21 소방장

① 손실보상청구 사건을 심사·의결하기 위하여 필요한 경우 각각 손실보상심의위원회(이하 "보상위원회"라 한다)를 구성·운영할 수 있다.
② 소방기관 또는 소방대의 적법한 소방업무 또는 소방활동으로 인하여 손실을 입은 자가 있는 경우 소방청장 또는 시·도지사는 손실을 보상해야 한다.
③ 소방청장은 소방산업과 관련된 기술(이하 "소방기술"이라 한다)의 개발을 촉진하기 위하여 기술개발을 실시하는 자에게 그 기술개발에 드는 자금의 일부를 출연하거나 보조해야 한다.
④ 손실보상의 기준, 보상금액, 지급절차 및 방법은 대통령령으로 정한다.

06 | 제6회 최종모의고사

01 다음 중 소방기본법에서 정하는 소방대에 속하지 않는 사람은?

① 의용소방대원 ② 의무소방원
③ 소방공무원 ④ 자위소방대원

02 소방기본법령상 소방서 종합상황실의 실장이 서면·모사전송 또는 컴퓨터통신 등으로 소방본부의 종합상황실에 지체 없이 보고하여야 하는 화재를 모두 고른 것은?

학교, 지하철, 터널, 관공서, 궤도, 지하상가, 지하공동구, 항구에 매어둔 선박

① 상기 다 맞음
② 학교, 지하철, 관공서, 지하상가, 지하공동구, 항구에 매어둔 선박
③ 학교, 지하철, 관공서, 지하상가, 지하공동구
④ 학교, 지하철, 터널, 관공서, 지하상가, 지하공동구

03 소방체험관의 설립 및 운영에 관한 기준에 관한 설명으로 옳은 것은?

① 체험교육의 운영결과, 만족도 조사결과 등을 기록하고 이를 2년간 보관해야 한다.
② 체험교육을 이수한 사람에게 교육이수자의 성명, 체험내용, 체험시간 등을 적은 체험교육 이수증을 발급해야 한다.
③ 만족도 조사를 실시할 시간적 여유가 없는 등의 경우에는 만족도 조사를 실시하지 아니할 수 있다.
④ 시·도지사는 소방체험관의 이용자의 안전에 위해(危害)를 끼치는 이용자에 대하여 체험교육을 거절해야 한다.

04 소방기본법에 따른 다른 법률과의 관계에 관한 규정에서 소방공무원 배치를 우선하여 적용하는 지방자치단체로 옳은 것은?

① 세종특별자치시
② 창원특례시
③ 제주특별자치도
④ 상기 다 맞음

05 소방기본법상 수도법에 따라 수도를 설치한 경우 그 소화전을 유지·관리하여야 할 책임이 있는 사람은 누구인가?

① 일반수도사업자
② 수자원공사
③ 시·도지사
④ 소방서장

06 소방기본법에서 정하는 소방력 동원에 관한 내용에서 (   )에 들어갈 규정 내용으로 옳은 것은?

> (㉠)은(는) 해당 시·도의 소방력만으로는 소방활동을 효율적으로 수행하기 어려운 화재, 재난·재해, 그 밖의 구조·구급이 필요한 상황이 발생하거나 특별히 국가적 차원에서 소방활동을 수행할 필요가 인정될 때에는 각 (㉡)에게 (㉢)으로 정하는 바에 따라 소방력을 동원할 것을 요청할 수 있다.

① ㉠ 국가　　　　㉡ 소방청장　　　　㉢ 행정안전부령
② ㉠ 국가　　　　㉡ 소방청장　　　　㉢ 대통령령
③ ㉠ 소방청장　　㉡ 시·도지사　　　㉢ 행정안전부령
④ ㉠ 소방청장　　㉡ 소방본부장　　　㉢ 대통령령

7 소방기본법 시행규칙상 소방기술민원센터에 관한 내용이다. (   ) 안에 들어갈 내용으로 옳은 것은?

> 소방기술민원센터의 구성 및 운영, 업무, 소속 공무원 또는 직원의 파견을 요청하는 사항 외에 소방기술민원센터의 설치·운영에 필요한 사항은 소방청에 설치하는 경우에는 (㉠   )이(가) 정하고, 소방본부에 설치하는 경우에는 해당 특별시·광역시·특별자치시·도 또는 특별자치도 (이하 "시·도"라 한다)의 (㉡   )(으)로 정한다.

	㉠	㉡
①	소방청 고시	규칙
②	소방청장	조례
③	소방청 고시	조례
④	소방청장	규칙

8 소방기본법령상 과태료 부과 일반기준에 관한 내용이다. (   ) 안에 들어갈 내용으로 옳은 것은?

> 가. 위반행위의 횟수에 따른 과태료의 가중된 부과기준은 최근 (㉠   )간 같은 위반행위로 과태료 부과처분을 받은 경우에 적용한다.
> 나. 과태료 부과권자는 위반행위가 사소한 부주의나 오류로 인한 것으로 인정되는 경우에는 개별 기준에 따른 과태료의 (㉡   )범위에서 그 금액을 줄여 부과할 수 있다.

	㉠	㉡
①	1년	3분의 1
②	2년	100분의 40
③	1년	2분의 1
④	2년	100분의 50

9 다음 중 소방기본법에서 소방본부장이나 소방서장의 직무에 해당되지 않는 것은?

① 소방용수시설 및 지리조사
② 화재에 관한 위험경보 발령 및 조치
③ 소방업무의 응원 요청
④ 소방업무에 관한 종합계획의 수립·시행

10 소방청장, 소방본부장 또는 소방서장은 공공의 안녕질서 유지 또는 복리증진을 위하여 필요한 경우 소방활동 외에 "소방지원활동"을 하게 할 수 있다. 다음 중 소방지원활동의 내용이 아닌 것은?

21 소방교

① 산불에 대한 예방·진압 등 지원활동
② 끼임, 고립 등에 따른 위험제거 및 구출활동
③ 집회·공연 등 각종 행사 시 사고에 대비한 근접대기 등 지원활동
④ 소방지원활동에 드는 비용은 지원요청을 한 유관기관·단체 등에게 부담하게 할 수 있다.

11 소방기본법에 따른 규정 내용으로 옳은 것은?

① 층수가 3층 이상이거나 병상이 20개 이상인 종합병원·정신병원·한방병원·요양소에서 화재가 발생한 경우 종합상황실장은 서면·팩스 또는 컴퓨터통신 등으로, 소방서의 종합상황실의 경우는 소방본부의 종합상황실에, 소방본부의 종합상황실의 경우는 소방청의 종합상황실에 각각 보고 해야 한다.
② 국가적 차원의 소방활동을 위하여 파견된 소방력을 소방청장이 직접 소방대를 편성하여 소방활동을 하게 하는 경우에도 화재 등이 발생한 관할 소방본부장 또는 소방서장의 지휘에 따라야 한다.
③ 경찰공무원은 소방대가 소방활동구역에 있지 아니하거나 소방대장의 요청이 있을 때에는 대통령령 으로 정하는 사람 외에는 그 구역에 출입하는 것을 제한할 수 있다.
④ 소방청장은 국민의 생명과 재산을 보호하기 위하여 국공립연구기관 등이나 단체로 하여금 소방 기술의 연구·개발사업을 수행하게 할 수 있다.

12 소방기본법에 따른 소방안전교육훈련의 교육방법에 대한 설명으로 옳지 않은 것은?

① 소방안전교육훈련의 교육시간은 소방안전교육훈련대상자의 연령 등을 고려하여 소방학교장이 정한다.
② 소방안전교육훈련대상자의 연령 등을 고려하여 실습(체험)교육 시간의 비율을 달리할 수 있다.
③ 소방안전교육훈련 실시 전에 소방안전교육훈련대상자에게 주의사항 및 안전관리 협조사항을 미리 알려야 한다.
④ 소방안전교육훈련대상자의 정신적·신체적 능력을 고려하여 소방안전교육훈련을 실시해야 한다.

13 다음 중 소방안전교육사 시험의 응시자격에 해당되지 않는 사람은?

① 의용소방대원으로 임명된 후 5년 이상 의용소방대 활동을 한 경력이 있는 사람
② 소방공무원으로 3년 이상 근무한 경력이 있는 사람
③ 산업기사 자격을 취득한 후 안전관리 분야에 3년 이상 종사한 사람
④ 보육교사의 자격을 취득한 후 2년 이상의 보육업무 경력이 있는 사람

14 소방기본법에 따른 규정 내용으로 옳지 않은 것은?

① 고의 또는 과실로 화재 또는 구조·구급 활동이 필요한 상황을 발생시킨 사람은 소방활동에 종사하였더라도 시·도지사로부터 소방활동의 비용을 지급받을 수 없다.

② 과태료 부과기준에서 위반행위자가 화재 등 재난으로 재산에 현저한 손실을 입거나 사업 여건의 악화로 그 사업이 중대한 위기에 처하는 등 사정이 있는 경우 그 금액을 줄여 부과할 수 있다.

③ 종합상황실 근무자의 근무방법 등 종합상황실의 운영에 관하여 필요한 사항은 종합상황실을 설치하는 소방청장, 소방본부장 또는 소방서장이 각각 정한다.

④ 저수조 흡수관의 투입구가 사각형인 경우에는 한 변의 길이가 648밀리미터 이상이어야 한다.

15 화재예방, 소방활동 또는 소방훈련을 위하여 사용되는 소방신호의 종류와 방법에 대한 설명으로 옳은 것은?

① 소방신호의 종류와 방법은 대통령령으로 정한다.

② 신호의 종류는 경계신호, 발화신호, 출동신호, 해제신호가 있다.

③ 신호 방법에는 타종 신호, 사이렌 신호, 그 밖의 신호가 있다.

④ 출동신호를 타종으로 신호할 경우 난타로 타종을 한다.

16 소방기본법에 따른 규정 내용으로 옳은 것은?

① 국가는 소방산업(소방용 기계·기구의 제조, 연구·개발 및 판매 등에 관한 일련의 산업을 말한다. 이하 같다)의 육성·진흥을 위하여 필요한 계획의 수립 등 행정상·재정상의 지원시책을 마련하여야 한다.

② 소방박물관에는 그 운영에 관한 중요한 사항을 심의하기 위하여 9인 이내의 위원으로 구성된 운영위원회를 둔다.

③ 국고보조 대상사업의 범위와 기준보조율은 행정안전부령으로 정한다.

④ 소방안전교육사 시험에 응시하려는 사람은 행정안전부령으로 정하는 바에 따라 수수료를 내야 한다.

17 소방기본법에서 정하는 내용에 대한 설명으로 옳지 않은 것은?

① 누구든지 전용구역에 차를 주차하여서는 아니 된다.

② 전용구역의 설치 기준·방법, 방해행위의 기준, 그 밖의 필요한 사항은 행정안전부령으로 정한다.

③ 공동주택의 건축주는 소방자동차 전용구역을 설치해야 한다.

④ 누구든지 전용구역에의 진입을 가로막는 등의 방해행위를 하여서는 아니 된다.

18 소방기본법에 따른 규정 내용으로 옳지 않은 것은?

① 누구든지 정당한 사유 없이 출동한 소방대의 화재진압 및 인명구조·구급 등 소방활동을 방해하여서는 아니 된다.

② 소방청장은 수립한 소방업무 종합계획을 시·도 소방본부장에게 통보해야 한다.

③ 소방대장의 소방활동 종사명령에 따른 소방활동 종사 사상자의 보상금액 등의 기준은 대통령령으로 정한다.

④ 국고보조산정을 위한 기준가격은 소방기본법 시행규칙으로 정한다.

19 소방기본법에 따른 소방본부장, 소방서장 또는 소방대장의 권한으로 다른 것은?

① 강제처분
② 제조소 등에 대한 긴급 사용정지명령
③ 피난명령
④ 위험물 등 긴급조치

20 소방기본법에 따른 규정 내용으로 옳지 않은 것은?

① 지하식 소화전 맨홀 뚜껑 부근에는 노란색 반사도료로 폭 15센티미터의 선을 그 둘레를 따라 칠해야 한다.

② 소방공무원이 소방활동·소방지원활동 또는 생활안전활동으로 인하여 타인을 사상(死傷)에 이르게 한 경우 그 소방활동이 불가피하고 소방공무원에게 고의 또는 중대한 과실이 없는 때에는 그 정상을 참작하여 사상에 대한 형사책임을 감경하거나 면제할 수 있다.

③ 소방체험관은 재난 및 안전사고 유형에 따른 예방, 대처, 대응 등에 관한 체험교육의 제공 등의 기능을 수행한다.

④ 소방청장등은 손실보상 청구가 요건과 절차를 갖추지 못한 경우에는 그 청구를 각하해야 한다.

21 소방기본법에 따른 소방공무원의 면책사항이 규정되어 있는 내용으로 옳은 것은?

① 소방활동, 생활지원활동
② 소방활동, 소방지원활동
③ 소방활동
④ 소방활동, 소방지원활동, 생활지원활동

22 형법상 감경규정에 관한 특례에 관한 내용이다. 다음 ㉠과 ㉡에 들어갈 내용으로 옳은 것은?

> 음주 또는 약물로 인한 (㉠) 상태에서 출동한 소방대원에게 폭행 또는 협박을 행사하여 화재
> 진압·인명구조 또는 구급활동을 방해하는 행위 죄를 범한 때에는 형법 제10조(㉡) 제1항
> 및 제2항을 적용하지 아니할 수 있다.

	㉠	㉡
①	취 한	면책특권
②	최 면	심신장애
③	심신장애	심신장애인
④	중 독	감면특례

23 소방기본법에서 규정하고 있는 과태료에 관한 내용으로 옳지 않은 것은?

① 과태료의 징수절차에 관하여는 국고금관리법 시행규칙을 준용한다.
② 과태료 납입고지서에는 이의방법 및 이의기간 등을 함께 기재해야 한다.
③ 과태료의 부과기준은 대통령령으로 정한다.
④ 과태료를 납부하면 지체 없이 국가재정법에 의하여 세입조치를 해야 한다.

24 출동한 소방대의 소방장비를 파손하거나 그 효용을 해하여 화재진압·인명구조 또는 구급활동을 방해하는 행위를 한 자의 벌칙은?

① 10년 이하의 징역 또는 500만원 이하의 벌금
② 5년 이하의 징역 또는 5천만원 이하의 벌금
③ 3년 이하의 징역 또는 3천만원 이하의 벌금
④ 2년 이하의 징역 또는 1000만원 이하의 벌금

25 소방기본법에 따른 손실보상을 받을 수 있는 경우로 옳지 않은 것은? `21 소방교` `22 소방교`

① 소방서장의 소방활동 종사명령에 따라 소화활동 중 사망하거나 부상을 입은 경우
② 소방대장이 소방활동을 위하여 긴급하게 출동할 때 소방자동차의 통행과 소방활동에 방해가 되는 주차 또는 정차된 차량 및 물건 등을 제거하거나 이동하면서 손실을 입은 경우
③ 소방대장이 사람을 구출하거나 불이 번지는 것을 막기 위하여 화재가 발생한 소방대상물 및 토지를 일시적으로 사용하면서 손실을 입은 경우
④ 소방대장이 화재 발생을 막거나 폭발 등으로 화재가 확대되는 것을 막기 위하여 가스시설에 대하여 위험물질의 공급을 차단하여 손실을 받은 자가 있는 경우

07 | 제7회 최종모의고사

01 소방기본법상 규정하는 용어의 정의를 옳게 연결한 것은? (순서대로 ㉠, ㉡, ㉢, ㉣, ㉤, ㉥)

`21 소방교` `22 소방교`

> 가. (㉠)이란 건축물, 차량, 선박(선박법 제1조의2 제1항에 따른 선박으로서 항구에 매어둔 선박만 해당한다), 선박 건조 구조물, 산림, 그 밖의 인공 구조물 또는 물건을 말한다.
> 나. (㉡)이란 소방대상물이 있는 장소 및 그 이웃지역으로서 화재의 예방·경계·진압, 구조·구급 등의 활동에 필요한 지역을 말한다.
> 다. (㉢)이란 소방대상물의 소유자·관리자 또는 점유자를 말한다.
> 라. (㉣)이란 특별시·광역시·특별자치시·도 또는 특별자치도에서 화재의 예방·경계·진압·조사 및 구조·구급 등의 업무를 담당하는 부서의 장을 말한다.
> 마. (㉤)란 화재를 진압하고 화재, 재난·재해, 그 밖의 위급한 상황에서 구조·구급 활동 등을 하기 위하여 소방공무원, 의무소방원, 의용소방대원으로 구성된 조직체를 말한다.
> 바. (㉥)이란 소방본부장 또는 소방서장 등 화재, 재난·재해, 그 밖의 위급한 상황이 발생한 현장에서 소방대를 지휘하는 사람을 말한다.

① 소방대상물, 관계지역, 관계인, 소방본부장, 소방대, 소방조장
② 방호대상물, 경계지역, 입회인, 소방서장, 지역대, 소방대장
③ 소방대상물, 관계지역, 관계인, 소방본부장, 소방대, 소방대장
④ 방호대상물, 경계지역, 입회인, 소방서장, 지역대, 소방조장

02 소방본부 종합상황실 근무자의 근무방법 등 종합상황실의 운영에 관하여 필요한 사항은 누가 정하는가?

① 소방청장　　　　　　　　　② 소방본부장
③ 행정안전부령　　　　　　　④ 시·도 조례

03 다음은 소방체험관의 설립 및 운영에 관한 기준에 관한 내용이다. 괄호 안의 숫자의 합은 얼마인가?

21 소방장

> • 소방체험관의 장은 체험교육의 운영결과, 만족도 조사결과 등을 기록하고 이를 (　　)년간 보관해야 한다.
> • 체험교육 운영인력에 대하여 체험교육과 관련된 지식·기술 및 소양 등에 관한 교육훈련을 연간 (　　)시간 이상 이수하도록 해야 한다.
> • 소방안전 체험실로 사용되는 부분의 바닥면적의 합이 (　　)제곱미터 이상이 되어야 한다.

① 115

② 914

③ 915

④ 114

04 소방기본법상 소방자동차 등 소방장비의 분류·표준화와 그 관리 등에 필요한 사항에 대하여 정한 법률의 명칭으로 옳은 것은?

① 소방장비 표준규격 및 내용연수에 관한 규정

② 소방장비 분류 및 표준화에 관한 법률

③ 소방장비관리법

④ 소방장비 및 물품관리법

05 소방용수시설 및 지리조사에 대한 기준으로 다음 (　　) 안에 알맞은 것은?

> 소방본부장 또는 소방서장은 원활한 소방활동을 위하여 소방용수시설조사 및 지리조사를 (㉠) 이상 실시하여야 하며, 조사결과를 (㉡)간 보관해야 한다.

① ㉠ 월 1회　　㉡ 2년

② ㉠ 분기 1회　　㉡ 2년

③ ㉠ 월 1회　　㉡ 3년

④ ㉠ 분기 1회　　㉡ 3년

06 소방기본법에서 정하는 소방력 동원에 관한 내용으로 옳지 않은 것은?

① 소방력 동원은 소방청장이 요청할 수 있다.

② 국가적 차원으로 동원 요청을 받은 소방본부장은 정당한 사유 없이 요청을 거절하여서는 아니 된다.

③ 소방청장이 직접 소방대를 편성하여 소방활동을 하게 하는 경우에는 소방청장의 지휘에 따라야 한다.

④ 동원된 소방대원이 다른 시·도에 파견·지원되어 소방활동을 수행할 때에는 특별한 사정이 없으면 화재, 재난·재해 등이 발생한 지역을 관할하는 소방본부장 또는 소방서장의 지휘에 따라야 한다.

07 소방청장등은 손실보상심의위원회의 심사·의결을 거쳐 특별한 사유가 없으면 보상금 지급 청구서를 받은 날부터 며칠 이내에 보상금 지급 여부 및 보상금액을 결정해야 하는가?

① 20일   ② 30일

③ 60일   ④ 90일

08 소방기본법에 따른 규정 내용으로 옳은 것은?

① 소방청장은 소방업무에 관한 종합계획을 관계 중앙행정기관의 장과 협의를 거쳐 매년 10월 31일까지 수립해야 한다.

② 국고보조 대상사업의 기준보조율은 보조금 관리에 관한 법률에서 정하는 바에 따른다.

③ 소방시설 오작동 신고에 따른 조치활동은 소방지원활동에 해당한다.

④ 시·도지사는 화재, 재난·재해, 그 밖의 위급한 상황이 발생하였을 때에는 소방대를 현장에 신속하게 출동시켜 화재진압과 인명구조·구급 등 소방에 필요한 활동을 하게 해야 한다.

09 소방기본법 및 같은 법 시행령상 소방자동차 전용구역의 설치 등에 관한 설명으로 옳지 않은 것은?

① 세대수가 100세대 이상인 아파트에는 소방자동차 전용구역을 설치해야 한다.

② 소방본부장 또는 소방서장은 소방자동차가 접근하기 쉽고 소방활동이 원활하게 수행될 수 있도록 공동주택의 각 동별 전면 또는 후면에 소방자동차 전용구역을 1개소 이상 설치해야 한다.

③ 전용구역 노면표지 도료의 색채는 황색을 기본으로 하되, 문자(P, 소방차 전용)는 백색으로 표시 한다.

④ 소방자동차 전용구역에 차를 주차하거나 전용구역에의 진입을 가로막는 등의 방해 행위를 한 자에게는 100만원 이하의 과태료를 부과한다.

10 소방기본법 시행규칙상 비상소화장치의 설치 기준에서 소방호스용 연결금속구 또는 중간연결 금속구 등의 끝에 연결하여 소화용수를 방수하기 위한 나사식 또는 차입식 토출기구를 무엇이라 하는가?

① 소화전

② 관 창

③ 종단 연결금속구

④ 방수구

11 소방기본법에서 정하고 있는 생활안전활동으로 볼 수 없는 것은?

① 붕괴·낙하 등이 우려되는 고드름, 나무, 위험 구조물 등의 제거활동

② 위해동물, 벌 등의 포획 및 퇴치활동

③ 방송제작 또는 촬영 관련 지원활동

④ 단전사고 시 비상전원 또는 조명의 공급

12 소방기본법에 따른 규정 내용으로 옳지 않은 것은?

① 종합상황실장은 접수된 재난상황을 검토하여 가까운 소방서에 인력 및 장비의 동원을 요청하는 등의 사고수습을 하고, 그에 관한 내용을 기록·관리해야 한다.

② 국내조달품의 국고보조산정을 위한 기준가격은 정부고시가격으로 한다.

③ 국가는 소방기술 및 소방산업의 국제경쟁력과 국제적 통용성을 높이는 데에 필요한 기반 조성을 촉진하기 위한 시책을 마련하여야 한다.

④ 소방청장·소방본부장 또는 소방서장은 공공의 안녕질서 유지 또는 복리증진을 위하여 필요한 경우 소방활동 외에 소방지원활동을 하게 해야 한다.

13 소방기본법에 따른 소방안전교육훈련의 시설, 장비, 강사자격 및 교육방법 등의 기준에 대한 설명으로 옳지 않은 것은?

① 소방안전교육훈련을 이수한 사람에게 소방안전교육훈련 이수증을 발급할 수 있다.

② 이용자가 거부한 경우에는 이용자를 대상으로 한 만족도 조사를 실시하지 아니할 수 있다.

③ 소방안전교육훈련의 효과 및 개선사항 발굴 등을 위하여 만족도 조사를 실시할 시간적 여유가 없는 경우 만족도 조사를 생략해야 한다.

④ 소방안전교육훈련 중 발생한 사고로 인한 교육훈련대상자 등의 생명·신체나 재산상의 손해를 보상하기 위한 보험 또는 공제에 가입해야 한다.

14 다음은 소방안전교육사 시험에 응시할 자격이 있는 사람에 대한 내용이다. (   )에 들어갈 숫자의 합은 얼마인가?

> • 안전관리 분야의 산업기사 자격을 취득한 후 안전관리 분야에 (   ) 이상 종사한 사람
> • 1급 응급구조사 자격을 취득한 후 응급의료 업무 분야에 (   ) 이상 종사한 사람
> • 소방공무원으로 (   ) 이상 근무한 경력이 있는 사람
> • 2급 응급구조사 자격을 취득한 후 응급의료 업무 분야에 (   ) 이상 종사한 사람

① 12년   ② 14년

③ 16년   ④ 10년

15 소방기본법에 따른 규정 내용으로 옳은 것은?

① 소방청장·소방본부장 또는 소방서장은 공공의 안녕질서 유지 또는 복리증진을 위하여 필요한 경우 소방활동 외에 소방지원활동을 하게 할 수 있다.

② 119안전센터의 대수선은 국고보조 대상사업 범위에 해당한다.

③ 정부고시가격 또는 조달청에서 조사한 해외시장의 시가가 없는 물품의 국고보조산정을 위한 기준 가격은 2 이상의 공신력 있는 물가조사기관에서 조사한 가격의 최소가격으로 정한다.

④ 화재 현장에서의 피난 등을 체험할 수 있게 하기 위하여 소방청장은 소방체험관을, 시·도지사는 소방박물관(소방의 역사와 안전문화를 발전시키고 국민의 안전의식을 높이기 위한 박물관을 말한다)을 설립하여 운영할 수 있다.

16 소방기본법에서 정하는 소방신호의 목적이 아닌 것은?

① 화재예방 ② 소방활동
③ 생활지원활동 ④ 소방훈련

17 소방기본법에 따른 규정 내용으로 옳지 않은 것은?

① 이재민이 100인 이상 발생한 화재가 발생한 경우 종합상황실장은 서면·모사전송 또는 컴퓨터통신 등으로 소방서의 종합상황실의 경우는 소방본부의 종합상황실에, 소방본부의 종합상황실의 경우는 소방청의 종합상황실에 각각 보고해야 한다.

② 소방체험관에는 화재안전, 시설안전, 보행안전, 자동차안전, 기후성 재난, 지질성 재난, 응급처치 등 소방안전 체험실을 지역여건 등을 고려하여 갖출 수 있다. 이 경우 체험실별 바닥면적의 합은 900제곱미터 이상이어야 한다.

③ 소방지원활동은 소방활동 수행에 지장을 주지 아니하는 범위에서 할 수 있다.

④ 수입물품의 국고보조산정을 위한 기준가격은 조달청에서 조사한 해외시장의 시가로 정한다.

18 소방기본법에서 정하는 권한자의 연결이 잘못된 것은?

① 소방체험관의 설립 및 운영 - 시·도지사
② 소방활동종사명령 - 소방대장
③ 소방박물관의 설립과 운영 - 시·도지사
④ 위험물 등 긴급조치 - 소방본부장, 소방서장 또는 소방대장

19 소방용수표지 규격에 관한 그림에서 (   ) 안의 숫자로 맞는 것은?

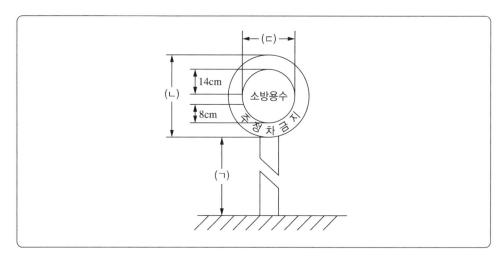

	ㄱ	ㄴ	ㄷ
①	150	50	35
②	150	50	25
③	100	60	35
④	100	60	25

20 시·도지사가 이웃하는 다른 시·도지사와 소방업무에 관하여 상호응원협정을 체결하고자 하는 때에 포함되도록 해야 하는 사항을 모두 고른 것은? `22 소방장`

> 가. 화재의 경계·진압활동   나. 생활지원활동
> 다. 소방지원활동   라. 구조·구급업무의 지원
> 마. 화재조사활동

① 가, 라   ② 가, 라, 마
③ 나, 다   ④ 가, 나, 다

21 과태료 부과 개별기준에 대한 내용에서 다음 표의 (   ) 안에 들어갈 금액의 합은 얼마인가?

위반행위	과태료 금액(만원)		
	1회	2회	3회
화재 또는 구조·구급이 필요한 상황을 거짓으로 알린 경우	200	( )	( )
소방차 전용구역에 차를 주차하거나 전용구역에의 진입을 가로막는 등의 방해행위를 한 경우	50	( )	( )
한국119청소년단 또는 이와 유사한 명칭을 사용한 경우	( )	150	( )

① 1,400만원   ② 1,000만원

③ 1,100만원   ④ 940만원

22 소방기본법에 따른 50만원 이상 500만원 이하의 과태료 부과·징수 권한이 있지 않은 사람은?

① 관할 시·도지사

② 소방청장

③ 관할 소방본부장

④ 관할 소방서장

23 소방기본법상의 벌칙으로 5년 이하의 징역 또는 5천만원 이하의 벌금에 해당하지 않는 것은?

`21 소방교`

① 소방자동차가 화재진압 및 구조·구급활동을 위하여 출동할 때 그 출동을 방해한 자

② 사람을 구출하거나 불이 번지는 것을 막기 위하여 불이 번질 우려가 있는 소방대상물의 사용제한의 강제처분을 방해한 자

③ 출동한 소방대의 소방장비를 파손하거나 그 효용을 해하여 화재진압·인명구조 또는 구급활동을 방해한 자

④ 정당한 사유 없이 소방용수시설의 효용을 해치거나 그 정당한 사용을 방해한 자

24 생활안전활동에 따른 조치로 인하여 손실을 입은 자가 있는 경우 누가 손실을 보상하여야 하는가?

① 소방청장 또는 소방서장

② 소방청장 또는 시·도지사

③ 소방본부장 또는 시·도지사

④ 소방서장 또는 소방본부장

25 국가가 국민의 생명과 재산을 보호하기 위하여 소방기술의 연구·개발사업을 수행하게 할 수 있는 기관이나 단체로 옳지 않은 것은?

① 국공립 연구기관

② 한국소방안전원

③ 특정연구기관 육성법 제2조에 따른 특정연구기관

④ 한국소방산업기술원

08 | 제8회 최종모의고사

01 화재, 재난·재해, 그 밖의 위급한 상황이 발생한 현장에서 소방대를 지휘하는 사람으로 다음 중 옳은 것은?

① 소방청장　　　　　　　　　　② 소방본부장
③ 소방서장　　　　　　　　　　④ 소방대장

02 소방기본법에 정하는 종합상황실의 설치·운영에 관한 규정사항으로 옳지 않은 것은?

① 119종합상황실의 설치·운영에 필요한 사항은 행정안전부령으로 정한다.
② 종합상황실은 24시간 운영체제를 유지해야 한다.
③ 종합상황실은 소방청, 소방본부 및 소방서에 각각 설치·운영해야 한다.
④ 신속한 소방활동을 위한 정보를 수집·전파하기 위하여 종합상황실에 소방력 기준에 관한 규칙에 의한 전산·통신요원을 배치하고, 행정안전부령이 정하는 유·무선통신시설을 갖추어야 한다.

03 소방체험관의 설립 및 운영에 관한 기준에서 소방체험관의 규모 및 지역 여건 등을 고려하여 갖출 수 있는 체험실 분야의 성격이 다른 하나는 무엇인가?

① 미아안전 체험실　　　　　　　② 자살방지 체험실
③ 폭력안전 체험실　　　　　　　④ 성폭력안전 체험실

04 소방기본법에 따르면 "소방자동차 등 소방장비의 분류·표준화와 그 관리 등에 필요한 사항은 따로 법률에서 정한다."라고 규정되어 있다. 이 법률의 명칭으로 옳은 것은?

① 소방장비의 분류·표준화에 관한 법률
② 소방장비관리법
③ 소방장비관리규칙
④ 소방장비 표준규격 및 내용연수에 관한 규정

05 원활한 소방활동을 위하여 소방용수시설에 대한 조사를 실시하여야 하는 사람으로 옳은 것은?

① 소방청장
② 시·도지사
③ 소방본부장 또는 소방서장
④ 행정안전부장관

06 소방기본법에서 정하는 소방력의 동원에 관한 내용으로 옳지 않은 것은?

① 소방청장은 국가적 차원에서 각 시·도지사에게 소방력 동원을 요청하는 경우 팩스 또는 전화 등의 방법으로 통지해야 한다.
② 동원된 소방력의 소방활동 수행 과정에서 발생하는 경비는 화재, 재난·재해 또는 그 밖의 구조· 구급이 필요한 상황이 발생한 시·도에서 부담하는 것을 원칙으로 한다.
③ 동원된 소방력의 소방활동 수행 과정에서 발생하는 경비부담에 대한 구체적인 내용은 해당 소방 본부가 서로 협의하여 정한다.
④ 시·도 소방력 동원에 필요한 사항은 소방청장이 정한다.

07 소방기본법상 국가의 책무 및 한국119소년단에 관한 규정이다. 다음 (   )에 들어갈 내용으로 옳은 것은?

> 가. (   )와(과) (   )은(는) 화재, 재난·재해, 그 밖의 위급한 상황으로부터 국민의 생명· 신체 및 재산을 보호하기 위하여 필요한 시책을 수립·시행하여야 한다.
> 나. (   ) 혹은 (   )은(는) 한국119청소년단에 그 조직 및 활동에 필요한 시설·장비를 지원 할 수 있으며, 운영경비와 시설비 및 국내외 행사에 필요한 경비를 보조할 수 있다.

① 행정안전부장관, 소방청장
② 국가, 지방자치단체
③ 소방청장, 소방본부장
④ 소방청장, 시·도지사

08 소방기본법상 화재를 예방하고 화재 발생 시 인명과 재산피해를 최소화하기 위하여 소방안전에 관한 교육과 훈련을 실시할 경우 교육일정 등에 관하여 협의해야 하는 대상으로 옳지 않은 것은?

① 영유아보육법 제2조에 따른 어린이집의 영유아
② 장애인복지법 제58조에 따른 장애인복지시설에 거주하거나 해당 시설을 이용하는 장애인
③ 초·중등교육법 제2조에 따른 학교의 대학생
④ 유아교육법 제2조에 따른 유치원의 유아

09 소방기본법령상 과태료 부과 개별기준에서 위반 차수에 관계 없이 위반행위 때마다 같은 과태료 금액을 부과하는 경우를 모두 고른 것은?

> 가. 소방활동을 위하여 사이렌을 사용하여 출동하는 소방자동차의 출동에 지장을 준 경우
> 나. 정당한 사유 없이 화재, 재난·재해, 그 밖의 위급한 상황을 소방본부, 소방서 또는 관계 행정기관에 알리지 않은 경우
> 다. 소방활동구역 출입제한을 받는 자가 소방대장의 허가를 받지 않고 소방활동구역을 출입한 경우
> 라. 한국소방안전원 또는 이와 유사한 명칭을 사용한 경우

① 나, 다, 라 ② 가, 나, 다
③ 가, 다, 라 ④ 가, 나, 다, 라

10 소방기본법에서 정하고 있는 소방지원활동 중 행정안전부령이 정하는 활동에 해당되지 않는 것은?

`21 소방교`

① 군·경찰 등 유관기관에서 실시하는 훈련지원
② 소방시설 오작동 신고에 따른 조치활동
③ 방송제작 또는 촬영 관련 지원활동
④ 화재, 재난·재해로 인한 피해복구 지원활동

11 소방기본법에 따른 규정 내용으로 옳은 것은?

① 국내조달품의 국고보조산정을 위한 기준가격은 국내시장가격으로 한다.
② 손실보상심의위원회 위원으로 위촉되는 위원의 임기는 3년으로 하며, 한 차례만 연임할 수 있다.
③ 화재예방강화지구 지정대상지역에서 화재가 발생한 경우 종합상황실장은 서면·모사전송 또는 컴퓨터통신 등으로, 소방서의 종합상황실의 경우는 소방본부의 종합상황실에, 소방본부의 종합상황실의 경우는 소방청의 종합상황실에 각각 보고해야 한다.
④ 유관기관·단체 등의 요청에 따른 소방지원활동에 드는 비용은 지원요청을 한 유관기관·단체 등에게 부담하게 해야 한다.

12 소방기본법에 따른 소방대원에게 실시할 교육·훈련의 횟수로 옳은 것은?

① 2년마다 1회 ② 1년마다 2회
③ 1년마다 1회 ④ 3년마다 1회

13 소방안전교육사 시험에 대한 내용으로 옳지 않은 것은?

① 소방안전교육사 시험과목은 대통령령으로 정한다.

② 소방안전교육사 시험에 응시하려는 사람은 대통령령으로 정하는 바에 따라 수수료를 내야 한다.

③ 시험 과목별 출제범위는 대통령령으로 정한다.

④ 소방안전교육사의 배치대상 및 배치기준, 그 밖에 필요한 사항은 대통령령으로 정한다.

14 소방기본법에 따른 규정 내용으로 옳지 않은 것은?

① 소방청장은 소방박물관을 설립·운영하는 경우에는 소방박물관에 소방박물관장 1인과 부관장 1인을 두되, 소방박물관장은 소방공무원 중에서 소방청장이 임명한다.

② 정부고시 가격 또는 조달청에서 조사한 해외시장의 시가가 없는 물품의 국고보조산정을 위한 기준가격은 2 이상의 공신력 있는 물가조사기관에서 조사한 가격의 평균가격으로 정한다.

③ 안전원의 정관에 포함되어야 할 사항은 법으로 정한다.

④ 소방지원활동에 드는 비용의 부담금액 및 부담방법에 관하여는 지원요청을 한 유관기관·단체 등과 미리 규약으로 정하여 결정한다.

15 소방안전교육사 응시자격심사위원 및 시험위원으로 임명 또는 위촉할 수 있는 자격기준에 해당되지 않는 것은?

① 교육학과 박사학위를 취득한 사람

② 소방위 이상의 소방공무원

③ 소방안전교육사 자격을 취득한 자

④ 응급구조학과에서 부교수 이상으로 2년 이상 재직한 자

16 소방기본법에 따른 규정 내용으로 옳은 것은?

① 소방청장·소방본부장 또는 소방서장은 신고가 접수된 생활안전 및 위험제거 활동(화재, 재난·재해, 그 밖의 위급한 상황에 해당하는 것은 제외한다)에 대응하기 위하여 소방대를 출동시켜 생활안전활동을 하게 해야 한다.

② 소방청장이 설치할 수 있는 소방체험관의 설립과 운영에 필요한 사항은 행정안전부령으로 정하고 시·도지사가 설치할 수 있는 소방박물관의 설립과 운영에 필요한 사항은 행정안전부령이 정하는 기준에 따라 시·도의 조례로 정한다.

③ 수입물품의 국고보조산정을 위한 기준가격은 수입자가 조사한 해외시장의 시가로 정한다.

④ 시·도 소방본부장은 각 시·도 안전지원의 업무를 감독한다.

17 소방안전교육사 시험 시행 횟수로 맞는 것은?

① 1년마다 1회
② 2년마다 1회
③ 3년마다 1회
④ 행정안전부장관이 필요하다고 인정하는 때에는 그 횟수를 증감할 수 있다.

18 소방신호의 종류와 방법에 대한 설명으로 옳지 않은 것은?

① 소방신호의 방법은 혼선을 방지하기 위하여 그 전부를 함께 사용할 수 없다.
② 소방신호의 종류와 방법은 행정안전부령으로 정한다.
③ 게시판을 철거하거나 통풍대 또는 기를 내리는 것으로 소방활동이 해제되었음을 알린다.
④ 소방대의 비상소집을 하는 경우에는 훈련신호를 사용할 수 있다.

19 소방기본법상 소방자동차 우선통행 등에 관한 설명으로 옳지 않은 것은? `22 소방장`

① 훈련 시에도 사이렌을 사용할 수 있다.
② 화재현장에 사이렌을 사용하여 출동한 경우에는 그 진로를 양보하지 아니하는 행위를 하여서는 아니 된다.
③ 사이렌을 사용하여 훈련을 위하여 출동한 경우에는 소방자동차 앞에 끼어들거나 소방자동차를 가로막는 행위를 하여서는 아니 된다.
④ 소방활동을 위하여 출동할 때에 모든 차는 이를 방해하여서는 아니 된다.

20 소방기본법에 따른 규정 내용으로 옳지 않은 것은?

① 국가는 국민의 생명과 재산을 보호하기 위하여 국공립 연구기관, 한국소방산업기술원 등에 해당하는 기관이나 단체로 하여금 소방기술의 연구·개발사업을 수행하게 할 수 있다.

② 시·도지사는 소방자동차의 보험 가입비용의 일부를 지원할 수 있다.

③ 시·도지사는 소방활동에 필요한 소방용수시설을 설치하고 유지·관리해야 한다.

④ 소방박물관의 관광업무·조직·운영위원회의 구성 등에 관하여 필요한 사항은 소방청장이 정한다.

21 소방기본법에 따른 소방활동 등과 관련한 설명으로 옳지 않은 것은?

① 경찰공무원은 소방대가 소방활동구역에 있지 아니하거나 소방대장의 요청이 있을 때에는 소방활동에 필요가 없는 사람 외에는 그 구역에 출입하는 것을 제한할 수 있다.

② 통신업무에 종사한 사람으로서 소방대장의 출입을 허가 받은 사람은 소방활동구역에 출입할 수 있다.

③ 소방활동을 위하여 긴급하게 출동시 소방자동차의 통행과 소방활동에 방해 되는 때, 방해되는 주차 또는 정차된 차량 및 물건 등 이동 또는 제거활동을 정당한 사유 없이 그 처분에 따르지 아니한 자는 300만원 이하의 벌금에 처한다.

④ 소방대장은 위험물의 유출 그 밖의 사고가 발생한 때에는 즉시 그리고 지속적으로 위험물의 유출 및 확산의 방지, 유출된 위험물의 제거 그 밖에 재해의 발생방지를 위한 응급조치를 강구하여야 한다.

22 기상법 제13조 제1항에 따른 이상기상(異常氣象)의 예보 또는 특보가 있을 때에는 화재에 관한 경보를 발령할 때 사용할 수 있는 소방신호의 사이렌 방법으로 옳은 것은?

① 5초 간격을 두고 30초씩 3회

② 10초 간격을 두고 1분씩 3회

③ 5초 간격을 두고 5초씩 3회

④ 1분간 1회

23 소방안전교육훈련의 시설, 장비, 강사자격 및 교육방법 등의 기준에 따른 내용이다. 다음 ( ) 안에 들어갈 숫자로 옳은 것은?

> 가. 소방안전교육훈련에 필요한 소방안전교실은 화재안전 및 생활안전 등을 체험할 수 있는 (ㄱ) 제곱미터 이상의 실내를 갖추어야 한다.
> 나. 소방안전교육훈련에 필요한 이동안전체험차량은 어린이 (ㄴ)명(성인은 (ㄷ)명)을 동시에 수용할 수 있는 실내공간을 갖춘 자동차로 한다.
> 다. 소방공무원으로서 (ㄹ)년 이상 근무한 경력이 있는 사람은 소방안전교육훈련의 강사 자격이 있다.

	ㄱ	ㄴ	ㄷ	ㄹ
①	150	30	15	3
②	100	20	10	5
③	200	30	10	3
④	100	30	15	5

24 소방기본법상 200만원 이하의 과태료 처분 대상이 아닌 것은?

① 화재 또는 구조·구급이 필요한 상황을 거짓으로 알린 경우
② 소방활동구역의 출입 제한 자가 허가를 받지 않고 소방활동구역을 출입한 사람
③ 한국119청소년단 또는 이와 유사한 명칭을 사용한 자
④ 한국소방안전원 또는 이와 유사한 명칭을 사용한 자

25 소방기본법에 따른 양벌규정이 적용되는 위반행위로 옳은 것은?

① 화재 또는 구조·구급이 필요한 상황을 거짓으로 알린 사람
② 소방활동구역 출입제한을 받는 자가 허가를 받지 않고 소방활동구역을 출입한 사람
③ 정당한 사유 없이 비상소화장치를 사용하거나 효용을 해치거나 그 정당한 사용을 방해한 사람
④ 한국소방안전원 또는 이와 유사한 명칭을 사용한 사람

09 제9회 최종모의고사

01 다음 중 소방기본법에 따른 소방대장과 관련이 없는 사람은?

① 화재현장에서 소방대를 지휘하는 사람
② 재난현장에서 의무소방원을 지휘하는 소방서장
③ 재해현장에서 의용소방대원을 지휘하는 소방서장
④ 화재현장에서 의용소방대원을 지휘하는 의용소방대장

02 소방기본법에서 정하는 종합상황실의 설치 · 운영에 관한 설명 중 옳은 것은?

① 119종합상황실의 설치 · 운영에 필요한 사항은 대통령령으로 정한다.
② 소방본부장은 각 소방서의 종합상황실을 설치 · 운영해야 한다.
③ 소방서 종합상황실 근무자의 근무방법 등 종합상황실의 운영에 관하여 필요한 사항은 소방본부장이 정한다.
④ 종합상황실에 근무하는 자 중 최고직위에 있는 자를 종합상황실의 실장이라 한다.

03 화재, 재난 · 재해, 그 밖의 위급한 상황으로부터 국민의 생명 · 신체 및 재산을 보호하기 위하여 소방업무에 관한 종합계획은 몇 년마다 수립 · 시행하여야 하는가?

① 매년
② 3년
③ 5년
④ 10년

04 소방기본법에서 정하는 내용에서 ( ) 안에 들어갈 규정 내용을 차례대로 바르게 나열한 것은?

> ( )은(는) 소방장비의 구입 등 ( )의 소방업무에 필요한 경비의 일부를 보조한다.

① 국가, 시 · 도
② 기획재정부, 소방청
③ 시 · 도, 소방본부
④ 소방청장, 시 · 도지사

5 소방청장이 국가적 차원에서 각 시 · 도지사에게 소방력 동원을 요청하는 경우 통지하여야 할 사항이 아닌 것은?

① 동원을 요청하는 인력 및 장비의 규모

② 소방력 이송 수단 및 집결장소

③ 소방활동을 수행하게 될 재난의 규모, 원인 등 소방활동에 필요한 정보

④ 소방활동 수행 과정에서 발생하는 경비부담에 관한 사항

6 소방기본법령상 소방용수시설별 설치기준으로 옳은 것은? `22 소방장` `22 소방교`

① 주거지역에 설치한 경우 소방대상물과의 수평거리를 140미터 이하가 되도록 할 것

② 소방호스와 연결하는 소화전의 연결금속구의 구경은 40밀리미터로 할 것

③ 급수탑의 개폐밸브는 지상에서 0.8미터 이상 1.5미터 이하의 위치에 설치할 것

④ 저수조에 물을 공급하는 방법은 상수도에 연결하여 자동으로 급수되는 구조일 것

7 소방기본법령상 소방자동차의 안전한 운행 및 교통사고 예방을 위하여 운행기록장치 데이터의 수집 · 저장 · 통합 · 분석 등의 업무를 전자적으로 처리하기 위한 시스템을 무엇이라 하는가?

① 소방장비 관리 시스템

② 소방자동차 교통안전 분석 시스템

③ 소방차 장비 관리 시스템

④ 운행기록장치 시스템

8 소방기본법 시행규칙상 비상소화장치의 설치기준에서 소방호스에 대한 내용이다. (   )에 들어갈 내용으로 맞는 것은?

> 소방호스란 소화전의 방수구에 연결하여 소화용수를 방수하기 위한 (㉠)으로서 (㉡)로 구성되어 있는 (㉢) 또는 소방용고무내장호스를 말한다

	㉠	㉡	㉢
①	도관	호스와 연결금속구	소방용릴호스
②	수관	호스와 연결금속구	소방용릴호스
③	도관	소방용릴호스	소방호스
④	수관	소방용릴호스	소방호스

09 소방기본법령에 관한 설명이다. (   )에 들어갈 내용이 다른 하나는?

> 가. 자체소방대는 소방대가 현장에 도착한 경우 (   )의 지휘·통제에 따라야 한다.
> 나. (   )은 화재, 재난·재해, 그 밖의 위급한 상황이 발생한 현장에 소방활동구역을 정하여 소방활동에 필요한 사람으로서 대통령령으로 정하는 사람 외에는 그 구역에 출입하는 것을 제한할 수 있다.
> 다. (   )은 화재, 재난·재해, 그 밖의 위급한 상황이 발생한 현장에서 소방활동을 위하여 필요할 때에는 그 관할구역에 사는 사람 또는 그 현장에 있는 사람으로 하여금 사람을 구출하는 일 또는 불을 끄거나 불이 번지지 아니하도록 하는 일을 하게 할 수 있다.
> 라. (   )은 소방활동을 위하여 긴급하게 출동할 때에는 소방자동차의 통행과 소방활동에 방해가 되는 주차 또는 정차된 차량 및 물건 등을 제거하거나 이동시킬 수 있다.

① 가   ② 나
③ 다   ④ 라

10 다음 중 소방기본법에 따른 실시권자가 다른 하나는?

① 화재의 예방조치   ② 소방지원활동
③ 소방교육훈련   ④ 유치원 유아에게 소방안전 교육과 훈련

11 소방기본법에 따른 규정 내용으로 옳은 것은?

① 시·도 소방본부장은 소방활동에 필요한 소화전·급수탑·저수조를 설치하고 유지·관리해야 한다.
② 소방차 전용구역에 차를 주차하거나 전용구역에의 진입을 가로막는 등의 방해행위를 한 자에게는 위반횟수와 관계없이 100만원 이하의 과태료를 부과한다.
③ 종합상황실의 실장은 종합상황실에 근무하는 자 중 최고 직위에 있는 자(최고 직위에 있는 자가 2인 이상인 경우에는 선임자)를 말한다.
④ 소방청장·소방본부장 또는 소방서장은 신고가 접수된 생활안전 및 위험제거 활동(화재, 재난·재해, 그 밖의 위급한 상황에 해당하는 것은 제외한다)에 대응하기 위하여 소방대를 출동시켜 생활안전활동을 하게 할 수 있다.

12 소방기본법에 따른 소방안전에 관한 교육과 훈련을 실시할 수 있는 대상자에 해당되지 않는 것은?

① 어린이집의 영유아   ② 고등학교의 학생
③ 대학교의 학생   ④ 유치원의 유아

13 소방안전교육사 시험에 대한 내용으로 옳지 않은 것은?

① 소방안전교육사 시험과목은 대통령령으로 정한다.

② 소방안전교육사 시험방법은 대통령령으로 정한다.

③ 소방안전교육사 응시자격은 대통령령으로 정한다.

④ 부정행위자로 시험이 정지되거나 무효로 처리된 사람은 그 처분이 있은 날부터 5년간 소방안전교육사 시험에 응시하지 못한다.

14 소방기본법에 따른 규정 내용으로 옳지 않은 것은?

① 시·도지사는 소방자동차의 공무상 운행 중 교통사고가 발생한 경우 그 운전자의 법률상 분쟁에 소요되는 비용을 지원할 수 있는 보험에 가입해야 한다.

② 소화전을 설치하는 일반수도사업자는 관할 소방서장과 사전협의를 거친 후 소화전을 설치하여야 하며, 설치 사실을 관할 소방서장에게 통지하고, 그 소화전을 유지·관리해야 한다.

③ 국가는 우수소방제품의 전시·홍보를 위하여 무역전시장 등을 설치한 자에게 소방산업전시회 운영에 따른 경비의 일부를 지원을 할 수 있다.

④ 시·도지사는 관할 지역의 특성을 고려하여 종합계획의 시행에 필요한 세부계획을 시행 전년도 12월 31일까지 수립하여 이에 따른 소방업무를 성실히 수행해야 한다.

15 소방신호의 종류별 신호방법에 해당되지 않는 것은?

① 타종신호

② 확성기

③ 사이렌 신호

④ 통풍대

16 소방기본법에 따른 규정 내용으로 옳은 것은?

① 소방청장 또는 소방본부장은 대통령령으로 정하는 소방자동차에 행정안전부령으로 정하는 기준에 적합한 운행기록장치를 장착하고 운용하여야 한다.

② 손실보상심의위원회는 위원장 1명을 포함하여 9명 이하의 위원으로 구성한다.

③ 소화전을 설치하는 일반수도사업자는 관할 시·도지사와 사전협의를 거친 후 소화전을 설치하여야 하며, 설치 사실을 관할 소방서장에게 통지하고, 그 소화전을 유지·관리해야 한다.

④ 소방청장, 소방본부장 또는 소방서장은 소방자동차의 공무상 운행 중 교통사고가 발생한 경우 그 운전자의 법률상 분쟁에 소요되는 비용을 지원할 수 있는 보험에 가입해야 한다.

17 소방대가 화재, 재난·재해, 그 밖의 위급한 상황이 발생한 현장에 신속하게 출동하기 위하여 긴급할 때에는 일반적인 통행에 쓰이지 아니하는 도로·빈터 또는 물 위로 통행할 수 있는 것을 무엇이라 하는가?

① 수선통행
② 긴급통행
③ 소방출동
④ 신속대응활동

18 소방기본법에 따른 규정 내용으로 옳지 않은 것은?

① 소방대의 적법한 소방업무 또는 소방활동으로 손실을 입은 물건의 멸실·훼손으로 영업자가 손실을 입은 물건의 수리나 교환으로 인하여 영업을 계속할 수 없는 때에는 영업을 계속할 수 없는 기간의 영업이익액에 상당하는 금액을 더하여 보상한다.

② 소방서장은 소방자동차의 진입이 곤란한 지역 등 화재발생 시에 초기 대응이 필요한 지역으로서 대통령령으로 정하는 지역에 소방호스 또는 호스 릴 등을 소방용수시설에 연결하여 화재를 진압하는 시설이나 장치를 설치하고 유지·관리할 수 있다.

③ 소방청장은 이 법에 따른 권한의 일부를 대통령령으로 정하는 바에 따라 시·도지사, 소방본부장 또는 소방서장에게 위임할 수 있다.

④ 소방활동으로 인한 소방공무원의 면책사항이 규정되어 있다.

19 소방기본법에 따른 규정내용에 대한 설명으로 옳지 않은 것은?

① 정당한 사유 없이 물의 사용이나 수도의 개폐장치의 사용 또는 조작을 하지 못하게 하거나 방해한 자는 100만원 이하의 벌금에 처한다.

② 소방활동구역 출입제한자가 소방대장의 허가를 받지 않고 출입한 경우 200만원 이하의 과태료에 처한다.

③ 소방활동으로 손실을 받은 자가 있는 경우 소방본부장 또는 시·도지사는 손실보상심의위원회의 심사·의결에 따라 정당한 보상을 해야 한다.

④ 소방본부장, 소방서장 또는 소방대장은 피난명령을 할 때 필요하면 관할 경찰서장 또는 자치경찰단장에게 협조를 요청할 수 있다.

20 소방안전교육사시험의 응시자격에 해당하는 내용이다. 다음 (   ) 안에 들어갈 숫자로 옳은 것은?

> 가. 국가기술자격의 직무분야 중 안전관리 분야의 기사 자격을 취득한 후 안전관리 분야에 (   )년 이상 종사한 사람
> 나. 간호사 면허를 취득한 후 간호업무 분야에 (   )년 이상 종사한 사람
> 다. 1급 응급구조사 자격을 취득한 후 응급의료 업무 분야에 (   )년 이상 종사한 사람
> 라. 1급 소방안전관리대상물의 소방안전관리자에 해당하는 자격을 갖춘 후 소방안전관리대상물의 소방안전관리에 관한 실무경력이 (   )년 이상 있는 사람

① 3   ② 1
③ 2   ④ 5

21 시 · 도지사가 이웃하는 다른 시 · 도지사와 소방업무에 관하여 상호응원협정을 체결하고자 하는 때에 포함되도록 해야 하는 소요경비의 부담에 관한 사항으로 옳지 않은 것은?

① 소방장비 및 기구의 구입   ② 출동대원의 수당·식사
③ 소방기구의 연료의 보급   ④ 출동대원의 의복의 수선

22 소방기본법 시행령에 따른 과태료 부과 개별기준에서 과태료 부과금액이 다른 하나는?

① 소방활동을 위하여 사이렌을 사용하여 출동하는 소방자동차의 출동에 지장을 준 경우
② 소방차 주차 전용구역에 차를 주차하거나 전용구역에의 진입을 가로막는 등의 방해행위를 3회 위반한 경우
③ 한국119청소년단 또는 이와 유사한 명칭을 사용한 경우
④ 소방활동구역 출입제한을 받는 자가 허가를 받지 않고 소방활동구역을 출입한 경우

23 소방기본법상의 벌칙으로 3년 이하의 징역 또는 3천만원 이하의 벌금에 해당하는 것은?

① 화재가 발생하거나 불이 번질 우려가 있는 소방대상물 및 토지 이외 강제처분을 방해한 자 또는 정당한 사유 없이 그 처분에 따르지 아니한 자

② 사람을 구출하거나 불이 번지는 것을 막기 위하여 불이 번질 우려가 있는 소방대상물의 사용제한의 강제처분을 방해한 자

③ 정당한 사유 없이 소방대의 생활안전활동을 방해한 자

④ 정당한 사유 없이 소방용수시설 또는 비상소화장치을 사용하거나 소방용수시설 또는 비상소화 장치의 효용을 해치거나 그 정당한 사용을 방해한 사람

24 생활안전활동에 따른 조치로 인하여 손실을 입은 자가 있으면 누가 그 손실을 보상하여야 하는가?

① 대통령

② 소방청장 또는 시·도지사

③ 손실보상심의위원회

④ 소방본부장 또는 소방서장

25 한국소방안전원, 한국119청소년단 또는 이와 유사한 명칭을 사용한 경우 행정적 재재 수단으로 옳은 것은?

① 200만원 이하의 과태료

② 100만원 이하의 과태료

③ 1차 과태료 50만원

④ 200만원 이하의 벌금

10 | 제10회 최종모의고사

01 소방기본법에서 정하는 소방대상물에 해당되지 않는 것은?

① 옹 벽
② 항구에 매어둔 선박
③ 자전거
④ 산림의 토지

02 소방기관·종합상황실·소방박물관 등의 설치·운영에 관한 설명으로 맞지 않는 것은?

`22 소방장`

① 시·도의 소방기관의 설치에 필요한 사항은 대통령령으로 정한다.
② 소방체험관의 설립과 운영에 필요한 사항은 행정안전부령으로 정한다.
③ 소방박물관의 설립과 운영에 필요한 사항은 행정안전부령으로 정한다.
④ 119종합상황실의 설치·운영에 필요한 사항은 행정안전부령으로 정한다.

03 국민의 생명·신체 및 재산을 보호하기 위하여 소방업무에 관한 종합계획은 누가 수립해야 하는가?

① 소방본부장
② 국 가
③ 시·도지사
④ 소방청장

04 소방기본법에서 정하는 내용에서 (   ) 안에 들어갈 규정 내용으로 옳은 것은?

> 소방자동차 등 소방장비의 분류·표준화와 그 관리 등에 필요한 사항은 (   )에서 정한다.

① 대통령령
② 소방자동차 관리규칙
③ 따로 법률
④ 소방청장 훈령

05 다음 중 소방용수시설별 설치기준으로 옳은 것은? 22 소방교

① 소화전은 상수도와 연결하여 지하식 또는 지상식의 구조로 할 것

② 소화전의 급수배관의 구경은 65밀리미터 이상으로 할 것

③ 소화전은 흡수에 지장이 없도록 토사 및 쓰레기 등을 제거할 수 있는 설비를 갖출 것

④ 급수탑에 물을 공급하는 방법은 상수도에 연결하여 자동으로 급수되는 구조일 것

06 소방기본법상 소방청장이 긴급을 요하는 상황이 발생하여 국가적 차원에서 소방력 동원을 요청할 경우 직접 누구에게 요청할 수 있는가?

① 시·도 소방본부 또는 소방서의 종합상황실장

② 시·도 소방본부 또는 소방서의 종합상황실

③ 소방본부장 또는 소방서장

④ 소방본부 또는 소방서

07 소방기본법 시행령상 시·도지사가 설치하고 유지·관리할 수 있는 비상소화장치의 설치대상 지역 중 화재예방강화지구를 모두 고른 것은?

> 가. 산업입지 및 개발에 관한 법률 제2조 제8호에 따른 산업단지
> 나. 노후·불량건축물 밀집지역
> 다. 소방시설·소방용수시설 또는 소방출동로가 없는 지역
> 라. 목조건물이 밀집한 지역

① 가, 나   ② 가, 나, 다

③ 가, 나, 다, 라   ④ 나, 다, 라

08 소방기본법 및 같은 법 시행규칙상 소방자동차 교통안전 분석 시스템 구축·운영에 관한 사항으로 옳지 않은 것은?

① 소방청장, 소방본부장 및 소방서장은 소방자동차 운행기록장치에 기록된 데이터를 6개월 동안 저장·관리해야 한다.

② 소방자동차의 안전한 운행 및 교통사고 예방을 위하여 소방자동차 운행기록을 임의로 조작하거나 변경할 수 있다.

③ 소방청장은 소방자동차 교통사고 예방 업무에 활용하기 위하여 소방본부장 및 소방서장에게 운행 기록 및 분석결과 등 관련 자료의 제출을 요청할 수 있다.

④ 소방청장 및 소방본부장은 운행기록장치 데이터 중 과속, 급감속, 급출발 등의 운행기록을 점검·분석해야 한다.

09 소방기본법 시행령상 과태료 부과 일반기준에 관한 내용으로 옳은 것은?

① 위반행위의 횟수에 따른 과태료의 가중된 부과기준의 기간의 계산은 위반행위에 대하여 과태료 부과처분을 받은 날과 그 처분 후 다시 같은 위반행위를 하여 부과처분을 받은 날을 기준으로 한다.

② 과태료를 체납하고 있는 위반행위자에 대해서는 그 금액을 줄여 부과할 수 없다.

③ 위반행위의 정도, 위반행위의 동기와 그 결과 등은 감경에 고려할 필요가 없다.

④ 부과권자는 위반행위자가 화재 등 재난으로 재산에 현저한 손실을 입거나 사업 여건의 악화로 그 사업이 영업상 손실을 입은 경우 그 금액을 줄여 부과할 수 있다.

10 소방자동차의 공무상 운행 중 교통사고가 발생한 경우 그 운전자의 법률상 분쟁에 소요되는 비용을 지원할 수 있는 보험에 가입하여야 하는 자는 누구인가?

① 소방본부장

② 소방서장

③ 시·도지사

④ 소방청장

11 소방기본법에 따른 규정 내용으로 옳은 것은?

① 소방체험관에는 화재안전, 시설안전, 보행안전, 자동차안전, 기후성 재난, 지질성 재난, 응급처치 등 소방안전 체험실을 지역여건 등을 고려하여 갖출 수 있다. 이 경우 체험실별 바닥면적의 합은 900제곱미터 이상이어야 한다.

② 소방용수시설 조사시에는 소방대상물에 인접한 도로의 폭, 건물의 개황, 소화전과의 거리를 조사해야 한다.

③ 소방대원에게 실시하는 소방안전교육·훈련의 종류는 화재진압훈련 등 5가지이다.

④ 소방공무원으로서 3년 이상 근무한 경력이 있는 사람은 어린이집의 영유아, 유치원의 유아, 초·중등학교의 학생을 대상으로 하는 소방안전교육훈련 강사의 자격 기준에 해당한다.

12 소방기본법에 따른 소방대원에게 실시할 교육·훈련의 기간으로 옳은 것은?

① 2주 이상

② 1주 이상

③ 3일 이상

④ 32시간 이상

13 소방안전교육사 시험에서 부정행위를 한 사람에 대한 조치로 옳은 것은?

① 해당 시험을 정지시키거나 무효로 처리한다.

② 해당 시험장에서 퇴실 조치를 한다.

③ 해당 시험을 취소로 처리한다.

④ 해당 시험을 정지시키거나 실효로 처리한다.

14 소방기본법에 따른 소방활동에 관한 면책 및 소송지원에 대한 내용으로 옳은 것은?

① 소방공무원이 소방지원활동으로 인하여 타인을 사상(死傷)에 이르게 한 경우 경과실인 때에는 그 정상을 참작하여 사상에 대한 형사책임을 감경하거나 면제할 수 있다.

② 소방공무원이 생활안전활동으로 민·형사상 책임과 관련된 소송을 수행할 경우 시·도지사는 변호인 선임 등 소송수행에 필요한 지원을 할 수 있다.

③ 소방공무원이 소방활동으로 민·형사상 책임과 관련된 소송을 수행할 경우 소방서장은 변호인 선임 등 소송수행에 필요한 지원을 하여야 한다.

④ 소방청장은 소방공무원이 소방활동, 소방지원활동, 생활안전활동으로 민·형사상 책임과 관련된 소송을 수행할 경우 변호인 선임 등 소송수행에 필요한 지원을 할 수 있다.

15 소방기본법에 따른 규정 내용으로 옳지 않은 것은?

① 소방청장, 소방본부장 또는 소방서장은 소방안전교육훈련의 실시결과, 만족도 조사결과 등을 기록하고 이를 3년간 보관해야 한다.

② 국가는 우수소방제품의 전시·홍보를 위하여 무역전시장 등을 설치한 자에게 소방산업전시회 운영에 따른 경비의 일부를 지원할 수 있다.

③ 소방청장은 화재, 재난·재해, 그 밖의 위급한 상황으로부터 국민의 생명·신체 및 재산을 보호하기 위하여 소방업무에 관한 종합계획을 5년마다 수립·시행하여야 한다.

④ 소방용수표지 설치 시 문자의 규격이 정해져 있다.

16 소방안전교육사 시험위원 등에 대한 설명으로 옳지 않은 것은?

① 응시자격심사위원은 3명으로 한다.

② 시험위원 중 채점위원은 5명으로 한다.

③ 시험위원 중 면접위원은 5명으로 한다.

④ 시험위원 중 출제위원은 시험과목별 3명으로 한다.

17 소방기본법에 따른 소방력의 동원에 관한 규정이다. (   ) 안에 들어갈 내용이 순서대로 알맞게 짝지어진 것은?

> 소방청장은 해당 시·도의 소방력만으로는 소방활동을 효율적으로 수행하기 어려운 화재, (ㄱ), 그 밖의 (ㄴ)이(가) 필요한 상황이 발생하거나 특별히 국가적 차원에서 소방활동을 수행할 필요가 인정될 때에는 각 (ㄷ)에게 (ㄹ)으로 정하는 바에 따라 소방력을 동원할 것을 요청할 수 있다.

	ㄱ	ㄴ	ㄷ	ㄹ
①	구조·구급	재난·재해	시·도 소방본부장	대통령령
②	재난·재해	구조·구급	시·도지사	대통령령
③	구조·구급	재난·재해	시·도 소방본부장	행정안전부령
④	재난·재해	구조·구급	시·도지사	행정안전부령

18 소방기본법에 따른 규정내용으로 옳은 것은?

① 소방청장, 소방본부장 또는 소방서장은 소방공무원이 소방활동·소방지원활동 또는 생활안전활동으로 인하여 민·형사상 책임과 관련된 소송을 수행할 경우 변호인 선임 등 소송수행에 필요한 지원을 할 수 있다.

② 시·도지사는 소방업무의 체계적 수행을 위하여 필요한 경우 소방본부장이 제출한 세부계획의 보완 또는 수정을 요청할 수 있다.

③ 소방용수표지의 문자는 붉은색, 내측바탕은 흰색, 외측바탕은 파란색으로 하고 반사도료를 사용해야 한다.

④ 안전원의 사업계획 및 예산에 관하여는 소방청장의 인가를 얻어야 한다.

19 소방기본법상 화재, 재난·재해, 그 밖의 위급한 상황이 발생한 현장에 소방활동구역을 정하는 권한을 가진 사람으로 옳은 것은?

① 소방대장　　　　　　　　　　　② 소방서장

③ 긴급구조통제단장　　　　　　　④ 관할 경찰서장

20 소방기본법에 따른 규정 내용으로 옳지 않은 것은?

① 소방체험관은 체험교육 프로그램의 개발 및 국민 안전의식 향상을 위한 홍보·전시 등의 기능을 수행한다.

② 저수조는 지면으로부터의 낙차가 4.5미터 이하이어야 하며, 흡수부분의 수심이 0.5미터 이하로 설치해야 한다.

③ 안전원의 장(이하 "안전원장"이라 한다)은 소방기술과 안전관리의 기술향상을 위하여 매년 교육 수요조사를 실시하여 교육계획을 수립하고 소방청장의 승인을 받아야 한다.

④ 소방청장, 소방본부장 또는 소방서장은 소방업무를 전문적이고 효과적으로 수행하기 위하여 소방대원에게 필요한 교육·훈련을 실시해야 한다.

21 다음의 권한을 모두 행사할 수 있는 사람은?

> ㉠ 소방활동구역 설정　　　　　㉡ 소방활동종사 명령
> ㉢ 강제처분　　　　　　　　　　㉣ 피난명령
> ㉤ 위험물시설 등 긴급조치권

① 소방대장

② 소방서장

③ 소방본부장

④ 소방청장

22 소방기본법에 따른 20만원 이하의 과태료 부과·징수 권한이 있는 사람은?

① 소방청장 또는 관할 시·도지사

② 관할 소방본부장 또는 소방서장

③ 소방청장, 관할 소방본부장 또는 관할 소방서장

④ 관할 시·도지사, 소방본부장 또는 소방서장

23 소방자동차 전용구역의 설치 기준·방법에 대한 내용으로 옳은 것은?

① 전용구역의 설치 기준·방법은 대통령으로 정한다.

② 공동주택의 관계인이 설치해야 한다.

③ 각 동별로 설치하여야 하나, 하나의 전용구역에서 여러 동에 접근하여 소방활동이 가능한 경우로서 소방본부장이 정하는 경우에는 각 동별로 설치하지 않을 수 있다.

④ 각 동별 전면 또는 후면에 각각 설치해야 한다.

24 소방기본법 시행령에 따른 과태료 부과 개별기준에서 위반행위의 횟수와 관계없이 100만원의 과태료에 해당하는 것은?

① 한국119청소년단 또는 이와 유사한 명칭을 사용한 경우

② 소방차전용구역에 차를 주차하거나 전용구역에의 진입을 가로막는 등의 방해행위를 한 자

③ 소방활동을 위하여 사이렌을 사용하여 출동하는 소방자동차의 출동에 지장을 준 경우

④ 한국소방안전원 또는 이와 유사한 명칭을 사용한 경우

25 정당한 사유 없이 소방대가 현장에 도착할 때까지 사람을 구출하는 조치 또는 불을 끄거나 불이 번지지 아니하도록 하는 조치를 하지 아니한 사람에 대한 벌칙은?

① 3년 이하의 징역 또는 3천만원 이하의 벌금

② 100만원 이하의 벌금

③ 300만원 이하의 벌금

④ 1000만원 이하의 벌금

11 | 제11회 최종모의고사

01 소방기본법에서 정하는 소방대상물에 해당되는 것으로 옳은 것은?

① 고가수조
② 항해 중인 선박
③ 산림의 토지
④ 관계지역의 토지

02 소방박물관 등의 설립과 운영에 관한 설명 중 틀린 것은? `22 소방장`

① 소방박물관에 소방박물관장 1인과 부관장 1인을 두되, 소방박물관장은 소방공무원 중에서 소방 청장이 임명한다.
② 소방박물관에는 그 운영에 관한 중요한 사항을 심의하기 위하여 7인 이내의 위원으로 구성된 운영위원회를 둔다.
③ 소방박물관은 국내·외의 소방의 역사, 소방공무원의 복장 및 소방장비 등의 변천 및 발전에 관한 자료를 수집·보관 및 전시한다.
④ 소방청장은 소방박물관을, 소방본부장은 소방체험관을 설립하여 운영할 수 있다.

03 소방업무에 관한 종합계획의 시행에 필요한 세부계획을 수립하는 소방업무에 대한 책임은 누구에게 있는가?

① 소방청장
② 소방본부장
③ 소방서장
④ 시·도지사

04 소방기본법에 따른 국고보조 대상사업의 범위에 해당되지 않는 것은?

① 일반통신설비와 겸용할 수 있는 소방통신설비
② 소방관서용 청사의 건축
③ 소방헬리콥터 및 소방정
④ 방화복 등 소방활동에 필요한 소방장비

5 소방용수시설별 설치기준에서 소방대상물과의 수평거리를 100m 이하로 설치해야 할 지역이 아닌 것은?

① 주거지역　　　　　　　　　　　　② 공업지역

③ 상업지역　　　　　　　　　　　　④ 관리지역

6 소방활동을 수행하는 과정에서 발생하는 경비 부담에 관한 사항은 무엇으로 정하는가?

① 대통령령　　　　　　　　　　　　② 행정안전부령

③ 소방청장　　　　　　　　　　　　④ 시 · 도 조례

7 다음은 소방기본법에 따른 소방기관의 설치 등에 관한 내용이다. ( ) 안에 들어갈 내용으로 옳은 것은?

> 가. (ㄱ)의 화재 예방 · 경계 · 진압 및 조사, 소방안전교육 · 홍보와 화재, 재난 · 재해, 그 밖의 위급한 상황에서의 구조 · 구급 등의 업무(이하 "소방업무"라 한다)를 수행하는 소방기관의 설치에 필요한 사항은 (ㄴ)으로 정한다.
> 나. 소방업무를 수행하는 소방본부장 또는 소방서장은 그 소재지를 관할하는 (ㄷ)의 지휘와 감독을 받는다.
> 다. 위 "나"에도 불구하고 (ㄹ)은(는) 화재 예방 및 대형 재난 등 필요한 경우 (ㄱ) 소방본부장 및 소방서장을 지휘 · 감독할 수 있다.
> 라. (ㄱ)에서 소방업무를 수행하기 위하여 (ㄷ) 직속으로 (ㅁ)을(를) 둔다.

	ㄱ	ㄴ	ㄷ	ㄹ	ㅁ
①	시 · 도지사	대통령령	시 · 도	소방청장	소방서
②	시 · 도	대통령령	시 · 도지사	소방청장	소방본부
③	소방청	행정안전부령	소방청	시 · 도지사	소방서
④	소방청장	행정안전부령	시 · 도지사	소방청	소방본부

8 다음은 소방기본법령상 과태료 부과 개별기준에서 ( ) 안의 금액의 총합은?

위반행위	과태료 금액(만원)		
	1회	2회	3회
소방차 전용구역에 차를 주차하거나 전용구역에의 진입을 가로막는 등의 방해 행위를 한 경우	50	100	( )
한국119청소년단 또는 이와 유사한 명칭을 사용한 경우	100	( )	200
화재 또는 구조 · 구급이 필요한 상황을 거짓으로 알린 경우	( )	400	500

① 350만원　　　　　　　　　　　　② 400만원

③ 450만원　　　　　　　　　　　　④ 550만원

09 소방기본법에서 정하는 기준에 대한 설명으로 옳은 것은?

① 소방체험관의 체험실별 바닥면적은 50제곱미터 이상이어야 한다.

② 소방본부장이나 소방서장은 소방활동을 할 때에 긴급한 경우에는 이웃한 소방본부장 또는 소방서장에게 소방업무의 응원(應援)을 요청할 수 있다.

③ 화재진압을 위하여 수영장의 물을 사용하는 경우에는 관계인과 협의하여야 한다.

④ 소방활동을 위하여 긴급하게 출동할 때에는 불법주차된 차량이 소방활동에 장애가 되어 이를 제거하는 과정에 손실을 입은 경우에 손실보상심의위원회 심사·의결에 따라 정당한 보상을 하여야 한다.

10 소방기본법에 따른 규정 내용으로 옳은 것은?

① 소방차 전용구역에 차를 주차하거나 전용구역에의 진입을 가로막는 등의 방해행위를 한 자에게는 50만원 이하의 과태료를 부과한다.

② 지상에 설치하는 소방용수표지의 내측 직경은 45cm로 한다.

③ 소방청장, 소방본부장 또는 소방서장은 화재를 예방하고 화재 발생 시 인명과 재산피해를 최소화하기 위하여 어린이집의 영유아, 유치원의 유아, 초·중등학생, 장애인복지시설에 거주하거나 해당 시설을 이용하는 장애인을 대상으로 소방안전에 관한 교육과 훈련을 실시할 수 있다.

④ 소방청장은 소방업무에 관한 종합계획을 시·도 소방본부장과 협의를 거쳐 계획 시행 전년도 10월 31일까지 수립해야 한다.

11 소방기본법에 따른 소방활동에 대한 면책 및 소송지원을 할 수 있는 권한이 있는 사람으로 맞지 않는 것은?

① 시·도지사　　　　　　　　② 소방청장

③ 소방본부장　　　　　　　　④ 소방서장

12 소방안전교육사 시험이 정지되거나 무효로 처리된 사람은 그 처분이 있은 날부터 몇 년간 소방안전교육사 시험에 응시하지 못하는가?

① 5년　　　　　　　　② 3년

③ 2년　　　　　　　　④ 1년

13 다음 중 소방기본법에서 정하는 내용으로 옳은 것은?

① 소방공무원이 소방활동으로 인하여 타인을 사상(死傷)에 이르게 한 경우 그 소방활동이 불가피하고 소방공무원에게 고의 또는 중대한 과실이 없는 때에는 그 정상을 참작하여 사상에 대한 형사책임을 감경하거나 면제할 수 있다.

② 시·도지사는 소방공무원이 소방활동으로 인하여 민·형사상 책임과 관련된 소송을 수행할 경우 변호인 선임 등 소송수행에 필요한 지원을 할 수 있다.

③ 시·도지사는 소방자동차 보험 가입비용의 일부를 지원할 수 있다.

④ 시·도지사는 위해동물, 벌 등의 포획 및 퇴치 활동으로 인하여 민·형사상 책임과 관련된 소송을 수행할 경우 변호인 선임 등 소송수행에 필요한 지원을 할 수 있다.

14 소방안전교육사 시험에 합격한 사람에게 소방안전교육사증은 언제까지 발급하여야 하는가?

① 시험합격자 공고일부터 1개월 이내

② 시험합격자 공고일부터 20일 이내

③ 시험합격자 공고일부터 15일 이내

④ 시험합격자 공고일부터 10일 이내

15 소방기본법에 따른 규정 내용으로 옳지 않은 것은?

① 소방체험관은 체험교육 인력의 양성 및 유관기관·단체 등과의 협력 등의 기능을 수행한다.

② 시·도지사는 소방자동차의 진입이 곤란한 지역 등 화재발생 시에 초기 대응이 필요한 지역에 비상소화장치를 설치하고 유지·관리할 수 있다.

③ 과태료 부과 일반기준에서 위반행위자가 법 위반상태를 시정하거나 해소하기 위하여 노력한 사실이 인정되는 경우 개별기준에 따른 과태료의 2분의 1 범위에서 그 금액을 줄여 부과할 수 있다.

④ 소방안전훈련은 소방대원이 받아야 할 교육·훈련의 종류에 해당한다.

16 소방신호의 종별에서 10초 간격을 두고 1분씩 3회 사이렌 신호를 발령한 경우 무슨 신호에 해당되는가?

① 훈련신호   ② 해제신호

③ 발화신호   ④ 경계신호

17 소방기본법에 따른 규정 내용으로 옳은 것은?

① 소방대원의 교육·훈련의 종류 및 대상자, 그 밖에 교육·훈련의 실시에 필요한 사항은 행정안전 부령으로 정한다.

② 시·도지사는 종합계획의 시행에 필요한 세부계획을 매년 12월 31일까지 수립하여 소방청장에게 제출해야 한다.

③ 소방용수표지의 문자는 흰색, 내측바탕은 붉은색, 외측바탕은 노란색 반사도료를 사용해야 한다.

④ 소방청장은 해당 연도 교육결과를 객관적이고 정밀하게 분석하기 위하여 필요한 경우 교육 관련 전문가로 구성된 교육평가심의위원회를 운영할 수 있다.

18 화재가 발생한 현장에 제일 먼저 도착하여 소방대를 지휘하는 119안전센터장의 권한으로 옳지 않은 것은?

① 소방활동구역 설정

② 소방용수설 및 지리조사

③ 소방활동종사명령

④ 피난명령

19 소방기본법에 따른 규정내용으로 옳지 않은 것은? `21 소방장`

① 소방청장은 소방업무의 체계적 수행을 위하여 필요한 경우 시·도지사가 제출한 세부계획의 보완 또는 수정을 요청할 수 있다.

② 소방청장 또는 시·도지사는 생활안전활동으로 인하여 손실을 입은 자에게 손실보상심의위원회의 심사·의결에 따라 시가 보상을 하여야 한다.

③ 지리조사를 하여야 할 항목은 소방대상물에 인접한 도로의 폭·교통상황, 도로주변의 토지의 고저·건축물의 개황 그 밖의 소방활동에 필요한 조사이며, 그 조사결과는 2년간 보관해야 한다.

④ 소방대원에게 실시하는 교육·훈련의 종류 중 모든 소방대원이 받아야 할 교육·훈련은 인명대피 훈련이다.

20 다음 중 소방대장의 권한이 아닌 것은?

① 소방자동차의 통행을 우선하게 할 수 있다.

② 사람을 구출하거나 불이 번지는 것을 막기 위한 소방활동에 필요한 처분을 할 수 있다.

③ 소방활동구역을 정하여 출입을 제한할 수 있다.

④ 화재발생을 막기 위해 위험물질의 공급을 차단하는 조치를 할 수 있다.

21 시·도지사가 이웃하는 다른 시·도지사와 소방업무에 관하여 상호응원협정을 체결하고자 하는 때에 포함되도록 해야 하는 사항을 모두 고른 것은?

> 가. 화재의 예방·경계·진압활동
> 나. 의복의 수선 등 소요경비의 부담에 관한 사항
> 다. 응원출동대상지역 및 규모
> 라. 응원출동의 요청방법
> 마. 응원출동훈련 및 평가

① 가, 나, 다

② 상기 다 맞다

③ 다, 라

④ 나, 다, 라

22 소방기본법상의 구성에서 총칙은 맨 앞부분에 위치하고 기본법의 일반적, 총괄적인 내용을 규정한다. 다음 중 총칙 규정에 포함되지 않는 것은?

> ㄱ. 소방기관의 설치
> ㄴ. 소방업무에 관한 종합계획의 수립·시행
> ㄷ. 소방의 날 제정과 운영
> ㄹ. 소방업무에 관련 소방력의 기준 등
> ㅁ. 형법상 감경규정에 관한 특례

① ㄱ, ㄴ

② ㄷ, ㄹ

③ ㄹ, ㅁ

④ ㄴ, ㄷ

23 소방기본법에 따른 과태료 부과권자가 과태료 부과 개별기준에 따른 과태료의 2분의 1 범위에서 그 금액을 줄여 부과할 수 있는 경우에 해당하는 것을 모두 고른 것은?

> 가. 위반행위의 정도, 위반행위의 동기와 그 결과 등을 고려하여 감경할 필요가 있다고 인정되는 경우
> 나. 위반행위가 사소한 부주의나 오류로 인한 것으로 인정되는 경우
> 다. 위반행위자가 법 위반상태를 시정하거나 해소하기 위하여 노력한 사실이 인정되는 경우
> 라. 위반행위자가 화재 등 재난으로 재산에 현저한 손실을 입거나 사업 여건의 악화로 그 사업이 중대한 위기에 처하는 등 사정이 있는 경우

① 가, 나,
② 가, 나, 다
③ 가, 다, 라
④ 가, 나, 다, 라

24 소방기본법에 규정한 벌칙 내용에 대한 설명으로 옳지 않은 것은?

① 벌칙규정에서 징역, 벌금, 과태료가 규정되어 있다.
② 소방기본법에서 과태료를 과하는 규정은 두 개의 조로 규정하고 있다.
③ 양벌규정에 따르면 종업원 등이 위반행위를 하면 그 행위자를 벌하는 외에 그 법인 또는 개인에게도 해당 조문의 징역형 또는 벌금형을 과한다.
④ 출동한 소방대원에게 폭행 또는 협박을 행사하여 화재진압·인명구조 또는 구급활동을 방해하는 행위를 한 사람은 5년 이하의 징역 또는 5천만원 이하의 벌금에 처한다.

25 소방청장의 안전원에 대한 감독 업무에 대한 설명에 해당되지 않는 것은?

① 이사회의 중요의결 사항
② 회원의 가입·탈퇴 및 회비에 관한 사항
③ 소방청장의 허가를 얻은 사업계획 및 예산에 관한 사항
④ 기구 및 조직에 관한 사항

01 소방대상물이 있는 장소 및 그 이웃 지역으로서 화재의 예방·경계·진압, 구조·구급 등의 활동에 필요한 지역을 소방기본법상 무엇이라 하는가? 21 소방교

① 소방활동지역

② 관계지역

③ 화재지역

④ 화재예방강화지구

02 소방의 역사와 안전문화를 발전시키고 국민의 안전의식을 높이기 위한 소방박물관을 설립·운영할 수 있는 권한은 누구에게 있는가?

① 시·도지사

② 소방청장

③ 소방본부장

④ 행정안전부장관

03 관할 지역의 특성을 고려하여 종합계획의 시행에 필요한 세부계획은 몇 년마다 수립하여 성실히 수행해야 하는가?

① 5년   ② 3년

③ 매년   ④ 10년

04 소방기본법에 따른 소방기술민원센터의 설치운영에 관한 내용으로 옳지 않은 것은?

① 소방본부장 또는 소방서장이 설치·운영한다.

② 소방시설, 소방공사 및 위험물 안전관리 등과 관련된 법령해석 등의 민원을 종합적으로 접수하여 처리할 수 있는 기구이다.

③ 소방기술민원센터의 설치·운영 등에 필요한 사항은 대통령령으로 정한다.

④ 소방청장 또는 소방본부장이 설치·운영할 수 있다.

05 소방용수시설 표지에 관한 그림이다. ㄱ에서 ㄹ까지 숫자의 합은 얼마인가?

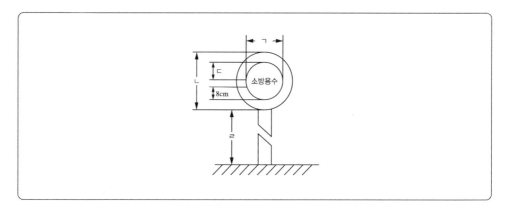

① 210cm
② 199cm
③ 209cm
④ 211cm

06 소방기본법상 정하는 기준이 다른 하나는 무엇인가?

① 소방활동을 수행한 민간 소방 인력이 사망하거나 부상을 입었을 경우의 보상주체·보상기준 등에 관한 사항
② 소방력의 동원 요청
③ 소방용수시설 설치의 기준
④ 소방업무의 응원을 요청하는 경우를 대비하여 출동 대상지역 및 규모와 필요한 경비의 부담 등에 관하여 필요한 사항

07 소방기본법상 자체소방대의 설치·운영 등에 관한 내용으로 옳지 않은 것은?

① 관계인은 화재를 진압하거나 구조·구급 활동을 하기 위하여 비상설 조직체를 설치·운영할 수 있다.
② 자체소방대는 소방대가 현장에 도착한 경우 소방대장의 지휘·통제에 따라야 한다.
③ 소방청장, 소방본부장 또는 소방서장은 자체소방대의 역량 향상을 위하여 필요한 교육·훈련 등을 지원할 수 있다.
④ 자체소방대 교육·훈련 등의 지원에 필요한 사항은 행정안전부령으로 정한다.

08 소방기본법상 소방자동차 교통안전 분석 시스템 구축·운영할 수 있는 권한이 있는 자는 누구인가?

① 소방청장
② 소방본부장
③ 소방서장
④ 시·도지사

09 다음은 소방기본법령상 과태료 부과 개별기준에서 위반 횟수와 관계없이 100만원의 과태료 금액에 해당하는 위반행위를 모두 고른 것은?

> 가. 소방차가 사이렌을 사용하여 출동하는 소방자동차의 출동에 지장을 준 경우
> 나. 소방대장이 설정한 소방활동구역을 허가 없이 출입한 경우
> 다. 소방차 전용구역에 차를 주차하거나 전용구역에의 진입을 가로막는 등의 방해행위를 한 경우
> 라. 한국소방안전원 또는 이와 유사한 명칭을 사용한 경우

① 가, 나
② 가, 나, 다
③ 가, 다
④ 가, 나, 다, 라

10 소방기본법에 따른 규정 내용으로 옳은 것은?

① 종합상황실장은 동급 소방기관에 대한 출동지령을 행하고 하급소방기관에 대한 지원을 요청하고, 그에 관한 내용을 기록·관리하여야 한다.
② 급수탑의 급수배관의 구경은 100밀리미터 이상으로 하고, 개폐밸브는 바닥에서 0.8미터 이상 지상에서 1.5미터 이하의 위치에 설치하여야 한다.
③ 소방청장, 소방본부장 또는 소방서장은 소방안전교육훈련을 실시하려는 경우 매년 12월 31일까지 다음 해의 소방안전교육훈련 운영계획을 수립해야 한다.
④ 공동주택 중 대통령령으로 정하는 공동주택의 관리소장은 소방활동의 원활한 수행을 위하여 공동주택에 소방자동차 전용구역을 설치해야 한다.

11 소방기본법에 따른 규정내용으로 옳지 않은 것은?

① 소방자동차의 보험 가입
② 비상소화장치의 설치대상 지역
③ 소송지원
④ 소방지원활동에 관한 면책

12 다음 중 소방활동에 대해 옳지 않은 것은?

① 소방자동차가 소방용수시설을 확보하러 갈 때 모든 자동차는 방해해서는 안 된다.

② 소방자동차 우선통행은 도로교통법에서 정하는 바에 따른다.

③ 소방자동차가 훈련을 위하여 필요할 때 사이렌을 사용할 수 있다.

④ 화재현장 또는 구조·구급이 필요한 사고현장을 발견한 사람은 지체 없이 소방본부에 알려야 한다.

13 소방안전교육사 시험 방법에 대한 설명으로 옳지 않은 것은?

① 제1차 시험·제2차 시험 및 3차 시험으로 구분하여 시행한다.

② 제1차 시험은 선택형을, 제2차 시험은 논술형을 원칙으로 한다.

③ 제1차 시험에 합격한 사람에 대해서는 다음 회의 시험에 한정하여 제1차 시험을 면제한다.

④ 제2차 시험에는 주관식 단답형 또는 기입형을 포함할 수 있다.

14 소방기본법에 따른 규정 내용으로 옳지 않은 것은?

① 소방대원의 교육·훈련 횟수는 2년마다 1회로 하고 교육기간은 2주 이상으로 한다.

② 화재, 재난·재해 그 밖에 구조·구급이 필요한 상황을 "재난상황"이라 한다.

③ 소방용수표지를 세우는 것이 매우 어렵거나 부적당한 경우에는 그 규격 등을 다르게 할 수 있다.

④ 구급차가 응급환자를 위하여 사이렌을 켜고 출동하는 경우 진로를 방해한 사람에게는 200만원 이하의 과태료를 부과한다.

15 소방기본법상 화재 현장 또는 구조·구급이 필요한 사고현장에서 그 현장의 상황을 소방본부, 소방서 또는 관계 행정기관에 지체 없이 알려야 하는 사람은?

① 소방대상물의 관계인

② 현장을 발견한 소방안전관리자

③ 소방활동이 필요한 현장을 발견한 사람

④ 현장을 발견한 보안업체 직원

16 소방기본법에 따른 규정 내용으로 옳은 것은?

① 관공서·학교·정부미도정공장·문화재·지하철·지하구·관광호텔·층수가 11층 이상인 건축물·지하상가·시장·백화점 또는 지정수량의 3천배 이상의 위험물의 제조소·저장소·취급소에서 화재가 발생한 때에는 소방본부 종합상황실장은 서면·팩스 또는 컴퓨터통신 등으로 소방청의 종합상황실에 보고하여야 한다.

② 소방업무에 관한 종합계획 및 세부계획의 수립·시행에 필요한 사항은 행정안전부령으로 정한다.

③ 저수조 흡수관의 투입구가 원형인 경우에는 지름을 648밀리미터 이상으로 하여야 한다.

④ 소방청장은 소방안전교육훈련 운영계획의 작성에 필요한 지침을 정하여 소방본부장과 소방서장에게 매년 12월 31일까지 통보해야 한다.

17 소방기본법에 따른 정보통신망 구축·운영에 관한 내용으로 옳은 것은?

① 소방청장 및 시·도지사는 소방정보통신망의 안정적 운영을 위하여 소방정보통신망의 회선을 이중화할 수 있다. 이 경우 이중화된 각 회선은 서로 같은 사업자로부터 제공받아야 한다.

② 소방정보통신망은 회선 수, 구간별 용도, 속도 등을 산정하여 설계·구축하여야 한다. 이 경우 소방정보통신망 회선 수는 최소 2회선 이상이어야 한다.

③ 소방청장 및 시·도지사는 소방정보통신망이 안정적으로 운영될 수 있도록 연 2회 이상 소방정보통신망을 주기적으로 점검·관리하여야 한다.

④ 소방정보통신망의 구축 및 운영에 필요한 사항은 대통령령으로 정한다.

18 소방기본법에 따른 규정 내용으로 옳지 않은 것은?

① 소방박물관은 국내·외의 소방의 역사, 소방공무원의 복장 및 소방장비 등의 변천 및 발전에 관한 자료를 수집·보관 및 전시한다.

② 화재의 예방활동은 소방업무 상호응원협정에 체결에 포함해야 할 사항이다.

③ 소방용수시설의 설치기준에서 녹지지역은 소방대상물과의 수평거리를 140미터 이하가 되도록 설치해야 한다.

④ 소방청장, 소방본부장 또는 소방서장은 국민의 안전의식을 높이기 위하여 화재 발생 시 피난 및 행동 방법 등을 홍보해야 한다.

19 소방기본법령상 소방활동구역을 출입할 수 있는 사람을 모두 고른 것은? `22 소방교`

> ㉠ 소방활동구역 밖에 있는 소방대상물의 소유자·관리자 또는 점유자
> ㉡ 의사·간호사 그 밖의 구조·구급업무에 종사하는 사람
> ㉢ 전기·가스·수도·건축·교통의 업무에 종사하는 사람으로서 원활한 소방활동을 위하여 필요한 사람
> ㉣ 취재인력 등 보도업무에 종사하는 사람
> ㉤ 소방청장이 소방활동을 위하여 출입을 허가한 사람

① ㉠, ㉡, ㉢, ㉣, ㉤   ② ㉠, ㉡, ㉣
③ ㉡, ㉣   ④ ㉠, ㉡, ㉣, ㉤

20 화재현장조사를 위한 소방활동구역의 설정과 관련하여 옳지 않은 것은? `22 소방교`

① 소방활동구역의 설정은 안전을 위하여 필요한 최대의 범위로 한다.
② 소방활동구역의 관리는 수사기관과 상호 협조해야 한다.
③ 출입을 통제하는 등 현장보존에 최대한 노력해야 한다.
④ 소화활동 시 현장 물건 등의 이동 또는 파괴를 최소화한다.

21 소방안전교육훈련의 시설, 장비, 강사자격 및 교육방법 등의 기준에 따른 내용이다. (   ) 안에 들어갈 숫자로 옳은 것은?

> 가. 소방안전교육훈련은 이론교육과 실습(체험)교육을 병행하여 실시하되, 실습(체험)교육이 전체 교육시간의 (ㄱ) 이상이 되어야 한다.
> 나. 실습(체험)교육 인원은 특별한 경우가 아니면 강사 1명당 (ㄴ)명을 넘지 않아야 한다.
> 다. 소방청장, 소방본부장 또는 소방서장은 소방안전교육훈련의 실시결과, 만족도 조사결과 등을 기록하고 이를 (ㄷ)년간 보관하여야 한다.
> 라. 소방공무원으로서 (ㄹ)년 이상 근무한 경력이 있는 사람은 소방안전교육훈련의 보조강사 자격이 있다.

	ㄱ	ㄴ	ㄷ	ㄹ
①	100분의 30	20	5	5
②	100분의 50	30	3	5
③	100분의 30	30	3	3
④	100분의 20	20	2	3

22 다음 빈칸에 들어갈 내용으로 옳은 것은?

> 전용구역에 차를 주차한 사람의 과태료는 (   )으로 정하는 바에 따라 (   ), (   ) 또는 (   )이 부과·징수한다.

① 대통령령, 관할 시·도지사, 소방본부장, 소방서장
② 행정안전부령, 관할 시·도지사, 소방본부장, 소방서장
③ 대통령령, 행정안전부장관, 소방본부장, 소방서장
④ 조례, 관할 시·도지사, 소방본부장, 소방서장

23 소방기본법에 따른 100만원 이하의 벌금에 해당하는 행위가 아닌 것은?

① 정당한 사유 없이 소방대의 생활안전활동을 방해한 자
② 소방활동에 방해가 되는 주차 또는 정차된 차량 및 물건 등을 제거활동을 방해한 자
③ 소방본부장 등의 피난명령을 위반한 자
④ 위험물질 공급의 차단조치를 정당한 사유 없이 방해한 자

24 다음 중 한국소방안전원에 대한 설명으로 연결이 잘못된 것은?

① 안전원 설립 – 소방청장의 인가
② 정관을 변경 – 소방청장의 인가
③ 사업계획 및 예산 – 소방청장의 인가
④ 교육계획 수립 – 소방청장의 승인

25 소방기술과 안전관리의 기술향상을 위한 교육계획 수립에 관한 설명으로 옳지 않은 것은?

① 교육 수요조사는 매년 실시해야 한다.
② 교육 수요조사를 실시하여 교육계획을 수립하여야 하는 사람은 안전원장이다.
③ 소방청장의 승인을 받아야 한다.
④ 안전원장은 소방청장에게 해당 연도 교육결과를 평가·분석하여 보고하여야 하며, 안전원장은 교육평가 결과를 교육계획에 반영하게 할 수 있다.

13 제13회 최종모의고사

01 소방기본법에 따른 "관계지역"에 해당되지 않는 것은?

① 화재가 발생한 토지

② 불이 번질 우려가 있는 화재 건물의 인접 토지

③ 집단으로 생육하는 입목

④ 건축물의 지하

02 소방박물관장의 임명권자는 누구인가?

① 시·도지사 ② 행정안전부장관

③ 소방청장 ④ 소방본부장

03 소방업무의 세부계획의 수립·시행에 필요한 사항은 무엇으로 정하는가?

① 행정안전부령 ② 대통령령

③ 시·도 조례 ④ 소방청장 고시

04 소방장비 등에 대한 국고보조 대상사업의 범위와 기준보조율은 무엇으로 정하는가?

① 총리령 ② 대통령령

③ 시·도의 조례 ④ 기획재정부령

05 소화용수표지의 외측의 지름으로 옳은 것은?

① 60cm ② 35cm

③ 45cm ④ 55cm

06 소방용수시설별 설치기준에서 소화전의 연결금속구 기준으로 맞는 것은?

① 구경은 13mm로 한다.　　　　② 구경은 19mm로 한다.

③ 구경은 65mm로 한다.　　　　④ 구경은 40mm로 한다.

07 소방기본법령상 과태료 부과 개별기준에서 정당한 사유 없이 화재, 재난·재해, 그 밖의 위급한 상황을 소방본부, 소방서 또는 관계 행정기관에 알리지 않은 경우 과태료 금액으로 옳은 것은?

① 100만원　　　　　　　　　　② 200만원

③ 500만원　　　　　　　　　　④ 1회 100만원

08 소방기본법 및 같은 법 시행규칙상 소방업무의 응원에 관한 내용으로 옳지 않은 것은? `22 소방교`

① 소방업무의 응원요청을 받은 소방본부장 또는 소방서장은 정당한 사유 없이 이를 거절하여서는 아니 된다.

② 소방업무의 응원을 위하여 파견된 소방대원은 응원을 요청한 소방본부장 또는 소방서장의 지휘에 따라야 한다.

③ 소방본부장이나 소방서장은 소방활동에 있어서 긴급한 때에는 이웃한 소방본부장 또는 소방서장에게 소방업무의 응원을 요청할 수 있다.

④ 소방본부장 또는 소방서장은 응원을 요청하는 경우를 대비하여 출동 대상지역 및 소요경비의 부담 등에 관하여 필요한 사항을 행정안전부령으로 정하는 바에 따라 이웃한 소방본부장 또는 소방서장과 협의하여 규약으로 정하여야 한다.

09 다음 중 소방기본법에 따른 국고보조 대상사업의 범위에 해당되는 것을 모두 고른 것은?

> ㉠ 소방서의 증축
> ㉡ 소방서의 이전
> ㉢ 소방복제
> ㉣ 구급·구조장비
> ㉤ 5킬로볼트암페어 이상의 무정전전원장치

① 상기 다 맞음　　　　　　　　② ㉤

③ ㉠, ㉡, ㉣, ㉤　　　　　　　④ ㉠, ㉡, ㉤

10 소방기본법에 따른 규정 내용으로 옳은 것은?

① 행정안전부장관은 어린이집의 영유아, 유치원의 유아, 초·중등학교의 학생을 대상으로 소방안전 교육을 위하여 소방청장이 실시하는 시험에 합격한 사람에게 소방안전교육사 자격을 부여한다.

② 연면적 1만 5천제곱미터 이상인 창고에서 화재가 발생한 때에는 소방본부 종합상황실장은 서면·팩스 또는 컴퓨터통신 등으로 소방청의 종합상황실에 보고하여야 한다.

③ 소방청장은 수립한 종합계획을 관계 중앙행정기관의 장, 시·도지사에게 통보해야 한다.

④ 저수조 흡수관의 투입구가 사각형의 경우에는 한 변의 길이가 60센티미터 이상, 원형의 경우에는 지름이 30센티미터 이상이어야 한다.

11 소방안전교육훈련을 실시하려는 경우 다음 해의 소방안전교육훈련 운영계획은 언제까지 수립하여야 하는가?

① 매년 10월 31일　　　　　　　　② 매년 11월 30일
③ 매년 12월 31일　　　　　　　　④ 매년 01월 01일

12 소방안전교육사에 대한 설명으로 옳은 것은?

① 소방서에는 2인의 소방안전교육사를 배치해야 한다.

② 소방안전교육사 응시자격으로 대학에서 소방안전교육 관련 교과목을 총 3학점 이상 이수한 사람 이어야 한다.

③ 소방안전교육사 시험 과목별 출제범위는 대통령령으로 정한다.

④ 소방안전교육사 시험응시원서는 행정안전부령으로 정하는 서식이다.

13 소방기본법에 따른 규정 내용으로 옳지 않은 것은?

① 소방안전교육사 시험의 응시자격, 시험방법, 시험과목, 시험위원, 그 밖에 소방안전교육사 시험의 실시에 필요한 사항은 대통령령으로 정한다.

② 소방본부장이나 소방서장은 기상법에 따른 이상기상(異常氣象)의 예보 또는 특보가 있을 때에는 화재에 관한 경보를 발령하고 그에 따른 조치를 할 수 있다.

③ 지하식소화전 용수표지는 맨홀뚜껑에는 "소화전·주정차금지"의 표시를 해야 한다.

④ 전용구역의 설치 기준·방법, 방해행위의 기준, 그 밖의 필요한 사항은 행정안전부령으로 정한다.

14 소방기본법 및 같은 법 시행규칙상 소방자동차 교통안전 분석 시스템 구축·운영에 관한 사항으로 옳지 않은 것은?

① 소방청장, 소방본부장 및 소방서장은 운행기록의 분석 결과를 소방자동차 교통사고 예방을 위한 소방활동 교통안전정책의 수립, 소방자동차 안전운행을 위한 교육·훈련 등에 활용할 수 있다.

② 소방자동차 교통안전 분석 시스템의 구축·운영, 운행기록장치 데이터 및 전산자료의 보관·활용 등에 필요한 사항은 행정안전부령으로 정한다.

③ 소방기본법령에서 정한 사항 외에 운행기록의 보관, 제출 및 활용 등에 필요한 세부사항은 시·도 규칙으로 정한다.

④ 무인방수차는 운행기록장치 장착 소방자동차 범위에 해당한다.

15 화재로 오인할 만한 우려가 있는 불을 피우거나 연막(煙幕) 소독을 하려는 사람이 관할 소방본부장 또는 소방서장에게 신고하지 않아도 되는 지역은? `19 소방교·장` `22 소방교·장`

① 시장지역
② 목조건물이 밀집한 지역
③ 소방출동로가 없는 지역
④ 석유화학제품을 생산하는 공장이 있는 지역

16 소방기본법에 따른 규정내용으로 옳은 것은?

① 소방청장은 영유아, 유아, 초·중·고등학생을 대상으로 소방안전교육을 위하여 소방청장이 실시하는 시험에 합격한 사람에게 소방안전교육사 자격을 부여한다.

② 소방경 이상부터 소방정 이하의 계급에 있는 사람이 받아야 하는 교육·훈련의 종류는 현장지휘 훈련이다.

③ 저수조 맨홀뚜껑은 지름 648밀리미터 이상의 것으로 해야 한다.

④ 대통령령에서 정하는 불을 사용하는 설비의 관리기준 외에 세부관리기준은 소방청장이 조례로 정한다.

17 다음 중 소방활동구역에 출입할 수 있는 사람이 아닌 것은? `22 소방교`

① 의사·간호사 그 밖의 구조·구급업무에 종사하는 사람
② 전기·가스·수도·통신·교통의 업무에 종사하는 사람으로서 원활한 소방활동을 위하여 필요한 사람
③ 소방대장이 소방활동을 위하여 출입을 허가한 사람
④ 소방대상물의 관계공무원

18 소방기본법에 따른 규정 내용으로 옳지 않은 것은?

① 소방체험관(이하 "소방체험관"이라 한다)은 체험교육 프로그램의 개발 및 국민 안전의식 향상을 위한 홍보·전시 등의 기능을 수행한다.

② 소방안전교육사 시험이 정지되거나 무효로 처리된 사람은 그 처분이 있은 날부터 5년간 소방안전교육사 시험에 응시하지 못한다.

③ 소방본부장이나 소방서장은 소방활동을 할 때에 긴급한 경우에는 이웃한 소방본부장 또는 소방서장에게 소방업무의 응원(應援)을 요청할 수 있다.

④ 소방청장은 소방안전교육훈련 운영계획의 작성에 필요한 지침을 정하여 소방본부장과 소방서장에게 매년 10월 31일까지 통보하여야 한다.

19 강제처분을 할 수 있는 요건으로 옳은 것은?

① 화재, 재난·재해, 그 밖의 위급한 상황이 발생하여 사람의 생명을 위험하게 할 것으로 인정할 때

② 화재, 재난·재해, 그 밖의 위급한 상황이 발생한 현장에서 소방활동을 위하여 필요할 때

③ 사람을 구출하거나 불이 번지는 것을 막기 위하여 필요할 때

④ 화재가 발생하는 경우 그로 인하여 피해가 클 것으로 예상될 때

20 소방산업의 육성·진흥 및 지원 등에 관한 내용이다. (   ) 안에 들어갈 내용으로 옳은 것은?

> • (ㄱ)는 소방기술 및 소방산업의 국제경쟁력과 국제적 통용성을 높이는 데에 필요한 기반 조성을 촉진하기 위한 시책을 마련하여야 한다.
> • (ㄴ)은 소방기술 및 소방산업의 국제경쟁력과 국제적 통용성을 높이기 위하여 소방기술 및 소방산업의 국외시장 개척 사업 등을 추진하여야 한다.

	ㄱ	ㄴ
①	국가 및 지방자치단체	소방청장
②	국가 및 지방자치단체	소방본부장 또는 소방서장
③	시·도지사	소방본부장
④	국가	소방청장

21 다음은 소방안전교육사시험의 응시자격에 대한 내용이다. ( ) 안에 들어갈 숫자로 옳은 것은?

> 가. 소방공무원 중 소방공무원으로 (   )년 이상 근무한 경력이 있는 사람
> 나. 보육교사 자격을 취득한 사람은 보육교사 자격을 취득한 후 (   )년 이상의 보육업무 경력이 있는 사람
> 다. 국가기술자격의 직무분야 중 안전관리 분야의 산업기사 자격을 취득한 후 안전관리 분야에 (   )년 이상 종사한 사람
> 라. 2급 응급구조사 자격을 취득한 후 응급의료 업무 분야에 (   )년 이상 종사한 사람
> 마. 2급 소방안전관리대상물의 소방안전관리자에 해당하는 자격을 갖춘 후 소방안전관리대상물의 소방안전관리에 관한 실무경력이 (   )년 이상 있는 사람

① 1   ② 2

③ 3   ④ 5

22 소방기본법 시행령에 따른 과태료 부과 개별기준이 다른 것은?

① 소방활동구역 출입제한을 받는 자가 소방대장의 허가를 받지 않고 소방활동구역을 출입한 경우
② 소방차 전용구역에 차를 주차하거나 전용구역에의 진입을 가로막는 등의 방해행위를 2회 위반한 경우
③ 소방활동을 위하여 사이렌을 사용하여 출동하는 소방자동차의 출동에 지장을 준 경우
④ 화재 또는 구조·구급이 필요한 상황을 거짓으로 알린 경우

23 소방기본법에서 규정하고 있는 벌칙에 대한 내용으로 가장 옳지 않은 것은?

① 소방자동차의 출동을 방해한 사람은 5년 이하의 징역 또는 5천만원 이하의 벌금에 처한다.
② 소방대장 등의 소방활동종사명령에 따라 사람을 구출하는 일 또는 불을 끄거나 불이 번지지 아니하도록 하는 일을 방해한 사람은 소방기본법에서 가장 중한 벌칙이 적용된다.
③ 정당한 사유 없이 소방용수시설을 사용하거나 소방용수시설의 효용을 해치거나 그 정당한 사용을 방해한 사람은 소방기본법에서 가장 중한 벌칙이 적용된다.
④ 소방대가 화재진압·인명구조 또는 구급활동을 위하여 현장에 출동하거나 현장에 출입하는 것을 방해하는 행위를 한 사람은 5년 이하의 징역 또는 5천만원 이하의 벌금에 처한다.

24 한국소방안전원에 대한 설명으로 옳지 않은 것은?

① 안전원이 아닌 자는 한국소방안전원 또는 이와 유사한 명칭을 사용하지 못한다.

② 소방청장은 안전원의 업무를 감독한다.

③ 소방청장은 안전원에 대하여 업무·회계 및 재산에 관하여 필요한 사항을 보고하게 할 수 있다.

④ 소방청장은 안전원의 장부·서류 및 그 밖의 물건을 검사한 결과 위반사항이 발견되면 설립인가를 취소할 수 있다.

25 소방기본법에 따른 소방산업의 육성·진흥 및 지원 등에 관한 설명으로 옳은 것은?

① 소방청장이 기관이나 단체로 하여금 소방기술의 연구·개발사업을 수행하게 하는 경우에는 필요한 경비를 지원해야 한다.

② 소방청장은 소방기술 및 소방산업의 국제경쟁력과 국제적 통용성을 높이는 데에 필요한 기반 조성을 촉진하기 위한 시책을 마련해야 한다.

③ 소방청장은 소방산업의 국가 경쟁력을 강화하기 위하여 소방기술과 안전관리에 관한 교육 및 조사·연구를 추진해야 한다.

④ 국가는 소방산업전시회 기간 중 국외의 구매자 초청 경비 지원을 할 수 있다.

14 | 제14회 최종모의고사

01 화재현장에서의 피난 등을 체험할 수 있는 소방체험관을 설립·운영할 수 있는 권한은 누구에게 있는가?

① 시·도지사
② 소방청장
③ 소방본부장 또는 소방서장
④ 한국소방안전협회장

02 소방기본법상 관계인에 대한 설명으로 옳지 않은 것은?

① 소방안전관리의 책임의 주체에 해당한다.
② 소방대상물의 소유자·관리자 또는 점유자를 말한다.
③ 소방대상물에 소방활동 상황 발생 시 소방대가 도착하기 전에 필요한 조치를 하여야 하는 주체이다.
④ 관계인의 소방대상물에서 소방활동에 종사한 경우 비용을 지급받을 수 있는 주체이다.

03 소방청장은 소방업무에 관한 종합계획을 관계 중앙행정기관의 장과의 협의를 거쳐 계획 시행 전년도 며칠까지 수립하여야 하는가?

① 12월 31일
② 11월 30일
③ 10월 31일
④ 9월 30일

04 다음 중 일부 국고보조 대상사업의 범위가 아닌 것은?

① 소방관서용 청사 건축
② 소방인건비
③ 소방자동차
④ 방화복

05 소방용수 표지에 관한 기준으로 옳은 것은? `21 소방장`

① 지하에 설치하는 소화전표지의 문자는 흰색, 내측바탕은 붉은색, 외측바탕은 파란색으로 하고 반사도료를 사용해야 한다.

② 저수조의 맨홀뚜껑은 지름 684밀리미터 이상의 것으로 할 것

③ 맨홀뚜껑 부근에는 노란색 반사도료로 폭 10센티미터의 선을 그 둘레를 따라 칠할 것

④ 저수조의 맨홀뚜껑에는 "저수조·주정차금지"의 표시를 할 것

06 소방기본법에서 정하는 비상소화장치의 구성에 해당하지 않은 것은?

① 소화전   ② 소방호스

③ 관 창   ④ 옥내소화전함

07 소방기본법상 손실보상의 대상이 아닌 것은? `22 소방교`

① 위험 구조물 등의 제거활동으로 인하여 손실을 입은 자

② 소방대의 위법한 소방업무 또는 소방활동으로 인하여 손실을 입은 자

③ 위해동물, 벌 등의 포획 및 퇴치 활동으로 인하여 손실을 입은 자

④ 화재 진압 등 소방활동을 위하여 필요할 때에는 소방용수 외에 댐·저수지 또는 수영장 등의 물을 사용하거나 수도(水道)의 개폐장치 등의 조작으로 인하여 손실을 입은 자

08 소방기본법령상 색상에 관한 사항이다. ( )에 들어갈 색상으로 맞는 것은?

> 가. 소방용수표지 안쪽 문자는 (㉠), 바깥쪽 문자는 (㉡)으로, 안쪽 바탕은 (㉢), 바깥쪽 바탕은 (㉣)으로 하고 반사재료를 사용해야 한다.
> 나. 맨홀뚜껑 부근에는 (㉤) 반사도료로 폭 15센티미터의 선을 그 둘레를 따라 칠할 것
> 다. 소방차 전용구역 노면표지 도료의 색채는 (㉥)을 기본으로 하되, 문자(P, 소방차 전용)는 (㉦)으로 표시한다.

	㉠	㉡	㉢	㉣	㉤	㉥	㉦
①	흰색	노란색	파란색	붉은색	황색	노란색	백색
②	노란색	황색	파란색	붉은색	황색	노란색	황색
③	흰색	노란색	붉은색	파란색	노란색	황색	백색
④	흰색	노란색	붉은색	파란색	노란색	황색	황색

09 소방기본법에 따른 규정 내용으로 옳은 것은?

① 소방안전교육사 1차 시험 과목은 소방학개론, 구급·응급처치론, 재난관리론 및 교육학개론이다.

② 중앙소방학교 또는 지방소방학교에서 4주 이상의 소방안전교육사 관련 전문교육과정을 이수한 소방공무원은 소방안전체험실별 체험교육을 지원하고 실습을 보조하는 조교의 자격이 있다.

③ 시·도지사는 소방업무의 응원을 요청하는 경우를 대비하여 출동 대상지역 및 규모와 필요한 경비의 부담 등에 관하여 필요한 사항을 행정안전부령으로 정하는 바에 따라 이웃하는 시·도지사와 협의하여 미리 규약(規約)으로 정해야 한다.

④ 저수조에 물을 공급하는 방법은 빗물받이에 연결하여 자동으로 급수되는 구조여야 한다.

10 소방기본법에 따른 한국119청소년단에 대한 규정내용으로 옳은 것은?

① 한국119청소년단의 구성 및 운영 등에 필요한 사항은 한국119청소년단 정관으로 정한다.

② 한국119청소년단이 아닌 자는 한국119청소년단 또는 이와 유사한 명칭을 사용한 경우 벌금에 처한다.

③ 한국119청소년단에 관하여 이 법에서 규정한 것을 제외하고는 민법 중 재단법인에 관한 규정을 준용한다.

④ 한국119청소년단의 정관 또는 사업의 범위·지도·감독 및 지원에 필요한 사항은 대통령령으로 정한다.

11 소방기본법에 따른 규정 내용으로 옳지 않은 것은?

① 소방안전교육사는 소방안전교육의 기획·진행·분석·평가 및 교수업무를 수행한다.

② 화재가 발생하는 경우 불길이 빠르게 번지는 특수가연물은 품명별 수량 이상의 가연물을 말한다.

③ 시·도지사는 종합계획의 시행에 필요한 세부계획을 계획 시행 전년도 12월 31일까지 수립하여 소방청장에게 제출해야 한다.

④ 시·도지사는 소방활동을 할 때에 긴급한 경우에는 이웃한 시·도지사에게 소방업무의 응원(應援)을 요청할 수 있다.

12 소방안전교육훈련 운영계획 수립권자에 해당되지 않는 사람은?

① 소방청장　　　　　　　　　② 시·도지사
③ 소방본부장　　　　　　　　④ 소방서장

13 소방안전교육사 시험의 2차 과목에 해당되는 것은?

① 소방학개론
② 국민안전교육 실무
③ 재난관리론
④ 교육학개론

14 소방기본법에 따른 규정 내용으로 옳은 것은?

① 소방공무원으로서 5년 이상 근무한 경력이 있는 사람은 소방안전교육훈련 강사 및 보조강사의 자격 기준에 해당한다.
② 국가나 지방자치단체는 한국119청소년단의 설립목적 달성 및 원활한 사업 추진 등을 위하여 필요한 지원과 지도·감독을 할 수 있다.
③ 소방업무의 응원을 위하여 파견된 소방대원은 응원을 요청 받은 소방본부장 또는 소방서장의 지휘에 따라야 한다.
④ 소방안전교육사 시험은 매년 시행함을 원칙으로 한다.

15 소방안전교육사 시험위원 등에 대한 설명으로 옳지 않은 것은?

① 임명 또는 위촉된 자는 소방청장이 정하는 시험문제 등의 작성 시 유의사항 및 서약서 등에 따른 준수사항을 성실히 이행해야 한다.
② 시험감독업무에 종사하는 자에 대하여는 예산의 범위에서 수당 및 여비를 지급할 수 있다.
③ 시험위원 등에는 응시자격심사위원, 채점위원, 출제위원, 면접위원으로 구성한다.
④ 대학교에서 소방 관련 학과, 교육학과 또는 응급구조학과에서 조교수 이상으로 2년 이상 재직한 자는 시험위원 등에 위촉자격이 있다.

16 화재로 오인할 만한 우려가 있는 불을 피우거나 연막(煙幕) 소독을 하려는 자는 시·도의 조례로 정하는 바에 따라 관할 소방본부장 또는 소방서장에게 신고하여야 한다. 다음 중 신고 지역 또는 장소에 해당되지 않는 것은?

① 시장지역
② 목조건물 밀집지역
③ 단독주택 밀집지역
④ 창고가 밀집한 지역

17 소방기본법에 따른 규정 내용으로 옳지 않은 것은?

① 국민의 안전의식과 화재에 대한 경각심을 높이고 안전문화를 정착시키기 위하여 매년 11월 9일을 소방의 날로 정하여 기념행사를 한다.

② 소방안전교육사 응시자격심사위원, 출제위원, 채점위원은 각각 과목별 3인으로 한다.

③ 소방업무의 응원 요청을 받은 소방본부장 또는 소방서장은 정당한 사유 있는 경우 그 요청을 거절할 수 있다.

④ 소방본부장, 소방서장 또는 소방대장은 화재, 재난·재해, 그 밖의 위급한 상황이 발생한 현장에서 소방활동을 위하여 필요할 때에는 그 관할구역에 사는 사람 또는 그 현장에 있는 사람으로 하여금 사람을 구출하는 일 또는 불을 끄거나 불이 번지지 아니하도록 하는 일을 하게 할 수 있다.

18 화재 시 소방대장이 설정한 소방활동구역 내의 출입에 제한을 받는 자는? `22 소방교`

① 소방활동구역 안에 있는 소방대상물의 소유자·관리자 또는 점유자

② 전기·가스·수도·통신·교통의 업무에 종사하는 사람

③ 의사·간호사 그 밖의 구조·구급업무에 종사하는 사람

④ 취재인력 등 보도업무에 종사하는 사람

19 소방기본법에서 정하는 소방행정처분에 대한 요건으로 연결이 잘못된 것은? `21 소방장`

① 화재, 재난·재해, 그 밖의 위급한 상황이 발생하여 사람의 생명을 위험하게 할 것으로 인정할 때 – 피난명령

② 화재, 재난·재해, 그 밖의 위급한 상황이 발생한 현장에서 소방활동을 위하여 필요할 때 – 소화활동종사명령

③ 사람을 구출하거나 불이 번지는 것을 막기 위하여 필요할 때 – 가스공급의 차단 등 긴급조치

④ 화재 진압 등 소방활동을 위하여 필요할 때 – 소방용수 외 물을 사용하거나 수도밸브 조작

20 소방신호의 종류별 방법이다. (   ) 안에 들어갈 내용으로 옳은 것은?

종 별 \ 신호방법	타종 신호	사이렌 신호
경계신호	1타와 연 2타를 반복	(ㄷ)
발화신호	(ㄱ)	5초 간격을 두고 5초씩 3회
해제신호	상당한 간격을 두고 1타씩 반복	(ㄹ)
훈련신호	(ㄴ)	10초 간격을 두고 1분씩 3회

	ㄱ	ㄴ	ㄷ	ㄹ
①	연 3타 반복	난 타	1분간 1회	5초 간격을 두고 20초씩 3회
②	연 3타 반복	난 타	1분간 1회	5초 간격을 두고 30초씩 3회
③	난 타	연 3타 반복	5초 간격을 두고 20초씩 3회	1분간 1회
④	난 타	연 3타 반복	5초 간격을 두고 30초씩 3회	1분간 1회

21 소방기본법에 따른 벌칙에 관한 내용으로 옳은 것은? `22 소방장`

① 정당한 사유 없이 소방대의 소방활동 또는 생활안전활동을 방해한 자는 100만원 이하의 벌금에 처한다.

② 음주 또는 약물로 인한 심신장애 상태에서 출동한 소방대원에게 폭행 또는 협박을 행사하여 화재진압·인명구조 또는 구급활동을 방해하는 행위 죄를 범한 때에는 형법 제10조(심신장애인) 제1항(면책) 및 제2항(감면)을 적용하지 아니한다.

③ 20만원 이하의 과태료 부과규정이 있다.

④ 과태료 부과·징수의 권한은 관할 소방본부장 또는 소방서장만 부과·징수한다.

22 다음은 소방기본법에서 규정한 용어 정의에 관한 설명이다. (　) 안에 알맞은 내용은? `21 소방장`

> "관계지역"이란 소방대상물이 있는 장소 및 그 이웃지역으로서 화재의 (　)·(　)·(　),
> 구조·구급 등의 활동에 필요한 지역을 말한다.

① 예방, 경계, 조사　　　　　　　② 예방, 경계, 진압
③ 진압, 예방, 조사　　　　　　　④ 조사, 경계, 예방

23 공장·창고가 밀집한 지역에서 화재로 오인할 만한 우려가 있는 불을 피울 때 관할 소방본부장에게 신고를 하지 않아 소방자동차를 출동하게 한 자에 대한 과태료 금액으로 맞는 것은?

① 200만원 이하의 과태료　　　　② 100만원 이하의 과태료
③ 50만원 이하의 과태료　　　　　④ 20만원 이하의 과태료

24 다음 중 한국소방안전원의 업무를 모두 고른 것은? `21 소방교` `22 소방교`

> 가. 소방기술과 안전관리에 관한 교육 및 조사·연구
> 나. 소방산업의 육성과 소방산업 기술진흥을 위한 정책·제도의 조사·연구
> 다. 소방기술 및 소방산업의 국제 협력을 위한 조사·연구
> 라. 소방안전에 관한 국제협력
> 마. 소방산업의 발전을 위한 국제협력 및 해외진출의 지원
> 바. 소방기술 및 소방산업의 국외시장 개척

① 가, 나, 다, 라, 마, 바　　　　② 가, 라
③ 다, 라, 마　　　　　　　　　④ 다, 라, 바

25 소방활동을 위하여 긴급하게 출동 시 소방자동차의 통행과 소방활동에 방해되는 때, 방해되는 주차 또는 정차된 차량 및 물건 등 이동 또는 제거활동을 방해한 자 또는 정당한 사유 없이 그 처분에 따르지 아니한 자의 벌칙으로 맞는 것은?

① 3년 이하의 징역 또는 3천만원 이하의 벌금
② 5년 이하의 징역 또는 5천만원 이하의 벌금
③ 300만원 이하의 벌금
④ 100만원 이하의 벌금

15 | 제15회 최종모의고사

01 소방기본법에서 용어의 정의 중 ( ) 안에 들어갈 용어로 알맞은 것은?

> ( )이란 특별시·광역시·도 또는 특별자치도에서 화재의 예방·경계·진압·조사 및 구조·구급 등의 업무를 담당하는 부서의 장을 말한다.

① 소방서장 ② 소방본부장

③ 소방대장 ④ 소방청장

02 다음 빈칸에 들어갈 내용을 순서대로 바르게 나열한 것은?

> 소방의 역사와 안전문화를 발전시키고 국민의 안전의식을 높이기 위하여 소방청장은 ( )을, 시·도지사는 ( )을 설립하여 운영할 수 있다.

① 안전과학관 – 소방체험관 ② 전국안전체험관 – 지방소방체험관

③ 소방체험관 – 소방박물관 ④ 소방박물관 – 소방체험관

03 시·도지사는 소방업무 종합계획의 시행에 필요한 세부계획을 계획 시행 전년도 며칠까지 수립하여 소방청장에게 제출하여야 하는가?

① 12월 31일 ② 11월 30일

③ 10월 31일 ④ 9월 30일

04 다음 중 성격이 다른 것은?

① 소방박물관 설치·운영에 관하여 필요한 사항

② 국고보조산정을 위한 기준가격

③ 과태료의 징수절차

④ 소방업무의 종합계획 및 세부계획의 수립·시행에 필요한 사항

05 소방용수 표지에 관한 기준으로 틀린 것은?

① 지하식소화전과 저수조 소방용수표지기준은 동일하다.

② 지하식소화전에는 세우는 소방용수 표지를 설치해야 한다.

③ 승하강식 소화전의 경우에는 맨홀뚜껑의 규격을 적용하지 아니한다.

④ 세우는 소방용수 표지를 설치하는 것이 매우 어렵거나 부적당한 경우에는 그 규격 등을 다르게 할 수 있다.

06 소방시설, 소방공사 및 위험물 안전관리 등과 관련된 법령해석 등의 민원을 종합적으로 접수하여 처리할 수 있는 기구인 소방기술민원센터를 설치·운영할 수 있는 권한이 있는 자는?

① 소방청장, 소방본부장, 소방서장

② 소방청장 또는 소방본부장

③ 소방서장

④ 시·도지사, 소방본부장, 소방서장

07 소방기본법 시행령상 규정하고 있는 설명 중 (   ) 안에 들어갈 숫자를 옳게 연결한 것은?
(순서대로 ㉠, ㉡, ㉢, ㉣, ㉤, ㉥)

> 가. 소방박물관에는 그 운영에 관한 중요한 사항을 심의하기 위하여 (㉠)인 이내의 위원으로 구성된 운영위원회를 둔다.
> 나. 안전원장은 교육평가심의위원회는 위원장 (㉡)명을 포함하여 (㉢)명 이하의 위원으로 성별을 고려하여 구성한다.
> 다. 소방청장 등은 손실보상심의위원회의 심사·의결을 거쳐 특별한 사유가 없으면 보상금 지급 청구서를 받은 날부터 (㉣)일 이내에 보상금 지급 여부 및 보상금액을 결정해야 한다.
> 라. 소방청장 등은 보상금 지급여부 및 보상금액 결정일부터 (㉤)일 이내에 행정안전부령으로 정하는 바에 따라 결정 내용을 청구인에게 통지하고, 보상금을 지급하기로 결정한 경우에는 특별한 사유가 없으면 통지한 날부터 (㉥)일 이내에 보상금을 지급해야 한다.

① 5, 7, 7, 40, 15, 30

② 9, 1, 9, 60, 15, 20

③ 7, 1, 9, 60, 10, 30

④ 5, 1, 9, 40, 10, 20

08 소방기본법 시행규칙상 소방용수시설별 설치기준에서 급수탑의 설치기준으로 맞는 것은?

① 급수 흡수관의 투입구가 사각형의 경우에는 한 변의 길이가 60센티미터 이상, 원형의 경우에는 지름이 60센티미터 이상일 것

② 급수탑 개폐밸브는 지상에서 1.5미터 이상 1.7미터 이하의 위치에 설치하도록 할 것

③ 급수탑의 연결금속구의 구경은 65밀리미터로 할 것

④ 급수에 지장이 없도록 토사 및 쓰레기 등을 제거할 수 있는 설비를 갖출 것

09 소방기본법령에 따른 규정 내용으로 옳은 것은?

① 국가적 차원의 소방활동을 위하여 동원된 소방력의 소방활동 수행 과정에서 발생하는 경비는 소방활동상황이 발생한 시·도지사가 부담하는 것을 원칙으로 하되, 구체적인 내용은 해당 시·도지사와 협의하여 서로 미리 규약으로 정한다.

② 소방활동을 위하여 사이렌을 사용하여 출동하는 소방자동차의 출동에 지장을 준 경우의 과태료 부과 개별기준은 1회 위반 시 50만원을 부과한다.

③ 경찰공무원은 소방대가 소방활동구역에 있지 아니할 때에는 소방활동구역의 출입을 제한하는 조치를 할 수 있다.

④ 수수료는 수입증지 또는 정보통신망을 이용한 전자화폐·전자결제 등의 방법으로 납부하여야 하며, 시험시행일 15일 전까지 접수를 철회하는 경우 납입한 응시수수료의 100분의 50을 반환해야 한다.

10 소방기본법령상 과태료 부과 일반기준에 관한 내용이다. (   ) 안에 들어갈 내용으로 옳은 것은?

> 가. 위반행위의 횟수에 따른 과태료의 가중된 부과기준은 최근 1년간 같은 위반행위로 과태료 부과처분을 받은 경우에 적용한다. 이 경우 기간의 계산은 위반행위에 대하여 과태료 (㉠)과 그 처분 후 다시 같은 위반행위를 하여 (㉡)을 기준으로 한다.
>
> 나. 위반행위의 횟수에 따른 과태료의 가중된 부과처분을 하는 경우 가중처분의 적용 차수는 그 위반행위 (㉢)(가목에 따른 기간 내에 과태료 부과처분이 둘 이상 있었던 경우에는 높은 차수를 말한다)차수의 다음 차수로 한다. 다만, (㉣)부터 소급하여 1년이 되는 날 전에 한 부과처분은 가중처분차수 산정 대상에서 제외한다.

	㉠	㉡	㉢	㉣
①	적발된 날	부과처분을 받은 날	전 부과처분	부과한 날
②	부과처분을 받은 날	적발된 날	전 부과처분	적발된 날
③	부과처분을 받은 날	적발된 날	부과처분	적발된 날
④	적발된 날	부과처분을 받은 날	부과처분	부과한 날

11 소방업무를 전문적이고 효과적으로 수행하기 위하여 소방대원에게 필요한 교육·훈련을 실시하여야 하는 사람이 아닌 것은?

① 소방청장
② 시·도지사
③ 소방본부장
④ 소방서장

12 소방기본법에 따른 규정 내용으로 옳지 않은 것은?

① 국가적 차원의 소방활동을 위하여 동원된 소방력의 운용과 관련하여 필요한 사항은 소방기본법에서 정하는 규정사항 외에는 소방청장이 정한다.
② 지하에 설치하는 저수조의 맨홀뚜껑은 너비 648밀리미터 이상의 것으로 할 것
③ 소방안전교육사 시험 과목별 출제범위는 행정안전부령으로 정한다.
④ 소방본부장, 소방서장 또는 소방대장의 소방활동 종사명령을 받고 사람을 구출하는 일 또는 불을 끄거나 불이 번지지 아니하도록 하는 일을 방해한 사람은 3년 이하의 징역 또는 3천만원 이하의 벌금에 처한다.

13 소방안전교육사 배치 대상별 배치기준으로 맞는 것은?

① 소방청 – 4명 이상
② 한국소방산업기술원 – 3명 이상
③ 소방서 – 1명 이상
④ 소방본부 – 3명 이상

14 소방기본법에 따른 규정 내용으로 옳은 것은?

① 소방자동차 교통안전 분석 시스템의 구축·운영, 운행기록장치 데이터 및 전산자료의 보관·활용 등에 필요한 사항은 행정안전부령으로 정한다.
② 소방기관 또는 소방대의 적법한 소방업무 또는 소방활동으로 손실을 입은 물건의 멸실·훼손으로 인한 손실 외의 재산상 손실에 대해서는 직무집행과 직접적인 인과관계가 있는 범위에서 보상한다.
③ 소방본부장 또는 소방서장은 소방업무의 응원을 요청하는 경우를 대비하여 필요한 사항을 이웃하는 소방본부장 또는 소방서장과 협의하여 미리 규약(規約)으로 정해야 한다.
④ 소방공무원으로 1년 이상 근무한 경력이 있는 사람은 안전교육사 시험에 응시할 수 있으며, 소방대원 소방안전교육훈련의 보조강사 자격을 갖추고 있다.

15 소방안전교육사 시험 응시자에 해당되는 경우 제출하는 증빙서류로 옳지 않은 것은?

① 소방안전관리자 수첩 사본

② 경력(재직)증명서

③ 교육과정 이수증명서 또는 수료증

④ 안전관리 분야의 기사자격증 사본

16 화재로 오인할 만한 우려가 있는 불을 피우거나 연막소독을 하려는 경우에 관한 규정 내용으로 옳은 것은?

① 주택밀집지역에서 신고를 하지 않은 경우 20만원 이하의 과태료를 부과한다.

② 시장지역에서 화재로 오인할 만한 연막소독을 실시하면서 신고를 하지 아니하여 소방자동차를 출동하게 한 자는 10만원 이하의 과태료에 처한다.

③ 과태료는 시·도 조례로 정하는 바에 따라 관할 소방본부장 또는 소방서장이 부과·징수한다.

④ 소방시설·소방용수시설 또는 소방출동로가 없는 지역에서 불을 피워 화재로 오인할 만한 행위를 한 사람은 소방서장에게 신고해야 한다.

17 소방기본법상 소방활동종사 명령권자에 해당되지 않는 사람은?

① 소방본부장

② 소방서장

③ 소방대장

④ 시·도지사

18 소방기본법에 따른 규정 내용으로 옳지 않은 것은?

① 소방청장은 소방업무에 관한 종합계획을 관계 중앙행정기관의 장과 협의를 거쳐 계획 시행 전년도 10월 31일까지 수립해야 한다.

② 국가는 소방기술 및 소방산업의 국제경쟁력과 국제적 통용성을 높이기 위하여 소방기술 및 소방산업의 국외시장 개척 등 사업을 추진해야 한다.

③ 소방업무에 관하여 상호응원협정을 체결하고자 하는 때에는 응원출동훈련 및 평가사항이 포함되도록 해야 한다.

④ 사람을 구출하거나 불이 번지는 것을 막기 위하여 긴급하다고 인정할 때 화재가 발생하거나 불이 번질 우려가 있는 소방대상물 및 토지의 강제처분을 방해한 자 또는 정당한 사유 없이 그 처분에 따르지 아니한 사람은 3년 이하의 징역 또는 3천만원 이하의 벌금에 처한다.

19 위급한 상황이 발생한 현장에 설정된 소방활동구역에 출입제한을 받는 자는?

① 교통업무 종사자

② 수사업무 종사자

③ 구조업무 종사자

④ 보도업무 종사자

20 다음 중 소방활동 종사명령에 따라 소방활동에 종사한 사람으로 시·도지사로부터 소방활동의 비용을 지급받을 수 있는 사람은? 21 소방교

① 화재가 발생한 소방대상물의 소방안전관리자

② 소방활동을 한 숙박시설의 소유자

③ 과실로 화재를 발생시킨 사람

④ 화재가 난 숙박시설의 투숙객

21 소방기본법상 소방용수시설의 설치 및 관리 등에 관한 설명으로 옳지 않은 것은? 21 소방교

① 시·도지사는 소방활동에 필요한 소화전(消火栓)·급수탑(給水塔)·저수조(貯水槽)(이하 "소방용수시설"이라 한다)를 설치하고 유지·관리하여야 한다.

② 소방용수시설과 비상소화장치의 설치기준은 행정안전부령으로 정한다.

③ 시·도지사는 소방자동차의 진입이 곤란한 지역 등 비상소화장치를 설치하고 유지·관리할 수 있다.

④ 수도법에 따라 소화전을 설치하는 일반수도사업자는 시·도지사의 허가를 득한 후 소화전을 설치하여야 하며, 설치 사실을 관할 소방서장에게 통지하고, 그 소화전을 유지·관리하여야 한다.

22 소방기본법 시행령에 규정한 사항 외에 교육평가심의위원회의 운영 등에 필요한 사항은 누가 정하는가?

① 시·도지사

② 소방본부장 또는 소방서장

③ 소방청장

④ 안전원장

23 소방차 전용구역에 차를 주차하거나 전용구역에의 진입을 가로막는 등의 방해행위를 1회 위반한 사람에 대한 과태료 금액으로 옳은 것은?

① 50만원

② 100만원

③ 150만원

④ 200만원

24 소방기본법에 따른 벌칙에 관한 내용으로 옳지 않은 것은?

① 소방업무에 관하여 위탁받은 업무에 종사하는 안전원의 임직원은 수뢰·사전수뢰, 제3자뇌물제공, 수뢰후부정처사·사후수뢰, 알선수뢰를 적용할 때에는 공무원으로 본다.

② 500만원 이하의 벌금에 해당하는 조문이 있다.

③ 최고의 벌칙은 5년 이하의 징역 또는 5천만원 이하의 벌금이다.

④ 출동한 화재진압에게 폭행 또는 협박을 행사하여 화재진압을 방해하는 행위를 한 사람은 5년 이하의 징역 또는 5천만원 이하의 벌금에 처한다.

25 소방기본법에 규정한 한국소방안전원의 회원이 될 수 없는 사람은?

① 소방안전관리자로 채용된 사람으로서 회원이 되려는 사람

② 소방시설업 등록을 한 사람으로서 회원이 되려는 사람

③ 소방관련 학과를 졸업한 사람

④ 위험물제조소 등 설치허가를 받은 사람으로서 회원이 되려는 사람

16 | 제16회 최종모의고사

01 소방기본법에 규정된 내용에 관한 설명으로 옳은 것은?

① 소방대상물에는 항해 중인 선박도 포함된다.
② "관계인"이란 소방대상물의 관리자와 점유자를 제외한 실제 소유자를 말한다.
③ "소방대"의 임무는 구조와 구급활동을 제외한 화재현장에서의 화재진압활동이다.
④ 의용소방대원과 의무소방원도 소방대의 구성원이다.

02 다음 중 소방안전체험관의 기능 수행과 관련이 없는 것은?

① 재난 및 안전사고 유형에 따른 예방, 대처, 대응 등에 관한 체험교육의 제공
② 체험교육 프로그램의 개발 및 국민 안전의식 향상을 위한 훈련
③ 체험교육 인력의 양성 및 유관기관·단체 등과의 협력
④ 그 밖에 체험교육을 위하여 시·도지사가 필요하다고 인정하는 사업의 수행

03 소방업무에 관한 종합계획의 수립·시행 시 포함되어야 할 내용으로 옳지 않은 것은?

① 소방서비스의 질 향상을 위한 정책의 기본방향
② 소방업무에 필요한 장비의 구비
③ 소방업무에 필요한 기반 조성
④ 소방산업정책의 기본방향

04 다음 중 소방기본법령상 성격이 다른 것은?

① 국고보조 대상사업의 범위
② 과태료 부과기준
③ 국고보조 대상사업의 기준보조율
④ 국고보조의 대상이 되는 소방활동장비 및 설비의 종류 및 규격

05 세우는 소방용수 표지에 관한 규정 내용에서 다음 (   ) 안에 들어갈 색깔로 맞는 것은?

> 안쪽 문자는 (   ), 바깥쪽 문자는 (   ), 내측 바탕은 (   ), 외측 바탕은 (   )으로 하고 반사도료를 사용하여야 한다.

① 노란색, 붉은색, 흰색, 파란색
② 흰색, 노란색, 붉은색, 파란색
③ 파란색, 노란색, 흰색, 붉은색
④ 흰색, 붉은색, 파란색, 흰색

06 소방기본법상 소방활동구역의 설정을 할 수 없는 사람은?

① 소방대장
② 소방본부장
③ 경찰공무원
④ 시·도지사

07 소방기본법에서 정하는 기준에 대한 설명으로 옳은 것은?

① 관계인은 화재를 진압하거나 구조·구급 활동을 하기 위하여 상설 조직체를 자위소방대라 한다.
② 소방안전교육사 배치대상별 배치기준에서 한국소방산업기술원은 2 이상이다.
③ 재난예방에 필요한 정보수집 및 제공은 종합상황실 실장의 업무에 해당한다.
④ 소방체험관의 설립과 운영에 필요한 사항은 시·도의 조례로 정하는 기준에 따라 행정안전부령으로 정한다.

08 소방기본법상 소방업무에 관한 종합계획의 수립·시행에 관한 내용이다. (   ) 안에 들어갈 내용으로 옳은 것은?

> (㉠)은 화재, 재난·재해, 그 밖의 위급한 상황으로부터 국민의 생명·신체 및 재산을 보호하기 위하여 (㉡)을 (㉢)마다 수립·시행하여야 하고, 이에 필요한 재원을 확보하도록 노력하여야 한다.

	㉠	㉡	㉢
①	소방청장	소방 업무에 관한 종합계획	3년
②	행정안전부장관	소방 업무에 관한 세부계획	3년
③	소방청장	소방 업무에 관한 종합계획	5년
④	행정안전부장관	소방 업무에 관한 세부계획	5년

09 화재, 재난·재해, 그 밖의 위급한 상황이 발생하였을 때 소방대를 현장에 신속하게 출동시켜 화재 진압과 인명구조·구급 등 소방에 필요한 활동을 하게 할 수 없는 사람은?

① 소방청장
② 소방본부장
③ 시·도지사
④ 소방서장

10 소방기본법에 따른 규정 내용으로 옳은 것은?

① 소방청장·소방본부장 또는 소방서장은 화재가 발생한 현장에 소방활동구역을 정하여 소방활동에 필요한 사람으로서 대통령령으로 정하는 사람 외에는 그 구역에 출입하는 것을 제한할 수 있다.
② 소방본부장은 의사상자를 명예직 소방대원으로 위촉할 수 있다.
③ 소방공무원 중 소방활동이나 생활안전활동을 3년 이상 수행한 경력이 있는 사람은 소방안전체험 실별 체험교육을 총괄하는 교수요원으로 자격이 있다.
④ 소방의 날 행사에 관하여 필요한 사항은 소방청장·소방본부장 또는 소방서장이 따로 정하여 시행할 수 있다.

11 소방청장은 소방안전교육훈련 운영계획의 작성에 필요한 지침을 정하여 언제까지 소방본부장과 소방서장에게 통보하여야 하는가?

① 매년 9월 30일까지
② 매년 10월 31일까지
③ 매년 11월 30일까지
④ 매년 12월 31일까지

12 소방안전교육사는 누가 실시하는 시험에 합격하여야 하는가?

① 소방청장
② 중앙소방학교
③ 소방본부장 또는 소방서장
④ 시·도지사

13 소방기본법령에 따른 규정 내용으로 옳지 않은 것은?

① 안전원장과 감사는 모두 소방청장이 임명한다.

② 소방대장은 소방활동구역 설정, 소화활동 종사명령, 강제처분, 피난명령, 위험시설 등에 대한 긴급조치를 할 수 있다.

③ 국가는 소방기술 및 소방산업의 국제경쟁력과 국제적 통용성을 높이는 데에 필요한 기반 조성을 촉진하기 위한 시책을 마련해야 한다.

④ 과태료 부과 개별기준에 따르면 한국소방안전원 또는 이와 유사한 명칭을 사용한 경우에 과태료는 100만원이다.

14 소방안전교육사 시험 증빙서류 중 행정정보의 공동이용을 통하여 확인하여야 할 서류에 해당되지 않는 것은?

① 안전분야 소방기술사 자격증

② 안전관리 분야의 기사 해당 자격증

③ 소방시설관리사 자격증

④ 안전관리 분야의 산업기사 해당 자격증

15 소방기본법에 따른 규정 내용으로 옳은 것은?

① 공동주택에 설치하는 소방자동차 전용구역에 차를 주차하거나 전용구역에의 진입을 가로막는 등의 방해행위를 한 사람은 100만원 이하의 과태료를 부과한다.

② 시·도지사는 소방업무의 응원을 요청하는 경우를 대비하여 필요한 사항을 대통령령으로 정하는 바에 따라 이웃하는 시·도지사와 협의하여 미리 규약(規約)으로 정해야 한다.

③ 소방본부장 또는 소방서장은 소방활동을 위하여 긴급하게 출동할 때 소방활동에 방해가 되는 주차 또는 정차된 차량의 제거나 이동을 위하여 견인차량과 인력 등을 지원한 자에게 시·도의 조례로 정하는 바에 따라 비용을 지급하여야 한다.

④ 소방업무에 관하여 상호응원협정을 체결하고자 하는 때에는 파견된 소방공무원의 지휘권에 관한 사항이 포함되도록 해야 한다.

16 소방안전교육사 시험의 1차 과목 중 소방학개론 출제범위에 해당되지 않는 것은?

① 화재이론   ② 소화이론

③ 연소이론   ④ 화재조사이론

17 소방기본법에서 규정한 내용에 대한 설명으로 옳지 않은 것은?

① 저수조 흡수관의 투입구가 원형인 경우에는 지름이 648밀리미터 이상으로 할 것

② 5초 간격을 두고 5초씩 3회의 사이렌신호는 발화신호에 해당한다.

③ 소방청, 소방본부 또는 소방서, 한국소방안전원, 한국소방산업기술원에 소방안전교육사를 배치할 수 있다.

④ 소방청장, 소방본부장 또는 소방서장은 소방안전교육훈련의 실시결과, 만족도 조사결과 등을 기록하고 이를 3년간 보관해야 한다.

18 소방활동 종사 명령에 대한 설명으로 옳지 않은 것은?

① 소방활동에 종사한 사람은 시·도지사로부터 소방활동의 비용을 지급받을 수 있다.

② 소방본부장, 소방서장 또는 소방대장은 소방활동에 필요한 보호장구를 지급하는 등 안전을 위해 조치하여야 한다.

③ 화재 현장에 있는 사람으로 하여금 사람을 구출하는 일 또는 불을 끄거나 불이 번지지 아니하도록 하는 일을 하게 할 수 있다.

④ 소방활동 종사 명령은 소방대상물에 화재, 재난·재해, 그 밖의 위급한 상황이 발생한 경우 그 관계인에게 사람을 구출하는 일 또는 불을 끄거나 불이 번지지 아니하도록 하는 일을 하게 할 수 있는 경우를 말한다.

19 소방본부장, 소방서장 또는 소방대장이 화재현장에서 소방활동을 원활히 수행하기 위하여 규정하고 있는 사항으로 틀린 것은?

① 위험물제조소 등에 대한 긴급 사용정지명령

② 강제처분

③ 소방활동 종사 명령

④ 피난명령

20 소방기본법에 따른 규정 내용으로 옳지 않은 것은?

① 국가적 차원의 소방력동원 요청을 받은 시·도지사는 정당한 사유 없이 요청을 거절하여서는 아니 된다.

② 비상소화장치의 소방호스 및 관창은 소방청장이 정하여 고시하는 성능인증 및 제품검사의 기술기준에 적합한 것으로 설치해야 한다.

③ 소방청장은 시·도지사에게 동원된 소방력을 화재, 재난·재해 등이 발생한 지역에 지원·파견하여 줄 것을 요청하거나 필요한 경우 직접 소방대를 편성하여 화재진압 및 인명구조 등 소방에 필요한 활동을 하게 할 수 있다.

④ 국가는 소방산업의 육성·진흥을 위하여 필요한 계획의 수립 등 행정상·재정상의 지원시책을 마련해야 한다.

21 소방기본법에 따른 과태료 부과·징수의 권한이 없는 사람으로 옳은 것은?

① 관할 시·도지사 　　　　　　② 관할 소방본부장
③ 관할 소방서장 　　　　　　　④ 소방청장

22 다음 중 행정안전부령으로 정하는 사항이 아닌 것은?

① 119종합상황실 설치·운영에 필요한 사항
② 비상소화장치 설치대상 지역
③ 소방박물관 설립·운영에 필요한 사항
④ 소방력에 관한 기준

23 비상소화장치의 설치기준에 대한 설명으로 옳지 않은 것은?

① 비상소화장치의 설치기준에 관한 세부 사항은 소방청장이 정한다.
② 비상소화장치는 비상소화장치함, 소화전, 소방호스, 관창을 포함하여 구성해야 한다.
③ 비상소화장치의 함은 소방청장이 정하여 고시하는 형식승인 및 제품검사의 기술기준에 적합한 것으로 설치한다.
④ 소방용수시설과 비상소화장치의 설치기준은 행정안전부령으로 정한다.

24 화재 또는 구조·구급이 필요한 상황을 허위로 알려 두 번째 적발된 경우, 처분의 결과조치로 옳은 것은?

① 50만원의 과태료

② 20만원의 과태료

③ 400만원의 과태료

④ 200만원의 과태료

25 소방기본법에 따른 소방안전체험실별 교수요원 및 조교의 자격기준에 대한 내용으로 옳은 것은?

① 소방공무원 중 소방안전교육사, 소방시설관리사, 소방기술사, 소방설비기사 또는 소방설비산업 기사 자격을 취득한 사람은 소방안전체험실별 체험교육을 총괄하는 교수요원으로 자격이 있다.

② 소방안전체험실별 체험교육을 총괄하는 교수요원의 자격을 갖춘 사람은 체험실별 체험교육을 지원하고 실습을 보조하는 조교의 자격기준에 해당한다.

③ 소방 관련학과의 석사학위 이상을 취득한 사람, 간호사, 인명구조사 자격을 취득한 공무원은 소방 안전체험실별 체험교육을 총괄하는 교수요원으로 자격이 있다.

④ 소방공무원 중 소방활동이나 소방지원활동을 1년 이상 수행한 경력이 있는 사람은 소방안전체험 실별 체험교육을 지원하고 실습을 보조하는 조교의 자격이 있다.

01 소방업무를 수행하는 소방기관의 설치에 필요한 사항은 무엇으로 정하는가?

① 행정안전부령
② 대통령령
③ 소방청 고시
④ 시·도 조례

02 다음 중 소방기본법에서 정하는 기준이 다른 하나는?

① 종합상황실 설치·운영에 필요한 사항
② 소방기관이 소방업무를 수행하는 데에 필요한 인력과 장비 등에 관한 기준
③ 소방장비 등에 대한 국고보조 대상사업의 범위와 기준보조율
④ 소방박물관의 설립과 운영에 필요한 사항

03 소방기본법령상 소방청장이 수립·시행하는 종합계획에 포함되어야 하는 사항에 해당하지 않는 것은?

① 소방전문인력 양성
② 화재안전분야 국제경쟁력 향상
③ 소방업무의 교육 및 홍보
④ 소방기술의 연구·개발 및 보급

04 소방기본법상 국고보조 대상사업의 기준 보조율은 무엇에서 정하는 바에 따르는가?

① 기획재정부령
② 행정안전부령
③ 보조금 관리에 관한 법률 시행령
④ 보조금 관리에 관한 법률

05 소방기본법상 소방활동에 필요한 지리에 대한 조사내용으로 틀린 것은? `21 소방교`

① 소방대상물에 인접한 도로의 폭

② 소방대상물에 인접한 도로의 교통상황

③ 소방대상물에 인접한 도로주변의 토지의 용도

④ 건축물의 개황

06 소방기본법 및 같은 법 시행령상 소방안전교육사 시험에 관한 내용으로 옳은 것은? `22 소방교`

① 소방안전교육사 시험 응시자격 심사위원은 3명, 시험위원 중 출제위원은 시험과목별 5명, 시험위원 중 채점 위원은 5명이다.

② 소방청장은 소방안전교육사 시험 응시자격 심사·출제 및 채점을 위하여 소방위 이상의 소방공무원을 응시 자격 심사위원 및 시험위원으로 임명 또는 위촉해야 한다.

③ 소방청장은 소방안전교육사 시험에서 부정행위를 한 사람에 대하여는 해당 시험을 정지시키거나 무효로 처리한다. 시험이 정지되거나 무효로 처리된 사람은 그 처분이 있는 날로부터 1년간 소방안전교육사 시험에 응시하지 못한다.

④ 소방청장은 소방안전교육사 시험을 시행하려는 때에는 응시자격·시험과목·일시·장소 및 응시절차 등에 관하여 필요한 사항을 모든 응시 희망자가 알 수 있도록 소방안전교육사 시험의 시행일 60일 전까지 소방청의 인터넷 홈페이지 등에 공고해야 한다.

07 소방기본법상 소방용수시설의 설치 및 관리 등에서 비상소화장치를 설치하고 유지·관리할 수 있는 자는 누구인가?

① 소방본부장 또는 소방서장

② 시·도지사

③ 시·도지사 또는 소방본부장

④ 소방청장, 소방본부장 또는 소방서장

08 소방기본법령상 과태료 부과 개별기준에서 과태료 금액의 합은 얼마인가?

> 가. 소방활동을 위하여 사이렌을 사용하여 출동하는 소방자동차의 출동에 지장을 준 경우
> 나. 정당한 사유 없이 화재, 재난·재해, 그 밖의 위급한 상황을 소방본부, 소방서 또는 관계 행정기관에 알리지 않은 경우
> 다. 소방활동구역 출입제한을 받는 자가 소방대장의 허가를 받지 않고 소방활동구역을 출입한 경우
> 라. 한국소방안전원 또는 이와 유사한 명칭을 사용한 경우

① 700만원   ② 800만원

③ 900만원   ④ 1,000만원

09 소방기본법에 따른 소방지원활동에 대한 내용으로 틀린 것은?

① 화재, 재난·재해로 인한 피해복구 소방지원활동을 할 수 있다.

② 소방지원활동에는 단전사고 시 비상전원 또는 조명의 공급이 있다.

③ 소방지원활동은 소방활동 수행에 지장을 주지 아니하는 범위에서 할 수 있다.

④ 유관기관·단체 등의 요청에 따른 소방지원활동에 드는 비용은 지원요청을 한 유관기관·단체 등에 부담하게 할 수 있다.

10 소방기본법에 따른 규정 내용으로 옳은 것은?

① 한국소방안전원에 관한 사항은 따로 법률로 정한다.

② 시·도지사가 이웃하는 다른 시·도지사와 소방업무에 관하여 상호응원협정을 체결하고자 하는 때에는 화재예방활동 사항이 포함되도록 해야 한다.

③ 수입물품의 국고보조산정을 위한 기준가격은 소방청에서 조사한 해외시장의 시가로 정한다.

④ 인간공학기사 자격을 취득한 후 안전관리 분야에 1년 이상 종사한 사람은 소방안전교육사 시험에 응시할 수 있다.

11 소방기본법 및 같은 법 시행령상 손실보상에 관한 설명 중 (   ) 안에 들어갈 숫자로 옳은 것은? [순서대로 (가), (나), (다), (라), (마)] 21 소방장

> ㄱ. 손실보상을 청구할 수 있는 권리는 손실이 있음을 안 날부터 (가)년, 손실이 발생한 날부터 (나)년간 행사하지 아니하면 시효의 완성으로 소멸한다.
> ㄴ. 소방청장 등은 손실보상심의위원회의 심사·의결을 거쳐 특별한 사유가 없으면 보상금 지급 청구서를 받은 날부터 (다)일 이내에 보상금 지급 여부 및 보상금액을 결정하여야 한다.
> ㄷ. 소방청장 등은 손실보상 결정일부터 (라)일 이내에 행정안전부령으로 정하는 바에 따라 결정 내용을 청구인에게 통지하고, 보상금을 지급하기로 결정한 경우에는 특별한 사유가 없으면 통지한 날부터 (마)일 이내에 보상금을 지급하여야 한다.

① 5, 3, 60, 12, 20   ② 3, 5, 60, 10, 30

③ 3, 5, 50, 12, 30   ④ 5, 3, 50, 10, 20

12 소방기본법에 따른 규정 내용으로 옳지 않은 것은?

① 국가는 소방산업과 관련된 기술(이하 "소방기술"이라 한다)의 개발을 촉진하기 위하여 기술개발을 실시하는 자에게 그 기술개발에 드는 자금의 전부나 일부를 출연하거나 보조할 수 있다.

② 소방청장은 시·도지사에게 동원된 소방력을 필요한 경우 직접 소방대를 편성하여 화재진압 및 인명구조 등 소방에 필요한 활동을 하게 할 수 있다.

③ 소방업무에 관한 종합계획에는 장애인, 노인, 임산부, 영유아 및 어린이 등 이동이 어려운 사람을 대상으로 한 소방활동에 필요한 조치에 관한 사항이 포함되어야 한다.

④ 소방활동에 필요한 소방용수시설은 소화전(消火栓)·급수탑(給水塔)·저수조(貯水槽)를 말하며, 댐·저수지 또는 수영장 등의 물을 사용하거나 수도(水道)의 개폐장치도 포함한다.

13 소방기본법에 따른 소방안전교육의 기획·진행·분석·평가 및 교수업무를 수행하는 사람을 무엇이라 하는가?

① 소방시설관리사

② 소방안전교육사

③ 소방안전관리자

④ 소방기술사

14 소방기본법에 따른 규정 내용으로 옳은 것은?

① 시·도지사는 비상소화장치를 설치하고 유지·관리할 수 있다.

② 소방업무의 응원을 요청하는 경우 경비의 부담 등에 관하여 필요한 사항을 이웃하는 소방본부장과 협의하여 미리 규약(規約)으로 정해야 한다.

③ 국가는 우수소방제품의 전시·홍보를 위하여 무역전시장 등을 설치한 자에게 소방산업전시회 운영에 따른 경비의 전부나 일부를 지원을 할 수 있다.

④ 소방청장은 관할구역의 소방력을 확충하기 위하여 필요한 계획을 수립하여 시행하여야 한다.

15 소방안전교육사 시험 응시수수료 반환에 대한 설명으로 옳지 않은 것은?

① 응시수수료를 과오납한 경우에는 과오납한 응시수수료 전액을 반환해야 한다.

② 시험 시행기관의 귀책사유로 시험에 응시하지 못한 경우에는 납입한 응시수수료 전액을 반환해야 한다.

③ 시험시행일 20일 전까지 접수를 철회하는 경우에는 납입한 응시수수료 전액을 반환해야 한다.

④ 시험시행일 10일 전까지 접수를 철회하는 경우에는 납입한 응시수수료의 100분의 80을 반환해야 한다.

16 소방기본법에 따른 규정 내용으로 옳지 않은 것은?

① 소방업무에 관한 종합계획에는 재난·재해 환경 변화에 따른 소방업무에 필요한 대응 체계 마련에 관한 사항이 포함되어야 한다.

② 소방활동구역의 출입자는 행정안전부령으로 정한다.

③ 국가적 차원의 소방활동을 위하여 동원된 소방대원이 다른 시·도에 파견·지원되어 소방활동을 수행할 때에는 특별한 사정이 없으면 화재, 재난·재해 등이 발생한 지역을 관할하는 소방본부장 또는 소방서장의 지휘에 따라야 한다.

④ 소방본부장이나 소방서장은 소방활동을 할 때에 긴급한 경우에는 이웃한 소방본부장이나 소방서장에게 소방업무의 응원(應援)을 요청할 수 있다.

17 소방기본법령상 과태료 부과 개별기준에서 소방차가 사이렌을 사용하여 출동하는 소방자동차의 출동에 지장을 준 경우 과태료 금액으로 옳은 것은?

① 100만원

② 200만원

③ 500만원

④ 1회 100만원

18 소방활동에 종사명령으로 시·도지사로부터 소방활동의 비용을 지급받을 수 있는 사람으로 옳은 것은?

① 소방대상물에 화재, 재난·재해, 그 밖의 위급한 상황이 발생한 경우 그 관계인

② 관할구역에 사는 사람으로서 소방활동종사명령을 받고 그 활동에 종사한 사람

③ 고의 또는 과실로 화재 또는 구조·구급 활동이 필요한 상황을 발생시킨 사람

④ 화재 또는 구조·구급 현장에서 물건을 가져간 사람

19 소방기본법에 따른 감독 및 조치명령에 해당되지 않는 것은?

① 관계인의 소방활동종사 명령

② 위험시설 등에 대한 긴급조치

③ 강제처분 등

④ 응급조치·통보 및 조치명령

20 소방기본법에 따른 소방활동 등에 대한 내용으로 옳지 않은 것은?

① "소방활동"이란 화재, 재난·재해, 그 밖의 위급한 상황이 발생하였을 때에는 소방대를 현장에 신속하게 출동시켜 화재진압과 인명구조·구급 등 소방에 필요한 활동을 말한다.

② 누구든지 정당한 사유 없이 소방활동, 소방지원활동, 생활안전활동을 방해하여서는 아니 된다.

③ 소방시설 오작동 신고에 따른 조치활동은 소방지원활동에 해당한다.

④ 소방대원에게 실시하는 교육·훈련의 종류는 화재진압훈련, 인명구조훈련, 응급처치훈련, 인명대피훈련, 현장지휘훈련이다.

21 위험시설 등에 대한 긴급조치에 대한 설명으로 틀린 것은?

① 위험시설 등에 대한 긴급조치의 권한을 가진 자는 소방본부장, 소방서장 또는 소방대장이다.

② 화재진압을 위하여 수영장의 물을 사용하는 경우에는 관계인과 협의하여야 한다.

③ 소방대장은 화재진압 등 소방활동을 위하여 필요할 때에는 소방용수 외에 수도(水道)의 개폐장치 등을 조작할 수 있다.

④ 화재 발생을 막거나 폭발 등으로 화재가 확대되는 것을 막기 위하여 가스·전기 또는 유류 등의 시설에 대하여 위험물질의 공급을 차단하는 등 필요한 조치를 할 수 있다.

22 소방안전교육훈련에 대한 내용으로 옳지 않은 것은?

① 소방청장, 소방본부장 또는 소방서장은 국민의 안전의식을 높이기 위하여 화재 발생 시 피난 및 행동 방법 등을 홍보하여야 한다.

② 소방안전교육훈련은 소방대원이 받아야 할 교육·훈련의 종류에 해당한다.

③ 소방공무원으로서 5년 이상 근무한 경력이 있는 사람은 어린이집의 영유아, 유치원의 유아, 초·중등학교의 학생을 대상으로 하는 소방안전교육훈련 강사의 자격이 있다.

④ 소방청장, 소방본부장 또는 소방서장은 강사 및 보조강사로 활동하는 사람에 대하여 소방안전교육 훈련과 관련된 지식·기술 및 소양 등에 관한 교육 등을 받게 할 수 있다.

23 화재 또는 구조·구급이 필요한 상황을 허위로 알린 자에 대한 처분의 결과조치로 옳은 것은?

① 500만원 이하의 벌금　　　　　　② 300만원의 벌금
③ 100만원 이하의 과태료　　　　　④ 500만원 이하의 과태료

24 소방기본법에 따른 5년 이하의 징역 또는 5천만원 이하의 벌금에 해당하지 않는 것은?

21 소방교

① 정당한 사유 없이 소방대의 생활안전활동을 방해한 자
② 정당한 사유 없이 출동한 소방대의 소방활동을 방해한 자
③ 소방자동차의 출동을 방해한 사람
④ 정당한 사유 없이 소방용수시설 또는 비상소화장치를 사용한 자

25 한국소방안전원에 대한 설명으로 옳은 것은?

① 안전원에 관하여 소방기본법에 규정된 것을 제외하고는 민법 중 사단법인에 관한 규정을 준용한다.
② 소방기술과 안전관리기술의 향상 및 홍보, 그 밖의 교육·훈련 등 행정기관이 위탁하는 업무 등을 수행한다.
③ 소방청장의 승인을 받아 설립한다.
④ 설립되는 안전원은 사단법인으로 한다.

18 | 제18회 최종모의고사

01 소방업무를 수행하는 소방서장의 지휘 감독의 권한이 있는 사람은?

① 시·도의 소방본부장

② 소방청장

③ 그 소재지를 관할하는 시·도지사

④ 행정안전부장관

02 다음 중 소방체험관의 설립·운영에 관한 기준에 대한 내용으로 옳지 않은 것은?

① 체험실별 바닥면적은 100제곱미터 이상이어야 한다.

② 법적으로 갖추어야 할 체험실은 4개 분야 7개의 체험실을 갖추어야 한다.

③ 소방체험관 중 소방안전 체험실로 사용되는 부분의 바닥면적의 합이 1,000제곱미터 이상이 되어야 한다.

④ 소방체험관에 갖추어야 하는 시설안전 체험실은 생활안전분야에 해당한다.

03 소방업무에 관한 종합계획에 필요한 재원의 확보를 위해 노력해야 할 사람은 누구인가?

① 소방청장

② 소방본부장

③ 소방서장

④ 시·도지사

04 국고보조산정을 위한 기준가격에 대한 규정으로 옳은 것은? `22 소방장`

① 국내조달품은 정부고시가격으로 산정한다.

② 수입물품은 수입기관에서 조사한 해외시장의 시가로 한다.

③ 국내조달물품 중 정부고시가격이 없는 경우 3 이상의 공신력 있는 물가조사기관에서 조사한 가격의 평균가격으로 한다.

④ 해외시장의 시가가 없는 물품은 3 이상의 공신력 있는 물가조사기관에서 조사한 가격 중 최저가격으로 한다.

05 소방기본법상 소방용수시설 및 지리조사에 관한 내용으로 틀린 것은?

① 조사결과는 전자적 처리가 불가능한 특별한 사유가 없으면 전자적 처리가 가능한 방법으로 작성·관리해야 한다.

② 소방용수조사 시에 지면에서부터 상수도배관과 소화전배관 연결부위의 높이(m)를 소방용수조사부에 작성해야 한다.

③ 지리조사 시 지리조사부에 공사명, 소방차 불통사유 등을 기재하고 약도를 작성한다.

④ 소방용수시설 및 지리조사는 월 1회 이상 실시해야 한다.

06 소방기본법에서 정하는 기준에 대한 설명으로 옳은 것은?

① 소방자동차는 화재진압 및 구조·구급 활동을 위해 출동할 때에만 사이렌을 사용할 수 있다.

② 전기·기계·가스·수도·통신·교통의 업무에 종사하는 자는 자유롭게 소방활동구역에 출입이 가능하다.

③ 소방시설·소방용수시설 또는 소방출동로가 없는 지역에서 연막소독을 하려는 경우에 소방서장에게 신고하여야 한다.

④ 소방본부장, 소방서장 또는 소방대장은 소방활동을 위하여 긴급하게 출동할 때에는 소방자동차의 통행과 소방활동에 방해가 되는 주차 또는 정차된 차량 및 물건 등을 제거하거나 이동활동을 방해하거나 정당한 사유 없이 그 처분에 따르지 아니한 자는 300만원 이하의 벌금에 처한다.

07 소방기본법상 벌칙 처분이 나머지 셋과 다른 것은? `22 소방교`

① 피난 명령을 위반한 사람

② 정당한 사유 없이 화재, 재난·재해, 그 밖의 위급한 상황을 소방본부, 소방서 또는 관계 행정기관에 알리지 아니한 관계인

③ 정당한 사유 없이 소방대의 생활안전활동을 방해한 자

④ 정당한 사유 없이 물의 사용이나 수도의 개폐장치의 사용 또는 조작을 하지 못하게 하거나 방해한 자

08 소방기본법상 생활안전활동을 모두 고른 것은? `22 소방교`

> 가. 붕괴, 낙하 등이 우려되는 고드름, 나무, 위험 구조물 등의 제거활동
> 나. 화재, 재난·재해로 인한 피해복구 안전활동
> 다. 끼임, 고립 등에 따른 위험제거 및 구출 활동
> 라. 자연재해에 따른 급수·배수 및 제설 등 안전활동
> 마. 단전사고 시 비상전원 또는 조명의 공급
> 바. 방치하면 급박해질 우려가 있는 위험을 예방하기 위한 활동

① 가, 나, 다, 라, 마, 바

② 가, 나, 다, 라

③ 가, 다, 마, 바

④ 가, 다, 라, 마, 바

09 소방기본법에 따른 규정 내용으로 옳은 것은?

① 소방청장, 소방본부장 또는 소방서장은 강사 및 보조강사로 활동하는 사람에 대하여 소방안전교육 훈련과 관련된 지식·기술 및 소양 등에 관한 교육 등을 받게 해야 한다.

② 소방청장은 소방본부장이나 소방서장에게 동원된 소방력을 화재, 재난·재해 등이 발생한 지역에 지원·파견하여 줄 것을 요청할 수 있다.

③ 소방위 이상의 소방공무원은 소방안전교육사 응시자격심사위원 및 시험위원으로 임명 또는 위촉 자격이 있다.

④ 소방본부장, 소방서장 또는 소방대장은 피난명령을 할 때 필요하면 시·군·구청장에게 협조를 요청할 수 있다.

10 소방기본법 시행규칙상 저수조 설치기준이다. ( ) 안에 들어갈 내용으로 옳은 것은?

22 소방교

> 가. 지면으로부터의 낙차가 (㉠)미터 이하일 것
> 나. 흡수부분의 수심이 (㉡)미터 이상일 것
> 다. 소방펌프자동차가 쉽게 접근할 수 있도록 할 것
> 라. 흡수에 지장이 없도록 토사 및 쓰레기 등을 제거할 수 있는 설비를 갖출 것
> 마. 흡수관의 투입구가 사각형의 경우에는 한 변의 길이가 (㉢)센티미터 이상, 원형의 경우에는 지름이 (㉣)센티미터 이상일 것
> 바. 저수조에 물을 공급하는 방법은 (㉤)에 연결하여 자동으로 급수되는 구조일 것

	㉠	㉡	㉢	㉣	㉤
①	1.7	0.5	65	40	소화전
②	1.7	0.5	648	60	상수도
③	5.5	0.5	60	648	소화전
④	4.5	0.5	60	60	상수도

11 소방기본법에 따른 규정 내용으로 옳지 않은 것은?

① 누구든지 소방용수시설 또는 비상소화장치의 정당한 사용을 방해하는 행위를 하여서는 아니 된다.

② 소방본부장, 소방서장 또는 소방대장은 화재, 재난·재해, 그 밖의 위급한 상황이 발생하여 사람의 생명을 위험하게 할 것으로 인정할 때에는 일정한 구역을 지정하여 그 구역에 있는 사람에게 그 구역 밖으로 피난할 것을 명할 수 있다.

③ 국가적 차원의 소방활동을 위하여 파견된 소방력을 소방청장이 직접 소방대를 편성하여 소방활동을 하게 하는 경우에는 소방청장의 지휘를 따라야 한다.

④ 소방대원은 소방활동, 소방지원활동 또는 생활안전활동을 방해하는 행위를 하는 사람에게 필요한 예고를 하고, 그 행위로 인하여 사람의 생명·신체에 위해를 끼치거나 재산에 중대한 손해를 끼칠 우려가 있는 긴급한 경우에는 그 행위를 강제할 수 있다.

12 소방기본법에 따른 비상소화장치함에 대한 내용으로 옳은 것은?

① 소방청장 또는 소방본부장이 소방자동차의 진입이 곤란한 지역 등 화재발생 시에 초기 대응이 필요한 지역에 설치한다.

② 비상소화장치의 설치기준과 그 밖의 관리기준에 관한 세부 사항은 대통령령으로 정한다.

③ 비상소화장치의 소방호스 및 관창은 소방청장이 정하여 고시하는 형식승인 및 제품검사의 기술기준에 적합한 것으로 설치해야 한다.

④ 비상소화장치의 설치기준은 행정안전부령으로 정한다.

13 다음 중 소방안전교육사 결격사유에 해당하지 않은 것은?

① 피성년후견인

② 법원의 판결 또는 다른 법률에 의하여 자격이 정지 또는 상실된 사람

③ 금고 이상의 형의 집행유예를 선고 받고 그 유예기간 중에 있는 사람

④ 금고 이상의 실형을 선고받고 그 집행이 끝나거나(집행이 끝나는 것으로 보는 경우를 포함한다) 집행이 면제된 날부터 2년이 경과된 사람

14 소방안전교육사 시험과목에 해당되지 않는 것은?

① 소방학개론   ② 국민안전교육 실무

③ 소방실무론   ④ 교육학개론

15 소방기본법에 따른 규정 내용으로 옳은 것은?

① 정당한 사유 없이 화재가 발생한 소방대상물의 강제처분에 따르지 아니한 자는 3년 이하의 징역 또는 3천만원 이하의 벌금에 처한다.

② 소방청으로부터 국가적 차원의 소방력동원 요청을 받은 시·도 소방본부장은 정당한 사유 없이 요청을 거절하여서는 아니 된다.

③ 소방청장은 교육평가 및 운영에 관한 사항, 교육결과 분석 및 개선에 관한 사항, 다음 연도의 교육계획에 관한 사항을 심의하기 위하여 교육평가심의위원회를 둔다.

④ 화재예방, 소방활동 또는 소방훈련을 위하여 사용되는 소방신호의 종류와 방법은 대통령령으로 정한다.

16 시장지역에서 화재로 오인할 만한 연막(煙幕) 소독을 하면서 관할 소방서장에게 신고를 하지 않은 경우 행정벌로 옳은 것은?

① 200만원 이하의 과태료　　　　　② 100만원 이하의 과태료

③ 20만원 이하의 과태료　　　　　④ 50만원 이하의 과태료

17 소방기본법령에 따른 규정 내용으로 옳지 않은 것은?

① 모든 차와 사람은 소방자동차가 화재진압 및 구조·구급활동을 위하여 사이렌을 사용하여 출동하는 경우 진로를 양보해야 한다.

② 과태료 부과기준에서 위반행위가 사소한 부주의나 오류로 인한 것으로 인정되는 경우 과태료를 줄여 부과하지 아니한다.

③ 국가적 차원의 소방활동을 위하여 동원된 소방력의 소방활동 수행 과정에서 발생하는 경비는 소방활동 상황이 발생한 특별시·광역시·도 또는 특별자치도에서 부담하는 것을 원칙으로 하되, 구체적인 내용은 해당 시·도가 서로 협의하여 정한다.

④ 교육평가심의위원회의 구성·운영에 필요한 사항은 대통령령으로 정한다.

18 소방대가 소방활동현장에서 인명구조·연소확대를 막기 위하여 화재가 발생하거나 불이 번질 우려가 있는 소방대상물 및 토지를 일시적으로 사용하거나 그 사용을 제한하는 활동을 무엇이라 하는가?

① 강제처분　　　　　　　　　　② 긴급조치

③ 소화활동　　　　　　　　　　④ 피난명령

19 소방기본법령에 따른 내용에서 다음 괄호 안에 들어갈 사항으로 옳은 것은? (가 - 나 - 다 - 라 순서대로 나열할 것)

> 가. 금고 이상의 실형을 선고받고 그 집행이 끝나거나(집행이 끝난 것으로 보는 경우를 포함한다) 집행이 면제된 날부터 (　　　)이 지나지 아니한 사람은 안전교육사 시험에 응시할 수 없다.
> 나. 부정행위로 소방안전교육사 시험이 정지되거나 무효로 처리된 사람은 그 처분이 있은 날부터 (　　　)간 소방안전교육사 시험에 응시하지 못한다.
> 다. 손실보상심의위원회 위원으로 위촉되는 위원의 임기는 (　　　)
> 라. 지리조사 및 소방용수시설 조사결과 보관기간 : (　　　)간

① 2년 - 2년 - 2년 - 3년

② 2년 - 2년 - 2년 - 2년

③ 1년 - 2년 - 3년 - 2년

④ 1년 - 2년 - 2년 - 3년

20 교육평가심의위원회의 위원의 자격 및 임명에 대한 설명으로 맞지 않는 것은?

① 안전원장이 임명 또는 위촉한다.

② 소방안전교육 전문가

③ 소방안전에 관한 학식과 경험이 풍부한 사람

④ 소방안전교육 업무 담당 소방공무원 중 안전원장이 추천하는 사람

21 소방안전교육훈련 실시 전에 소방안전교육훈련대상자에게 주의사항 및 안전관리 협조사항을 미리 알려야 하는 사람이 아닌 것은?

① 소방청장

② 학교의 장

③ 소방본부장

④ 소방서장

22 다음 중 소방기본법에서 정하는 소방안전교육사 배치 대상에 해당되지 않는 것은?

① 소방청

② 소방본부

③ 각급 학교

④ 한국소방안전원

23 소방기본법령상 소방교육·훈련의 종류 등에서 현장지휘훈련을 받아야 할 대상자는?

① 소방장

② 소방준감

③ 소방사

④ 소방령

24 다음 중 행정형벌이 가장 무거운 벌칙으로 옳은 것은?

① 소방활동에 방해되는 주차 또는 정차된 차량 및 물건 등의 이동 또는 제거활동을 방해한 자 또는 정당한 사유 없이 그 처분에 따르지 아니한 자

② 위력(威力)을 사용하여 출동한 소방대의 화재진압·인명구조 또는 구급활동을 방해하는 행위를 한 자

③ 정당한 사유 없이 소방대의 생활안전활동을 방해한 자

④ 정당한 사유 없이 소방대가 현장에 도착할 때까지 사람을 구출하는 조치를 하지 않은 자

25 다음 중 한국소방안전원의 정관에 포함되어야 할 사항으로 옳은 것을 모두 고른 것은?

가. 목 적	나. 명 칭
다. 주된 사무소의 소재지	라. 수입금에 관한 사항
마. 이사회에 관한 사항	바. 자산운영수입금에 관한 사항
사. 재정 및 회계에 관한 사항	아. 정관의 변경에 관한 사항

① 상기 다 맞음

② 가, 나, 다, 마, 사, 아

③ 가, 나, 다, 라, 바

④ 가, 나, 다, 라

19 | 제19회 최종모의고사

01 소방기본법의 구성으로 옳은 것은?

① 제10장 제57조 및 부칙

② 제8장 제53조 및 부칙

③ 제7장 제39조 및 부칙

④ 제6장 제26조 및 부칙

02 소방체험관의 규모 및 지역 여건 등을 고려하여 갖출 수 있는 체험실의 연결이 바른 것은?

① 생활안전 분야 - 화재안전 체험실

② 자연재난안전 분야 - 지질성 재난 체험실

③ 사회기반안전 분야 - 지하공동구 안전 체험실

④ 보건안전 분야 - 자살방지 체험실

03 소방업무에 관한 종합계획의 수립·시행에 관한 설명으로 옳은 것은?

① 소방청장은 소방업무에 관한 종합계획을 전국 시·도 소방본부장과 협의를 거쳐 계획 시행 전년도 10월 31일까지 수립해야 한다.

② 소방업무의 세부계획의 수립·시행에 필요한 사항은 대통령령으로 정한다.

③ 시·도지사는 소방업무의 체계적 수행을 위하여 필요한 경우 소방본부장이 제출한 세부계획의 보완 또는 수정을 요청할 수 있다.

④ 소방청장은 수립한 소방업무 종합계획을 시·도 소방본부장에게 통보해야 한다.

04 소방기본법상 소방용수시설의 종류에 해당하지 않은 것은?

① 급수탑

② 소화전

③ 저수조

④ 상수도소화용수설비

5 소방대상물에 인접한 도로의 폭·교통상황, 도로주변의 토지의 고저·건축물의 개황 그 밖의 소방활동에 필요한 조사를 무엇이라 하는가?

① 소방용수시설조사

② 소방대상물조사

③ 소방특별조사

④ 지리조사

6 다음은 소방기본법에 관한 설명이다. ( ) 안에 알맞은 내용은?

가. ( )은(는) 화재, 재난·재해, 그 밖의 위급한 상황이 발생하였을 때에는 소방대를 현장에 신속하게 출동시켜 화재진압과 인명구조·구급 등 소방에 필요한 활동(이하 이 조에서 "소방활동"이라 한다)을 하게 하여야 한다.

나. ( )은(는) 소방공무원이 제16조 제1항에 따른 소방활동, 제16조의2 제1항에 따른 소방지원활동, 제16조의3 제1항에 따른 생활안전활동으로 인하여 민·형사상 책임과 관련된 소송을 수행할 경우 변호인 선임 등 소송수행에 필요한 지원을 할 수 있다.

다. ( )은(는) 소방업무를 전문적이고 효과적으로 수행하기 위하여 소방대원에게 필요한 교육·훈련을 실시하여야 한다.

① 소방본부장 또는 소방서장

② 시·도지사

③ 시·도지사 또는 소방본부장

④ 소방청장, 소방본부장 또는 소방서장

7 소방기본법령상 소방기술 및 소방산업의 국제경쟁력과 국제적 통용성을 높이기 위하여 소방청장이 추진해야 할 사업으로 옳은 것을 모두 고른 것은?

가. 소방기술 및 소방산업의 국제 협력을 위한 조사·연구

나. 소방산업전시회 기간 중 국외의 구매자 초청 경비

다. 소방기술 및 소방산업의 국외시장 개척

라. 소방산업전시회 운영에 따른 경비의 지원

① 가, 나

② 가, 나, 라

③ 가, 다

③ 가, 나, 다, 라

08 다음은 소방기본법령상 국가의 책무 등에 관한 규정 내용이다. 옳은 것을 모두 고른 것은?

> 가. 국가는 소방산업(소방용 기계·기구의 제조, 연구·개발 및 판매 등에 관한 일련의 산업을 말한다. 이하 같다)의 육성·진흥을 위하여 필요한 계획의 수립 등 행정상·재정상의 지원 시책을 마련해야 한다.
> 나. 국가는 소방산업과 관련된 기술(이하 "소방기술"이라 한다)의 개발을 촉진하기 위하여 기술개발을 실시하는 자에게 그 기술개발에 드는 자금의 전부나 일부를 출연하거나 보조해야 한다.
> 다. 국가는 소방장비의 구입 등 시·도의 소방업무에 필요한 경비의 전부를 보조한다.

① 가
② 나, 다
③ 가, 나
④ 가, 나, 다

09 소방기본법령에 따른 규정 내용으로 옳은 것은?

① 소방청장은 해당 시·도의 소방력만으로는 소방활동을 효율적으로 수행하기 어려워 특별히 국가적 차원에서 소방활동을 수행할 필요가 인정될 때에는 각 시·도본부장에게 소방력을 동원할 것을 요청할 수 있다.

② 소방대상물의 건축주는 소방대상물에 화재, 재난·재해, 그 밖의 위급한 상황이 발생한 경우에는 소방대가 현장에 도착할 때까지 경보를 울리거나 대피를 유도하는 등의 방법으로 사람을 구출하는 조치 또는 불을 끄거나 불이 번지지 아니하도록 필요한 조치를 해야 한다.

③ 소방차 전용구역에 차를 주차하거나 전용구역에의 진입을 가로막는 등의 방해행위를 한 경우에 과태료 부과 개별기준에서 2회, 3회 위반한 경우의 과태료 금액은 같다.

④ 주거지역에 설치하는 소방용수시설은 소방대상물과의 보행거리를 100미터 이하가 되도록 하여야 한다.

10 소방기본법령상 소방기술 및 소방산업의 국제경쟁력과 국제적 통용성을 높이기 위하여 소방기술 및 소방산업의 국외시장 개척사업 등을 누가 추진해야 하는가?

① 소방본부장
② 국 가
③ 지방자치단체
④ 소방청장

11 소방기본법에 따른 규정 내용으로 옳지 않은 것은?

① 국가적 차원의 소방활동을 위하여 동원된 민간 소방 인력이 소방활동을 수행하다가 사망하거나 부상을 입은 경우 화재 등 상황이 발생한 시·도가 해당 시·도의 조례로 정하는 바에 따라 보상한다.

② 화재예방을 위하여 불의 사용에 있어서 지켜야 하는 사항 중 용접불꽃 방지포 등으로 방호조치를 한 경우에는 용접 또는 용단 작업장 주변 반경 10m 이내에 가연물을 제거하지 않을 수 있다.

③ 소방대는 화재, 재난·재해, 그 밖의 위급한 상황이 발생한 현장에 신속하게 출동하기 위하여 긴급할 때에는 일반적인 통행에 쓰이지 아니하는 도로·빈터 또는 물 위로 통행할 수 있다.

④ 소방기본법에서 소방업무에 관하여 위탁받은 업무에 종사하는 한국소방산업기술원의 벌칙 적용에서 공무원을 의제한다.

12 소방기본법상 소방청장 또는 시·도지사가 손실보상심의위원회의 심사·의결에 따라 정당한 손실보상을 하여야 하는 대상으로 옳지 않은 것은?

① 소방활동에 방해가 되는 불법 주차 차량을 제거하거나 이동시키는 처분으로 인하여 손실을 입은 자

② 화재가 확대되는 것을 막기 위하여 가스·전기 또는 유류 등의 시설에 대하여 위험물질의 공급을 차단하는 등의 조치로 인하여 손실을 입은 자

③ 소방활동 종사명령으로 인하여 사망하거나 부상을 입은 자

④ 생활안전활동에 따른 조치로 인하여 손실을 입은 자

13 소방기본법에 따른 규정 내용으로 옳은 것은?

① 동원된 민간소방인력의 사상자 보상 기준은 시·도 조례로 정한다.

② 소방본부장 또는 소방서장은 이웃하는 다른 소방본부장 또는 소방서장과 소방업무에 관하여 상호응원협정을 체결하고자 하는 때에는 화재의 경계·진압·화재예방활동사항이 포함되도록 해야 한다.

③ 국가적 차원의 소방활동을 위하여 소방력을 시·도지사에게 동원을 요청하는 경우 동원요청 사실과 요청하는 인력 및 장비의 규모 등을 문서로 통지해야 한다.

④ 소방청장 또는 시·도지사는 손실보상심의위원회의 심사·의결을 거쳐 특별한 사유가 없으면 보상금 지급 청구서를 받은 날부터 30일 이내에 보상금 지급 여부 및 보상금액을 결정하여야 한다.

14 소방안전교육사 시험에 관한 설명 중 틀린 것은?

① 시험위원 중 출제위원은 과목별 3인, 채점위원은 5인으로 한다.

② 소방안전교육사 시험에서 부정한 행위를 한 자에 대하여는 그 시험을 무효로 하고, 그 처분이 있는 날부터 2년간 응시자격을 정지한다.

③ 소방안전교육사 시험 및 공고는 시험 시행일 90일 전까지 소방청의 인터넷 홈페이지 등에 공고해야 한다.

④ 소방경 이상의 소방공무원으로 응시자격 심사위원 및 시험위원으로 임명 또는 위촉해야 한다.

15 관계인은 소방대상물에 화재, 재난·재해, 그 밖의 위급한 상황이 발생한 경우에는 소방대가 현장에 도착할 때까지 경보를 울리거나 대피를 유도하는 등의 방법으로 사람을 구출하는 조치 또는 불을 끄거나 불이 번지지 아니하도록 필요한 조치를 하여야 한다. 다음 중 관계인이 아닌 자는?

① 소유자　　　　　　　　　　　② 관리자
③ 점유자　　　　　　　　　　　④ 소방안전관리자

16 소방기본법에서 규정하고 있는 강제처분 등에 관한 내용으로 옳지 않은 것은?

① 강제처분을 할 수 있는 권한 자는 소방본부장, 소방서장 또는 소방대장이다.
② 소방대장은 화재가 발생하거나 불이 번질 우려가 있는 소방대상물 및 토지를 일시적으로 사용하거나 그 사용의 제한 또는 소방활동에 필요한 처분을 할 수 있다.
③ 주차를 위반하여 소방자동차의 통행을 방해한 차에 대하여도 강제처분으로 손실을 입은 경우 이를 보상하여야 한다.
④ 화재가 발생한 소방대상물 외의 강제처분으로 손실을 입은 경우 손실보상심의위원회의 심사·의결에 따라 정당한 보상을 하여야 한다.

17 다음 중 한국119청소년단의 사업 범위를 모두 고른 것은?

> 가. 한국119청소년단 단원의 선발·육성과 활동 지원
> 나. 한국119청소년단의 활동과 관련된 학문·기술의 연구·교육 및 홍보
> 다. 한국119청소년단의 활동·체험 프로그램 개발 및 운영
> 라. 관련 기관·단체와의 자문 및 협력사업
> 마. 한국119청소년단 단원의 교육·지도를 위한 전문인력 양성
> 바. 설립목적에 부합하는 사업

① 다, 라, 바
② 가, 라
③ 다, 라, 마
④ 가, 나, 다, 라, 마, 바

18 소방기본법에 따른 규정 내용으로 옳은 것은?

① 소방자동차가 화재진압 및 구조·구급 활동을 위하여 출동하거나 훈련을 위하여 필요할 때에는 타종신호를 사용할 수 있다.

② 소방본부장 또는 소방서장은 소방활동을 위하여 긴급하게 출동할 때 소방활동에 방해가 되는 주차 또는 정차된 차량의 제거나 이동을 위하여 견인차량과 인력 등을 지원한 자에게 시·도의 조례로 정하는 바에 따라 비용을 지급하여야 한다.

③ 안전원의 운영 및 사업에 소요되는 경비는 소방기술과 안전관리에 관한 교육 및 조사·연구 업무 수행에 따른 수입금, 소방업무에 관하여 행정기관이 위탁하는 업무 수행에 따른 수입금, 회원의 회비, 자산운영수익금, 그 밖의 부대수입으로 재원을 충당한다.

④ 소방청장은 안전원장에게 해당 연도 교육결과를 평가·분석하여 통보하여야 하며, 안전원장은 교육평가 결과를 교육계획에 반영해야 한다.

19 소방기술과 안전관리의 기술향상을 위한 교육계획의 수립 및 평가 등에 대한 설명으로 옳은 것은?

① 교육계획을 수립하고 소방청장의 허가를 받아야 한다.

② 안전원장은 소방청장에게 해당 연도 교육결과를 평가·분석하여 보고하여야 하며, 안전원장은 교육평가 결과를 교육계획에 반영하게 할 수 있다.

③ 안전원장은 교육결과를 객관적이고 정밀하게 분석하기 위하여 필요한 경우 교육 관련 전문가로 구성된 위원회를 운영할 수 있다.

④ 위원회의 구성·운영에 필요한 사항은 행정안전부령으로 정한다.

20 한국소방안전원의 임원으로 옳지 않은 것은?

① 안전원장 1인

② 이사 8인(안전원장 제외)

③ 감사 1인

④ 안전원장은 소방청장이 임명하고 감사는 안전원장이 임명한다.

21 다음 중 소방기본법에 따른 벌칙의 적용기준이 다른 것은?

① 인명구조 또는 화재진압, 구급활동을 방해한 사람

② 소방활동현장의 출입을 고의로 방해하는 사람

③ 정당한 사유 없이 비상소화장치의 효용을 해치거나 그 정당한 사용을 방해한 사람

④ 화재발생 소방대상물 및 토지의 강제처분을 정당한 사유 없이 따르지 아니한 사람

22 소방기본법에서 소방청장이 소방기술 및 소방산업의 국제경쟁력과 국제적 통용성을 높이기 위하여 추진해야 하는 내용으로 옳지 않은 것은?

① 소방기술 및 소방산업의 국제 협력을 위한 조사·연구

② 소방기술 및 소방산업에 관한 국제 전시회, 국제 학술회의 개최 등 국제 교류

③ 소방기술 및 소방산업의 국외시장 개척

④ 소방안전에 관한 국제협력

23 소방산업과 관련된 기술개발 등에 대한 국가의 재정적 지원범위로 옳지 않은 것은?

① 소방산업과 관련된 기술개발에 드는 자금의 전부나 일부

② 소방산업전시회 관련 국외 홍보비

③ 소방산업전시회 운영에 따른 경비의 전부나 일부

④ 소방산업전시회 기간 중 국외의 구매자 초청 경비

24 소방기본법 시행령에 따른 손실보상금의 보상사항 외에 보상금의 청구 및 지급에 필요한 사항은 누가 정하는가?

① 소방청장

② 손실보상심의위원회

③ 소방본부장 또는 소방서장

④ 시·도지사

25 소방기본법상 국가는 소방산업의 육성·진흥을 위하여 필요한 계획의 수립 등 행정상·재정상의 지원시책을 마련해야 한다. 이와 관련이 없는 것은?

① 소방산업과 관련된 기술개발 등의 지원

② 소방기술 및 소방산업의 국제화사업

③ 소방기술의 연구·개발사업 수행

④ 소방산업진흥 기본계획의 수립

20 제20회 최종모의고사

01 소방기본법에 따른 종합상황실의 설치와 운영자로 옳지 않은 사람은?

① 시·도지사
② 소방청장
③ 소방본부장
④ 소방서장

02 소방체험관의 설립 및 운영에 관한 기준에 관한 설명으로 옳은 것은?

① 체험실별 바닥면적은 50제곱미터 이상이어야 한다.
② 소방체험관의 사무실, 회의실, 그 밖에 시설물의 관리·운영에 필요한 관리시설은 100제곱미터 이상 되어야 한다.
③ 소방 관련학과의 학사학위 이상을 취득한 사람은 체험실별 체험교육을 총괄하는 교수요원의 자격이 있다.
④ 체험교육을 실시할 때 체험실에는 체험교육대상자 30명당 1명 이상의 조교가 배치되도록 해야 한다.

03 다음 설명 중 옳지 않은 것은?

① 종합상황실의 설치·운영에 관한 사항은 행정안전부령으로 정한다.
② 소방청장은 소방행정 발전에 공로가 있다고 인정되는 사람을 명예직 소방대원으로 위촉할 수 있다.
③ 소방의 날 행사에 관하여 필요한 사항은 소방청장 또는 시·도지사가 따로 정하여 시행할 수 있다.
④ 소방기관이 소방업무를 수행하는 데에 필요한 "소방력"에 관한 기준은 대통령령으로 정한다.

04 다음 중 소방기본법상 소방용수시설의 종류는 몇 개인가?

> 급수탑, 소화전, 저수조, 상수도소화용수설비, 그 밖의 소화용수 설비

① 2개
② 3개
③ 4개
④ 5개

05 소방기본법령상 동원된 소방력의 운용과 관련하여 필요한 사항을 정하는 자는? (단, 동원된 소방력의 소방활동 수행과정에서 발생하는 경비 및 동원된 민간 소방인력이 소방활동을 수행하다가 사망하거나 부상을 입은 경우의 사항은 제외한다)

① 대통령 ② 시·도지사
③ 소방청장 ④ 소방본부장 또는 소방서장

06 다음 중 소방기본법상 옳게 설명한 것을 모두 고른 것은?

> 가. 소방자동차 등 소방장비의 분류·표준화와 그 관리 등에 필요한 사항은 따로 법률에서 정한다.
> 나. 소방장비 등에 대한 국고보조 대상 사업의 범위와 기준보조율은 행정안전부령으로 정한다.
> 다. 소방기관이 소방업무를 수행하는 데에 필요한 인력과 장비 등에 관한 기준은 대통령령으로 정한다.

① 가 ② 가, 나
③ 나, 다 ③ 가, 나, 다

07 소방기본법령상 주거지역·상업지역 및 공업지역의 소방용수시설의 설치기준은?

① 보행거리 100m 이내 ③ 보행거리 140m 이내
② 수평거리 140m 이내 ④ 수평거리 100m 이내

08 소방기본법령상 국가가 우수소방제품의 전시·홍보를 위하여 무역전시장 등을 설치한 자에게 재정적인 지원을 할 수 있는 범위를 모두 고른 것은?

> 가. 소방산업전시회 운영에 따른 경비의 전부
> 나. 소방산업전시회 관련 국내 홍보비
> 다. 소방산업전시회 기간 중 국외의 구매자 초청 경비

① 가, 다 ② 가, 나
③ 다 ④ 가, 나, 다

09 소방기본법에 따른 규정 내용으로 옳지 않은 것은?

① 국가적 차원의 소방활동을 위하여 동원된 소방력의 소방활동을 수행하는 과정에서 발생하는 경비 부담에 관한 사항, 민간 소방 인력이 사망하거나 부상을 입었을 경우의 보상주체·보상기준 등에 관한 사항, 그 밖에 동원된 소방력의 운용과 관련하여 필요한 사항은 대통령령으로 정한다.

② 과태료 부과·징수권자는 소방청장이다.

③ 소방기본법에 따른 손실보상청구 사건을 심사·의결하기 위하여 필요한 경우 각각 손실보상심의 위원회(이하 "보상위원회"라 한다)를 구성·운영할 수 있다.

④ 국가는 소방산업의 육성·진흥을 위하여 필요한 계획의 수립 등 행정상·재정상의 지원시책을 마련해야 한다.

10 소방기본법에 따른 규정 내용으로 옳은 것은?

① 지붕이 불연재료로 된 평지붕으로서 그 넓이가 기구 지름의 3배 이상인 경우에는 수소가스를 넣는 기구를 건축물의 옥상에서 띄울 수 있다.

② 소방업무에 관하여 상호응원협정을 체결하고자 하는 때에는 출동대원의 수당·식사 및 피복의 수선, 장비의 구매 등 소요경비 부담에 관한 사항이 포함되도록 해야 한다.

③ 소방기본법에서 정하는 것 외에 소방자동차의 우선 통행에 관하여는 도로교통법에서 정하는 바에 따른다.

④ 손실보상심의위원회의 위원은 위원장이 위촉하거나 임명한다. 보상위원회를 구성할 때에는 위원의 10분의 3은 성별을 고려하여 소방공무원이 아닌 사람으로 하여야 한다.

11 소방기본법령상 화재현장에서 소방활동을 할 때 소방대장이 행할 수 있는 사항이 아닌 것은?

① 피난명령　　　　　　　　　　② 소방활동 종사명령
③ 강제처분　　　　　　　　　　④ 화재위험경보 발령

12 소방기본법에서 정하는 구급업무를 담당하는 소방공무원과 화재 등 현장활동의 보조임무를 수행하는 의무소방원 및 의용소방대원을 대상으로 하는 소방교육훈련으로 맞는 것은?

① 응급구조훈련, 화재진압훈련

② 구급처치훈련, 인명구조훈련

③ 응급처치훈련, 인명대피훈련

④ 인명대피훈련, 현장지휘훈련

13 소방안전교육사와 관련된 내용으로 옳지 않은 것은?

① 소방안전교육사의 자격시험 실시권자는 소방청장이다.

② 소방안전교육사는 소방안전교육의 기획·진행·분석·평가 및 교수업무를 수행한다.

③ 피성년후견인은 소방안전교육사가 될 수 없다.

④ 소방안전교육사를 소방청에 2명 이상 배치해야 한다.

14 소방기본법에 따른 규정 내용으로 옳지 않은 것은?

① 국가적 차원의 소방활동을 위하여 소방력 동원의 필요가 인정될 때, 각 시·도지사에게 행정안전부령으로 소방력 동원을 요청할 수 있다.

② 소방청장은 안전원의 업무감독을 위하여 필요한 자료의 제출을 명하거나 소방관계법령에 따라 위탁된 업무와 관련된 규정의 개선을 명할 수 있다. 이 경우 안전원은 정당한 사유가 없는 한 이에 따라야 한다.

③ 모든 차와 사람은 소방자동차가 소방활동을 위하여 사이렌을 사용하여 출동하는 경우 끼어들거나 가로막는 행위를 하여서는 아니 된다.

④ 소방청장등은 소방기관 또는 소방대의 위법한 소방업무 또는 소방활동으로 인하여 발생한 손실보상청구 사건을 심사·의결하기 위하여 필요한 경우 각각 손실보상심의위원회(이하 "보상위원회"라 한다)를 구성·운영할 수 있다.

15 소방안전교육사 시험 응시수수료 납부 방법에 대한 설명으로 옳지 않은 것은?

① 수입인지   ② 수입증지

③ 정보통신망을 이용한 전자화폐   ④ 정보통신망을 이용한 전자결제

16 소방대상물에 화재, 재난·재해, 그 밖의 위급한 상황이 발생한 경우에 소방대가 현장에 도착할 때까지 소방대상물의 관계인이 조치하여야 할 사항으로 옳지 않은 것은?

① 경보발령   ② 대피유도

③ 인명구조   ④ 소방차 통제

17 소방기본법에 따른 규정 내용으로 옳은 것은?

① 철도차량, 항구에 매어둔 총 톤수가 1천톤 이상인 선박, 항공기, 발전소 또는 변전소에서 화재가 발생한 때에는 소방본부 종합상황실장은 서면·팩스 또는 컴퓨터통신 등으로 소방청의 종합상황실에 보고하여야 한다.

② 정당한 사유 없이 소방용수시설 또는 비상소화장치를 사용하거나 소방용수시설 또는 비상소화장치의 효용을 해치거나 그 정당한 사용을 방해한 사람은 3년 이하의 징역 또는 3천만원 이하의 벌금에 처한다.

③ 소방업무에 관한 종합계획에는 소방안전에 관한 국제협력이 포함되어야 한다.

④ 소방서장은 소방행정 발전에 공로가 있다고 인정되는 사람을 명예직 소방대원으로 위촉할 수 있다.

18 사람을 구출하거나 불이 번지는 것을 막기 위하여 필요할 때에 화재가 발생하거나 불이 번질 우려가 있는 소방대상물 및 토지를 일시적으로 사용하거나 그 사용의 제한 또는 소방활동에 필요한 처분을 할 수 있는 사람이 아닌 것은?

① 소방본부장
② 소방서장
③ 소방대장
④ 시·도지사

19 다음 중 소방기본법상 소방체험관의 시설 기준에서 (   ) 안의 숫자는?

> 소방체험관 중 화재안전, 시설안전, 보행안전, 자동차안전, 기후성 재난, 지질성 재난, 응급처치 등 소방안전 체험실로 사용되는 부분의 바닥면적의 합이 (   )제곱미터 이상이 되어야 한다.

① 100
② 900
③ 50
④ 150

20 소방기본법에 따른 규정내용으로 옳지 않은 것은?

① 소방본부장, 소방서장 또는 소방대장은 화재, 재난·재해, 그 밖의 위급한 상황이 발생한 현장에서 소방활동을 위하여 필요할 때에는 그 관할구역에 사는 사람 또는 그 현장에 있는 사람으로 하여금 사람을 구출하는 일 또는 불을 끄거나 불이 번지지 아니하도록 하는 일을 하게 할 수 있다.

② 누구든지 비상소화장치의 효용(效用)을 해치는 행위를 하여서는 아니 된다.

③ 국가가 기관이나 단체로 하여금 소방기술의 연구·개발사업을 수행하게 하는 경우에는 필요한 경비를 지원할 수 있다.

④ 소방본부장, 소방서장 또는 소방대장은 화재 발생을 막거나 폭발 등으로 화재가 확대되는 것을 막기 위하여 가스·전기 또는 유류 등의 시설에 대하여 위험물질의 공급을 차단하는 등 필요한 조치를 할 수 있다.

21 다음은 소방기본법에 대한 설명이다. ( ) 안에 들어갈 내용으로 옳은 것은?

> 가. "(ㄱ)"이란 신고가 접수된 생활안전 및 화재, 재난·재해, 그 밖의 위급한 상황에 해당하는 것은 제외한 위험제거 활동에 대응하기 위하여 소방대를 출동시켜 붕괴, 낙하 등이 우려되는 고드름, 나무, 위험 구조물 제거활동 등 법에서 정해진 활동을 말한다.
> 나. "(ㄴ)"이란 공공의 안녕질서 유지 또는 복리증진을 위하여 필요한 경우 소방활동 외에 산불에 대한 진압활동, 자연재해에 따른 급수 지원활동 등 법에서 정해진 활동을 말한다.
> 다. "(ㄷ)"이란 화재, 재난·재해, 그 밖의 위급한 상황이 발생하였을 때에는 소방대를 현장에 신속하게 출동시켜 화재진압과 인명구조·구급 등 소방에 필요한 활동을 말한다.

	ㄱ	ㄴ	ㄷ
①	소방활동	소방지원활동	생활안전활동
②	생활안전활동	소방지원활동	소방활동
③	소방지원활동	생활안전활동	소방활동
④	생활안전활동	소방활동	소방지원활동

22 다음 중 소방기본법에서 정하는 규정이 다른 하나는?

① 신속한 소방활동을 위한 정보를 수집·전파하기 위한 종합상황실의 설치·운영에 관한 기준

② 보조대상사업의 범위와 기준보조율에 관한 기준

③ 소방박물관의 설립과 운영에 필요한 사항

④ 소방기관이 소방업무를 수행하는 데에 필요한 인력과 장비 등에 관한 기준

23 소방기본법에서 정하는 기준에 대한 설명으로 옳은 것은?

① 소방업무에 관한 종합계획에는 소방서비스의 질 향상을 위한 정책의 기본방향, 소방업무에 필요한 체계의 구축, 소방기술의 연구·개발 및 보급, 소방업무에 필요한 장비의 구비, 소방전문인력 양성, 소방업무에 필요한 기반조성, 소방업무의 교육 및 홍보, 그 밖에 소방업무의 효율적 수행을 위하여 필요한 사항으로서 대통령령으로 정하는 사항이 포함되어야 한다.

② 소방서에서 2주 이상의 근무한 경력이 있는 의무소방원은 소방안전체험실별 체험교육을 지원하고 실습을 보조하는 조교의 자격이 있다.

③ 소방자동차의 진입이 곤란한 지역 등 화재발생 시에 초기 대응을 위하여 소방호스 또는 호스 릴 등을 소방용수시설에 연결하여 화재를 진압하는 시설이나 장치를 상수도소화설비라 한다.

④ 행정안전부령으로 정하는 소방지원활동이란 군·경찰 등 유관기관에서 실시하는 훈련지원 활동, 소방시설 오작동 신고에 따른 조치활동, 방송제작 또는 촬영 관련 지원활동, 산불에 대한 예방·진압 등 지원활동을 말한다.

24 공동주택의 소방차 전용구역에 차를 주차하거나 전용구역에의 진입을 가로막는 등의 방해 행위를 한 사람의 행정벌로 옳은 것은?

① 100만원 이하의 과태료 ② 200만원 이하의 과태료
③ 100만원 이하의 벌금 ④ 200만원 이하의 벌금

25 한국소방안전원의 운영 및 사업에 소요되는 경비를 충당하는 재원으로 옳지 않은 것은?

① 행정기관의 위탁업무 수행에 따른 수입금
② 회원의 관리에 따른 회원의 회비
③ 자산운영수익금
④ 소방기술 및 소방산업의 국제 협력을 위한 조사·연구 수행에 따른 수익금

우리는 삶의 모든 측면에서 항상 '내가 가치있는 사람일까?'
'내가 무슨 가치가 있을까?'라는 질문을 끊임없이 던지곤 합니다.
하지만 저는 우리가 날 때부터 가치있다 생각합니다.

– 오프라 윈프리 –

정답 및 해설

합격의 공식 SD에듀 www.sdedu.co.kr

제1~20회 정답 및 해설

많이 보고 많이 겪고 많이
공부하는 것은 배움의 세 기둥이다.

– 벤자민 디즈라엘리 –

끝까지 책임진다! SD에듀!

QR코드를 통해 도서 출간 이후 발견된 오류나 개정법령, 변경된 시험 정보, 최신기출문제, 도서 업데이트
자료 등이 있는지 확인해 보세요! **시대에듀 합격 스마트 앱**을 통해서도 알려 드리고 있으니 구글 플레이나
앱 스토어에서 다운받아 사용하세요. 또한, 파본 도서인 경우에는 구입하신 곳에서 교환해 드립니다.

01 정답 및 해설

01	02	03	04	05	06	07	08	09	10	11	12	13	14	15
①	②	③	②	③	④	①	③	②	④	①	②	④	②	③
16	17	18	19	20	21	22	23	24	25					
①	①	②	②	②	②	①	④	②	④					

1 소방기본법의 목적
화재를 예방·경계하거나 진압하고 화재, 재난·재해, 그 밖의 위급한 상황에서의 구조·구급 활동 등을 통하여 국민의 생명·신체 및 재산을 보호함으로써 공공의 안녕 및 질서 유지와 복리증진에 이바지함을 목적으로 한다.

2 종합상황실의 실장의 업무
• 화재, 재난·재해 그 밖에 구조·구급이 필요한 상황(이하 "재난상황"이라 한다)의 발생의 신고접수
• 접수된 재난상황을 검토하여 가까운 소방서에 인력 및 장비의 동원을 요청하는 등의 사고수습
• 하급소방기관에 대한 출동 지령 또는 동급 이상의 소방기관 및 유관기관에 대한 지원요청
• 재난상황의 전파 및 보고
• 재난상황이 발생한 현장에 대한 지휘 및 피해현황의 파악
• 재난상황의 수습에 필요한 정보수집 및 제공

3 방해행위의 제지 등(법 제27조의2)
소방대원은 소방활동 또는 생활안전활동을 방해하는 행위를 하는 사람에게 필요한 경고를 하고, 그 행위로 인하여 사람의 생명·신체에 위해를 끼치거나 재산에 중대한 손해를 끼칠 우려가 있는 긴급한 경우에는 그 행위를 제지할 수 있다.

4 소방의 날 행사에 관하여 필요한 사항은 소방청장 또는 시·도지사가 따로 정하여 시행할 수 있다.

5 저수조의 설치기준
① 지면으로부터의 낙차가 4.5m 이하일 것
② 흡수부분의 수심이 0.5m 이상일 것
③ 흡수관의 투입구가 사각형인 경우에는 한 변의 길이가 60cm 이상일 것
④ 흡수에 지장이 없도록 토사 및 쓰레기 등을 제거할 수 있는 설비를 갖출 것
⑤ 흡수관의 투입구가 원형의 경우에는 지름이 60cm 이상일 것
⑥ 소방펌프자동차가 쉽게 접근할 수 있도록 할 것
⑦ 저수조에 물을 공급하는 방법은 상수도에 연결하여 자동으로 급수되는 구조일 것

06 소방업무의 상호응원협정(규칙 제8조)
① 다음의 소방활동에 관한 사항
ㄱ 화재의 경계·진압활동
ㄴ 구조·구급업무의 지원
ㄷ 화재조사활동
② 응원출동대상지역 및 규모
③ 다음의 소요경비의 부담에 관한 사항
ㄱ 출동대원의 수당·식사 및 의복의 수선
ㄴ 소방장비 및 기구의 정비와 연료의 보급
ㄷ 그 밖의 경비
④ 응원출동의 요청방법
⑤ 응원출동훈련 및 평가

07 가. 국가는 국민의 생명과 재산을 보호하기 위하여 국공립 연구기관 기관이나 단체 등으로 하여금 소방기술의 연구·개발 사업을 수행하게 할 수 있다.
나. 국가는 국민의 생명과 재산을 보호하기 위하여 국공립 연구기관 기관이나 단체 등으로 하여금 소방기술의 연구·개발 사업을 수행하게 하는 경우에는 필요한 경비를 지원하여야 한다.
다. 국가는 소방기술 및 소방산업의 국제경쟁력과 국제적 통용성을 높이는 데에 필요한 기반 조성을 촉진하기 위한 시책을 마련하여야 한다.
라. 국가는 소방자동차 보험 가입비용의 일부를 지원할 수 있다.

08 관계인이 화재를 진압하거나 구조·구급 활동을 하기 위하여 설치·운영할 수 있는 상설 조직체를 자체소방대(위험물 안전관리법 제19조 및 그 밖의 다른 법령에 따라 설치된 자체소방대를 포함)라 한다.

09 소방청장은 소방자동차의 안전한 운행 및 교통사고 예방을 위하여 운행기록장치 데이터의 수집·저장·통합·분석 등의 업무를 전자적으로 처리하기 위한 시스템(이하 이 조에서 "소방자동차 교통안전 분석 시스템"이라 한다)을 구축·운영할 수 있다.

10 소방기본법상 500만원 이하의 벌금에 해당하는 조문은 없다.

11 ② 소방공무원으로서 3년 이상 근무한 경력이 있는 사람은 보조강사의 자격이 있다.
③ 소방안전교육훈련의 실시결과, 만족도 조사결과 등을 기록하고 이를 3년간 보관해야 한다.
④ 소방안전교육훈련은 이론교육과 실습(체험)교육을 병행하여 실시하되, 실습(체험)교육이 전체 교육시간의 100분의 30 이상이 되어야 한다.

12 ① 소방청장, 소방본부장 및 소방서장은 은 소방업무를 위한 모든 활동을 위한 정보의 수집·분석과 판단·전파, 상황관리, 현장 지휘 및 조정·통제 등의 업무를 수행하기 위하여 119종합상황실을 설치·운영하여야 한다.
③ 소방업무를 수행하는 데에 필요한 인력과 장비 등에 관한 기준은 행정안전부령인 소방력 기준에 관한 규칙으로 정한다.
④ 소방기관 및 소방본부에는 「지방자치단체에 두는 국가공무원의 정원에 관한 법률」에도 불구하고 대통령령으로 정하는 바에 따라 소방공무원을 둘 수 있다.

13 소방자동차의 우선 통행 등(법 제21조)
소방자동차의 우선 통행에 관하여는 도로교통법에서 정하는 바에 따른다.

14 과태료 부과 개별기준

위반행위	과태료 금액(만원)		
	1회	2회	3회
소방차 전용구역에 차를 주차하거나 전용구역에의 진입을 가로막는 등의 방해 행위를 한 경우	50	100	100
한국119청소년단 또는 이와 유사한 명칭을 사용한 경우	100	150	200
화재 또는 구조·구급이 필요한 상황을 거짓으로 알린 경우	200	400	500

15 안전원에 관하여 소방기본법에 규정된 것을 제외하고는 민법 중 재단법인에 관한 규정을 준용한다.

16 ① 시험의 합격자 결정 : 대통령령(영 제7조의8)
② 응시수수료 및 납부 방법 : 행정안전부령(시행규칙 제9조의4)
③ 소방안전교육사증 : 행정안전부령(시행규칙 별지 제6호 서식)
④ 응시자격에 관한 증빙서류 : 행정안전부령(시행규칙 제9조의3)

17 ② 시·도지사는 소방력의 기준에 따라 관할구역의 소방력을 확충하기 위하여 필요한 계획을 수립하여 시행해야 한다.
③ "관계지역"이란 소방대상물이 있는 장소 및 그 이웃 지역으로서 화재의 예방·경계·진압, 구조·구급 등의 활동에 필요한 지역을 말한다.
④ 시·도의 화재 예방·경계·진압 및 조사, 소방안전교육·홍보와 화재, 재난·재해, 그 밖의 위급한 상황에서의 구조·구급 등의 업무(이하 "소방업무"라 한다)를 수행하는 소방기관의 설치에 필요한 사항은 대통령령으로 정한다.

18 소방신호란 화재예방, 소방활동 또는 소방훈련을 위하여 사용되는 신호이다.

19 소방대상물에 화재, 재난·재해, 그 밖의 위급한 상황이 발생한 경우 관계인(소유자, 관리자, 점유자)이 소방대가 현장에 도착할 때까지 경보를 울리거나 대피를 유도하는 등의 방법으로 사람을 구출하는 조치 또는 불을 끄거나 불이 번지지 아니하도록 필요한 조치를 하지 아니한 경우에는 100만원 이하의 벌금을 부과한다.

20 종합상황실 근무자의 근무방법 등 종합상황실의 운영에 관하여 필요한 사항은 종합상황실을 설치하는 소방청장, 소방본부장 또는 소방서장이 각각 정한다.

21 소방활동에 종사를 하였어도 비용을 지급하지 않는 경우
① 소방대상물에 화재, 재난·재해, 그 밖의 위급한 상황이 발생한 경우 그 관계인
② 고의 또는 과실로 화재 또는 구조·구급 활동이 필요한 상황을 발생시킨 사람
③ 화재 또는 구조·구급 현장에서 물건을 가져간 사람

22 전용구역 방해행위의 기준(영 제7조의14)
① 전용구역에 물건 등을 쌓거나 주차하는 행위
② 전용구역의 앞면, 뒷면 또는 양 측면에 물건 등을 쌓거나 주차하는 행위. 다만, 주차장법 제19조에 따른 부설주차장의 주차구획 내에 주차하는 경우는 제외한다.
③ 전용구역 진입로에 물건 등을 쌓거나 주차하여 전용구역으로의 진입을 가로막는 행위
④ 전용구역 노면표지를 지우거나 훼손하는 행위
⑤ 그 방법으로 소방자동차가 전용구역에 주차하는 것을 방해하거나 전용구역으로 진입하는 것을 방해하는 행위

23 화재조사에 관한 전문교육과정의 교육과목(규칙 제13조 제1항 관련)
지리조사를 하여야 할 항목은 소방대상물에 인접한 도로의 폭·교통상황, 도로주변의 토지의 고저·건축물의 개황 그 밖의 소방활동에 필요한 조사이며, 그 조사결과는 문서보존기간에 따라 2년간 보관하여야 한다.

24 소방기본법에서 정하는 것 외에 따로 법률로 정하는 것
① 소방자동차 등 소방장비의 분류·표준화와 그 관리 등에 필요한 사항
② 구조대 및 구급대의 편성과 운영에 관한 사항
③ 의용소방대의 설치 및 운영에 관한 사항
④ 소방자동차의 우선통행에 관한 사항
⑤ 화재조사에 관한 사항
⑥ 화재예방에 관한 사항

25 한국소방안전원 또는 이와 유사한 명칭을 사용한 경우 횟수와 관계없이 과태료 금액은 200만원에 해당한다.

02 정답 및 해설

01	02	03	04	05	06	07	08	09	10	11	12	13	14	15
②	③	③	④	④	②	④	③	③	④	②	②	②	③	②
16	17	18	19	20	21	22	23	24	25					
④	②	④	②	①	④	②	②	①	②					

1 ① 소방시설공사업법의 목적
③ 소방시설 설치 및 관리에 관한 법률의 목적
④ 위험물안전관리법의 목적

2 ① 소방청장, 소방본부장 및 소방서장이 설치·운영해야 한다.
② 화재, 재난·재해, 그 밖에 구조·구급이 필요한 상황이 발생하였을 때를 대비하여 소방청, 소방본부 및 소방서에 설치·운영해야 한다.
④ 119종합상황실의 설치·운영에 필요한 사항은 행정안전부령으로 정한다.

3 5년 이상 근무한 소방공무원 중 시·도지사가 체험실의 교수요원으로 적합하다고 인정하는 사람은 체험실의 교수요원 자격이 있다.

4 제1장 소방기본법에서 정하는 총칙
• 제1조(목적)
• 제2조(정의)
• 제3조(소방기관의 설치 등)
• 제4조(119종합상황실의 설치와 운영)
• 제5조(소방박물관 등의 설립과 운영)
• 제6조(소방업무에 관한 종합계획의 수립·시행 등)
• 제7조(소방의 날 제정과 운영 등)

5 급수탑의 개폐밸브 : 지상에서 1.5m 이상 1.7m 이하에 설치

6 소방업무의 상호응원협정 중 소방활동에 관한 사항
① 화재의 경계·진압활동
② 구조·구급업무의 지원
③ 화재조사활동

07 과태료 부과 개별기준

위반행위	근거 법조문	과태료 금액(만원)		
		1회	2회	3회
소방차 전용구역에 차를 주차하거나 전용구역에의 진입을 가로막는 등의 방해행위를 한 경우	법 제56조 제3항	50	100	100

08 비상소화장치의 설치대상 지역(영 제2조의2)

1. 화재예방 및 안전관리에 관한 법률 제18조 제1항에 따라 지정된 화재예방강화지구
   ① 시장지역
   ② 공장·창고가 밀집한 지역
   ③ 목조건물이 밀집한 지역
   ④ 노후·불량건축물이 밀집한 지역
   ⑤ 위험물의 저장 및 처리 시설이 밀집한 지역
   ⑥ 석유화학제품을 생산하는 공장이 있는 지역
   ⑦ 산업입지 및 개발에 관한 법률 제2조 제8호에 따른 산업단지
   ⑧ 소방시설·소방용수시설 또는 소방출동로가 없는 지역
   ⑨ 그 밖에 ①부터 ⑧까지에 준하는 지역으로서 소방관서장이 화재예방강화지구로 지정할 필요가 있다고 인정하는 지역
2. 시·도지사가 법 제10조 제2항에 따른 비상소화장치의 설치가 필요하다고 인정하는 지역

09 시·도지사는 소방체험관(화재 현장에서의 피난 등을 체험할 수 있는 체험관을 말한다. 이하 이 조에서 같다)을 설립하여 운영할 수 있다.

10 "소방대(消防隊)"란 화재를 진압하고 화재, 재난·재해, 그 밖의 위급한 상황에서 구조·구급 활동 등을 하기 위하여 소방공무원, 의용소방대원, 의무소방원으로 구성된 조직체를 말한다.

11 소방청장, 소방본부장 또는 소방서장은 자체소방대의 역량 향상을 위하여 필요한 교육·훈련 등을 지원할 수 있고, 교육·훈련 등의 지원에 필요한 사항은 행정안전부령으로 정한다.

12 소방안전교육훈련에 필요한 장소 및 차량의 기준은 다음과 같다.
가. 소방안전교실 : 화재안전 및 생활안전 등을 체험할 수 있는 100제곱미터 이상의 실내시설
나. 이동안전체험차량 : 어린이 30명(성인은 15명)을 동시에 수용할 수 있는 실내공간을 갖춘 자동차

13 ① "관계인"이란 소방대상물의 소유자·관리자·점유자를 말한다.
③ 소방자동차 등 소방장비의 분류·표준화와 그 관리 등에 필요한 사항은 따로 법률로 정한다.
④ 경계신호는 화재위험경보 시 발령하며, 소방대의 비상소집을 하는 경우에는 훈련신호를 발령한다.

14 소방안전교육사시험의 응시자격(영 제7조의2 관련 별표2의2)

① 소방공무원으로 3년 이상 근무한 경력이 있는 사람

② 중앙소방학교·지방소방학교에서 2주 이상의 소방안전교육사 관련 전문교육과정을 이수한 사람

③ 유아교육법, 초·중등교육법에 따라 교원의 자격을 취득한 사람

④ 어린이집의 원장 또는 보육교사의 자격을 취득한 후 3년 이상의 보육업무 경력이 있는 사람

⑤ 다음의 어느 하나에 해당하는 기관에서 소방안전교육 관련 교과목(응급구조학과, 교육학과 또는 소방청장이 정하여 고시하는 소방 관련 학과에 개설된 전공과목을 말한다)을 총 6학점 이상 이수한 사람

　　㉠ 대학, 산업대학, 교육대학, 전문대학, 방송대학·통신대학·방송통신대학 및 사이버대학, 기술대학

　　㉡ 평생교육시설, 직업교육훈련기관 및 군(軍)의 교육·훈련시설 등 학습과정의 평가인정을 받은 교육훈련기관

⑥ 안전관리 분야의 기술사 자격을 취득한 사람

⑦ 소방시설관리사 자격을 취득한 사람

⑧ 안전관리 분야의 기사 자격을 취득한 후 안전관리 분야에 1년 이상 종사한 사람

⑨ 안전관리 분야의 산업기사 자격을 취득한 후 안전관리 분야에 3년 이상 종사한 사람

⑩ 간호사 면허를 취득한 후 간호업무 분야에 1년 이상 종사한 사람

⑪ 1급 응급구조사 자격을 취득한 후 응급의료 업무 분야에 1년 이상 종사한 사람

⑫ 2급 응급구조사 자격을 취득한 후 응급의료 업무 분야에 3년 이상 종사한 사람

⑬ 특급소방안전관리자 자격이 있는 사람

⑭ 1급 소방안전관리자 자격자로서 소방안전관리대상물의 소방안전관리에 관한 실무경력이 1년 이상 있는 사람

⑮ 2급 소방안전관리자 자격자로서 소방안전관리대상물의 소방안전관리에 관한 실무경력이 3년 이상 있는 사람

⑯ 의용소방대원으로 임명된 후 5년 이상 의용소방대 활동을 한 경력이 있는 사람

⑰ 국가기술자격법 제2조 제3호에 따른 국가기술자격의 직무분야 중 위험물중직무분야의 기능장 자격을 취득한 사람

15 소방청장은 소방안전교육사시험을 시행하려는 때에는 응시자격·시험과목·일시·장소 및 응시절차 등에 관하여 필요한 사항을 모든 응시 희망자가 알 수 있도록 소방안전교육사시험의 시행일 90일 전까지 소방청의 인터넷 홈페이지 등에 공고해야 한다.

16 소방안전교육사 배치대상별 배치기준은 대통령령에 따라 소방서와 안전원의 시·도안전지원은 1명 이상이고 나머지 소방청, 소방본부, 한국소방산업기술원, 안전원 본원은 2인 이상을 배치할 수 있다.

17 ② 훈련신호 : 10초 간격을 두고 1분씩 3회(규칙 제10조)

18 소방지원활동과 생활안전활동의 구분

소방지원활동	생활안전활동
1. 산불에 대한 예방·진압 등 지원활동 2. 자연재해에 따른 급수·배수 및 제설 등 지원활동 3. 집회·공연 등 각종 행사 시 사고에 대비한 근접대기 등 지원활동 4. 화재, 재난·재해로 인한 피해복구 지원활동 5. 그 밖에 행정안전부령으로 정하는 활동	1. 붕괴, 낙하 등이 우려되는 고드름, 나무, 위험 구조물 등의 제거활동 2. 위해동물, 벌 등의 포획 및 퇴치 활동 3. 끼임, 고립 등에 따른 위험제거 및 구출 활동 4. 단전사고 시 비상전원 또는 조명의 공급 5. 그 밖에 방치하면 급박해질 우려가 있는 위험을 예방하기 위한 활동

19 소방자동차가 화재진압 및 구조·구급 활동을 위하여 출동하거나 훈련을 위하여 필요할 때에는 사이렌을 사용할 수 있다.

20 소방청장의 인가를 받아 설립되는 안전원은 법인으로 한다.

21 제9장 보칙규정
제48조(감독), 제49조(권한의 위임), 제49조의2(손실보상), 제49조의3(벌칙 적용에서 공무원 의제)으로 규정됨
① 법 제20조 규정에 따라 소방대상물의 소유자·관리자·점유자는 소방대상물에 화재, 재난·재해, 그 밖의 위급한 상황이 발생한 경우에는 소방대가 현장에 도착할 때까지 경보를 울리거나 대피를 유도하는 등의 방법으로 사람을 구출하는 조치 또는 불을 끄거나 불이 번지지 아니하도록 필요한 조치를 하여야 하는 의무자에 해당되어 보상대상이 될 수 없다.
② 소방대상물에 화재, 재난·재해, 그 밖의 위급한 상황이 발생한 경우 그 관계인은 소방활동 비용을 지급받을 수 없다.
③ 소방본부장 또는 소방서장은 사람을 구출하는 일 또는 불을 끄거나 불이 번지지 아니하도록 하는 일을 하게 할 수 있으나 화재조사는 소방서장의 의무사항이다.

22 제9장 보칙규정
제48조(감독), 제49조(권한의 위임), 제49조의2(손실보상), 제49조의3(벌칙 적용에서 공무원 의제)으로 규정됨

23 ① "소방대장"(消防隊長)이란 소방본부장 또는 소방서장 등 화재, 재난·재해, 그 밖의 위급한 상황이 발생한 현장에서 소방대를 지휘하는 사람을 말한다.
③ 금고 이상의 실형을 선고받고 그 집행이 끝나거나(집행이 끝난 것으로 보는 경우를 포함한다) 집행이 면제된 날부터 2년이 지난 사람은 소방안전교육사 시험에 응시할 수 있다.
④ 시·도지사는 행정안전부령으로 정하는 소방력의 기준에 따라 관할구역의 소방력을 확충하기 위하여 필요한 계획을 수립하여 시행해야 한다.

24 소방정보통신망의 구축·운영(시행규칙 제3조의2)
① 소방정보통신망의 이중화된 각 회선은 하나의 회선 장애 발생 시 즉시 다른 회선으로 전환되도록 구축하여야 한다(제1항).
② 소방정보통신망은 회선 수, 구간별 용도, 속도 등을 산정하여 설계·구축하여야 한다. 이 경우 소방정보통신망 회선 수는 최소 2회선 이상이어야 한다(제2항).
③ 소방청장 및 시·도지사는 소방정보통신망이 안정적으로 운영될 수 있도록 연 1회 이상 소방정보통신망을 주기적으로 점검·관리하여야 한다(제3항).
④ 그 밖에 소방정보통신망의 속도, 점검 주기 등 세부 사항은 소방청장이 정한다.

25 소방대의 적법한 소방활동 등으로 손실을 입은 자가 손실보상을 청구할 수 있는 권리는 손실이 있음을 안 날부터 3년, 손실이 발생한 날부터 5년간 행사하지 아니하면 시효의 완성으로 소멸한다.

03 | 정답 및 해설

01	02	03	04	05	06	07	08	09	10	11	12	13	14	15
④	③	①	②	②	③	④	④	④	①	③	②	④	②	②

16	17	18	19	20	21	22	23	24	25					
④	④	③	①	②	④	③	②	③	①					

1 화재를 (예방·경계)하거나 진압하고 화재, (재난·재해), 그 밖의 위급한 상황에서의 (구조·구급) 활동 등을 통하여 국민의 (생명·신체 및 재산)을 보호함으로써 공공의 안녕 및 질서 유지와 복리증진에 이바지함을 목적으로 한다.

2 상급종합상황실에 보고하여야 할 화재
- 사망자가 5인 이상 발생하거나 사상자가 10인 이상 발생한 화재
- 이재민이 100인 이상 발생한 화재
- 재산피해액이 50억원 이상 발생한 화재
- 관공서·학교·정부미도정공장·문화재·지하철 또는 지하구의 화재
- 관광호텔, 층수가 11층 이상인 건축물, 지하상가, 시장, 백화점, 지정수량의 3천배 이상의 위험물의 제조소·저장소·취급소, 층수가 5층 이상이거나 객실이 30실 이상인 숙박시설, 층수가 5층 이상이거나 병상이 30개 이상인 종합병원·정신병원·한방병원·요양소, 연면적 1만 5천제곱미터 이상인 공장 또는 화재경계지구에서 발생한 화재
- 철도차량, 항구에 매어둔 총 톤수가 1천톤 이상인 선박, 항공기, 발전소 또는 변전소에서 발생한 화재
- 가스 및 화약류의 폭발에 의한 화재
- 다중이용업소의 화재
- 긴급구조통제단장의 현장지휘가 필요한 재난상황
- 언론에 보도된 재난상황
- 그 밖에 소방청장이 정하는 재난상황

3 소방설비기사 자격을 소지한 소방공무원은 소방체험관의 교수요원의 자격이 있다.

4 ① 소방기관이 소방업무를 수행하는 데에 필요한 인력과 장비 등[=소방력(消防力)]에 관한 기준은 행정안전부령으로 정한다(법 제8조 제1항).
③ 국가는 소방자동차 보험 가입비용의 일부를 지원할 수 있다(법 제16조의4 제2항).
④ 국가는 소방장비의 구입 등 시·도의 소방업무에 필요한 경비의 일부를 보조한다. 보조 대상사업의 범위와 기준 보조율은 대통령령으로 정한다(법 제9조).

5 소방용수시설 급수탑 개폐밸브 : 지상에서 1.5m 이상 1.7m 이하

06 시·도지사는 소방업무의 응원을 요청하는 경우를 대비하여 출동 대상지역 및 규모와 필요한 경비의 부담 등에 관하여 필요한 사항을 행정안전부령으로 정하는 바에 따라 이웃하는 시·도지사와 협의하여 미리 규약(規約)으로 정하는 것은 소방업무의 상호응원협정이다.

07 소방청장 또는 소방본부장은 소방시설, 소방공사 및 위험물 안전관리 등과 관련된 법령해석 등의 민원을 종합적으로 접수하여 처리할 수 있는 기구(이하 이 조에서 "소방기술민원센터"라 한다)를 설치·운영할 수 있다.

08 자체소방대의 교육·훈련 등의 지원(규칙 제11조)
법 제20조의2 제3항에 따라 소방청장, 소방본부장 또는 소방서장은 같은 조 제1항에 따른 자체소방대(이하 "자체소방대"라 한다)의 역량 향상을 위하여 다음 각 호에 해당하는 교육·훈련 등을 지원할 수 있다(2023.4.27. 개정, 2023.5.16. 시행).
1. 소방공무원 교육훈련규정 제2조에 따른 교육훈련기관에서의 자체소방대 교육훈련과정
2. 자체소방대에서 수립하는 교육·훈련 계획의 지도·자문
3. 소방공무원임용령 제2조 제3호에 따른 소방기관(이하 이 조에서 "소방기관"이라 한다)과 자체소방대와의 합동 소방훈련
4. 소방기관에서 실시하는 자체소방대의 현장실습
5. 그 밖에 소방청장이 자체소방대의 역량 향상을 위하여 필요하다고 인정하는 교육·훈련

09 운행기록장치 장착 소방자동차의 범위(영 제7조의15)
소방펌프차, 소방물탱크차, 무인방수차, 소방화학차, 소방고가차(消防高架車), 구조차, 그 밖에 소방청장이 소방자동차의 안전한 운행 및 교통사고 예방을 위하여 운행기록장치 장착이 필요하다고 인정하여 정하는 소방자동차

10 소방본부장 또는 서장은 기상법의 규정에 따른 이상기상의 예보 또는 특보가 있을 때에는 화재에 관한 경보를 발령하고 그에 따른 조치를 할 수 있다(법 제14조).

11 ① 소방안전교육사의 배치대상 및 배치기준, 그 밖에 필요한 사항은 대통령령으로 정한다.
② 국고보조 대상사업의 범위·기준보조율은 대통령령으로 정하고 국고보조산정을 위한 기준가격은 행정안전부령으로 정한다.
④ 기숙사 중 3층 이상의 기숙사는 소방자동차 전용구역 설치 대상에 해당한다.

12 한국119소년단(법 제17조의6)
국가나 지방자치단체는 한국119청소년단에 그 조직 및 활동에 필요한 시설·장비를 지원할 수 있으며, 운영경비와 시설비 및 국내외 행사에 필요한 경비를 보조할 수 있다.

13 ㄱ. 영유아보육법 제21조에 따라 보육교사 자격을 취득한 사람은 보육교사 자격을 취득한 후 3년 이상의 보육업무 경력이 있는 사람
ㄷ. 의료법 제7조에 따라 간호사 면허를 취득한 후 간호업무 분야에 1년 이상 종사한 사람
ㅁ. 소방공무원법 제2조에 따른 소방공무원으로서 3년 이상 근무한 경력이 있는 사람

14 구조·구급장비는 국고보조 대상사업의 범위에 해당되지 않는다(국가재정법에서 50% 보조).

15 소방신호의 종류
① 경계신호 : 화재예방상 필요하다고 인정되거나 화재위험경보 시 발령
② 발화신호 : 화재가 발생한 때 발령
③ 해제신호 : 소화활동이 필요없다고 인정되는 때 발령
④ 훈련신호 : 훈련상 필요하다고 인정되는 때 발령

16 ① 소방청장, 소방본부장 및 소방서장은 화재, 재난·재해, 그 밖에 구조·구급이 필요한 상황이 발생하였을 때에 신속한 소방활동을 위한 정보의 수집·분석과 판단·전파, 상황관리, 현장 지휘 및 조정·통제 등의 업무를 수행하기 위하여 119종합상황실을 설치·운영해야 한다.
② 소방신호의 방법은 그 전부 또는 일부를 함께 사용할 수 있으며, 게시판을 철거하거나 통풍대 또는 기를 내리는 것으로 소방활동이 해제되었음을 알린다.
③ 소방안전 또는 의학 분야에 관한 학식과 경험이 풍부한 사람은 소방청장 등으로부터 보상위원회의 위촉을 받을 자격이 있다.

17 모든 차와 사람은 소방자동차가 화재진압 및 구조·구급 활동을 위하여 사이렌을 사용하여 출동하는 경우에는 다음 각 호의 행위를 하여서는 아니 된다.
① 소방자동차에 진로를 양보하지 아니하는 행위
② 소방자동차 앞에 끼어들거나 소방자동차를 가로막는 행위
③ 그 밖에 소방자동차의 출동에 지장을 주는 행위

18 ① 소방용수시설과 비상소화장치의 설치기준은 행정안전부령으로 정한다.
② 소방의 날 행사에 관하여 필요한 사항은 소방청장 또는 시·도지사가 따로 정하여 시행할 수 있다.
④ 국가는 소방자동차의 보험 가입비용의 일부를 지원할 수 있다.

19 소방본부장, 소방서장 또는 소방대장은 화재, 재난·재해, 그 밖의 위급한 상황이 발생하여 사람의 생명을 위험하게 할 것으로 인정할 때에는 일정한 구역을 지정하여 그 구역에 있는 사람에게 그 구역 밖으로 피난할 것을 명할 수 있다.

20 국고보조의 대상이 되는 소방활동장비 및 설비의 종류와 규격은 행정안전부령으로 정한다.

21 ① 화재, 재난·재해로 인한 피해복구 지원활동은 소방지원활동에 해당한다.
② "소방대상물"이란 건축물, 차량, 선박(선박법 제1조의2 제1항에 따른 선박으로서 항구에 매어둔 선박만 해당한다), 선박 건조 구조물, 산림, 그 밖의 인공 구조물 또는 물건을 말한다.
③ 재산피해액이 50억원 이상 발생한 화재의 경우 종합상황실의 실장이 지체 없이 상급의 종합상황실에 보고해야 한다.

22 가. 소방용수시설의 설치기준에서 주거지역·상업지역 및 공업지역에 설치하는 경우에는 소방대상물과의 수평거리를 (100)미터 이하가 되도록 할 것

나. 저수조는 지면으로부터의 낙차가 (4.5)미터 이하일 것

다. 상수도와 연결하여 지하식 또는 지상식의 구조로 하고, 소방용호스와 연결하는 소화전의 연결금속구의 구경은 (65)밀리미터로 할 것

라. 지하에 설치하는 소화전은 맨홀 뚜껑은 지름 (648)밀리미터 이상의 것으로 할 것

23 소방청장 및 시·도지사는 119종합상황실 등의 효율적 운영을 위하여 소방정보통신망을 구축·운영할 수 있다(법 제4조의2 제1항).

24 위반행위의 횟수에 따른 과태료의 부과기준은 최근 1년간 같은 위반행위로 과태료를 부과받은 경우에 적용한다. 이 경우 위반행위에 대하여 과태료 부과처분을 한 날과 다시 같은 위반행위를 적발한 날을 기준으로 하여 위반횟수를 계산한다.

25 소방대의 소방활동 등으로 손실을 입은 자가 손실보상을 청구할 수 있는 권리는 손실이 있음을 안 날부터 3년, 손실이 발생한 날부터 5년간 행사하지 아니하면 시효의 완성으로 소멸한다.

04 | 정답 및 해설

01	02	03	04	05	06	07	08	09	10	11	12	13	14	15
④	③	④	④	①	①	①	③	③	④	①	④	④	③	②
16	17	18	19	20	21	22	23	24	25					
②	②	③	④	④	④	③	①	④	①					

01 소방기본법의 궁극적 목적은 공공의 안녕 및 질서 유지와 복리증진에 이바지함에 있다.

02 항구에 매어둔 총 톤수가 1천톤 이상인 선박의 화재의 경우 상황보고 대상이다.

03 소방체험관의 체험실별 면적기준으로 체험실별 바닥면적은 100제곱미터 이상이어야 한다.

04 명예직 소방대원 위촉에 해당되는 사람
① 의사자(義死者) : 직무 외의 행위로서 구조행위를 하다가 사망(의상자가 그 부상으로 인하여 사망한 경우를 포함한다)하여 보건복지부장관이 이 법에 따라 의사자로 인정한 사람
┌ 제2조 관련 별표1
② 의상자(義傷者) : 직무 외의 행위로서 구조행위를 하다가 **대통령령**으로 정하는 신체상의 부상을 입어 보건복지부장관이 이 법에 따라 의상자로 인정한 사람
③ 소방행정 발전에 공로가 있다고 인정되는 사람

05 ① 소방체험관의 설립과 운영에 필요한 사항 : 시·도의 조례
② 소방용수시설 설치의 기준 : 행정안전부령
③ 화재예방, 소방활동 또는 소방훈련을 위하여 사용되는 소방신호의 종류와 방법 : 행정안전부령
④ 소방안전교육사의 배치대상 및 배치기준, 그 밖에 필요한 사항 : 대통령령

06 시·도지사는 소방업무의 응원을 요청하는 경우를 대비하여 출동 대상지역 및 규모와 필요한 경비의 부담 등에 관하여 필요한 사항을 행정안전부령으로 정하는 바에 따라 이웃하는 시·도지사와 협의하여 미리 규약(規約)으로 정해야 한다.

07 소방체험관의 기능
• 재난 및 안전사고 유형에 따른 예방, 대처, 대응 등에 관한 체험교육(이하 "체험교육"이라 한다)의 제공
• 체험교육 프로그램의 개발 및 국민 안전의식 향상을 위한 홍보·전시
• 체험교육 인력의 양성 및 유관기관·단체 등과의 협력
• 그 밖에 체험교육을 위하여 시·도지사가 필요하다고 인정하는 사업의 수행

08 소방자동차 전용구역 설치 대상은 다음 각 호의 공동주택을 말한다.
가. 건축법 시행령 별표 1 제2호 가목의 아파트 중 세대수가 100세대 이상인 아파트
나. 건축법 시행령 별표 1 제2호 라목의 기숙사 중 3층 이상의 기숙사

09 방해행위의 제지 등(법 제27조의2)
소방대원은 제16조 제1항에 따른 소방활동 또는 제16조의3 제1항에 따른 생활안전활동을 방해하는 행위를 하는 사람에게
필요한 경고를 하고, 그 행위로 인하여 사람의 생명·신체에 위해를 끼치거나 재산에 중대한 손해를 끼칠 우려가 있는
긴급한 경우에는 그 행위를 제지할 수 있다.

10 유관기관·단체 등의 요청에 따른 소방지원활동에 드는 비용은 지원요청을 한 유관기관·단체 등에게 부담하게 할 수
있다(임의적).

11 ② 음주 또는 약물로 인한 심신장애 상태에서 출동한 소방대원에게 폭행 또는 협박을 행사하여 화재진압·인명구조 또는
구급활동을 방해하는 행위 죄를 범한 때에는 「형법」 제10조(심신장애인) 제1항(면책) 및 제2항(감면)을 적용하지 아니
할 수 있다.
③ 소방청장, 소방본부장 또는 소방서장은 신속한 소방 활동을 위한 정보를 수집·전파하기 위하여 119종합상황실에 소방력
기준에 관한 규칙에 따라 전산·통신요원을 배치하고, 소방청장이 정하는 유·무선통신시설을 갖추어야 한다.
④ 국고보조의 대상이 되는 소방 활동 장비 및 설비의 종류와 규격은 행정안전부령으로 정한다.

12 소방기술민원센터의 설치·운영(법 제4조의2)
소방시설, 소방공사 및 위험물 안전관리 등과 관련된 법령해석 등의 민원을 종합적으로 접수하여 처리할 수 있는 기구를
"소방기술민원센터"라 한다.

13 소방안전교육사시험의 응시자격(영 제7조의2 관련 별표2의2)
① 소방공무원으로 3년 이상 근무한 경력이 있는 사람
② 중앙소방학교·지방소방학교에서 2주 이상의 소방안전교육사 관련 전문교육과정을 이수한 사람
③ 유아교육법, 초·중등교육법에 따라 교원의 자격을 취득한 사람
④ 어린이집의 원장 또는 보육교사의 자격을 취득한 후 3년 이상의 보육업무 경력이 있는 사람
⑤ 다음의 어느 하나에 해당하는 기관에서 소방안전교육 관련 교과목(응급구조학과, 교육학과 또는 소방청장이 정하여
고시하는 소방 관련 학과에 개설된 전공과목을 말한다)을 총 6학점 이상 이수한 사람
 ㉠ 대학, 산업대학, 교육대학, 전문대학, 방송대학·통신대학·방송통신대학 및 사이버대학, 기술대학
 ㉡ 평생교육시설, 직업교육훈련기관 및 군(軍)의 교육·훈련시설 등 학습과정의 평가인정을 받은 교육훈련기관
⑥ 의용소방대원으로 임명된 후 5년 이상 의용소방대 활동을 한 경력이 있는 사람

14 하급소방기관에 대한 출동지령 또는 동급 이상의 소방기관 및 유관기관에 대한 지원요청은 119종합상황실장의 업무이다.

15 소방신호의 종류별 신호방법

종 별＼신호방법	타종 신호	사이렌 신호	그 밖의 신호
경계신호	1타와 연2타를 반복	5초 간격을 두고 30초씩 3회	"통풍대" "게시판" 적색 / 백색 / 화재경보발령중
발화신호	난 타	5초 간격을 두고 5초씩 3회	
해제신호	상당한 간격을 두고 1타씩 반복	1분간 1회	"기" 적색 / 백색
훈련신호	연3타 반복	10초 간격을 두고 1분씩 3회	

비고 1. 소방신호의 방법은 그 전부 또는 일부를 함께 사용할 수 있다.
　　 2. 게시판을 철거하거나 통풍대 또는 기를 내리는 것으로 소방활동이 해제되었음을 알린다.
　　 3. 소방대의 비상소집을 하는 경우에는 훈련신호를 사용할 수 있다.

16 ① 국고보조 대상사업의 기준 보조율은 보조금 관리에 관한 법률 시행령에서 정하는 바에 따른다.
　　 ③ 정당한 사유 없이 소방대의 생활안전활동을 방해한 자는 100만원 이하의 벌금에 처한다.
　　 ④ 한국소방안전원은 정관을 변경하려면 소방청장의 인가를 받아야 한다.

17 공동주택의 전용구역에 차를 주차하거나 전용구역에의 진입을 가로막는 등의 방해행위를 한 자에게는 100만원 이하의
과태료를 부과한다.

18 국가적 차원의 소방활동을 위하여 소방력 동원이 긴급을 요하는 경우에는 시·도 소방본부 또는 소방서의 종합상황실장에게
직접 요청할 수 있다.

19 소방기본법에 피난명령에 따른 손실보상 규정은 없다.

20 소방청장은 소방행정 발전에 공로가 있다고 인정되는 사람을 명예직 소방대원으로 위촉할 수 있다.

21 모든 차와 사람은 소방자동차가 화재진압 및 구조·구급 활동을 위하여 사이렌을 사용하여 출동하는 경우에는 소방차의
진로를 방해하는 행위를 하여서는 아니 된다.

22 교육평가심의위원회는 위원장 1명을 포함하여 9명 이하의 위원으로 성별을 고려하여 구성한다.

23 한국119청소년단의 사업 범위 등(영 제9조의6)
① 한국119청소년단의 사업 범위는 다음 각 호와 같다.
　　㉠ 한국119청소년단 단원의 선발·육성과 활동 지원
　　㉡ 한국119청소년단의 활동·체험 프로그램 개발 및 운영
　　㉢ 한국119청소년단의 활동과 관련된 학문·기술의 연구·교육 및 홍보
　　㉣ 한국119청소년단 단원의 교육·지도를 위한 전문인력 양성
　　㉤ 관련 기관·단체와의 자문 및 협력사업
　　㉥ 그 밖에 한국119청소년단의 설립목적에 부합하는 사업
② 소방청장은 한국119청소년단의 설립목적 달성 및 원활한 사업 추진 등을 위하여 필요한 지원과 지도·감독을 할 수 있다.
③ 한국119청소년단의 구성 및 운영 등에 필요한 사항은 한국119청소년단 정관으로 정한다.

24 벌칙 적용에서 공무원 의제(법 제49조의3)
소방업무에 관하여 위탁받은 업무에 종사하는 안전원의 임직원은 수뢰·사전수뢰, 제3자 뇌물제공, 수뢰후부정처사·사후수뢰, 알선수뢰를 적용할 때에는 공무원으로 본다.

25 소방기본법에 따른 손실보상을 청구할 수 있는 권리는 손실이 있음을 안 날부터 3년, 손실이 발생한 날부터 5년간 행사하지 아니하면 시효의 완성으로 소멸한다.

05 | 정답 및 해설

제5회 ▶ 정답 및 해설

01	02	03	04	05	06	07	08	09	10	11	12	13	14	15
③	③	②	③	③	①	③	①	①	④	②	③	④	①	④
16	**17**	**18**	**19**	**20**	**21**	**22**	**23**	**24**	**25**					
②	②	③	①	①	④	④	④	①	③					

01 정의(법 제2조)

5. "소방대(消防隊)"라 함은 화재를 진압하고 화재, 재난·재해 그 밖의 위급한 상황에서의 구조·구급활동 등을 하기 위하여 다음의 자로 구성된 조직체를 말한다.

    가. 소방공무원법에 따른 소방공무원

    나. 의무소방대설치법 제3조의 규정에 따라 임용된 의무소방원(義務消防員)

    다. 의용소방대 설치 및 운영에 관한 법률에 따른 의용소방대원(義勇消防隊員)

02 상급 종합상황실 보고대상

- 관공서·학교·정부미도정공장·문화재·지하철 또는 지하구, 지하상가의 화재
- 철도차량, 항구에 매어둔 총 톤수가 1천톤 이상인 선박, 항공기, 발전소 또는 변전소에서 발생한 화재

03 체험교육 운영인력은 소방공무원 복제 규칙 제12조에 따른 기동장을 착용해야 한다. 다만, 계절이나 야외 체험활동 등을 고려하여 제복의 종류 및 착용방법을 달리 정할 수 있다.

04 의사상자의 인정 권한은 보건복지부장관에게 있다.

05 시·도지사는 소방활동에 필요한 소화전(消火栓)·급수탑(給水塔)·저수조(貯水槽)(이하 "소방용수시설"이라 한다)를 설치하고 유지·관리해야 한다.

06 ② 응원요청할 경우를 대비하여 이웃하는 다른 시·도지사와 협의하여 미리 규약(規約)으로 정해야 한다.

③ 소방업무의 응원을 위하여 파견된 소방대원은 응원을 요청한 소방본부장 또는 소방서장의 지휘에 따라야 한다.

④ 소방업무의 응원 요청을 받은 소방본부장이나 소방서장은 정당한 사유 없이 그 요청을 거절하여서는 아니 된다.

07 ① 위험시설 등에 대한 긴급조치에 해당한다.
② 화재 등의 통지에 해당한다.
④ 피난명령에 해당한다.

08 **국가와 지방자치단체의 책무(법 제2조의2)**
국가와 지방자치단체는 화재, 재난·재해, 그 밖의 위급한 상황으로부터 국민의 생명·신체 및 재산을 보호하기 위하여 필요한 시책을 수립·시행해야 한다.

09 **과태료의 부과기준(영 별표 3)**
부과권자는 다음의 어느 하나에 해당하는 경우에는 제2호의 개별기준에 따른 과태료의 2분의 1 범위에서 그 금액을 줄여 부과할 수 있다. 다만, 과태료를 체납하고 있는 위반행위자에 대해서는 그렇지 않다.
• 위반행위가 사소한 부주의나 오류로 인한 것으로 인정되는 경우
• 위반행위자가 법 위반상태를 시정하거나 해소하기 위하여 노력한 사실이 인정되는 경우
• 위반행위자가 화재 등 재난으로 재산에 현저한 손실을 입거나 사업 여건의 악화로 그 사업이 중대한 위기에 처하는 등 사정이 있는 경우
• 그 밖에 위반행위의 정도, 위반행위의 동기와 그 결과 등을 고려하여 감경할 필요가 있다고 인정되는 경우

10 위급한 상황에서 119에 접수된 생활안전 및 위험제거활동은 소방지원활동이 아니다(법 제16조의2).

11 ① 안전원의 정관에 포함되어야 할 사항은 법 제43조에 규정하고 있다.
③ 시·도지사는 소방기본법에서 정하는 지역 중 화재가 발생할 우려가 높거나 화재가 발생하는 경우 그로 인하여 피해가 클 것으로 예상되는 지역을 화재경계지구로 지정할 수 있다.
④ 국가적 차원의 소방활동을 위하여 동원된 소방력의 운용과 관련하여 필요한 사항은 소방기본법에서 정하는 규정사항 외에는 소방청장이 정한다.

12 **소방안전교육훈련의 보조강사자격**
① 소방 관련학과의 석사학위 이상을 취득한 사람
② 소방안전교육사, 소방시설관리사, 소방기술사 또는 소방설비기사 자격을 취득한 사람
③ 응급구조사, 인명구조사, 화재대응능력 등 소방청장이 정하는 소방활동 관련 자격을 취득한 사람
④ 소방공무원으로서 3년 이상 근무한 경력이 있는 사람
⑤ 그 밖에 보조강사의 능력이 있다고 소방청장, 소방본부장 또는 소방서장이 인정하는 사람

13 **소방용수시설의 설치 및 관리 등(법 제10조)**
시·도지사는 소방활동에 필요한 소화전(消火栓)·급수탑(給水塔)·저수조(貯水槽)(이하 "소방용수시설"이라 한다)를 설치하고 유지·관리하여야 한다. 다만, 수도법 제45조에 따라 소화전을 설치하는 일반수도사업자는 관할 소방서장과 사전협의를 거친 후 소화전을 설치하여야 하며, 설치 사실을 관할 소방서장에게 통지하고, 그 소화전을 유지·관리하여야 한다.

14 국가적 차원의 소방활동을 위하여 동원된 소방력의 소방활동을 수행하는 과정에서 발생하는 경비 부담에 관한 사항, 민간 소방 인력이 사망하거나 부상을 입었을 경우의 보상주체·보상기준 등에 관한 사항, 그 밖에 동원된 소방력의 운용과 관련하여 필요한 사항은 대통령령으로 정한다.

15 훈련신호
① 훈련상 필요하다고 인정되는 때 발령
② 소방대의 비상소집을 하는 경우

16 ① 기숙사 중 3층 이상의 기숙사의 건축주는 소방활동의 원활한 수행을 위하여 기숙사에 소방자동차 전용구역을 설치하여야 한다.
③ 국가적 차원의 소방활동을 위하여 동원된 민간 소방 인력이 소방활동을 수행하다가 사망하거나 부상을 입은 경우 화재 등 상황이 발생한 시·도가 해당 시·도의 조례로 정하는 바에 따라 보상한다.
④ 소방청장은 안전원에 대하여 업무·회계 및 재산에 관하여 필요한 사항을 보고하게 하거나, 소속 공무원으로 하여금 안전원의 장부·서류 및 그 밖의 물건을 검사하게 할 수 있다.

17 공동주택 중 대통령령으로 정하는 공동주택의 건축주는 소방활동의 원활한 수행을 위하여 공동주택에 소방자동차 전용 구역을 설치해야 한다.

18 국가적 차원의 소방활동을 위하여 동원된 소방대원이 다른 시·도에 파견·지원되어 소방활동을 수행할 때에는 특별한 사정이 없으면 화재, 재난·재해 등이 발생한 지역을 관할하는 소방본부장 또는 소방서장의 지휘에 따라야 한다.

19 ① 소방자동차가 화재진압을 위하여 사이렌을 사용하여 출동하는 데 소방자동차 앞에 끼어들기를 한 경우 실효성 확보 수단으로 200만원 이하의 과태료를 부과한다.
② 전기·가스·수도·통신·교통의 업무에 종사하는 사람으로 원활한 소방활동을 위하여 필요한 사람이 출입할 수 있다.
③ 화재가 발생하거나 불이 번질 우려가 있는 소방대상물 및 토지의 강제처분으로 인하여 손실을 입은 자가 발생한 경우 손실보상 규정은 없다.
④ 화재가 발생한 소방대상물에 대한 강제처분을 방해한 자는 3년 이하의 징역 또는 3천만원 이하의 벌금에 처한다.

20 ② 지리조사를 하여야 할 항목은 소방대상물에 인접한 도로의 폭·교통상황, 도로주변의 토지의 고저·건축물의 개황 그 밖의 소방활동에 필요한 조사이며, 그 조사결과는 2년간 보관해야 한다.
③ 공동주택의 건축주는 소방자동차가 접근하기 쉽고 소방활동이 원활하게 수행될 수 있도록 각 동별 전면 또는 후면에 소방자동차 전용구역(이하 "전용구역"이라 한다)을 1개소 이상 설치해야 한다.
④ 소방공무원이 소방활동으로 인하여 타인을 사상(死傷)에 이르게 한 경우 그 소방활동이 불가피하고 소방공무원에게 고의 또는 중대한 과실이 없는 때에는 그 정상을 참작하여 사상에 대한 형사책임을 감경하거나 면제할 수 있다.

21 가. 소방청장은 소방업무에 관한 종합계획을 관계 중앙행정기관의 장과의 협의를 거쳐 계획 시행 전년도 10월 31일까지 수립하여야 한다.

나. 시·도지사는 소방업무에 관한 종합계획의 시행에 필요한 세부계획을 계획 시행 전년도 12월 31일까지 수립하여 소방청장에게 제출하여야 한다.

다. 소방청장은 소방안전교육훈련 운영계획의 작성에 필요한 지침을 정하여 소방본부장과 소방서장에게 매년 10월 31일까지 통보하여야 한다.

라. 소방청장, 소방본부장 또는 소방서장은 소방안전교육훈련을 실시하려는 경우 매년 12월 31일까지 다음 해의 소방안전교육훈련 운영계획을 수립하여야 한다.

22 "생활안전활동"이란 신고가 접수된 생활안전 및 화재, 재난·재해, 그 밖의 위급한 상황에 해당하는 것은 제외한 위험제거 활동에 대응하기 위하여 소방대를 출동시켜 붕괴, 낙하 등이 우려되는 고드름, 나무, 위험 구조물 제거활동 등 법에서 정해진 활동을 말한다.

23 소방공무원의 배치(법 제3조의2)

소방기관 및 소방본부에는 지방자치단체에 두는 국가공무원의 정원에 관한 법률에도 불구하고 대통령령으로 정하는 바에 따라 소방공무원을 둘 수 있다.

24 5년 이하의 징역 또는 5천만원 이하의 벌금(법 제50조)

① 위력(威力)을 사용하여 출동한 소방대의 화재진압·인명구조 또는 구급활동을 방해하는 행위

② 소방대가 화재진압·인명구조 또는 구급활동을 위하여 현장에 출동하거나 현장에 출입하는 것을 고의로 방해하는 행위

③ 출동한 소방대원에게 폭행 또는 협박을 행사하여 화재진압·인명구조 또는 구급활동을 방해하는 행위

④ 출동한 소방대의 소방장비를 파손하거나 그 효용을 해하여 화재진압·인명구조 또는 구급활동을 방해하는 행위

⑤ 소방자동차의 출동을 방해한 사람

⑥ 사람을 구출하는 일 또는 불을 끄거나 불이 번지지 아니하도록 하는 일을 방해한 사람

⑦ 정당한 사유 없이 소방용수시설 또는 비상소화장치를 사용하거나 소방용수시설 또는 비상소화장치의 효용을 해치거나 그 정당한 사용을 방해한 사람

25 국가는 소방산업과 관련된 기술(이하 "소방기술"이라 한다)의 개발을 촉진하기 위하여 기술개발을 실시하는 자에게 그 기술개발에 드는 자금의 전부나 일부를 출연하거나 보조할 수 있다.

06 정답 및 해설

제6회 ▶ 정답 및 해설

01	02	03	04	05	06	07	08	09	10	11	12	13	14	15
④	③	③	③	①	③	④	③	④	②	③	①	④	④	③
16	17	18	19	20	21	22	23	24	25					
①	②	②	②	②	③	③	④	②	③					

01 소방대(消防隊)란 화재를 진압하고 화재, 재난·재해, 그 밖의 위급한 상황에서 구조·구급 활동 등을 하기 위하여 다음 각 목의 사람으로 구성된 조직체를 말한다.
① 소방공무원
② 의무소방원(義務消防員)
③ 의용소방대원(義勇消防隊員)

02 • 터널, 궤도는 상황보고 대상에 해당되지 않으며, 항구에 매어둔 선박의 경우 1천톤 이상의 선박 화재가 보고 대상에 해당한다.
• 지하구는 전력통신구와 공동구가 이에 해당되므로 지하공동구 화재도 보고대상에 해당된다.

03 ① 소방체험관의 장은 체험교육의 운영결과, 만족도 조사결과 등을 기록하고 이를 3년간 보관해야 한다.
② 소방체험관의 장은 체험교육을 이수한 사람에게 교육이수자의 성명, 체험내용, 체험시간 등을 적은 체험교육 이수증을 발급할 수 있다.
④ 소방체험관의 장은 소방체험관의 이용자의 안전에 위해(危害)를 끼치는 이용자에 대하여 체험교육을 거절해야 한다.

04 다른 법률과의 관계(법 제3조의3)
제주특별자치도에는 제주특별자치도 설치 및 국제자유도시 조성을 위한 특별법 제44조에도 불구하고 같은 법 제6조 제1항 단서에 따라 이 법 제3조의2(소방공무원의 배치)를 우선하여 적용한다.

05 수도법 제45조에 따라 소화전을 설치하는 일반수도사업자는 관할 소방서장과 사전협의를 거친 후 소화전을 설치하여야 하며, 설치 사실을 관할 소방서장에게 통지하고, 그 소화전을 유지·관리해야 한다.

06 소방청장은 해당 시·도의 소방력만으로는 소방활동을 효율적으로 수행하기 어려운 화재, 재난·재해, 그 밖의 구조·구급이 필요한 상황이 발생하거나 특별히 국가적 차원에서 소방활동을 수행할 필요가 인정될 때에는 각 시·도지사에게 행정안전부령으로 정하는 바에 따라 소방력을 동원할 것을 요청할 수 있다.

07 소방기술민원센터의 구성 및 운영, 업무, 소속 공무원 또는 직원의 파견을 요청하는 사항 외에 소방기술민원센터의 설치·운영에 필요한 사항은 소방청에 설치하는 경우에는 소방청장이 정하고, 소방본부에 설치하는 경우에는 해당 특별시·광역시·특별자치시·도 또는 특별자치도(이하 "시·도"라 한다)의 규칙으로 정한다.

08 과태료의 부과기준(시행령 별표 3)
  가. 위반행위의 횟수에 따른 과태료의 가중된 부과기준은 최근 1년간 같은 위반행위로 과태료 부과처분을 받은 경우에 적용한다.
  나. 과태료 부과권자는 위반행위가 사소한 부주의나 오류로 인한 것으로 인정되는 경우에는 개별기준에 따른 과태료의 2분의 1 범위에서 그 금액을 줄여 부과할 수 있다.

09 소방청장은 수립한 종합계획을 관계 중앙행정기관의 장, 시·도지사에게 통보해야 한다.

10 끼임, 고립 등에 따른 위험제거 및 구출활동은 생활안전활동에 해당된다.

11 ① 층수가 5층 이상이거나 병상이 30개 이상인 종합병원·정신병원·한방병원·요양소에서 화재가 발생한 경우 종합상황실장은 서면·팩스 또는 컴퓨터통신 등으로 소방서의 종합상황실의 경우는 소방본부의 종합상황실에, 소방본부의 종합상황실의 경우는 소방청의 종합상황실에 각각 보고해야 한다.
  ② 국가적 차원의 소방활동을 위하여 파견된 소방력을 소방청장이 직접 소방대를 편성하여 소방활동을 하게 하는 경우에는 소방청장의 지휘를 따라야 한다.
  ④ 국가는 국민의 생명과 재산을 보호하기 위하여 국공립연구기관 등이나 단체로 하여금 소방기술의 연구·개발사업을 수행하게 할 수 있다.

12 소방안전교육훈련의 교육방법
  ① 소방안전교육훈련의 교육시간은 소방안전교육훈련대상자의 연령 등을 고려하여 소방청장, 소방본부장 또는 소방서장이 정한다.
  ② 소방안전교육훈련은 이론교육과 실습(체험)교육을 병행하여 실시하되, 실습(체험)교육이 전체 교육시간의 100분의 30 이상이 되어야 한다.
  ③ 소방청장, 소방본부장 또는 소방서장은 ②에도 불구하고 소방안전교육훈련대상자의 연령 등을 고려하여 실습(체험)교육 시간의 비율을 달리할 수 있다.
  ④ 실습(체험)교육 인원은 특별한 경우가 아니면 강사 1명당 30명을 넘지 않아야 한다.
  ⑤ 소방청장, 소방본부장 또는 소방서장은 소방안전교육훈련 실시 전에 소방안전교육훈련대상자에게 주의사항 및 안전관리 협조사항을 미리 알려야 한다.
  ⑥ 소방청장, 소방본부장 또는 소방서장은 소방안전교육훈련대상자의 정신적·신체적 능력을 고려하여 소방안전교육훈련을 실시해야 한다.

13 보육교사의 자격을 취득한 후 3년 이상의 보육업무 경력이 있는 사람은 소방안전교육사 시험에 응시자격이 있다.

14 저수조 흡수관의 투입구가 사각형인 경우에는 한 변의 길이가 60센티미터 이상이어야 한다.

15 ① 소방신호의 종류와 방법은 행정안전부령으로 정한다(법 제18조).
② 신호의 종류는 경계신호, 발화신호, 해제신호, 훈련신호가 있다(법 시행규칙 제10조).
③ 신호 방법에는 타종신호, 사이렌신호, 그밖의 신호(통풍대·기·게시판)가 있다(법 시행규칙 별표4).
④ 발화신호를 타종으로 신호할 경우 난타로 타종을 한다(법 시행규칙 별표 4).

16 ② 소방박물관에는 그 운영에 관한 중요한 사항을 심의하기 위하여 7인 이내의 위원으로 구성된 운영위원회를 둔다.
③ 국고보조 대상사업의 범위와 기준보조율은 대통령령으로 정한다.
④ 소방안전교육사 시험에 응시하려는 사람은 대통령령으로 정하는 바에 따라 수수료를 내야 한다.

17 소방자동차 전용구역 등(법 제21조의2)
• 공동주택 중 대통령령으로 정하는 공동주택의 건축주는 소방활동의 원활한 수행을 위하여 공동주택에 소방자동차 전용 구역(이하 "전용구역"이라 한다)을 설치해야 한다.
• 누구든지 전용구역에 차를 주차하거나 전용구역에의 진입을 가로막는 등의 방해행위를 하여서는 아니 된다.
• 전용구역의 설치 기준·방법, 방해행위의 기준, 그 밖의 필요한 사항은 대통령령으로 정한다.

18 소방청장은 수립한 종합계획을 관계 중앙행정기관의 장, 시·도지사에게 통보해야 한다.

19 제조소 등에 대한 긴급 사용정지명령 등(위험물안전관리법 제25조)
시·도지사, 소방본부장 또는 소방서장은 공공의 안전을 유지하거나 재해의 발생을 방지하기 위하여 긴급한 필요가 있다고 인정하는 때에는 제조소 등의 관계인에 대하여 해당 제조소 등의 사용을 일시정지하거나 그 사용을 제한할 것을 명할 수 있다.

20 소방공무원이 소방활동으로 인하여 타인을 사상(死傷)에 이르게 한 경우 그 소방활동이 불가피하고 소방공무원에게 고의 또는 중대한 과실이 없는 때에는 그 정상을 참작하여 사상에 대한 형사책임을 감경하거나 면제할 수 있다.

21 소방활동만이 면책사항을 규정하고 있다.

22 형법상 감경규정에 관한 특례

음주 또는 약물로 인한 심신장애 상태에서 출동한 소방대원에게 폭행 또는 협박을 행사하여 화재진압·인명구조 또는 구급활동을 방해하는 행위 죄를 범한 때에는 형법 제10조(심신장애인) 제1항 및 제2항을 적용하지 아니할 수 있다.

23 소방본부장 또는 소방서장은 화재예방조치로 보관하던 위험물 또는 물건을 매각한 경우에는 지체 없이 국가재정법에 의하여 세입조치를 해야 한다.

24 5년 이하의 징역 또는 5천만원 이하의 벌금(법 제50조)

① 위력(威力)을 사용하여 출동한 소방대의 화재진압·인명구조 또는 구급활동을 방해하는 행위
② 소방대가 화재진압·인명구조 또는 구급활동을 위하여 현장에 출동하거나 현장에 출입하는 것을 고의로 방해하는 행위
③ 출동한 소방대원에게 폭행 또는 협박을 행사하여 화재진압·인명구조 또는 구급활동을 방해하는 행위
④ 출동한 소방대의 소방장비를 파손하거나 그 효용을 해하여 화재진압·인명구조 또는 구급활동을 방해하는 행위
⑤ 소방자동차의 출동을 방해한 사람
⑥ 사람을 구출하는 일 또는 불을 끄거나 불이 번지지 아니하도록 하는 일을 방해한 사람
⑦ 정당한 사유 없이 소방용수시설 또는 비상소화장치를 사용하거나 소방용수시설 또는 비상소화장치의 효용을 해치거나 그 정당한 사용을 방해한 사람

25 손실보상(법 제49조의2)

소방청장 또는 시·도지사는 다음의 어느 하나에 해당하는 자에게 손실보상심의위원회의 심사·의결에 따라 정당한 보상을 해야 한다.

① 생활안전활동에 따른 조치로 인하여 손실을 입은 자
② 소화활동종사명령에 따른 소방활동 종사로 인하여 사망하거나 부상을 입은 자
③ 화재가 발생하거나 불이 번질 우려가 있는 소방대상물 또는 토지 외의 강제처분으로 인하여 손실을 입은 자
④ 소방자동차의 통행과 소방활동에 방해가 되는 주차 또는 정차된 차량 및 물건 등을 제거하거나 이동에 따른 처분으로 인하여 손실을 입은 자. 다만, 법령을 위반하여 소방자동차의 통행과 소방활동에 방해가 된 경우는 제외한다.
⑤ 화재 진압 등 소방활동을 위하여 필요할 때에는 소방용수 외에 댐·저수지 또는 수영장 등의 물을 사용하거나 수도(水道)의 개폐장치 등의 조작에 따른 조치로 인하여 손실을 입은 자
⑥ 화재 발생을 막거나 폭발 등으로 화재가 확대되는 것을 막기 위하여 가스·전기 또는 유류 등의 시설에 대하여 위험물질의 공급을 차단하는 등 필요한 조치에 따른 조치로 인하여 손실을 입은 자
⑦ 그 밖에 소방기관 또는 소방대의 적법한 소방업무 또는 소방활동으로 인하여 손실을 입은 자

07 | 정답 및 해설

01
가. 소방대상물이란 건축물, 차량, 선박(선박법 제1조의2 제1항에 따른 선박으로서 항구에 매어둔 선박만 해당한다), 선박 건조 구조물, 산림, 그 밖의 인공 구조물 또는 물건을 말한다.
나. 관계지역이란 소방대상물이 있는 장소 및 그 이웃지역으로서 화재의 예방·경계·진압, 구조·구급 등의 활동에 필요한 지역을 말한다.
다. 관계인이란 소방대상물의 소유자·관리자 또는 점유자를 말한다.
라. 소방본부장이란 특별시·광역시·특별자치시·도 또는 특별자치도에서 화재의 예방·경계·진압·조사 및 구조·구급 등의 업무를 담당하는 부서의 장을 말한다.
마. 소방대란 화재를 진압하고 화재, 재난·재해, 그 밖의 위급한 상황에서 구조·구급 활동 등을 하기 위하여 소방공무원, 의무소방원, 의용소방대원으로 구성된 조직체를 말한다.
바. 소방대장이란 소방본부장 또는 소방서장 등 화재, 재난·재해, 그 밖의 위급한 상황이 발생한 현장에서 소방대를 지휘하는 사람을 말한다.

02 소방기본법 시행규칙 제2조, 제3조
종합상황실은 소방청과 특별시·광역시·특별자치시·도 또는 특별자치도(이하 "시·도"라 한다)의 소방본부 및 소방서에 각각 설치·운영하여야 한다. 종합상황실 근무자의 근무방법 등 종합상황실의 운영에 관하여 필요한 사항은 종합상황실을 설치하는 소방청장, 소방본부장 또는 소방서장이 각각 정한다.

03
• 소방체험관의 장은 체험교육의 운영결과, 만족도 조사결과 등을 기록하고 이를 (3)년간 보관해야 한다.
• 체험교육 운영인력에 대하여 체험교육과 관련된 지식·기술 및 소양 등에 관한 교육훈련을 연간 (12)시간 이상 이수하도록 해야 한다.
• 소방안전 체험실로 사용되는 부분의 바닥면적의 합이 (900)제곱미터 이상이 되어야 한다.

04 소방자동차 등 소방장비의 분류·표준화와 그 관리 등에 필요한 사항을 따로 법률에서 정하는 법의 명칭은 소방장비관리법이다.

05 소방본부장 또는 소방서장은 원활한 소방활동을 위하여 소방용수시설조사 및 지리조사를 월 1회 이상 실시해야 하며, 조사결과를 2년간 보관하여야 한다.

06 특별히 국가적 차원으로 동원 요청을 받은 시·도지사는 정당한 사유 없이 요청을 거절하여서는 아니 된다.

07 소방청장등은 손실보상심의위원회의 심사·의결을 거쳐 특별한 사유가 없으면 보상금 지급 청구서를 받은 날부터 60일 이내에 보상금 지급 여부 및 보상금액을 결정하여야 한다.

08 ① 소방청장은 소방업무에 관한 종합계획을 관계 중앙행정기관의 장과 협의를 거쳐 시행 전년도 10월 31일까지 수립해야 한다.
② 국고보조 대상사업의 기준보조율은 보조금 관리에 관한 법률 시행령에서 정하는 바에 따른다.
④ 소방청장, 소방본부장 또는 소방서장은 화재, 재난·재해, 그 밖의 위급한 상황이 발생하였을 때에는 소방대를 현장에 신속하게 출동시켜 화재진압과 인명구조·구급 등 소방에 필요한 활동을 하게 해야 한다.

09 공동주택의 건축주는 소방자동차가 접근하기 쉽고 소방활동이 원활하게 수행될 수 있도록 각 동별 전면 또는 후면에 소방자동차 전용구역(이하 "전용구역"이라 한다)을 1개소 이상 설치해야 한다. 다만, 하나의 전용구역에서 여러 동에 접근하여 소방활동이 가능한 경우로서 소방청장이 정하는 경우에는 각 동별로 설치하지 아니할 수 있다.

10 관창이란 소방호스용 연결금속구 또는 중간연결금속구 등의 끝에 연결하여 소화용수를 방수하기 위한 나사식 또는 차입식 토출기구를 말한다.

11 방송제작 또는 촬영 관련 지원활동은 소방지원활동으로 규정되어 있다.

소방활동 (법 제16조)	• 화재진압활동 • 인명구조·구급활동
소방지원활동 (법 제16조의2)	• 산불에 대한 예방·진압 등 지원활동 • 자연재해에 따른 급수·배수 및 제설 등 지원활동 • 집회·공연 등 각종 행사 시 사고에 대비한 근접대기 등 지원활동 • 화재, 재난·재해로 인한 피해복구 지원활동 • 군·경찰 등 유관기관에서 실시하는 훈련지원활동 • 소방시설 오작동 신고에 따른 조치활동 • 방송제작 또는 촬영 관련 지원활동
생활안전활동 (법 제16조의3)	• 붕괴·낙하 등이 우려되는 고드름, 나무, 위험 구조물 등의 제거활동 • 위해동물, 벌 등의 포획 및 퇴치활동 • 끼임, 고립 등에 따른 위험제거 및 구출활동 • 단전사고 시 비상전원 또는 조명의 공급 • 그 밖에 방치하면 급박해질 우려가 있는 위험을 예방하기 위한 활동

12 소방청장·소방본부장 또는 소방서장은 공공의 안녕질서 유지 또는 복리증진을 위하여 필요한 경우 소방활동 외에 소방지원활동을 하게 할 수 있다.

13 소방청장, 소방본부장 또는 소방서장은 소방안전교육훈련의 효과 및 개선사항 발굴 등을 위하여 이용자를 대상으로 만족도 조사를 실시해야 한다. 다만, 이용자가 거부하거나 만족 조사를 실시할 시간적 여유가 없는 등의 경우에는 만족도 조사를 실시하지 아니할 수 있다(임의적).

14 소방안전교육사시험의 응시자격
① 안전관리 분야의 산업기사 자격을 취득한 후 안전관리 분야에 3년 이상 종사한 사람
② 1급 응급구조사 자격을 취득한 후 응급의료 업무 분야에 1년 이상 종사한 사람
③ 소방공무원으로 3년 이상 근무한 경력이 있는 사람
④ 2급 응급구조사 자격을 취득한 후 응급의료 업무 분야에 3년 이상 종사한 사람

15 ② 소방관서용 청사의 건축이 국고보조 대상사업이다.
③ 정부고시가격 또는 조달청에서 조사한 해외시장의 시가가 없는 물품의 국고보조산정을 위한 기준가격은 2 이상의 공신력 있는 물가조사기관에서 조사한 가격의 평균가격으로 정한다.
④ 소방의 역사와 안전문화를 발전시키고 국민의 안전의식을 높이기 위하여 소방청장은 소방박물관을, 시·도지사는 소방체험관(화재 현장에서의 피난 등을 체험할 수 있는 체험관을 말한다)을 설립하여 운영할 수 있다.

16 소방신호(법 제18조)
화재예방·소방활동 또는 소방훈련을 위하여 사용되는 소방신호의 종류와 방법은 행정안전부령으로 정한다.

17 소방체험관에는 화재안전, 시설안전, 보행안전, 자동차안전, 기후성 재난, 지질성 재난, 응급처치 등 소방안전 체험실을 지역여건 등을 고려하여 갖출 수 있다. 이 경우 체험실별 바닥면적의 합은 100제곱미터 이상이어야 한다.

18 소방박물관의 설립과 운영권자 : 소방청장

19 소방용수표지의 규격

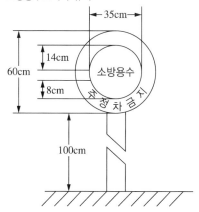

20 상호응원협정을 체결을 체결하고자 하는 경우 포함되어야 할 소방활동에 관한 사항
- 화재의 경계·진압활동
- 구조·구급업무의 지원
- 화재조사활동

21 과태료 부과 개별기준

위반행위	과태료 금액(만원)		
	1회	2회	3회
화재 또는 구조·구급이 필요한 상황을 거짓으로 알린 경우	200	(400)	(500)
소방차 전용구역에 차를 주차하거나 전용구역에의 진입을 가로막는 등의 방해 행위를 한 경우	50	(100)	(100)
한국119청소년단 또는 이와 유사한 명칭을 사용한 경우	(100)	150	(200)

22 50만원 이상 500만원 이하의 과태료는 대통령령으로 정하는 바에 따라 관할 시·도지사, 소방본부장 또는 소방서장이 부과·징수한다.

23 사람을 구출하거나 불이 번지는 것을 막기 위하여 불이 번질 우려가 있는 소방대상물의 사용제한의 강제처분을 방해한 자
: 3년 이하의 징역 또는 3천만원 이하의 벌금

24 손실보상(법 제49조의2 제1항)
소방청장 또는 시·도지사는 생활안전활동에 따른 조치로 인하여 손실을 입은 자가 있는 경우 손실보상심의위원회의 심사·의결에 따라 정당한 보상을 해야 한다.

25 소방기술의 연구·개발사업 수행(법 제39조의6 제1항)
국가는 국민의 생명과 재산을 보호하기 위하여 다음의 어느 하나에 해당하는 기관이나 단체로 하여금 소방기술의 연구·개발사업을 수행하게 할 수 있다.
① 국공립 연구기관
② 과학기술분야 정부출연연구기관 등의 설립·운영 및 육성에 관한 법률에 따라 설립된 연구기관
③ 특정연구기관 육성법 제2조에 따른 특정연구기관
④ 고등교육법에 따른 대학·산업대학·전문대학 및 기술대학
⑤ 민법이나 다른 법률에 따라 설립된 소방기술 분야의 법인인 연구기관 또는 법인 부설 연구소
⑥ 기초연구진흥 및 기술개발지원에 관한 법률 제14조의2 제1항에 따라 인정받은 기업부설연구소
⑦ 소방산업의 진흥에 관한 법률 제14조에 따른 한국소방산업기술원
⑧ 그 밖에 대통령령으로 정하는 소방에 관한 기술개발 및 연구를 수행하는 기관·협회

08 정답 및 해설

01	02	03	04	05	06	07	08	09	10	11	12	13	14	15
④	④	②	②	③	③	②	③	④	④	③	①	③	④	④
16	17	18	19	20	21	22	23	24	25					
①	②	①	③	②	④	①	④	①	③					

01 "소방대장"이란 소방본부장 또는 소방서장 등 화재, 재난·재해, 그 밖의 위급한 상황이 발생한 현장에서 소방대를 지휘하는 사람을 말한다.

02 신속한 소방활동을 위한 정보를 수집·전파하기 위하여 종합상황실에 소방력 기준에 관한 규칙에 의한 전산·통신요원을 배치하고, 소방청장이 정하는 유·무선통신시설을 갖추어야 한다.

03 자살방지 체험실은 보건안전분야 체험실에 해당되며 나머지는 범죄안전 체험실 분야이다.

04 소방자동차 등 소방장비의 분류·표준화와 그 관리 등에 필요한 사항 : 소방장비관리법

05 소방용수시설의 조사권자 : 소방본부장 또는 소방서장

06 동원된 소방력의 소방활동 수행 과정에서 발생하는 경비부담에 대한 구체적인 내용은 해당 시·도가 서로 협의하여 정한다.

07 • 법 제2조의2(국가와 지방자치단체의 책무) 국가와 지방자치단체는 화재, 재난·재해, 그 밖의 위급한 상황으로부터 국민의 생명·신체 및 재산을 보호하기 위하여 필요한 시책을 수립·시행하여야 한다.
• 법 제17조의6(한국119청소년단) 국가나 지방자치단체는 한국119청소년단에 그 조직 및 활동에 필요한 시설·장비를 지원할 수 있으며, 운영경비와 시설비 및 국내외 행사에 필요한 경비를 보조할 수 있다.

08 초·중등교육법 제2조에 따른 학교의 학생

과태료 부과 개별기준

위반행위	과태료 금액(만원)		
	1회	2회	3회
정당한 사유 없이 화재, 재난・재해, 그 밖의 위급한 상황을 소방본부, 소방서 또는 관계 행정기관에 알리지 않은 경우	500		
소방활동을 위하여 사이렌을 사용하여 출동하는 소방자동차의 출동에 지장을 준 경우	100		
소방활동구역 출입제한을 받는 자가 소방대장의 허가를 받지 않고 소방활동구역을 출입한 경우	100		
한국소방안전원 또는 이와 유사한 명칭을 사용한 경우	200		

10 화재, 재난・재해로 인한 피해복구 지원활동은 소방기본법 제16조의2에 규정하고 있는 소방지원활동에 해당된다.

11 ① 국내조달품의 국고보조산정을 위한 기준가격은 정부고시가격으로 한다.
② 손실보상심의위원회 위원으로 위촉되는 위원의 임기는 2년으로 한다. 다만, 보상위원회가 해산되는 경우에는 그 해산 되는 때에 임기가 만료되는 것으로 한다.
④ 유관기관・단체 등의 요청에 따른 소방지원활동에 드는 비용은 지원요청을 한 유관기관・단체 등에게 부담하게 할 수 있다.

12 교육・훈련 횟수 : 2년마다 1회

13 시험 과목별 출제범위는 행정안전부령으로 정한다.

14 유관기관・단체 등의 요청에 따른 소방지원활동에 드는 비용은 지원요청을 한 유관기관・단체 등에게 부담하게 할 수 있다. 다만, 부담금액 및 부담방법에 관하여는 지원요청을 한 유관기관・단체 등과 협의하여 결정한다.

15 소방안전교육사 시험위원 등
소방청장은 소방안전교육사시험 응시자격심사, 출제 및 채점을 위하여 다음의 어느 하나에 해당하는 사람을 응시자격심사 위원 및 시험위원으로 임명 또는 위촉해야 한다.
① 소방 관련 학과, 교육학과 또는 응급구조학과 박사학위 취득자
② 대학, 산업대학, 교육대학, 전문대학, 방송대학・통신대학・방송통신대학 및 사이버대학, 기술대학에서 소방 관련 학과, 교육학과 또는 응급구조학과에서 조교수 이상으로 2년 이상 재직한 자
③ 소방위 이상의 소방공무원
④ 소방안전교육사 자격을 취득한 자

16 ② 소방청장이 설치할 수 있는 소방박물관의 설립과 운영에 필요한 사항은 행정안전부령으로 정하고, 시·도지사가 설치할 수 있는 소방체험관의 설립과 운영에 필요한 사항은 행정안전부령으로 정하는 기준에 따라 시·도의 조례로 정한다.
③ 수입물품의 국고보조산정을 위한 기준가격은 조달청에서 조사한 해외시장의 시가로 정한다.
④ 소방청장은 안전원의 업무를 감독한다.

17 소방안전교육사시험은 2년마다 1회 시행함을 원칙으로 하되, 소방청장이 필요하다고 인정하는 때에는 그 횟수를 증감할 수 있다.

18 소방신호의 방법은 그 전부 또는 일부를 함께 사용할 수 있다.

19 모든 차와 사람은 소방자동차가 화재진압 및 구조·구급 활동을 위하여 사이렌을 사용하여 출동하는 경우에는 다음의 행위를 하여서는 아니 된다(법 제21조 제3항).
① 소방자동차에 진로를 양보하지 아니하는 행위
② 소방자동차 앞에 끼어들거나 소방자동차를 가로막는 행위
③ 그 밖에 소방자동차의 출동에 지장을 주는 행위

20 국가는 소방자동차의 보험 가입비용의 일부를 지원할 수 있다.

21 응급조치·통보 및 조치명령(위험물안전관리법 제27조 제1항)
제조소 등의 관계인은 해당 제조소 등에서 위험물의 유출 그 밖의 사고가 발생한 때에는 즉시 그리고 지속적으로 위험물의 유출 및 확산의 방지, 유출된 위험물의 제거 그 밖에 재해의 발생방지를 위한 응급조치를 강구해야 한다.

22 기상법 제13조 제1항에 따른 이상기상(異常氣象)의 예보 또는 특보가 있을 때에는 화재에 관한 경보를 발령할 때 사용할 수 있는 소방신호의 종별은 경계신호이다. 경계신호의 사이렌 신호는 5초 간격을 두고 30초씩 3회 반복이고 타종신호는 1타와 연 2타를 반복한다.

23 소방안전교육훈련의 시설, 장비, 강사자격 및 교육방법 등의 기준
가. 소방안전교육훈련에 필요한 소방안전교실은 화재안전 및 생활안전 등을 체험할 수 있는 (100) 제곱미터 이상의 실내를 갖추어야 한다.
나. 소방안전교육훈련에 필요한 이동안전체험차량은 어린이 (30)명(성인은 (15)명)을 동시에 수용할 수 있는 실내공간을 갖춘 자동차로 한다.
다. 소방공무원으로서 (5)년 이상 근무한 경력이 있는 사람은 소방안전교육훈련의 강사 자격이 있다.

24 500만원 이하의 과태료
화재 또는 구조·구급이 필요한 상황을 거짓으로 알린 경우

25 ①·②·④는 과태료 부과 대상으로 양벌규정을 적용하지 아니한다.

09 | 정답 및 해설

01	02	03	04	05	06	07	08	09	10	11	12	13	14	15
④	④	③	①	④	④	②	①	①	①	③	③	④	④	②
16	17	18	19	20	21	22	23	24	25					
①	②	②	③	②	①	③	②	②	①					

01 "소방대장"이란 소방본부장 또는 소방서장 등 화재, 재난·재해, 그 밖의 위급한 상황이 발생한 현장에서 소방대(소방공무원, 의용소방대원, 의무소방원)를 지휘하는 사람을 말한다.

02 ① 119종합상황실의 설치·운영에 필요한 사항은 행정안전부령으로 정한다.
② 소방서장은 소방서의 종합상황실을 설치·운영해야 한다.
③ 소방서 종합상황실 근무자의 근무방법 등 종합상황실의 운영에 관하여 필요한 사항은 소방서장이 정한다.

03 소방청장은 화재, 재난·재해, 그 밖의 위급한 상황으로부터 국민의 생명·신체 및 재산을 보호하기 위하여 소방업무에 관한 종합계획을 5년마다 수립·시행하여야 하고, 이에 필요한 재원을 확보하도록 노력해야 한다.

04 국가는 소방장비의 구입 등 시·도의 소방업무에 필요한 경비의 일부를 보조한다.

05 소방청장은 국가적 차원에 따라 각 시·도지사에게 소방력 동원을 요청하는 경우 동원 요청 사실과 다음의 사항을 팩스 또는 전화 등의 방법으로 통지하여야 한다. 다만, 긴급을 요하는 경우에는 시·도 소방본부 또는 소방서의 종합상황실장에게 직접 요청할 수 있다.
① 동원을 요청하는 인력 및 장비의 규모
② 소방력 이송 수단 및 집결장소
③ 소방활동을 수행하게 될 재난의 규모, 원인 등 소방활동에 필요한 정보

06 **소방용수시설의 설치기준(규칙 별표3)**
① 국토의 계획 및 이용에 관한 법률 제36조 제1항 제1호의 규정에 의한 주거지역·상업지역 및 공업지역에 설치하는 경우 : 소방대상물과의 수평거리를 100미터 이하가 되도록 할 것
② 소방호스와 연결하는 소화전의 연결금속구의 구경은 65밀리미터로 할 것
③ 급수탑의 개폐밸브는 지상에서 1.5미터 이상 1.7미터 이하의 위치에 설치할 것

07 소방자동차의 안전한 운행 및 교통사고 예방을 위하여 운행기록장치 데이터의 수집·저장·통합·분석 등의 업무를 전자적으로 처리하기 위한 시스템을 "소방자동차 교통안전 분석 시스템"이라 한다.

08 소방호스 : 소화전의 방수구에 연결하여 소화용수를 방수하기 위한 도관으로서 호스와 연결금속구로 구성되어 있는 소방용 릴호스 또는 소방용고무내장호스를 말한다.

09 가의 자체소방대는 소방대가 현장에 도착한 경우 소방대장의 지휘·통제에 따라야 한다. 나머지는 소방본부장, 소방서장 또는 소방대장의 권한에 해당한다.

10 ① 소방본부장이나 소방서장
②·③·④ 소방청장, 소방본부장 또는 소방서장

11 ① 시·도지사는 소방활동에 필요한 소화전·급수탑·저수조를 설치하고 유지·관리해야 한다.
② 소방차전용구역에 차를 주차하거나 전용구역에의 진입을 가로막는 등의 방해행위를 한 자에게는 1회 50만원, 2회~4회 100만원 이하의 과태료를 부과한다.
④ 소방청장·소방본부장 또는 소방서장은 신고가 접수된 생활안전 및 위험제거 활동(화재, 재난·재해, 그 밖의 위급한 상황에 해당하는 것은 제외한다)에 대응하기 위하여 소방대를 출동시켜 생활안전활동을 해야 한다.

12 소방청장, 소방본부장 또는 소방서장은 화재를 예방하고 화재 발생 시 인명과 재산피해를 최소화하기 위하여 다음에 해당하는 사람을 대상으로 행정안전부령으로 정하는 바에 따라 소방안전에 관한 교육과 훈련을 실시할 수 있다. 이 경우 소방청장, 소방본부장 또는 소방서장은 해당 어린이집·유치원·학교의 장과 교육일정 등에 관하여 협의해야 한다.
1. 영유아보육법 제2조에 따른 어린이집의 영유아
2. 유아교육법 제2조에 따른 유치원의 유아
3. 초·중등교육법 제2조에 따른 학교의 학생

13 시험에서 부정행위로 시험이 정지되거나 무효로 처리된 사람은 그 처분이 있은 날부터 2년간 소방안전교육사 시험에 응시하지 못한다.

14 시·도지사는 관할 지역의 특성을 고려하여 종합계획의 시행에 필요한 세부계획을 매년 수립하여 이에 따른 소방업무를 성실히 수행해야 한다.

15 소방신호의 종류별 신호방법

종 별 \ 신호방법	타종 신호	사이렌 신호	그 밖의 신호
경계신호	1타와 연2타를 반복	5초 간격을 두고 30초씩 3회	"통풍대" "게시판" 적색 백색 / 화재경보발령중
발화신호	난 타	5초 간격을 두고 5초씩 3회	
해제신호	상당한 간격을 두고 1타씩 반복	1분간 1회	"기" 적색 백색
훈련신호	연3타 반복	10초 간격을 두고 1분씩 3회	

비고 1. 소방신호의 방법은 그 전부 또는 일부를 함께 사용할 수 있다.
　　 2. 게시판을 철거하거나 통풍대 또는 기를 내리는 것으로 소방활동이 해제되었음을 알린다.
　　 3. 소방대의 비상소집을 하는 경우에는 훈련신호를 사용할 수 있다.

16 ② 손실보상심의위원회는 위원장 1명을 포함하여 5명 이상 7명 이하의 위원으로 구성한다.
③ 수도법 제45조에 따라 소화전을 설치하는 일반수도사업자는 관할 소방서장과 사전협의를 거친 후 소화전을 설치하여야 하며, 설치 사실을 관할 소방서장에게 통지하고, 그 소화전을 유지·관리해야 한다.
④ 시·도지사는 소방자동차의 공무상 운행 중 교통사고가 발생한 경우 그 운전자의 법률상 분쟁에 소요되는 비용을 지원할 수 있는 보험에 가입해야 한다.

17 소방대의 긴급통행(법 제22조)
소방대는 화재, 재난·재해, 그 밖의 위급한 상황이 발생한 현장에 신속하게 출동하기 위하여 긴급할 때에는 일반적인 통행에 쓰이지 아니하는 도로·빈터 또는 물 위로 통행할 수 있다.

18 시·도지사는 소방자동차의 진입이 곤란한 지역 등 화재발생 시에 초기 대응이 필요한 지역으로서 대통령령으로 정하는 지역에 소방호스 또는 호스 릴 등을 소방용수시설에 연결하여 화재를 진압하는 시설이나 장치를 설치하고 유지·관리할 수 있다.

19 소방청장 또는 시·도지사는 소방기관 또는 소방대의 적법한 소방업무 또는 소방활동으로 인하여 손실을 입은 자에게 손실보상심의위원회의 심사·의결에 따라 정당한 보상을 하여야 한다(법 제49조의2).

20 소방안전교육사시험의 응시자격에 따른 해당 자격은 1년 이상의 근무경력이 있어야 한다.

21 상호응원협정을 체결을 체결하고자 하는 경우 포함되어야 할 소요경비에 관한 사항
- 출동대원의 수당·식사 및 의복의 수선
- 소방장비 및 기구의 정비와 연료의 보급
- 그 밖의 경비

22 ①·②·④의 과태료 부과금액은 100만원이고 ③의 경우는 50만원에 해당한다.

23 ① 화재가 발생하거나 불이 번질 우려가 있는 소방대상물 및 토지 이외 강제처분을 방해한 자 또는 정당한 사유 없이 그 처분에 따르지 아니한 자 : 300만원 이하의 벌금
③ 정당한 사유 없이 소방대의 생활안전활동을 방해한 자 : 100만원 이하의 벌금
④ 정당한 사유 없이 소방용수시설 또는 비상소화장치을 사용하거나 소방용수시설 또는 비상소화장치의 효용을 해치거나 그 정당한 사용을 방해한 사람 : 5년 이하의 징역 또는 5천만원 이하의 벌금

24 생활안전활동에 따른 조치로 인하여 손실을 입은 자가 있으면 소방청장 또는 시·도지사는 손실보상심의위원회의 심사·의결에 따라 정당한 보상을 해야 한다.

25 한국소방안전원, 한국119청소년단 또는 이와 유사한 명칭을 사용한 자는 200만원 이하의 과태료를 부과한다.

10 정답 및 해설

01	02	03	04	05	06	07	08	09	10	11	12	13	14	15
④	②	④	③	①	①	③	②	②	③	③	①	①	④	④

16	17	18	19	20	21	22	23	24	25					
③	④	①	①	②	①	②	①	③	②					

01 소방대상물 : 건축물, 차량, 선박(선박법 제1조의2 제1항에 따른 선박으로서 항구에 매어둔 선박만 해당한다), 선박 건조 구조물, 산림, 그 밖의 인공 구조물 또는 물건을 말하며, 집단적으로 생육하는 입목과 죽은 산림은 소방대상물에 해당하나 토지는 소방의 입장에서 제외하고 있다.

02 소방체험관의 설립과 운영에 필요한 사항은 행정안전부령으로 정하는 기준에 따라 시·도의 조례로 정한다.

03 소방청장은 화재, 재난·재해, 그 밖의 위급한 상황으로부터 국민의 생명·신체 및 재산을 보호하기 위하여 소방업무에 관한 종합계획을 5년마다 수립·시행하여야 하고, 이에 필요한 재원을 확보하도록 노력해야 한다.

04 소방자동차 등 소방장비의 분류·표준화와 그 관리 등에 필요한 사항은 따로 법률에서 정한다.

05 ② 급수탑의 급수배관의 구경은 100밀리미터 이상으로 한다.
③ 저수조는 흡수에 지장이 없도록 토사 및 쓰레기 등을 제거할 수 있는 설비를 갖출 것
④ 저수조에 물을 공급하는 방법은 상수도에 연결하여 자동으로 급수되는 구조일 것

06 소방청장이 긴급을 요하는 상황이 발생하여 국가적 차원에서 소방력 동원을 요청할 경우 시·도 소방본부 또는 소방서의 종합상황실장에게 직접 요청할 수 있다.

07 비상소화장치의 설치대상 지역 중 화재의 예방 및 안전관리에 관한 법률 제18조 제1항에 따라 지정된 화재예방강화지구
• 시장지역
• 공장·창고가 밀집한 지역
• 목조건물이 밀집한 지역
• 노후·불량건축물이 밀집한 지역
• 위험물의 저장 및 처리 시설이 밀집한 지역
• 석유화확제품을 생산하는 공장이 있는 지역

- 산업입지 및 개발에 관한 법률 제2조 제8호에 따른 산업단지
- 소방시설·소방용수시설 또는 소방출동로가 없는 지역
- 물류시설의 개발 및 운영에 관한 법률 제2조 제6호에 따른 물류단지

08 소방자동차 운행기록을 임의로 조작하거나 변경해서는 안 된다.

09 과태료의 부과기준(영 별표 3)
① 위반행위의 횟수에 따른 과태료의 가중된 부과기준의 기간의 계산은 위반행위에 대하여 과태료 부과처분을 받은 날과 그 처분 후 다시 같은 위반행위를 하여 적발된 날을 기준으로 한다.
③ 그 밖에 위반행위의 정도, 위반행위의 동기와 그 결과 등을 고려하여 감경할 필요가 있다고 인정되는 경우에 1/2까지 그 금액을 줄여서 부과할 수 있다.
④ 부과권자는 위반행위자가 화재 등 재난으로 재산에 현저한 손실을 입거나 사업 여건의 악화로 그 사업이 중대한 위기에 처하는 등 사정이 있는 경우에 감경할 수 있다.

10 시·도지사는 소방자동차의 공무상 운행 중 교통사고가 발생한 경우 그 운전자의 법률상 분쟁에 소요되는 비용을 지원할 수 있는 보험에 가입해야 한다.

11 ① 소방체험관에는 위에 따른 체험실을 모두 갖추어야 한다. 이 경우 체험실별 바닥면적은 100제곱미터 이상이어야 한다.
② 지리조사를 하여야 할 항목은 소방대상물에 인접한 도로의 폭·교통상황, 도로주변의 토지의 고저·건축물의 개황 그 밖의 소방활동에 필요한 조사이며, 그 조사결과는 2년간 보관해야 한다.
④ 소방공무원으로서 5년 이상 근무한 경력이 있는 사람은 어린이집의 영유아, 유치원의 유아, 초·중등학교의 학생을 대상으로 하는 소방안전교육훈련 강사의 자격 기준에 해당한다.

12 교육·훈련 기간 : 2주 이상

13 소방청장은 소방안전교육사 시험에서 부정행위를 한 사람에 대하여는 해당 시험을 정지시키거나 무효로 처리한다.

14 소방활동에 관한 면책 및 소송지원
① 소방공무원이 소방활동으로 인하여 타인을 사상(死傷)에 이르게 한 경우 그 소방활동이 불가피하고 소방공무원에게 고의 또는 중대한 과실이 없는 때에는 그 정상을 참작하여 사상에 대한 형사책임을 감경하거나 면제할 수 있다.
② 소방청장은 소방공무원이 소방활동, 소방지원활동, 생활안전활동으로 민·형사상 책임과 관련된 소송을 수행할 경우 변호인 선임 등 소송수행에 필요한 지원을 할 수 있다.

15 소방용수표지에 대한 규격에서 문자의 규격은 정해져 있지 않다.

16 응시자격심사위원 및 시험위원의 수
① 응시자격심사위원 : 3명
② 시험위원 중 출제위원 : 시험과목별 3명
③ 시험위원 중 채점위원 : 5명

17 소방력의 동원(법 제11조의2)
소방청장은 해당 시·도의 소방력만으로는 소방활동을 효율적으로 수행하기 어려운 화재, 재난·재해, 그 밖의 구조·구급이 필요한 상황이 발생하거나 특별히 국가적 차원에서 소방활동을 수행할 필요가 인정될 때에는 각 시·도지사에게 행정안전부령으로 정하는 바에 따라 소방력을 동원할 것을 요청할 수 있다.

18 ② 소방청장은 소방업무의 체계적 수행을 위하여 필요한 경우 시·도지사가 제출한 세부계획의 보완 또는 수정을 요청할 수 있다.
③ 소방용수표지의 문자는 흰색, 내측바탕은 붉은색, 외측바탕은 파란색으로 하고 반사도료를 사용해야 한다.
④ 안전원의 사업계획 및 예산에 관하여는 소방청장의 승인을 얻어야 한다.

19 소방대장은 화재, 재난·재해, 그 밖의 위급한 상황이 발생한 현장에 소방활동구역을 정하여 소방활동에 필요한 사람으로서 대통령령으로 정하는 사람 외에는 그 구역에 출입하는 것을 제한할 수 있다.

20 저수조는 지면으로부터의 낙차가 4.5미터 이하이어야 하며, 흡수부분의 수심이 0.5미터 이상으로 설치해야 한다.

21 ⊙은 소방대장의 권한이며, ⓒ, ⓒ, ⓔ, ⓜ은 소방본부장, 소방서장, 소방대장의 권한이다. 따라서 모든 권한을 행사할 수 있는 사람은 소방대장이다.

22 20만원 이하의 과태료는 관할 소방본부장 또는 소방서장이 부과·징수한다.

23 ② 공동주택의 건축주가 설치해야 한다.
③ 각 동별로 설치하여야 하나, 하나의 전용구역에서 여러 동에 접근하여 소방활동이 가능한 경우로서 소방청장이 정하는 경우에는 각 동별로 설치하지 않을 수 있다.
④ 각 동별 전면 또는 후면에 소방자동차 전용구역을 1개소 이상 설치해야 한다.

24 과태료 부과 개별기준

위반행위	과태료 금액(만원)		
	1회	2회	3회
한국소방안전원 또는 이와 유사한 명칭을 사용한 경우	200		
한국119청소년단 또는 이와 유사한 명칭을 사용한 경우	100	150	200
소방차 전용구역에 차를 주차하거나 전용구역에의 진입을 가로막는 등의 방해행위를 한 자	50	100	100
소방활동을 위하여 사이렌을 사용하여 출동하는 소방자동차의 출동에 지장을 준 경우	100		
소방활동구역 출입제한 자가 허가를 받지 않고 소방활동구역을 출입한 경우	100		

25 100만원 이하의 벌금(법 제54조)
- 정당한 사유 없이 소방대의 생활안전활동을 방해한 자
- 정당한 사유 없이 소방대가 현장에 도착할 때까지 사람을 구출하는 조치 또는 불을 끄거나 불이 번지지 아니하도록 하는 조치를 하지 아니한 사람
- 피난 명령을 위반한 사람
- 정당한 사유 없이 물의 사용이나 수도의 개폐장치의 사용 또는 조작을 하지 못하게 하거나 방해한 자
- 가스·전기 또는 유류 등의 시설에 대하여 위험물질의 공급을 차단하는 등 필요한 조치를 정당한 사유 없이 방해한 자

11 | 정답 및 해설

제11회 ▶ 정답 및 해설

01	02	03	04	05	06	07	08	09	10	11	12	13	14	15
①	④	④	①	④	①	②	③	②	③	①	③	①	①	④

16	17	18	19	20	21	22	23	24	25					
①	①	②	②	①	④	③	④	③	③					

01 고가수조는 인공 구조물로 소방대상물에 해당한다.

02 소방박물관의 설립과 운영
- 소방의 역사와 안전문화를 발전시키고 국민의 안전의식을 높이기 위하여 소방청장은 소방박물관을, 시·도지사는 소방체험관(화재 현장에서의 피난 등을 체험할 수 있는 체험관을 말한다)을 설립하여 운영할 수 있다.
- 소방청장은 법 제5조 제2항의 규정에 의하여 소방박물관을 설립·운영하는 경우에는 소방박물관에 소방박물관장 1인과 부관장 1인을 두되, 소방박물관장은 소방공무원 중에서 소방청장이 임명한다.
- 소방박물관은 국내·외의 소방의 역사, 소방공무원의 복장 및 소방장비 등의 변천 및 발전에 관한 자료를 수집·보관 및 전시한다.
- 소방박물관에는 그 운영에 관한 중요한 사항을 심의하기 위하여 7인 이내의 위원으로 구성된 운영위원회를 둔다.

03 시·도지사는 관할 지역의 특성을 고려하여 종합계획의 시행에 필요한 세부계획을 매년 수립하여 소방청장에게 제출하여야 하며, 세부계획에 따른 소방업무를 성실히 수행하여야 한다.

04 국고보조 대상사업의 범위
① 다음의 소방활동장비와 설비의 구입 및 설치
　㉠ 소방자동차
　㉡ 소방헬리콥터 및 소방정
　㉢ 소방전용통신설비 및 전산설비
　㉣ 그 밖에 방화복 등 소방활동에 필요한 소방장비
② 소방관서용 청사의 건축

05 소방용수시설별 설치기준 중 공통기준
① 주거지역·상업지역 및 공업지역에 설치하는 경우 : 소방대상물과의 수평거리를 100미터 이하가 되도록 할 것
② ① 외의 지역에 설치하는 경우 : 소방대상물과의 수평거리를 140미터 이하가 되도록 할 것
※ 용도지역의 지정(국토의 계획 및 이용에 관한 법률 제36조 제1항)
- 도시지역 : 주거지역, 상업지역, 공업지역, 녹지지역
- 관리지역 : 보전관리지역, 생산관리지역, 계획관리지역
- 농림지역
- 자연환경보전지역

6 소방활동을 수행하는 과정에서 발생하는 경비 부담에 관한 사항, 소방활동을 수행한 민간 소방 인력이 사망하거나 부상을 입었을 경우의 보상주체·보상기준 등에 관한 사항, 그 밖에 동원된 소방력의 운용과 관련하여 필요한 사항은 대통령령으로 정한다.

7 소방기관의 설치 등(법 제3조)
　가. (시·도)의 화재 예방·경계·진압 및 조사, 소방안전교육·홍보와 화재, 재난·재해, 그 밖의 위급한 상황에서의 구조·구급 등의 업무(이하 "소방업무"라 한다)를 수행하는 소방기관의 설치에 필요한 사항은 (대통령령)으로 정한다.
　나. 소방업무를 수행하는 소방본부장 또는 소방서장은 그 소재지를 관할하는 특별시장·광역시장·특별자치시장·도지사 또는 특별자치도지사(이하 (시·도지사)라 한다)의 지휘와 감독을 받는다.
　다. 위 "나"에도 불구하고 (소방청장)은 화재 예방 및 대형 재난 등 필요한 경우 (시·도) 소방본부장 및 소방서장을 지휘·감독할 수 있다.
　라. (시·도)에서 소방업무를 수행하기 위하여 (시·도지사) 직속으로 (소방본부)를 둔다.

8 과태료 부과 개별기준

위반행위	과태료 금액(만원)		
	1회	2회	3회
소방차 전용구역에 차를 주차하거나 전용구역에의 진입을 가로막는 등의 방해행위를 한 경우	50	100	(100)
한국119청소년단 또는 이와 유사한 명칭을 사용한 경우	100	(150)	200
화재 또는 구조·구급이 필요한 상황을 거짓으로 알린 경우	(200)	400	500

9 ① 소방체험관에는 생활안전, 교통안전, 자연재난안전, 보건안전체험실을 모두 갖추어야 한다. 이 경우 체험실별 바닥 면적은 100제곱미터 이상이어야 한다.
　③ 소방본부장, 소방서장 또는 소방대장은 화재 진압 등 소방활동을 위하여 필요할 때에는 소방용수 외에 댐·저수지 또는 수영장 등의 물을 사용하거나 수도(水道)의 개폐장치 등을 조작할 수 있다.
　④ 소방활동을 위하여 긴급하게 출동할 때에는 법령에 위반하여 주차된 차량이 소방활동에 장애가 되어 이를 제거하는 과정에 손실을 입은 경우에는 손실보상에서 제외한다.

10 ① 소방차 전용구역에 차를 주차하거나 전용구역에의 진입을 가로막는 등의 방해행위를 한 자에게는 100만원 이하의 과태료를 부과한다.
　② 지상에 설치하는 소방용수표지의 내측의 직경은 35cm로 한다.
　④ 소방청장은 소방업무에 관한 종합계획을 관계 중앙행정기관의 장과의 협의를 거쳐 계획 시행 전년도 10월 31일까지 수립해야 한다.

11 소방활동의 면책 및 소송지원을 할 수 있는 권한이 있는 사람은 소방청장, 소방본부장 또는 소방서장이다.

12 소방안전교육사 시험이 정지되거나 무효로 처리된 사람은 그 처분이 있은 날부터 2년간 소방안전교육사 시험에 응시하지 못한다.

13
② 소방청장, 소방본부장 또는 소방서장은 소방공무원이 소방활동으로 인하여 민·형사상 책임과 관련된 소송을 수행할 경우 변호인 선임 등 소송수행에 필요한 지원을 할 수 있다.
③ 국가는 소방자동차 보험 가입비용의 일부를 지원할 수 있다.
④ 소방청장, 소방본부장 또는 소방서장은 위해동물, 벌 등의 포획 및 퇴치 활동으로 인하여 민·형사상 책임과 관련된 소송을 수행할 경우 변호인 선임 등 소송수행에 필요한 지원을 할 수 있다.

14
소방청장은 시험합격자 공고일부터 1개월 이내에 행정안전부령으로 정하는 소방안전교육사증을 시험합격자에게 발급하며, 이를 소방안전교육사증 교부대장에 기재하고 관리해야 한다.

15
소방대원에게 실시할 교육·훈련의 종류 등(규칙 제9조 제1항 관련 별표3의2)

종 류	교육·훈련을 받아야 할 대상자
화재진압훈련	화재진압업무를 담당하는 소방공무원, 의무소방원, 의용소방대원
인명구조훈련	구조업무를 담당하는 소방공무원, 의무소방원, 의용소방대원
응급처치훈련	구급업무를 담당하는 소방공무원, 의무소방원, 의용소방대원
인명대피훈련	소방공무원, 의무소방원, 의용소방대원
현장지휘훈련	소방공무원 중 소방정, 소방령, 소방경, 소방위 계급에 있는 사람

16
훈련신호 : 10초 간격을 두고 1분씩 3회 사이렌 신호 또는 연3타 반복 타종신호를 보낸다.

17
② 특별시장·광역시장·특별자치시장·도지사 또는 특별자치도지사는 종합계획의 시행에 필요한 세부계획을 계획 시행 전년도 12월 31일까지 수립하여 소방청장에게 제출해야 한다.
③ 소방용수표지의 문자는 흰색, 내측바탕은 붉은색, 외측바탕은 파란색으로 하고 반사도료를 사용해야 한다.
④ 안전원장은 해당 연도 교육결과를 객관적이고 정밀하게 분석하기 위하여 필요한 경우 교육 관련 전문가로 구성된 위원회를 운영할 수 있다.

18
소방용수시설 및 지리조사 : 소방본부장 또는 소방서장

19
소방청장 또는 시·도지사는 생활안전활동으로 인하여 손실을 입은 자에게 손실보상심의위원회의 심사·의결에 따라 정당한 보상을 하여야 한다.

20
소방자동차의 우선통행은 도로교통법에 따른 것이지 소방대장의 권한이 아니다(법 제21조, 제23~27조).
① 소방자동차의 우선통행에 관한 내용이다(법 제21조).
② 소방대장, 소방본부장, 소방서장이 행하는 강제처분에 대한 내용이다(법 제25조).
③ 소방대장의 권한으로 소방활동구역의 설정에 관한 내용이다(법 제23조).
④ 소방대장, 소방본부장, 소방서장이 행하는 긴급조치에 관한 내용이다(법 제27조).

21 가. 화재의 경계·진압활동, 구조·구급업무의 지원, 화재조사활동
마. 응원출동훈련 및 평가

22 총칙 제1조부터 제7조까지 규정
제1조(목적), 제2조(정의), 제2조의2(국가와 지방자치단체의 책무), 제3조(소방기관의 설치 등), 제3조의2(소방공무원의 배치), 제3조의3(다른 법률과의 관계), 제4조(119종합상황실의 설치와 운영), 제4조의2(소방기술민원센터의 설치·운영), 제5조(소방박물관 등의 설립과 운영), 제6조(소방업무에 관한 종합계획의 수립·시행 등), 제7조(소방의 날 제정과 운영 등)

23 부과권자는 다음의 어느 하나에 해당하는 경우에는 제2호의 개별기준에 따른 과태료의 2분의 1 범위에서 그 금액을 줄여 부과할 수 있다. 다만, 과태료를 체납하고 있는 위반행위자에 대해서는 그렇지 않다.
• 위반행위가 사소한 부주의나 오류로 인한 것으로 인정되는 경우
• 위반행위자가 법 위반상태를 시정하거나 해소하기 위하여 노력한 사실이 인정되는 경우
• 위반행위자가 화재 등 재난으로 재산에 현저한 손실을 입거나 사업 여건의 악화로 그 사업이 중대한 위기에 처하는 등 사정이 있는 경우
• 위반행위의 정도, 위반행위의 동기와 그 결과 등을 고려하여 감경할 필요가 있다고 인정되는 경우

24 양벌규정(법 제55조)
법인의 대표자나 법인 또는 개인의 대리인, 사용인, 그 밖의 종업원이 그 법인 또는 개인의 업무에 관하여 소방기본법에서 정하는 벌칙에 해당하는 위반행위를 하면 그 행위자를 벌하는 외에 그 법인 또는 개인에게도 해당 조문의 벌금형을 과(科)한다. 다만, 법인 또는 개인이 그 위반행위를 방지하기 위하여 해당 업무에 관하여 상당한 주의와 감독을 게을리하지 아니한 경우에는 그러하지 아니하다. 징역형은 과(科)하지 않는다.

25 감독 등(영 제10조)
① 법 제48조 제1항에 따라 소방청장은 안전원의 다음의 업무를 감독하여야 한다.
　㉠ 이사회의 중요의결 사항
　㉡ 회원의 가입·탈퇴 및 회비에 관한 사항
　㉢ 사업계획 및 예산에 관한 사항
　㉣ 기구 및 조직에 관한 사항
　㉤ 그 밖에 소방청장이 위탁한 업무의 수행 또는 정관에서 정하고 있는 업무의 수행에 관한 사항
② 안전원의 사업계획 및 예산에 관하여는 소방청장의 승인을 얻어야 한다.

12 정답 및 해설

01	02	03	04	05	06	07	08	09	10	11	12	13	14	15
②	②	③	①	③	①	①	①	①	③	②	①	①	④	③

16	17	18	19	20	21	22	23	24	25					
①	②	②	③	①	③	①	②	③	④					

01 관계지역에 대한 용어의 정의이다.

02 소방의 역사와 안전문화를 발전시키고 국민의 안전의식을 높이기 위하여 소방청장은 소방박물관을, 시·도지사는 소방체험관(화재 현장에서의 피난 등을 체험할 수 있는 체험관을 말한다)을 설립하여 운영할 수 있다.

03 시·도지사는 관할 지역의 특성을 고려하여 종합계획의 시행에 필요한 세부계획을 매년 수립하여 소방청장에게 제출해야 한다.

04 소방기술민원센터의 설치·운영(제4조의2)
① 소방청장 또는 소방본부장은 소방시설, 소방공사 및 위험물 안전관리 등과 관련된 법령해석 등의 민원을 종합적으로 접수하여 처리할 수 있는 기구(이하 이 조에서 "소방기술민원센터"라 한다)를 설치·운영할 수 있다.
② 소방기술민원센터의 설치·운영 등에 필요한 사항은 대통령령으로 정한다.

05 소방용수표지 규격

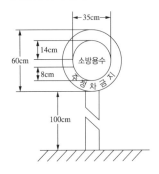

35 + 60 + 14 + 100 = 209cm

06 ①은 대통령령이고 나머지는 행정안전부령으로 정한다.

07 관계인은 화재를 진압하거나 구조·구급 활동을 하기 위하여 상설 조직체(위험물안전관리법 제19조 및 그 밖의 다른 법령에 따라 설치된 자체소방대를 포함하며, 이하 이 조에서 "자체소방대"라 한다)를 설치·운영할 수 있다.

08 소방청장은 소방자동차의 안전한 운행 및 교통사고 예방을 위하여 운행기록장치 데이터의 수집·저장·통합·분석 등의 업무를 전자적으로 처리하기 위한 시스템(이하 이 조에서 "소방자동차 교통안전 분석 시스템"이라 한다)을 구축·운영할 수 있다.

09 과태료 부과 개별기준

위반행위	과태료 금액(만원)		
	1회	2회	3회
소방활동을 위하여 사이렌을 사용하여 출동하는 소방자동차의 출동에 지장을 준 경우	100		
소방차 전용구역에 차를 주차하거나 전용구역에의 진입을 가로막는 등의 방해행위를 한 경우	50	100	100
소방활동구역 출입제한을 받는 자가 소방대장의 허가를 받지 않고 소방활동구역을 출입한 경우	100		
한국소방안전원 또는 이와 유사한 명칭을 사용한 경우	200		

10 ① 종합상황실장은 하급소방기관에 대한 출동지령 또는 동급 이상의 소방기관 및 유관기관에 대한 지원요청을 행한다.
② 급수탑의 설치기준 : 급수배관의 구경은 100밀리미터 이상으로 하고, 개폐밸브는 지상에서 1.5미터 이상 1.7미터 이하의 위치에 설치해야 한다.
④ 공동주택 중 대통령령으로 정하는 공동주택의 건축주는 소방활동의 원활한 수행을 위하여 공동주택에 소방자동차 전용구역을 설치해야 한다.

11 소방활동에 대한 면책(법 제16조의5)
소방공무원이 소방활동으로 인하여 타인을 사상(死傷)에 이르게 한 경우 그 소방활동이 불가피하고 소방공무원에게 고의 또는 중대한 과실이 없는 때에는 그 정상을 참작하여 사상에 대한 형사책임을 감경하거나 면제할 수 있다.

12 소방자동차가 소방용수시설을 확보하러 갈 때 모든 자동차는 방해해서는 안 된다는 내용의 명시는 없다(법 제21조).

13 소방안전교육사 시험방법

① 소방안전교육사 시험은 제1차 시험 및 제2차 시험으로 구분하여 시행한다.

② 제1차 시험은 선택형을, 제2차 시험은 논술형을 원칙으로 한다. 다만, 제2차 시험에는 주관식 단답형 또는 기입형을 포함할 수 있다.

③ 제1차 시험에 합격한 사람에 대해서는 다음 회의 시험에 한정하여 제1차 시험을 면제한다.

14 구급차가 응급환자를 위하여 사이렌을 켜고 출동하는 경우 진로를 방해한 사람에게는 100만원 이하의 과태료를 부과한다.

15 화재 현장 또는 구조·구급이 필요한 사고 현장을 발견한 사람은 그 현장의 상황을 소방본부, 소방서 또는 관계 행정기관에 지체 없이 알려야 한다(법 제19조 제1항).

16 ② 소방업무에 관한 종합계획 및 세부계획의 수립·시행에 필요한 사항은 대통령령으로 정한다.

③ 흡수관의 투입구가 사각형인 경우에는 한 변의 길이를 60센티미터 이상, 원형인 경우에는 지름을 60센티미터 이상으로 하여야 한다.

④ 소방청장은 소방안전교육훈련 운영계획의 작성에 필요한 지침을 정하여 소방본부장과 소방서장에게 매년 10월 31일까지 통보해야 한다.

17 ① 소방청장 및 시·도지사는 소방정보통신망의 안정적 운영을 위하여 소방정보통신망의 회선을 이중화할 수 있다. 이 경우 이중화된 각 회선은 서로 다른 사업자로부터 제공받아야 한다.

③ 소방청장 및 시·도지사는 소방정보통신망이 안정적으로 운영될 수 있도록 연 1회 이상 소방정보통신망을 주기적으로 점검·관리하여야 한다.

④ 소방정보통신망의 구축 및 운영에 필요한 사항은 행정안전부령으로 정한다.

18 소방본부장이나 소방서장은 기상법 제13조 제1항에 따른 이상기상(異常氣象)의 예보 또는 특보가 있을 때에는 화재에 관한 경보를 발령하고 그에 따른 조치를 할 수 있다.

19 소방활동구역의 출입자(영 제8조)

① 소방활동구역 안에 있는 소방대상물의 소유자·관리자 또는 점유자

② 전기·가스·수도·통신·교통의 업무에 종사하는 사람으로서 원활한 소방활동을 위하여 필요한 사람

③ 의사·간호사 그 밖의 구조·구급업무에 종사하는 사람

④ 취재인력 등 보도업무에 종사하는 사람

⑤ 수사업무에 종사하는 사람

⑥ 그 밖에 소방대장이 소방활동을 위하여 출입을 허가한 사람

20 소방활동구역의 설정은 필요한 최소의 범위로 한다.

21 소방안전교육훈련의 시설, 장비, 강사자격 및 교육방법 등의 기준

    가. 소방안전교육훈련은 이론교육과 실습(체험)교육을 병행하여 실시하되, 실습(체험)교육이 전체 교육시간의 100분의 30 이상이 되어야 한다.

    나. 실습(체험)교육 인원은 특별한 경우가 아니면 강사 1명당 30명을 넘지 않아야 한다.

    다. 소방청장, 소방본부장 또는 소방서장은 소방안전교육훈련의 실시결과, 만족도 조사결과 등을 기록하고 이를 3년간 보관하여야 한다.

    라. 소방공무원으로서 3년 이상 근무한 경력이 있는 사람은 소방안전교육훈련의 보조강사 자격이 있다.

22 소방자동차 전용구역에 차를 주차하거나 전용구역에의 진입을 가로막는 등의 방해행위를 한 자에게 부과하는 과태료는 대통령령으로 정하는 바에 따라 관할 시·도지사, 소방본부장 또는 소방서장이 부과·징수한다.

23 소방활동구역 출입제한자가 허가를 받지 않고 소방활동구역을 출입한 사람 : 200만원 이하의 과태료

24 안전원의 사업계획 및 예산에 관하여는 소방청장의 승인을 얻어야 한다.

25 교육계획의 수립 및 평가 등(법 제40조의2)

    • 안전원의 장(이하 "안전원장"이라 한다)은 소방기술과 안전관리의 기술향상을 위하여 매년 교육 수요조사를 실시하여 교육계획을 수립하고 소방청장의 승인을 받아야 한다.

    • 안전원장은 소방청장에게 해당 연도 교육결과를 평가·분석하여 보고하여야 하며, 소방청장은 교육평가 결과를 교육 계획에 반영하게 할 수 있다.

13 | 정답 및 해설

제13회 ▶ 정답 및 해설

01	02	03	04	05	06	07	08	09	10	11	12	13	14	15
③	③	②	②	①	③	③	④	④	③	③	④	④	③	③
16	17	18	19	20	21	22	23	24	25					
①	④	②	③	④	③	④	④	④	④					

01 관계지역이란 소방대상물이 있는 장소 및 그 이웃 지역으로서 화재의 예방·경계·진압, 구조·구급 등의 활동에 필요한 지역을 말하는 것으로 집단으로 생육하는 입목은 소방대상물에 해당한다.

02 소방박물관장 1인과 부관장 1인을 두되, 소방박물관장은 소방공무원 중에서 소방청장이 임명한다.

03 종합계획 및 세부계획의 수립·시행에 필요한 사항은 대통령령으로 정한다.

04 국고보조 대상사업의 범위와 기준보조율 : 대통령령

05 소방용수표지 규격

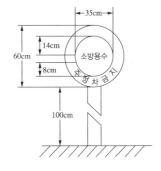

06 상수도와 연결하여 지하식 또는 지상식의 구조로 하고, 소방용호스와 연결하는 소화전의 연결금속구의 구경은 65밀리미터로 할 것

07 정당한 사유 없이 화재, 재난・재해, 그 밖의 위급한 상황을 소방본부, 소방서 또는 관계 행정기관에 알리지 않은 경우에는 위반횟수에 관계없이 500만원의 과태료를 부과한다.

08 시・도지사는 응원을 요청하는 경우를 대비하여 출동 대상지역 및 소요경비의 부담 등에 관하여 필요한 사항을 행정안전 부령으로 정하는 바에 따라 이웃한 시・도지사와 협의하여 규약으로 정하여야 한다.

09 구조・구급장비(국가재정법에서 50% 보조) 및 소방복제는 국고보조대상이 아니다.

10 ① 소방청장은 어린이집의 영유아, 유치원의 유아, 초・중등학교의 학생을 대상으로 소방안전교육을 위하여 소방청장이 실시하는 시험에 합격한 사람에게 소방안전교육사 자격을 부여한다.
② 연면적 1만 5천제곱미터 이상인 공장에서 화재가 발생한 때에는 소방본부 종합상황실장은 서면・팩스 또는 컴퓨터통신 등으로 소방청의 종합상황실에 보고하여야 한다.
④ 흡수관의 투입구가 사각형의 경우에는 한 변의 길이가 60센티미터 이상, 원형의 경우에는 지름이 60센티미터 이상 이어야 한다.

11 소방청장, 소방본부장 또는 소방서장은 소방안전교육훈련을 실시하려는 경우 매년 12월 31일까지 다음 해의 소방안전교육 훈련 운영계획을 수립해야 한다.

12 소방안전교육사 시험에 응시하려는 자는 행정안전부령으로 정하는 소방안전교육사 시험응시원서를 소방청장에게 제출 (정보통신망에 의한 제출을 포함)하여야 한다.

13 전용구역의 설치 기준・방법, 방해행위의 기준, 그 밖의 필요한 사항은 대통령령으로 정한다.

14 소방기본법령에서 정한 사항 외에 운행기록의 보관, 제출 및 활용 등에 필요한 세부사항은 소방청장이 정한다.

15 화재로 오인할 만한 우려가 있는 불을 피우거나 연막(煙幕) 소독을 하려는 자는 시・도의 조례로 정하는 바에 따라 관할 소방본부장 또는 소방서장에게 신고하여야 하는 지역 또는 장소는 다음과 같다(법 제19조).
① 시장지역
② 공장・창고가 밀집한 지역
③ 목조건물이 밀집한 지역
④ 위험물의 저장 및 처리시설이 밀집한 지역
⑤ 석유화학제품을 생산하는 공장이 있는 지역
⑥ 그 밖에 시・도의 조례로 정하는 지역 또는 장소

16 ② 소방위 이상부터 소방정 이하의 계급에 있는 사람이 받아야 하는 교육·훈련의 종류는 현장지휘훈련이다.

③ 지하식소화전 맨홀뚜껑은 지름 648밀리미터 이상의 것으로 해야 한다.

④ 대통령령에서 정하는 불을 사용하는 설비의 관리기준 외에 세부관리기준은 시·도의 조례로 정한다.

17 소방활동구역의 출입자(영 제8조)

- 소방활동구역 안에 있는 소방대상물의 소유자·관리자 또는 점유자
- 전기·가스·수도·통신·교통의 업무에 종사하는 사람으로서 원활한 소방활동을 위하여 필요한 사람
- 의사·간호사 그 밖의 구조·구급업무에 종사하는 사람
- 취재인력 등 보도업무에 종사하는 사람
- 수사업무에 종사하는 사람
- 그 밖에 소방대장이 소방활동을 위하여 출입을 허가한 사람

18 소방안전교육사 시험이 정지되거나 무효로 처리된 사람은 그 처분이 있는 날부터 2년간 소방안전교육사 시험에 응시하지 못한다.

19 강제처분(법 제25조)

소방본부장, 소방서장 또는 소방대장은 사람을 구출하거나 불이 번지는 것을 막기 위하여 필요할 때에는 화재가 발생하거나 불이 번질 우려가 있는 소방대상물 및 토지를 일시적으로 사용하거나 그 사용의 제한 또는 소방활동에 필요한 처분을 할 수 있다.

20 ㄱ. 국가는 소방기술 및 소방산업의 국제경쟁력과 국제적 통용성을 높이는 데에 필요한 기반조성을 촉진하기 위한 시책을 마련하여야 한다.

ㄴ. 소방청장은 소방기술 및 소방산업의 국제경쟁력과 국제적 통용성을 높이기 위하여 다음 각 호의 사업을 추진하여야 한다.

1. 소방기술 및 소방산업의 국제 협력을 위한 조사·연구
2. 소방기술 및 소방산업에 관한 국제 전시회, 국제 학술회의 개최 등 국제 교류
3. 소방기술 및 소방산업의 국외시장 개척
4. 그 밖에 소방기술 및 소방산업의 국제경쟁력과 국제적 통용성을 높이기 위하여 필요하다고 인정하는 사업

21 소방안전교육사시험의 응시자격에 따른 해당 자격은 3년 이상의 근무경력이 있어야 한다.

22 ①·②·③은 과태료 100만원

④ 화재 또는 구조·구급이 필요한 상황을 거짓으로 알린 사람의 과태료 금액 : 1회 200만원, 2회 400만원, 3회 500만원

23 ① 법 제50조 제2호

② 소방대장 등의 소화활동종사명령에 따라 사람을 구출하는 일 또는 불을 끄거나 불이 번지지 아니하도록 하는 일을 방해한 사람은 5년 이하의 징역 또는 5천만원 이하의 벌금에 처하며 이는 소방기본법에서 가장 중한 벌칙이다 (법 제50조 제3호).

③ 정당한 사유 없이 소방용수시설을 사용하거나 소방용수시설의 효용을 해치거나 그 정당한 사용을 방해한 사람은 5년 이하의 징역 또는 5천만원 이하의 벌금에 처하며 이는 소방기본법에서 가장 중한 벌칙이다(법 제50조 제4호).

④ 위반행위의 성립요건이 소방대가 화재진압·인명구조 또는 구급활동을 위하여 현장에 출동하거나 현장에 출입하는 것을 고의적으로 방해하는 행위를 요한다.

24 감독(법 제48조)

• 소방청장은 안전원의 업무를 감독한다.

• 소방청장은 안전원에 대하여 업무·회계 및 재산에 관하여 필요한 사항을 보고하게 하거나, 소속 공무원으로 하여금 안전원의 장부·서류 및 그 밖의 물건을 검사하게 할 수 있다.

• 소방청장은 보고 또는 검사의 결과 필요하다고 인정되면 시정명령 등 필요한 조치를 할 수 있다.

25 ① 국가는 기관이나 단체로 하여금 소방기술의 연구·개발사업을 수행하게 하는 경우에는 필요한 경비를 지원하여야 한다.

② 국가는 소방기술 및 소방산업의 국제경쟁력과 국제적 통용성을 높이는 데에 필요한 기반 조성을 촉진하기 위한 시책을 마련하여야 한다.

③ 소방기술과 안전관리에 관한 교육 및 조사·연구는 한국소방안전원의 업무에 해당한다.

14 정답 및 해설

01	02	03	04	05	06	07	08	09	10	11	12	13	14	15
①	④	③	②	④	④	②	③	③	①	④	②	②	①	③
16	17	18	19	20	21	22	23	24	25					
③	②	②	③	④	③	②	④	②	③					

01 설립·운영권자
- 소방박물관 : 소방청장
- 소방체험관 : 시·도지사

02 소방활동에 종사한 사람은 시·도지사로부터 소방활동의 비용을 지급받을 수 있다. 다만, 다음의 어느 하나에 해당하는 사람의 경우에는 그러하지 아니하다.
① 소방대상물에 화재, 재난·재해, 그 밖의 위급한 상황이 발생한 경우 그 관계인
② 고의 또는 과실로 화재 또는 구조·구급 활동이 필요한 상황을 발생시킨 사람
③ 화재 또는 구조·구급 현장에서 물건을 가져간 사람

03 소방청장은 소방업무에 관한 종합계획을 관계 중앙행정기관의 장과의 협의를 거쳐 계획 시행 전년도 10월 31일까지 수립해야 한다.

04 국고보조 대상사업의 범위
① 다음의 소방활동장비와 설비의 구입 및 설치
  ㉠ 소방자동차
  ㉡ 소방헬리콥터 및 소방정
  ㉢ 소방전용통신설비 및 전산설비
  ㉣ 그 밖에 방화복 등 소방활동에 필요한 소방장비
② 소방관서용 청사의 건축

05 ① 지상에 설치하는 소화전표지의 문자는 흰색, 내측바탕은 붉색, 외측바탕은 파란색으로 하고 반사도료를 사용해야 한다.
② 저수조의 맨홀뚜껑은 지름 648밀리미터 이상의 것으로 할 것
③ 맨홀뚜껑 부근에는 노란색 반사도료로 폭 15센티미터의 선을 그 둘레를 따라 칠할 것

06 비상소화장치는 비상소화장치함, 소화전, 소방호스, 관창을 포함하여 구성해야 한다.

07 손실보상

소방청장 또는 시·도지사는 다음의 어느 하나에 해당하는 자에게 손실보상심의위원회의 심사·의결에 따라 정당한 보상을 하여야 한다.
- 생활안전활동으로 인하여 손실을 입은 자
- 소방활동 조사명령에 따른 소방활동 종사로 인하여 사망하거나 부상을 입은 자
- 인명구조 및 연소확대방지를 위하여 소방대상물 또는 토지 외의 소방대상물과 토지에 대하여 강제처분으로 인하여 손실을 입은 자
- 소방활동을 위하여 긴급하게 출동할 때에는 소방자동차의 통행과 소방활동에 방해가 되는 주차 또는 정차된 차량 및 물건 등을 제거하거나 이동으로 인하여 손실을 입은 자. 다만, 법령을 위반하여 소방자동차의 통행과 소방활동에 방해가 된 경우는 제외한다.
- 화재 진압 등 소방활동을 위하여 필요할 때에는 소방용수 외에 댐·저수지 또는 수영장 등의 물을 사용하거나 수도(水道)의 개폐장치 등의 조작으로 인하여 손실을 입은 자
- 화재 발생을 막거나 폭발 등으로 화재가 확대되는 것을 막기 위하여 가스·전기 또는 유류 등의 시설에 대하여 위험물질의 공급을 차단하는 등 필요한 조치로 인하여 손실을 입은 자
- 그 밖에 소방기관 또는 소방대의 적법한 소방업무 또는 소방활동으로 인하여 손실을 입은 자

08 가. 소방용수표지 안쪽 문자는 흰색, 바깥쪽 문자는 노란색으로, 안쪽 바탕은 붉은색, 바깥쪽 바탕은 파란색으로 하고, 반사재료를 사용해야 한다.

나. 맨홀뚜껑 부근에는 노란색 반사도료로 폭 15센티미터의 선을 그 둘레를 따라 칠할 것

다. 소방차 전용구역 노면표지 도료의 색채는 황색을 기본으로 하되, 문자(P, 소방차 전용)는 백색으로 표시한다.

09 ① 소방안전교육사 1차 시험 과목은 소방학개론, 구급·응급처치론, 재난관리론 및 교육학개론 중 3과목이다.

② 중앙소방학교 또는 지방소방학교에서 2주 이상의 소방안전교육사 관련 전문교육과정을 이수한 소방공무원은 소방안전체험실별 체험교육을 지원하고 실습을 보조하는 조교의 자격이 있다.

④ 저수조에 물을 공급하는 방법은 상수도와 연결하여 자동으로 급수되는 구조여야 한다.

10 한국119소년단(법 제17조의6)

② 한국119청소년단이 아닌 자는 한국119청소년단 또는 이와 유사한 명칭을 사용한 경우 200만원 이하의 과태료를 부과한다.

③ 한국119청소년단에 관하여 이 법에서 규정한 것을 제외하고는 민법 중 사단법인에 관한 규정을 준용한다.

④ 한국119청소년단의 정관 또는 사업의 범위·지도·감독 및 지원에 필요한 사항은 행정안전부령으로 정한다.

11 소방본부장이나 소방서장은 소방활동을 할 때에 긴급한 경우에는 이웃한 소방본부장 또는 소방서장에게 소방업무의 응원(應援)을 요청할 수 있다.

12 소방청장, 소방본부장 또는 소방서장은 소방안전교육훈련을 실시하려는 경우 매년 12월 31일까지 다음 해의 소방안전교육훈련 운영계획을 수립해야 한다.

13 소방안전교육사 시험과목

소방안전교육사 시험의 제1차 시험 및 제2차 시험 과목은 다음과 같다.

- 제1차 시험 : 소방학개론, 구급·응급처치론, 재난관리론 및 교육학개론 중 응시자가 선택하는 3과목
- 제2차 시험 : 국민안전교육 실무

14 ② 소방청장은 한국119청소년단의 설립목적 달성 및 원활한 사업 추진 등을 위하여 필요한 지원과 지도·감독을 할 수 있다.

15 응시자격심사위원 및 시험위원의 수

- 응시자격심사위원 : 3명
- 시험위원 중 출제위원 : 시험과목별 3명
- 시험위원 중 채점위원 : 5명

16 화재 등의 통지

다음의 어느 하나에 해당하는 지역 또는 장소에서 화재로 오인할 만한 우려가 있는 불을 피우거나 연막(煙幕) 소독을 하려는 자는 시·도의 조례로 정하는 바에 따라 관할 소방본부장 또는 소방서장에게 신고해야 한다.

① 시장지역
② 공장·창고가 밀집한 지역
③ 목조건물이 밀집한 지역
④ 위험물의 저장 및 처리시설이 밀집한 지역
⑤ 석유화학제품을 생산하는 공장이 있는 지역
⑥ 그 밖에 시·도의 조례로 정하는 지역 또는 장소

17 응시자격심사위원 및 시험위원의 수

- 응시자격심사위원 : 3명
- 시험위원 중 출제위원 : 시험과목별 3명
- 시험위원 중 채점위원 : 5명

18 소방활동구역의 출입자

- 소방활동구역 안에 있는 소방대상물의 소유자·관리자 또는 점유자
- 전기·가스·수도·통신·교통의 업무에 종사하는 사람으로서 원활한 소방활동을 위하여 필요한 사람
- 의사·간호사 그 밖의 구조·구급업무에 종사하는 사람
- 취재인력 등 보도업무에 종사하는 사람
- 수사업무에 종사하는 사람
- 그 밖에 소방대장이 소방활동을 위하여 출입을 허가한 사람

19 소방기본법상 처분요건

행정처분	처분요건
피난명령	화재, 재난·재해, 그 밖의 위급한 상황이 발생하여 사람의 생명을 위험하게 할 것으로 인정할 때
소방활동종사명령	화재, 재난·재해, 그 밖의 위급한 상황이 발생한 현장에서 소방활동을 위하여 필요할 때
강제처분	사람을 구출하거나 불이 번지는 것을 막기 위하여 필요할 때
소방용수 외 물을 사용하거나 수도밸브조작	화재 진압 등 소방활동을 위하여 필요할 때
가스·전기 또는 유류 등의 시설의 공급차단	화재 발생을 막거나 폭발 등으로 화재가 확대되는 것을 막기 위하여
화재경계지구지정	• 화재가 발생할 우려가 높은 지역이거나 • 화재가 발생하는 경우 그로 인하여 피해가 클 것으로 예상되는 지역

20 소방신호의 종류별 소방신호의 방법은 행정안전부령인 시행규칙 별표 4와 같다.

신호방법 종 별	타종 신호	사이렌 신호	그 밖의 신호
경계신호	1타와 연2타를 반복	5초 간격을 두고 30초씩 3회	"통풍대 및 게시판"
발화신호	난 타	5초 간격을 두고 5초씩 3회	
해제신호	상당한 간격을 두고 1타씩 반복	1분간 1회	
훈련신호	연 3타 반복	10초 간격을 두고 1분씩 3회	"기"

21 ① 정당한 사유 없이 소방대의 생활안전활동을 방해한 자는 100만원 이하의 벌금에 처한다.
② 음주 또는 약물로 인한 심신장애 상태에서 출동한 소방대원에게 폭행 또는 협박을 행사하여 화재진압·인명구조 또는 구급활동을 방해하는 행위 죄를 범한 때에는 형법 제10조(심신장애인) 제1항(면책) 및 제2항(감면)을 적용하지 아니할 수 있다.
④ 과태료 부과·징수의 권한은 관할 시·도지사, 소방본부장 또는 소방서장이 부과·징수한다.

22 "관계지역"이란 소방대상물이 있는 장소 및 그 이웃 지역으로서 화재의 예방·경계·진압, 구조·구급 등의 활동에 필요한 지역을 말한다.

23 공장·창고가 밀집한 지역에서 불을 피우는 자가 관할 소방서장에게 신고를 하지 않아 소방자동차를 출동하게 한 자에게는 20만원 이하의 과태료를 부과한다(법 제57조 제1항).

24 한국소방안전원 등의 업무 및 사업 구분

한국소방안전원의 업무 (소방기본법)	한국소방산업기술원의 사업 (한국소방산업기술원)	소방청장의 소방산업 국제화사업
1. 소방기술과 안전관리에 관한 교육 및 조사·연구 2. 소방기술과 안전관리에 관한 각종 간행물 발간 3. 화재 예방과 안전관리의식 고취를 위한 대국민 홍보 4. 소방업무에 관하여 행정기관이 위탁하는 업무 5. 소방안전에 관한 국제협력 6. 그 밖에 회원에 대한 기술지원 등 정관으로 정하는 사항	1. 소방산업의 육성과 소방산업 기술 진흥을 위한 정책·제도의 조사·연구 2. 소방산업의 기반조성 및 창업지원 3. 소방산업 전문인력의 양성 지원 4. 소방산업 발전을 위한 소방장비 보급의 확대와 마케팅 지원 5. 소방산업의 발전을 위한 국제협력 및 해외진출의 지원 6. 소방사업자의 품질관리능력과 전문성 향상에 필요한 사업 7. 소방장비의 품질 확보, 품질 인증 및 신기술·신제품에 관한 인증 업무 8. 소방산업에 관한 데이터베이스의 구축·운영, 출판, 기술 강습 및 홍보 9. 소방용 기계·기구, 소방시설 및 위험물 안전에 관한 조사·연구·기술개발 및 지원 10. 위험물안전관리법 제8조 제1항 후단에 따른 탱크안전성능시험 11. 이 법 또는 다른 소방방재 관계 법령에 규정된 사업으로서 소방청장이 위탁하는 사업 12. 그 밖에 기술원의 설립 목적을 달성하는데 필요한 사업	1. 소방기술 및 소방산업의 국제 협력을 위한 조사·연구 2. 소방기술 및 소방산업에 관한 국제 전시회, 국제 학술회의 개최 등 국제 교류 3. 소방기술 및 소방산업의 국외시장 개척 4. 그 밖에 소방기술 및 소방산업의 국제경쟁력과 국제적 통용성을 높이기 위하여 필요하다고 인정하는 사업

25 소방활동을 위하여 긴급하게 출동 시 소방자동차의 통행과 소방활동에 방해되는 때, 방해되는 주차 또는 정차된 차량 및 물건 등 이동 또는 제거활동을 방해한 자 또는 정당한 사유 없이 그 처분에 따르지 아니한 자는 300만원 이하의 벌금에 처한다.

15 정답 및 해설

제15회 ▶ 정답 및 해설

01	02	03	04	05	06	07	08	09	10	11	12	13	14	15
②	④	①	④	②	②	③	②	③	②	②	④	③	①	④
16	17	18	19	20	21	22	23	24	25					
③	④	②	①	④	④	④	①	②	③					

1 소방본부장에 대한 용어의 정의이다.

2 소방의 역사와 안전문화를 발전시키고 국민의 안전의식을 높이기 위하여 소방청장은 소방박물관을, 시·도지사는 소방체험관(화재 현장에서의 피난 등을 체험할 수 있는 체험관을 말한다. 이하 같다)을 설립하여 운영할 수 있다. 소방박물관의 설립과 운영에 필요한 사항은 행정안전부령으로 정하고, 소방체험관의 설립과 운영에 필요한 사항은 행정안전부령으로 정하는 기준에 따라 시·도의 조례로 정한다(법 제5조).

3 특별시장·광역시장·특별자치시장·도지사 또는 특별자치도지사는 소방업무에 대한 종합계획의 시행에 필요한 세부계획을 계획 시행 전년도 12월 31일까지 수립하여 소방청장에게 제출해야 한다.

4 ④는 대통령령으로 정하고, ①·②·③은 행정안전부령으로 정한다.

5 소방용수의 표지(규칙 제6조 제1항 관련 별표1)
① 지하에 설치하는 소화전 또는 저수조의 소방용수표지 설치기준
ㄱ 맨홀뚜껑은 지름 648밀리미터 이상의 것으로 할 것. 다만, 승하강식 소화전의 경우에는 이를 적용하지 아니한다.
ㄴ 맨홀뚜껑에는 "소화전·주정차금지" 또는 "저수조·주정차금지"의 표시를 할 것
ㄷ 맨홀뚜껑 부근에는 황색 반사도료로 폭 15센티미터의 선을 그 둘레를 따라 칠할 것
② 급수탑 및 지상에 설치하는 소화전·저수조의 소방용수표지 설치기준
ㄱ 문자는 흰색, 내측바탕은 붉은색, 외측바탕은 파란색으로 하고 반사도료를 사용해야 한다.
ㄴ 위의 표지를 세우는 것이 매우 어렵거나 부적당한 경우에는 그 규격 등을 다르게 할 수 있다.
※ 지하식소화전의 경우 맨홀뚜껑에는 "소화전·주정차금지" 표시를 할 것

6 소방청장 또는 소방본부장은 소방시설, 소방공사 및 위험물 안전관리 등과 관련된 법령해석 등의 민원을 종합적으로 접수하여 처리할 수 있는 기구인 소방기술민원센터를 설치·운영할 수 있다.

07 가. 소방박물관에는 그 운영에 관한 중요한 사항을 심의하기 위하여 7인 이내의 위원으로 구성된 운영위원회를 둔다.

나. 안전원장은 교육평가심의위원회는 위원장 1명을 포함하여 9명 이하의 위원으로 성별을 고려하여 구성한다.

다. 소방청장 등은 손실보상심의위원회의 심사·의결을 거쳐 특별한 사유가 없으면 보상금 지급 청구서를 받은 날부터 60일 이내에 보상금 지급 여부 및 보상금액을 결정해야 한다.

라. 소방청장 등은 보상금 지급여부 및 보상금액 결정일부터 10일 이내에 행정안전부령으로 정하는 바에 따라 결정 내용을 청구인에게 통지하고, 보상금을 지급하기로 결정한 경우에는 특별한 사유가 없으면 통지한 날부터 30일 이내에 보상금을 지급하여야 한다.

08 급수탑의 설치기준

급수배관의 구경은 100밀리미터 이상으로 하고, 개폐밸브는 지상에서 1.5미터 이상 1.7미터 이하의 위치에 설치하도록 할 것

09 ① 국가적 차원의 소방활동을 위하여 동원된 소방력의 소방활동 수행 과정에서 발생하는 경비는 화재, 재난·재해 또는 그 밖의 구조·구급이 필요한 상황이 발생한 특별시·광역시·도 또는 특별자치도(이하 "시·도"라 한다)에서 부담하는 것을 원칙으로 하되, 구체적인 내용은 해당 시·도가 서로 협의하여 정한다.

② 소방활동을 위하여 사이렌을 사용하여 출동하는 소방자동차의 출동에 지장을 준 경우의 과태료 부과 개별기준은 횟수에 관계없이 100만원의 과태료를 부과한다.

③ 수수료는 수입인지 또는 정보통신망을 이용한 전자화폐·전자결제 등의 방법으로 납부하여야 하며, 시험시행일 10일 전까지 접수를 철회하는 경우 납입한 응시수수료의 100분의 50을 반환해야 한다.

10 과태료의 부과기준(시행령 별표 3)

가. 위반행위의 횟수에 따른 과태료의 가중된 부과기준은 최근 1년간 같은 위반행위로 과태료 부과처분을 받은 경우에 적용한다. 이 경우 기간의 계산은 위반행위에 대하여 과태료 부과처분을 받은 날과 그 처분 후 다시 같은 위반행위를 하여 적발된 날을 기준으로 한다.

나. 위반행위의 횟수에 따른 과태료의 가중된 부과처분을 하는 경우 가중처분의 적용 차수는 그 위반행위 전 부과처분(가목에 따른 기간 내에 과태료 부과처분이 둘 이상 있었던 경우에는 높은 차수를 말한다)차수의 다음 차수로 한다. 다만, 적발된 날부터 소급하여 1년이 되는 날 전에 한 부과처분은 가중처분차수 산정 대상에서 제외한다.

11 소방청장, 소방본부장 또는 소방서장은 소방업무를 전문적이고 효과적으로 수행하기 위하여 소방대원에게 필요한 교육·훈련을 실시해야 한다.

12 소방본부장, 소방서장 또는 소방대장의 소방활동 종사명령을 받고 사람을 구출하는 일 또는 불을 끄거나 불이 번지지 아니하도록 하는 일을 방해한 사람은 5년 이하의 징역 또는 5천만원 이하의 벌금에 처한다(법 제50조).

13 소방안전교육사의 배치 대상별 배치기준

배치 대상	배치 기준(단위 : 명)	비 고
소방청	2 이상	
소방본부	2 이상	
소방서	1 이상	
한국소방안전원	본원 : 2 이상 시·도지원 : 1 이상	
한국소방산업기술원	2 이상	

14 ② 물건의 멸실·훼손으로 인한 손실 외의 재산상 손실에 대해서는 직무집행과 상당한 인과관계가 있는 범위에서 보상한다.
③ 시·도지사는 소방업무의 응원을 요청하는 경우를 대비하여 출동 대상지역 및 규모와 필요한 경비의 부담 등에 관하여 필요한 사항을 행정안전부령으로 정하는 바에 따라 이웃하는 시·도지사와 협의하여 미리 규약(規約)으로 정해야 한다.
④ 소방공무원으로 3년 이상 근무한 경력이 있는 사람은 안전교육사 시험에 응시할 수 있으며, 소방대원 소방안전교육 훈련의 보조강사 자격을 갖추고 있다.

15 소방안전교육사 시험 응시자에 해당되는 경우 응시자가 제출하여야 하는 증빙서류
• 자격증 사본. 다만, 안전관리 분야의 기술사 자격증, 안전관리 분야의 기사(산업기사) 해당 자격증 사본은 제외한다.
• 교육과정 이수증명서 또는 수료증
• 교과목 이수증명서 또는 성적증명서
• 경력(재직)증명서. 다만, 발행 기관에 별도의 경력(재직)증명서 서식이 있는 경우는 그에 따를 수 있다.
• 소방안전관리자수첩 사본

16 소방기본법 제19조의 제2항에 따른 신고를 하지 아니하여 소방자동차를 출동하게 한 자에게는 20만원 이하의 과태료를 부과하며, 이 경우에 과태료는 시·도 조례로 정하는 바에 따라 관할 소방본부장 또는 소방서장이 부과·징수한다 (법 제57조).
① 주택밀집지역에서 화재로 오인할 만한 행위를 한 경우는 소방서장에게 신고하여야 하는 지역에 해당되지 않는다.
② 시장지역에서 화재로 오인할 만한 연막소독을 실시하면서 신고를 하지 아니하여 소방자동차를 출동하게 한 자는 20만원 이하의 과태료에 처한다.
④ 소방시설·소방용수시설 또는 소방출동로가 없는 지역은 불을 피워 화재로 오인할 만한 행위를 한 경우라도 소방서장에게 신고하여야 하는 지역에 해당되지 아니하며, 이 지역은 화재경계지역에 해당된다(법 제13조 제1항 제7호).

17 소방활동조사명령권자 : 소방본부장, 소방서장 또는 소방대장

18 소방청장은 소방기술 및 소방산업의 국제경쟁력과 국제적 통용성을 높이기 위하여 소방기술 및 소방산업의 국외시장 개척 등 사업을 추진해야 한다.

19 소방활동구역의 출입자(영 제8조)
① 소방활동구역 안에 있는 소방대상물의 소유자·관리자 또는 점유자
② 전기·가스·수도·통신·교통의 업무에 종사하는 사람으로서 원활한 소방활동을 위하여 필요한 사람
③ 의사·간호사 그 밖의 구조·구급업무에 종사하는 사람
④ 취재인력 등 보도업무에 종사하는 사람
⑤ 수사업무에 종사하는 사람
⑥ 그 밖에 소방대장이 소방활동을 위하여 출입을 허가한 사람

20 소화활동종사명령(법 제24조)
소방활동에 종사한 사람은 시·도지사로부터 소방활동의 비용을 지급받을 수 있다. 다만, 다음 각 호의 어느 하나에 해당하는 사람의 경우에는 그러하지 아니하다.
1. 소방대상물에 화재, 재난·재해, 그 밖의 위급한 상황이 발생한 경우 그 관계인
2. 고의 또는 과실로 화재 또는 구조·구급 활동이 필요한 상황을 발생시킨 사람
3. 화재 또는 구조·구급 현장에서 물건을 가져간 사람

21 소방용수시설의 설치 및 관리 등(법 제10조)
① 시·도지사는 소방활동에 필요한 소화전(消火栓)·급수탑(給水塔)·저수조(貯水槽)(이하 "소방용수시설"이라 한다)를 설치하고 유지·관리하여야 한다. 다만, 수도법 제45조에 따라 소화전을 설치하는 일반수도사업자는 관할 소방서장과 사전협의를 거친 후 소화전을 설치하여야 하며, 설치 사실을 관할 소방서장에게 통지하고, 그 소화전을 유지·관리하여야 한다.
② 시·도지사는 소방자동차의 진입이 곤란한 지역 등 화재발생 시에 초기 대응이 필요한 지역으로서 대통령령으로 정하는 지역에 소방호스 또는 호스 릴 등을 소방용수시설에 연결하여 화재를 진압하는 시설이나 장치(이하 "비상소화장치"라 한다)를 설치하고 유지·관리할 수 있다.
③ 소방용수시설과 비상소화장치의 설치기준은 행정안전부령으로 정한다.

22 소방기본법 시행령에 규정한 사항 외에 평가위원회의 운영 등에 필요한 사항은 안전원장이 정한다.

23 과태료 부과 개별기준

위반행위	과태료 금액(만원)		
	1회	2회	3회
소방차 전용구역에 차를 주차하거나 전용구역에의 진입을 가로막는 등의 방해행위를 한 경우	50	100	100

24 500만원 이하의 과태료 규정은 있으나, 500만원 이하의 벌금에 해당 조문은 없다.

25 회원의 관리(법 제42조)

안전원은 소방기술과 안전관리 역량의 향상을 위하여 다음 각 호의 사람을 회원으로 관리할 수 있다.

① 화재예방, 소방시설 설치·유지 및 안전관리에 관한 법률, 소방시설공사업법 또는 위험물안전관리법에 따라 등록을 하거나 허가를 받은 사람으로서 회원이 되려는 사람

② 화재예방, 소방시설 설치·유지 및 안전관리에 관한 법률, 소방시설공사업법 또는 위험물안전관리법에 따라 소방안전관리자, 소방기술자 또는 위험물안전관리자로 선임되거나 채용된 사람으로서 회원이 되려는 사람

③ 그 밖에 소방 분야에 관심이 있거나 학식과 경험이 풍부한 사람으로서 회원이 되려는 사람

16 정답 및 해설

01 소방기본법의 정의
① 소방대상물에는 항해 중인 선박은 포함되지 않는다.
② "관계인"이란 소방대상물의 소유자, 관리자, 점유자를 말한다.
③ "소방대"란 화재를 진압하고 화재, 재난, 재해 그밖의 위급한 상황에서 구조·구급활동을 하기 위하여 구성된 조직체이다.
④ 의용소방대원과 의무소방원도 소방대의 구성원이다.

02 체험교육 프로그램의 개발 및 국민 안전의식 향상을 위한 홍보·전시

03 소방업무 종합계획에 포함되어야 할 사항(법 제6조 제2항 및 시행령 제1조의2)
① 소방서비스의 질 향상을 위한 정책의 기본방향
② 소방업무에 필요한 체계의 구축, 소방기술의 연구·개발 및 보급
③ 소방업무에 필요한 장비의 구비
④ 소방전문인력 양성
⑤ 소방업무에 필요한 기반조성
⑥ 소방업무의 교육 및 홍보(제21조에 따른 소방자동차의 우선 통행 등에 관한 홍보를 포함한다)
⑦ 재난·재해 환경 변화에 따른 소방업무에 필요한 대응 체계 마련
⑧ 장애인, 노인, 임산부, 영유아 및 어린이 등 이동이 어려운 사람을 대상으로 한 소방활동에 필요한 조치
※ 암기신공 : 서장인기 연구홍보 대어를 얻음(* 서장이 인기를 얻기 위해 연구·홍보를 효율적으로 수행하여 대어를 얻음)

04 ④는 행정안전부령으로 정하고, ①·②·③은 대통령령으로 정한다.

05 안쪽 문자는 흰색, 바깥쪽 문자는 노란색으로, 안쪽 바탕은 붉은색, 바깥쪽 바탕은 파란색으로 하고, 반사재료를 사용해야 한다.

06 소방활동구역의 설정(법 제23조)

① 소방대장은 화재, 재난·재해, 그 밖의 위급한 상황이 발생한 현장에 소방활동구역을 정하여 소방활동에 필요한 사람으로서 대통령령으로 정하는 사람 외에는 그 구역에 출입하는 것을 제한할 수 있다.

② 경찰공무원은 소방대가 제1항에 따른 소방활동구역에 있지 아니하거나 소방대장의 요청이 있을 때에는 제1항에 따른 조치를 할 수 있다.

07 ① 관계인은 화재를 진압하거나 구조·구급 활동을 하기 위하여 상설 조직체를 자체소방대라 한다.

② 소방안전교육사 배치대상별 배치기준에서 한국소방산업기술원은 2 이상이다.

③ 재난상황의 수습에 필요한 정보수집 및 제공이 종합상황실의 업무에 해당한다.

④ 소방체험관의 설립과 운영에 필요한 사항은 행정안전부령으로 정하는 기준에 따라 시·도의 조례로 정한다.

08 소방업무에 관한 종합계획의 수립·시행 등(법 제6조)

소방청장은 화재, 재난·재해, 그 밖의 위급한 상황으로부터 국민의 생명·신체 및 재산을 보호하기 위하여 소방업무에 관한 종합계획(이하 이 조에서 "종합계획"이라 한다)을 5년마다 수립·시행하여야 하고, 이에 필요한 재원을 확보하도록 노력하여야 한다.

09 소방청장, 소방본부장 또는 소방서장은 화재, 재난·재해, 그 밖의 위급한 상황이 발생하였을 때에는 소방대를 현장에 신속하게 출동시켜 화재진압과 인명구조·구급 등 소방에 필요한 활동을 하게 해야 한다.

10 ① 소방본부장·소방서장 또는 소방대장은 화재가 발생한 현장에 소방활동구역을 정하여 소방활동에 필요한 사람으로서 대통령령으로 정하는 사람 외에는 그 구역에 출입하는 것을 제한할 수 있다.

② 소방청장은 의사상자를 명예직 소방대원으로 위촉할 수 있다.

④ 소방의 날 행사에 관하여 필요한 사항은 소방청장 또는 시·도지사가 따로 정하여 시행할 수 있다.

11 소방청장은 소방안전교육훈련 운영계획의 작성에 필요한 지침을 정하여 소방본부장과 소방서장에게 매년 10월 31일까지 통보해야 한다.

12 소방안전교육사, 소방시설관리사의 시험실시권자 : 소방청장

13 과태료 부과 개별기준에 따르면 한국소방안전원 또는 이와 유사한 명칭을 사용한 경우에 과태료는 200만원이다.

14 소방청장은 응시자가 제출하지 아니한 안전관리 분야의 기술사, 안전관리 분야의 기사(산업기사) 해당 국가기술자격증에 대해서는 행정정보의 공동이용을 통하여 확인해야 한다. 다만, 응시자가 확인에 동의하지 아니하는 경우에는 해당 국가기술자격증 사본을 제출하도록 해야 한다.

15 ② 시·도지사는 소방업무의 응원을 요청하는 경우를 대비하여 필요한 사항을 행정안전부령으로 정하는 바에 따라 이웃하는 시·도지사와 협의하여 미리 규약(規約)으로 정해야 한다.

③ 시·도지사는 소방활동을 위하여 긴급하게 출동할 때 소방활동에 방해가 되는 주차 또는 정차된 차량의 제거나 이동을 위하여 견인차량과 인력 등을 지원한 자에게 시·도의 조례로 정하는 바에 따라 비용을 지급할 수 있다.

④ 파견된 소방공무원의 지휘권에 관한 사항은 상호응원협정 체결 시 포함하여야 할 사항에 해당되지 않는다.

16 시험 과목별 출제범위 : 행정안전부령
└ 제9조의2 관련 별표3의4

구 분	시험 과목	출제범위	비 고
제1차 시험 ※ 4과목 중 3과목 선택	소방학개론	소방조직, 연소이론, 화재이론, 소화이론, 소방시설(소방시설의 종류, 작동원리 및 사용법 등을 말하며, 소방시설의 구체적인 설치 기준은 제외한다)	선택형 (객관식)
	구급·응급 처치론	응급환자 관리, 임상응급의학, 인공호흡 및 심폐소생술(기도폐쇄 포함), 화상환자 및 특수환자 응급처치	
	재난관리론	재난의 정의·종류, 재난유형론, 재난단계별 대응이론	
	교육학개론	교육의 이해, 교육심리, 교육사회, 교육과정, 교육방법 및 교육공학, 교육평가	
제2차 시험	국민안전 교육실무	재난 및 안전사고의 이해, 안전교육의 개념과 기본원리, 안전교육 지도의 실제	논술형 (주관식)

17 저수조 흡수관의 투입구가 원형인 경우에는 지름이 60센티미터 이상으로 할 것

18 소방활동 종사 명령(법 제24조)

소방본부장, 소방서장 또는 소방대장은 화재, 재난·재해, 그 밖의 위급한 상황이 발생한 현장에서 소방활동을 위하여 필요할 때에는 그 관할구역에 사는 사람 또는 그 현장에 있는 사람으로 하여금 사람을 구출하는 일 또는 불을 끄거나 불이 번지지 아니하도록 하는 일을 하게 할 수 있다. 이 경우 소방본부장, 소방서장 또는 소방대장은 소방활동에 필요한 보호장구를 지급하는 등 안전을 위한 조치를 하여야 한다. 소방활동에 종사한 사람은 시·도지사로부터 소방활동의 비용을 지급받을 수 있다(몇 가지 경우는 제외).

19 화재현장에서 소방활동을 원활히 수행하기 위한 규정 사항

① 소방활동 종사 명령
② 강제처분
③ 피난 명령
④ 위험시설 등에 대한 긴급조치

20 비상소화장치의 소방호스 및 관창은 소방청장이 정하여 고시하는 형식승인 및 제품검사의 기술기준에 적합한 것으로 설치해야 한다.

21 소방기본법에 따른 과태료 부과·징수의 권한은 관할 시·도지사, 소방본부장 또는 소방서장에게 있다.

22 비상소화장치 설치대상 지역은 대통령령으로 정한다.

23 비상소화장치의 함은 소방청장이 정하여 고시하는 성능인증 및 제품검사의 기술기준에 적합한 것으로 설치할 것

24

위반행위	과태료 금액(만원)		
	1회	2회	3회
화재 또는 구조·구급이 필요한 상황을 허위로 알린 경우	200	400	500

25 ① 소방공무원 중 소방안전교육사, 소방시설관리사, 소방기술사, 소방설비기사 자격을 취득한 사람은 소방안전체험실별 체험교육을 총괄하는 교수요원으로 자격이 있다.
③ 소방 관련학과의 석사학위 이상을 취득한 사람, 간호사, 인명구조사 자격을 취득한 소방공무원은 소방안전체험실별 체험교육을 총괄하는 교수요원으로 자격이 있다.
④ 소방공무원 중 소방활동이나 생활지원활동을 1년 이상 수행한 경력이 있는 사람은 소방안전체험실별 체험교육을 지원하고 실습을 보조하는 조교의 자격이 있다.

17 | 정답 및 해설

01	02	03	04	05	06	07	08	09	10	11	12	13	14	15
②	③	②	③	③	②	②	③	②	④	②	④	②	①	④

16	17	18	19	20	21	22	23	24	25					
②	①	②	④	②	②	②	④	①	②					

01 시·도의 화재 예방·경계·진압 및 조사, 소방안전교육·홍보와 화재, 재난·재해, 그 밖의 위급한 상황에서의 구조·구급 등의 업무(이하 "소방업무"라 한다)를 수행하는 소방기관의 설치에 필요한 사항은 대통령령으로 정한다.

02 ③ 소방장비 등에 대한 국고보조 대상사업의 범위와 기준보조율은 대통령령으로 정한다.
① 종합상황실의 설치·운영에 필요한 사항은 행정안전부령으로 정한다.
② 소방기관이 소방업무를 수행하는 데에 필요한 인력과 장비 등에 관한 기준은 행정안전부령으로 정한다.
④ 소방박물관의 설립과 운영에 필요한 사항은 행정안전부령으로 정한다.

03 소방업무 종합계획에 포함되어야 할 사항
① 소방서비스의 질 향상을 위한 정책의 기본방향
② 소방업무에 필요한 체계의 구축, 소방기술의 연구·개발 및 보급
③ 소방업무에 필요한 장비의 구비
④ 소방전문인력 양성
⑤ 소방업무에 필요한 기반조성
⑥ 소방업무의 교육 및 홍보(제21조에 따른 소방자동차의 우선 통행 등에 관한 홍보를 포함한다)
⑦ 재난·재해 환경 변화에 따른 소방업무에 필요한 대응 체계 마련
⑧ 장애인, 노인, 임산부, 영유아 및 어린이 등 이동이 어려운 사람을 대상으로 한 소방활동에 필요한 조치
※ 암기신공 : 서장인기 연구홍보 대어를 얻음(* 서장이 인기를 얻기 위해 연구·홍보를 효율적으로 수행하여 대어를 얻음)

04 국고보조 대상사업의 기준 보조율은 보조금 관리에 관한 법률 시행령에서 정하는 바에 따른다.

05 소방활동에 필요한 지리에 대한 조사 : 소방대상물에 인접한 도로의 폭·교통상황, 도로주변의 토지의 고저·건축물의 개황

06 ① 소방안전교육사 시험 응시자격 심사위원은 3명, 시험 위원 중 출제위원은 시험과목별 3명, 시험위원 중 채점위원은 5명이다.

③ 소방청장은 소방안전교육사 시험에서 부정행위를 한 사람에 대하여는 해당 시험을 정지시키거나 무효로 처리한다. 시험이 정지되거나 무효로 처리된 사람은 그 처분이 있는 날로부터 2년간 소방안전교육사 시험에 응시하지 못한다.

④ 소방청장은 소방안전교육사 시험을 시행하려는 때에는 응시자격·시험과목·일시·장소 및 응시절차 등에 관하여 필요한 사항을 모든 응시 희망자가 알 수 있도록 소방안전교육사 시험의 시행일 90일 전까지 소방청의 인터넷 홈페이지 등에 공고해야 한다.

07 시·도지사는 소방자동차의 진입이 곤란한 지역 등 화재발생 시에 초기 대응이 필요한 지역으로서 대통령령으로 정하는 지역에 소방호스 또는 호스 릴 등을 소방용수시설에 연결하여 화재를 진압하는 시설이나 장치(이하 "비상소화장치"라 한다)를 설치하고 유지·관리할 수 있다(법 제10조 제2항).

08 과태료 부과 개별기준

가. 소방활동을 위하여 사이렌을 사용하여 출동하는 소방자동차의 출동에 지장을 준 경우 : 100만원

나. 정당한 사유 없이 화재, 재난·재해, 그 밖의 위급한 상황을 소방본부, 소방서 또는 관계 행정기관에 알리지 않은 경우 : 500만원

다. 소방활동구역 출입제한을 받는 자가 소방대장의 허가를 받지 않고 소방활동구역을 출입한 경우 : 100만원

라. 한국소방안전원 또는 이와 유사한 명칭을 사용한 경우 : 200만원

09 소방활동 등의 구분

소방활동	소방지원활동	생활안전활동
• 화재진압 활동 • 인명구조 활동 • 구급 등 활동	• 산불에 대한 예방·진압 등 지원활동 • 자연재해에 따른 급수·배수 및 제설 등 지원활동 • 집회·공연 등 각종 행사 시 사고에 대비한 근접대기 등 지원활동 • 화재, 재난·재해로 인한 피해복구 지원활동 • 군·경찰 등 유관기관에서 실시하는 훈련지원활동 • 소방시설 오작동 신고에 따른 조치활동 • 방송제작 또는 촬영 관련 지원활동	• 붕괴, 낙하 등이 우려되는 고드름, 나무, 위험구조물 등의 제거활동 • 위해동물, 벌 등의 포획 및 퇴치 활동 • 끼임, 고립 등에 따른 위험제거 및 구출 활동 • 단전사고 시 비상전원 또는 조명의 공급 • 그 밖에 방치하면 급박해질 우려가 있는 위험을 예방하기 위한 활동

10 ① 한국소방안전원에 관한 사항은 소방기본법령에 규정하고 있다.

② 시·도지사는 이웃하는 다른 시·도지사와 소방업무에 관하여 상호응원협정을 체결하고자 하는 때에는 화재의 경계·진압활동, 구조·구급업무의 지원, 화재조사활동 등 소방활동에 관한 사항이 포함되도록 해야 한다.

③ 수입물품의 국고보조산정을 위한 기준가격은 조달청에서 조사한 해외시장의 시가로 정한다.

11 손실보상(법 제49조의2) 및 손실보상의 지급절차 및 방법(영 제12조)
① 손실보상을 청구할 수 있는 권리는 손실이 있음을 안 날부터 3년, 손실이 발생한 날부터 5년간 행사하지 아니하면 시효의 완성으로 소멸한다.
② 소방청장 등은 손실보상심의위원회의 심사·의결을 거쳐 특별한 사유가 없으면 보상금 지급 청구서를 받은 날부터 60일 이내에 보상금 지급 여부 및 보상금액을 결정해야 한다.
③ 소방청장 등은 손실보상 결정일부터 10일 이내에 행정안전부령으로 정하는 바에 따라 결정 내용을 청구인에게 통지하고, 보상금을 지급하기로 결정한 경우에는 특별한 사유가 없으면 통지한 날부터 30일 이내에 보상금을 지급해야 한다.

12 소방활동에 필요한 소화전(消火栓)·급수탑(給水塔)·저수조(貯水槽)를 소방용수시설이라 한다.

13 소방안전교육사는 소방안전교육의 기획·진행·분석·평가 및 교수업무를 수행한다.

14 ② 소방업무의 응원을 요청하는 경우 경비의 부담 등에 관하여 필요한 사항을 이웃하는 시·도지사와 협의하여 미리 규약(規約)으로 정해야 한다.
③ 국가는 우수소방제품의 전시·홍보를 위하여 무역전시장 등을 설치한 자에게 소방산업전시회 운영에 따른 경비의 일부를 지원을 할 수 있다.
④ 시·도지사는 관할구역의 소방력을 확충하기 위하여 필요한 계획을 수립하여 시행하여야 한다.

15 납부한 응시수수료의 반환 기준
• 응시수수료를 과오납한 경우 : 과오납한 응시수수료 전액
• 시험 시행기관의 귀책사유로 시험에 응시하지 못한 경우 : 납입한 응시수수료 전액
• 시험시행일 20일 전까지 접수를 철회하는 경우 : 납입한 응시수수료 전액
• 시험시행일 10일 전까지 접수를 철회하는 경우 : 납입한 응시수수료의 100분의 50

16 소방활동구역의 출입자는 대통령령으로 정한다.

17 소방차가 사이렌을 사용하여 출동하는 소방자동차의 출동에 지장을 준 경우 : 100만원

18 소방활동에 따른 비용지급(법 제24조 제3항)
소방활동종사 명령에 따라 소방활동에 종사한 사람은 시·도지사로부터 소방활동의 비용을 지급받을 수 있다. 다만, 다음의 어느 하나에 해당하는 사람의 경우에는 그러하지 아니하다.
① 소방대상물에 화재, 재난·재해, 그 밖의 위급한 상황이 발생한 경우 그 관계인
② 고의 또는 과실로 화재 또는 구조·구급 활동이 필요한 상황을 발생시킨 사람
③ 화재 또는 구조·구급 현장에서 물건을 가져간 사람

19 응급조치·통보 및 조치명령은 위험물안전관리법 제27조에 규정되어 있으며 ①·②·③은 소방기본법에 규정된 내용이다.

20 누구든지 정당한 사유 없이 소방활동, 생활안전활동을 방해하여서는 아니 된다.

21 위험시설 등에 대한 긴급조치(법 제27조)
- 소방본부장, 소방서장 또는 소방대장은 화재진압 등 소방활동을 위하여 필요할 때에는 소방용수 외에 댐·저수지 또는 수영장 등의 물을 사용하거나 수도(水道)의 개폐장치 등을 조작할 수 있다.
- 소방본부장, 소방서장 또는 소방대장은 화재 발생을 막거나 폭발 등으로 화재가 확대되는 것을 막기 위하여 가스·전기 또는 유류 등의 시설에 대하여 위험물질의 공급을 차단하는 등 필요한 조치를 할 수 있다.

22 ② 소방대원에게 실시하는 교육·훈련의 종류는 화재진압훈련, 인명구조훈련, 응급처치훈련, 인명대피훈련, 현장지휘훈련이다.

23 ④ 화재 또는 구조·구급이 필요한 상황을 허위로 알린 자는 500만원 이하의 과태료를 부과한다.

24 정당한 사유 없이 소방대의 생활안전활동을 방해한 자는 200만원 이하의 벌금에 처한다.

25 한국소방안전원의 설립 등(법 제40조)
① 소방기술과 안전관리기술의 향상 및 홍보, 그 밖의 교육·훈련 등 행정기관이 위탁하는 업무의 수행과 소방 관계 종사자의 기술 향상을 위하여 한국소방안전원(이하 "안전원"이라 한다)을 소방청장의 인가를 받아 설립한다.
② ①에 따라 설립되는 안전원은 법인으로 한다.
③ 안전원에 관하여 이 법에 규정된 것을 제외하고는 민법 중 재단법인에 관한 규정을 준용한다.

18 정답 및 해설

제18회 ▶ 정답 및 해설

01	02	03	04	05	06	07	08	09	10	11	12	13	14	15
③	③	①	①	②	④	②	③	③	④	④	③	④	③	①
16	17	18	19	20	21	22	23	24	25					
③	②	①	②	④	②	③	④	②	②					

01 소방본부장 또는 소방서장은 그 소재지를 관할하는 특별시장·광역시장·특별자치시장·도지사 또는 특별자치도지사(이하 "시·도지사"라 한다)의 지휘와 감독을 받는다.

02 소방체험관 중 법적인 소방안전 체험실로 사용되는 부분의 바닥면적의 합이 900제곱미터 이상이 되어야 한다.

03 소방청장은 화재, 재난·재해, 그 밖의 위급한 상황으로부터 국민의 생명·신체 및 재산을 보호하기 위하여 소방업무에 관한 종합계획을 5년마다 수립·시행하여야 하고, 이에 필요한 재원을 확보하도록 노력해야 한다.

04 국고보조산정을 위한 기준가격
• 국내조달품 : 정부고시가격
• 수입물품 : 조달청에서 조사한 해외시장의 시가
• 정부고시가격 또는 조달청에서 조사한 해외시장의 시가가 없는 물품 : 2 이상의 공신력 있는 물가조사기관에서 조사한 가격의 평균가격

05 소방용수조사 시에 지면에서부터 상수도배관과 소화전배관 연결부위의 깊이(m)를 소방용수조사부에 작성해야 한다(시행규칙 별지 제2호 서식).

06 ① 소방자동차가 화재진압 및 구조·구급 활동을 위하여 출동하거나 훈련을 위하여 필요할 때에는 사이렌을 사용할 수 있다.
② 전기·기계·가스·수도·통신·교통의 업무에 종사하는 자는 소방대장의 출입 허가를 받아야 한다.
③ 소방시설·소방용수시설 또는 소방출동로가 없는 지역에서 연막소독을 할 경우 소방서장에게 신고하지 않아도 된다.

07 ①·③·④의 경우 100만원 이하의 벌금에 해당하며, ②의 경우 500만원 이하의 과태료 처분대상에 해당한다.

08 생활안전활동(법 제16조의3)
- 붕괴, 낙하 등이 우려되는 고드름, 나무, 위험 구조물 등의 제거활동
- 위해동물, 벌 등의 포획 및 퇴치 활동
- 끼임, 고립 등에 따른 위험제거 및 구출 활동
- 단전사고 시 비상전원 또는 조명의 공급
- 그 밖에 방치하면 급박해질 우려가 있는 위험을 예방하기 위한 활동

09 ① 소방청장, 소방본부장 또는 소방서장은 강사 및 보조강사로 활동하는 사람에 대하여 소방안전교육훈련과 관련된 지식·기술 및 소양 등에 관한 교육 등을 받게 할 수 있다.
② 소방청장은 시·도지사에게 동원된 소방력을 화재, 재난·재해 등이 발생한 지역에 지원·파견하여 줄 것을 요청할 수 있다.
④ 소방본부장, 소방서장 또는 소방대장은 피난명령을 할 때 필요하면 관할 경찰서장 또는 자치경찰단장에게 협조를 요청할 수 있다.

10 저수조의 설치기준
- 지면으로부터의 낙차가 4.5미터 이하일 것
- 흡수부분의 수심이 0.5미터 이상일 것
- 소방펌프자동차가 쉽게 접근할 수 있도록 할 것
- 흡수에 지장이 없도록 토사 및 쓰레기 등을 제거할 수 있는 설비를 갖출 것
- 흡수관의 투입구가 사각형의 경우에는 한 변의 길이가 60센티미터 이상, 원형의 경우에는 지름이 60센티미터 이상일 것
- 저수조에 물을 공급하는 방법은 상수도에 연결하여 자동으로 급수되는 구조일 것

11 소방대원은 소방활동, 생활안전활동을 방해하는 행위를 하는 사람에게 필요한 예고를 하고, 그 행위로 인하여 사람의 생명·신체에 위해를 끼치거나 재산에 중대한 손해를 끼칠 우려가 있는 긴급한 경우에는 그 행위를 강제할 수 있다.

12 소방용수시설의 설치 및 관리 등(제10조) 및 비상소화장치함 설치 기준(규칙 제6조)
- 시·도지사는 제21조 제1항에 따른 소방자동차의 진입이 곤란한 지역 등 화재발생 시에 초기 대응이 필요한 지역으로서 대통령령으로 정하는 지역(화재경계지구, 시·도지사가 비상소화장치의 설치가 필요하다고 인정하는 지역)에 소방호스 또는 호스 릴 등을 소방용수시설에 연결하여 화재를 진압하는 시설이나 장치를 설치하고 유지·관리할 수 있다.
- 소방용수시설과 제2항에 따른 비상소화장치의 설치기준은 행정안전부령으로 정한다.
- 비상소화장치의 설치기준에 관한 세부 사항은 소방청장이 정한다.

13 소방안전교육사 결격사유
금고 이상의 실형을 받고 그 집행이 끝나거나(집행이 끝나는 것으로 보는 경우를 포함한다) 집행이 면제된 날부터 2년이 경과되지 아니한 사람(법 제17조의3)

14 소방안전교육사 시험과목
소방안전교육사시험의 제1차 시험 및 제2차 시험 과목은 다음과 같다.
- 제1차 시험 : 소방학개론, 구급·응급처치론, 재난관리론 및 교육학개론 중 응시자가 선택하는 3과목
- 제2차 시험 : 국민안전교육 실무

15 ② 소방청으로부터 국가적 차원의 소방력동원 요청을 받은 시·도지사는 정당한 사유 없이 요청을 거절하여서는 아니 된다.

③ 안전원의 장은 교육평가 및 운영에 관한 사항, 교육결과 분석 및 개선에 관한 사항, 다음 연도의 교육계획에 관한 사항을 심의하기 위하여 교육평가심의위원회를 둔다.

④ 화재예방, 소방활동 또는 소방훈련을 위하여 사용되는 소방신호의 종류와 방법은 행정안전부령으로 정한다.

16 시장지역 등에서 화재로 오인할 만한 우려가 있는 불을 피우거나 연막(煙幕) 소독을 하면서 신고를 하지 아니한 경우 20만원 이하의 과태료를 부과한다.

17 부과권자는 다음의 어느 하나에 해당하는 경우에는 개별기준에 따른 과태료의 2분의 1 범위에서 그 금액을 줄여 부과할 수 있다. 다만, 과태료를 체납하고 있는 위반행위자에 대해서는 그렇지 않다.

1) 위반행위가 사소한 부주의나 오류로 인한 것으로 인정되는 경우

2) 위반행위자가 법 위반상태를 시정하거나 해소하기 위하여 노력한 사실이 인정되는 경우

3) 위반행위자가 화재 등 재난으로 재산에 현저한 손실을 입거나 사업 여건의 악화로 그 사업이 중대한 위기에 처하는 등 사정이 있는 경우

4) 그 밖에 위반행위의 정도, 위반행위의 동기와 그 결과 등을 고려하여 감경할 필요가 있다고 인정되는 경우

18 강제처분(법 제25조)

소방본부장, 소방서장 또는 소방대장은 사람을 구출하거나 불이 번지는 것을 막기 위하여 필요할 때에는 화재가 발생하거나 불이 번질 우려가 있는 소방대상물 및 토지를 일시적으로 사용하거나 그 사용의 제한 또는 소방활동에 필요한 처분을 할 수 있다.

19 기간 학습정리

가. 금고 이상의 실형을 선고받고 그 집행이 끝나거나(집행이 끝난 것으로 보는 경우를 포함한다) 집행이 면제된 날부터 2년이 지나지 아니한 사람은 안전교육사 시험에 응시할 수 없다.

나. 부정행위로 소방안전교육사 시험이 정지되거나 무효로 처리된 사람은 그 처분이 있은 날부터 2년간 소방안전교육사 시험에 응시하지 못한다.

다. 손실보상심의위원회 위원으로 위촉되는 위원의 임기는 2년

라. 지리조사 및 소방용수시설 조사결과 보관기간 : 2년간

20 교육평가심의위원회의 위원은 소방안전교육 업무 담당 소방공무원 중 소방청장이 추천하는 사람, 소방안전교육 전문가, 소방안전교육 수료자, 소방안전에 관한 학식과 경험이 풍부한 사람 중에서 안전원장이 임명 또는 위촉한다.

21 소방청장, 소방본부장 또는 소방서장은 소방안전교육훈련 실시 전에 소방안전교육훈련대상자에게 주의사항 및 안전관리 협조사항을 미리 알려야 한다.

22 소방안전교육사 배치 대상(영 별표1의2)

배치 대상	배치 기준(단위 : 명)	비 고
소방청	2 이상	
소방본부	2 이상	
소방서	1 이상	
한국소방안전원	본원 : 2 이상 시 · 도지원 : 1 이상	
한국소방산업기술원	2 이상	

23 현장지휘훈련 대상자는 소방위 · 소방경 · 소방령 및 소방정이다.

24 ② 5년 이하의 징역 또는 5천만원 이하
① 소방활동에 방해되는 주차 또는 정차된 차량 및 물건 등의 이동 또는 제거활동을 방해한 자 또는 정당한 사유 없이 그 처분에 따르지 아니한 자 : 300만원 이하의 벌금
③ 정당한 사유 없이 소방대의 생활안전활동을 방해한 자 : 100만원 이하의 벌금
④ 정당한 사유 없이 소방대가 현장에 도착할 때까지 사람을 구출하는 조치 또는 불을 끄거나 불이 번지지 아니하도록 하는 조치를 하지 아니한 자 : 100만원 이하의 벌금

25 안전원의 정관(법 제43조)
안전원의 정관에는 다음의 사항이 포함되어야 한다.
① 목 적
② 명 칭
③ 주된 사무소의 소재지
④ 사업에 관한 사항
⑤ 이사회에 관한 사항
⑥ 회원과 임원 및 직원에 관한 사항
⑦ 재정 및 회계에 관한 사항
⑧ 정관의 변경에 관한 사항

19 | 정답 및 해설

01	02	03	04	05	06	07	08	09	10	11	12	13	14	15
①	④	②	④	④	④	③	①	③	④	④	①	①	④	④
16	17	18	19	20	21	22	23	24	25					
③	④	③	③	④	④	④	③	①	④					

01　② 화재예방, 소방시설 설치 및 유지·관리에 관한 특별법의 구성 : 제8장 제53조 및 부칙
　　③ 위험물안전관리법의 구성 : 제7장 제39조 및 부칙
　　④ 다중이용업소의 안전관리에 관한 특별법의 구성 : 제6장 제26조 및 부칙

02　① 생활안전 분야 – 전기안전 체험실, 가스안전 체험실, 작업안전 체험실, 여가활동 체험실, 노인안전 체험실
　　② 자연재난안전 분야 – 생물권 재난안전 체험실(조류독감, 구제역 등)
　　③ 사회기반안전 분야 – 화생방·민방위안전 체험실, 환경안전 체험실, 에너지·정보통신안전 체험실, 사이버안전 체험실

03　① 소방청장은 소방업무에 관한 종합계획을 관계 중앙행정기관의 장의 협의를 거쳐 계획 시행 전년도 10월 31일까지 수립해야 한다.
　　③ 소방청장은 소방업무의 체계적 수행을 위하여 필요한 경우 시·도지사가 제출한 세부계획의 보완 또는 수정을 요청할 수 있다.
　　④ 소방청장은 수립한 소방업무 종합계획을 관계 중앙행정기관의 장, 시·도지사에게 통보해야 한다.

04　• 소방기본법상 소방용수설비 : 소화전(消火栓)·급수탑(給水塔)·저수조(貯水槽)
　　• 화재예방, 소방시설 설치·유지 및 안전관리에 관한 특별법에서 정하는 소방용수설비 : 상수도소화용수설비, 소화수조·저수조, 그 밖의 소화용수설비

05　지리조사에 대한 설명이다(시행규칙 제7조).

06 가. 소방청장, 소방본부장 또는 소방서장 화재, 재난·재해, 그 밖의 위급한 상황이 발생하였을 때에는 소방대를 현장에 신속하게 출동시켜 화재진압과 인명구조·구급 등 소방에 필요한 활동(이하 이 조에서 "소방활동"이라 한다)을 하게 하여야 한다(법 제16조).

나. 소방청장, 소방본부장 또는 소방서장은 소방공무원이 제16조 제1항에 따른 소방활동, 제16조의2 제1항에 따른 소방지원 활동, 제16조의3 제1항에 따른 생활안전활동으로 인하여 민·형사상 책임과 관련된 소송을 수행할 경우 변호인 선임 등 소송수행에 필요한 지원을 할 수 있다(법 제16조의6).

다. 소방청장, 소방본부장 또는 소방서장 소방업무를 전문적이고 효과적으로 수행하기 위하여 소방대원에게 필요한 교육 ·훈련을 실시하여야 한다(법 제17조).

07 소방기술 및 소방산업의 국제화사업(법 제39조의7)
소방청장은 소방기술 및 소방산업의 국제경쟁력과 국제적 통용성을 높이기 위하여 다음의 사업을 추진하여야 한다.
•소방기술 및 소방산업의 국제 협력을 위한 조사·연구
•소방기술 및 소방산업에 관한 국제 전시회, 국제 학술회의 개최 등 국제 교류
•소방기술 및 소방산업의 국외시장 개척
•그 밖에 소방기술 및 소방산업의 국제경쟁력과 국제적 통용성을 높이기 위하여 필요하다고 인정하는 사업

08 가. 국가는 소방산업(소방용 기계·기구의 제조, 연구·개발 및 판매 등에 관한 일련의 산업을 말한다. 이하 같다)의 육성 ·진흥을 위하여 필요한 계획의 수립 등 행정상·재정상의 지원시책을 마련해야 한다.

나. 국가는 소방산업과 관련된 기술(이하 "소방기술"이라 한다)의 개발을 촉진하기 위하여 기술개발을 실시하는 자에게 그 기술개발에 드는 자금의 전부나 일부를 출연하거나 보조할 수 있다.

다. 국가는 소방장비의 구입 등 시·도의 소방업무에 필요한 경비의 일부를 보조한다.

09 ① 소방청장은 해당 시·도의 소방력만으로는 소방활동을 효율적으로 수행하기 어려워 특별히 국가적 차원에서 소방활동을 수행할 필요가 인정될 때에는 각 시·도지사에게 소방력을 동원할 것을 요청할 수 있다.

② 소방대상물의 관계인은 소방대상물에 화재, 재난·재해, 그 밖의 위급한 상황이 발생한 경우에는 소방대가 현장에 도착할 때까지 경보를 울리거나 대피를 유도하는 등의 방법으로 사람을 구출하는 조치 또는 불을 끄거나 불이 번지지 아니하도록 필요한 조치를 해야 한다.

③ 화재 또는 구조·구급이 필요한 상황을 허위로 알린 경우 1회 200만원, 2회 400만원, 3회 이상 500만원

④ 주거지역·상업지역 및 공업지역에 소방용수시설을 설치하는 경우 소방대상물과의 수평거리를 100미터 이하가 되도록 하여야 한다.

10 소방기술 및 소방산업의 국제화사업(법 제39조의7)
소방청장은 소방기술 및 소방산업의 국제경쟁력과 국제적 통용성을 높이기 위하여 다음의 사업을 추진하여야 한다.
•소방기술 및 소방산업의 국제 협력을 위한 조사·연구
•소방기술 및 소방산업에 관한 국제 전시회, 국제 학술회의 개최 등 국제 교류
•소방기술 및 소방산업의 국외시장 개척
•그 밖에 소방기술 및 소방산업의 국제경쟁력과 국제적 통용성을 높이기 위하여 필요하다고 인정하는 사업

11 소방기본법에서 소방업무에 관하여 위탁받은 업무에 종사하는 한국소방안전원의 벌칙 적용에서 공무원을 의제하고 있으며, 한국소방산업기술원에 대한 벌칙 적용에서 공무원의 의제사항은 소방산업진흥에 관한 법에 규정하고 있다.

12 손실보상(제49조의2)

소방청장 또는 시·도지사는 다음 각 호의 어느 하나에 해당하는 자에게 손실보상심의위원회의 심사·의결에 따라 정당한 보상을 하여야 한다.

① 생활안전활동으로 인하여 손실을 입은 자

② 소방활동 종사명령에 따른 소방활동 종사로 인하여 사망하거나 부상을 입은 자

③ 인명구조 및 연소확대방지를 위하여 소방대상물 또는 토지 외의 소방대상물과 토지에 대하여 강제처분으로 인하여 손실을 입은 자

④ 소방활동을 위하여 긴급하게 출동할 때에는 소방자동차의 통행과 소방활동에 방해가 되는 주차 또는 정차된 차량 및 물건 등을 제거하거나 이동으로 인하여 손실을 입은 자. 다만, 법령을 위반하여 소방자동차의 통행과 소방활동에 방해가 된 경우는 제외한다.

⑤ 화재 진압 등 소방활동을 위하여 필요할 때에는 소방용수 외에 댐·저수지 또는 수영장 등의 물을 사용하거나 수도(水道)의 개폐장치 등의 조작으로 인하여 손실을 입은 자

⑥ 화재 발생을 막거나 폭발 등으로 화재가 확대되는 것을 막기 위하여 가스·전기 또는 유류 등의 시설에 대해 위험물질의 공급을 차단하는 등 필요한 조치로 인하여 손실을 입은 자

⑦ 그 밖에 소방기관 또는 소방대의 적법한 소방업무 또는 소방활동으로 인하여 손실을 입은 자

13 ② 시·도지사는 이웃하는 다른 시·도지사와 소방업무에 관하여 상호응원협정을 체결하고자 하는 때에는 화재의 경계·진압활동사항이 포함되도록 해야 한다.

③ 국가적 차원의 소방활동을 위하여 소방력을 시·도지사에게 동원을 요청하는 경우 동원요청 사실과 요청하는 인력 및 장비의 규모 등을 팩스 또는 전화 등의 방법으로 통지해야 한다.

④ 소방청장 또는 시·도지사은 손실보상심의위원회의 심사·의결을 거쳐 특별한 사유가 없으면 보상금 지급 청구서를 받은 날부터 60일 이내에 보상금 지급 여부 및 보상금액을 결정하여야 한다.

14 소방안전교육사 응시자격심사위원 및 시험위원의 범위

1. 소방안전 관련학과·교육학과 또는 응급구조학과 박사학위 취득자

2. 고등교육법 제2조 제1호부터 제6호까지의 규정 중 어느 하나에 해당하는 학교에서 소방 관련 학과·교육학과 또는 응급구조학과에서 조교수 이상으로 2년 이상 재직한 자

3. 소방위 이상의 소방공무원

4. 소방안전교육사 자격을 취득한 자

15 관계인(소유자, 관리자, 점유자)은 소방대상물에 화재, 재난·재해, 그 밖의 위급한 상황이 발생한 경우에는 소방대가 현장에 도착할 때까지 경보를 울리거나 대피를 유도하는 등의 방법으로 사람을 구출하는 조치 또는 불을 끄거나 불이 번지지 아니하도록 필요한 조치를 해야 한다.

16 소방자동차의 통행과 소방활동에 방해가 되는 주차 또는 정차된 차량 및 물건 등을 제거하거나 이동에 따른 처분으로 인하여 손실을 입은 자. 다만, 법령을 위반하여 소방자동차의 통행과 소방활동에 방해가 된 경우는 제외한다.

17 한국119청소년단의 사업 범위는 다음 각 호와 같다.

가. 한국119청소년단 단원의 선발·육성과 활동 지원

나. 한국119청소년단의 활동·체험프로그램 개발 및 운영

다. 한국119청소년단의 활동과 관련된 학문·기술의 연구·교육 및 홍보

라. 한국119청소년단 단원의 교육·지도를 위한 전문인력 양성

마. 관련 기관·단체와의 자문 및 협력사업

바. 그 밖에 한국119청소년단의 설립목적에 부합하는 사업

18 ① 소방자동차가 화재진압 및 구조·구급 활동을 위하여 출동하거나 훈련을 위하여 필요할 때에는 사이렌을 사용할 수 있다.

② 소방본부장 또는 소방서장은 소방활동을 위하여 긴급하게 출동할 때 소방활동에 방해가 되는 주차 또는 정차된 차량의 제거나 이동을 위하여 견인차량과 인력 등을 지원한 자에게 시·도의 조례로 정하는 바에 따라 비용을 지급할 수 있다.

④ 안전원장은 소방청장에게 해당 연도 교육결과를 평가·분석하여 통보하여야 하며, 소방청장은 교육평가 결과를 교육계획에 반영해야 한다.

19 교육계획의 수립 및 평가 등(법 제40조의2)

① 안전원의 장(이하 "안전원장"이라 한다)은 소방기술과 안전관리의 기술향상을 위하여 매년 교육 수요조사를 실시하여 교육계획을 수립하고 소방청장의 승인을 받아야 한다.

② 안전원장은 소방청장에게 해당 연도 교육결과를 평가·분석하여 보고하여야 하며, 소방청장은 교육평가 결과를 교육계획에 반영하게 할 수 있다.

③ 안전원장은 교육결과를 객관적이고 정밀하게 분석하기 위하여 필요한 경우 교육 관련 전문가로 구성된 위원회를 운영할 수 있다.

④ 위원회의 구성·운영에 필요한 사항은 대통령령으로 정한다.

20 안전원의 임원(법 제44조의2)

• 안전원에 임원으로 원장 1명을 포함한 9명 이내의 이사와 1명의 감사를 둔다.

• 원장과 감사는 소방청장이 임명한다.

21 ①·②·③은 5년 이하의 징역 또는 5천만원 이하의 벌금, ④는 3년 이하의 징역 또는 3천만원 이하의 벌금

22 소방청장은 소방기술 및 소방산업의 국제경쟁력과 국제적 통용성을 높이기 위하여 다음의 사업을 추진해야 한다(법 제39조의7 제2항).
① 소방기술 및 소방산업의 국제 협력을 위한 조사·연구
② 소방기술 및 소방산업에 관한 국제 전시회, 국제 학술회의 개최 등 국제 교류
③ 소방기술 및 소방산업의 국외시장 개척
④ 그 밖에 소방기술 및 소방산업의 국제경쟁력과 국제적 통용성을 높이기 위하여 필요하다고 인정하는 사업

23 소방산업과 관련된 기술개발 등의 지원(법 제39조의5)
① 국가는 소방산업과 관련된 기술의 개발을 촉진하기 위하여 기술개발을 실시하는 자에게 그 기술개발에 드는 자금의 전부나 일부를 출연하거나 보조할 수 있다.
② 국가는 우수소방제품의 전시·홍보를 위하여 대외무역법 제4조 제2항에 따른 무역전시장 등을 설치한 자에게 다음에서 정한 범위에서 재정적인 지원을 할 수 있다.
  ㉠ 소방산업전시회 운영에 따른 경비의 일부
  ㉡ 소방산업전시회 관련 국외 홍보비
  ㉢ 소방산업전시회 기간 중 국외의 구매자 초청 경비

24 소방기본법 시행령에 따른 손실보상금의 보상사항 외에 보상금의 청구 및 지급에 필요한 사항은 소방청장이 정한다.

25 ④ 소방산업진흥 기본계획의 수립은 소방산업 진흥에 관한 법률 제4조에 따라 소방청장이 소방산업의 진흥을 위하여 5년마다 기본계획을 수립하는 내용으로 소방기본법과는 무관하다.

20 | 정답 및 해설

01	02	03	04	05	06	07	08	09	10	11	12	13	14	15
①	④	④	②	③	①	④	③	②	③	④	③	④	④	②

16	17	18	19	20	21	22	23	24	25
④	①	④	②	③	②	②	①	①	④

1 119종합상황실의 설치와 운영(법 제4조)
소방청장, 소방본부장 및 소방서장은 화재, 재난·재해, 그 밖에 구조·구급이 필요한 상황이 발생하였을 때에 신속한 소방활동(소방업무를 위한 모든 활동을 말한다)을 위한 정보의 수집·분석과 판단·전파, 상황관리, 현장 지휘 및 조정·통제 등의 업무를 수행하기 위하여 119종합상황실을 설치·운영하여야 한다.

2 ① 체험실별 바닥면적은 100제곱미터 이상이어야 한다.
② 소방체험관의 사무실, 회의실, 그 밖에 시설물의 관리·운영에 필요한 관리시설은 건물규모에 적합하게 설치되어야 한다.
③ 소방 관련학과의 석사학위 이상을 취득한 소방공무원은 체험실별 체험교육을 총괄하는 교수요원의 자격이 있다.

3 소방기관이 소방업무를 수행하는 데에 필요한 인력과 장비 등[이하 "소방력"(消防力)이라 한다]에 관한 기준은 행정안전부령으로 정한다.

4 • 소방기본법상 소방용수설비 : 소화전(消火栓)·급수탑(給水塔)·저수조(貯水槽)
• 화재예방, 소방시설 설치·유지 및 안전관리에 관한 특별법에서 정하는 소방용수설비 : 상수도소화용수설비, 소화수조·저수조, 그 밖의 소화용수설비

5 소방력의 운용과 관련하여 필요한 사항은 소방청장이 정한다.

6 가. 소방자동차 등 소방장비의 분류·표준화와 그 관리 등에 필요한 사항은 따로 법률에서 정한다.
나. 소방장비 등에 대한 국고보조 대상사업의 범위와 기준보조율은 대통령령으로 정한다.
다. 소방기관이 소방업무를 수행하는 데에 필요한 인력과 장비 등[이하 "소방력"(消防力)이라 한다]에 관한 기준은 행정안전부령으로 정한다.

07 소방용수시설의 설치 공통기준

가. 국토의 계획 및 이용에 관한 법률 제36조 제1항 제1호의 규정에 의한 주거지역·상업지역 및 공업지역에 설치하는 경우 : 소방대상물과의 수평거리를 100미터 이하가 되도록 할 것

나. 가목 외의 지역에 설치하는 경우 : 소방대상물과의 수평거리를 140미터 이하가 되도록 할 것

08 국가는 우수소방제품의 전시·홍보를 위하여 대외무역법 제4조 제2항에 따른 무역전시장 등을 설치한 자에게 다음에서 정한 범위에서 재정적인 지원을 할 수 있다(법 제39조의5).

• 소방산업전시회 운영에 따른 경비의 일부
• 소방산업전시회 관련 국외 홍보비
• 소방산업전시회 기간 중 국외의 구매자 초청 경비

09 과태료는 대통령령으로 정하는 바에 따라 관할 시·도지사, 소방본부장 또는 소방서장이 부과·징수한다.

10 ① 지붕이 불연재료로 된 평지붕으로서 그 넓이가 기구 지름의 2배 이상인 경우에는 수소가스를 넣는 기구를 건축물의 옥상에서 띄울수 있다.

② 소방업무에 관하여 상호응원협정을 체결하고자 하는 때에는 출동대원의 수당·식사 및 의복의 수선, 소방장비 및 기구의 정비와 연료의 보급 등 소요경비 부담에 관한 사항이 포함되도록 해야 한다.

④ 손실보상심의위원회의 위원은 소방청장이 위촉하거나 임명한다. 보상위원회를 구성할 때에는 위원의 과반수는 성별을 고려하여 소방공무원이 아닌 사람으로 하여야 한다.

11 화재위험경보(화재예방법 제20조)

소방관서장은 기상법 제13조에 따른 기상현상 및 기상영향에 대한 예보·특보에 따라 화재의 발생 위험이 높다고 분석·판단 되는 경우에는 행정안전부령으로 정하는 바에 따라 화재에 관한 위험경보를 발령하고 그에 따른 필요한 조치를 할 수 있다.

12 구급업무를 담당하는 소방공무원과 화재 등 현장활동의 보조임무를 수행하는 의무소방원 및 의용소방대원을 대상으로 하는 소방교육훈련은 응급처치훈련, 인명대피훈련이다.

13 소방안전교육을 위하여 소방청장이 실시하는 시험에 합격한 소방안전교육사를 소방청, 소방본부 또는 소방서, 그 밖에 대통령령으로 정하는 대상에 배치할 수 있다.

14 소방청장등은 소방기관 또는 소방대의 적법한 소방업무 또는 소방활동으로 인하여 발생한 손실보상청구 사건을 심사·의결 하기 위하여 필요한 경우 각각 손실보상심의위원회(이하 "보상위원회"라 한다)를 구성·운영할 수 있다.

15 응시수수료는 수입인지 또는 정보통신망을 이용한 전자화폐·전자결제 등의 방법으로 납부해야 한다.

16 관계인(소유자, 관리자, 점유자)은 소방대상물에 화재, 재난·재해, 그 밖의 위급한 상황이 발생한 경우에는 소방대가 현장에 도착할 때까지 경보를 울리거나 대피를 유도하는 등의 방법으로 사람을 구출하는 조치 또는 불을 끄거나 불이 번지지 아니하도록 필요한 조치를 해야 한다.

17 ② 정당한 사유 없이 소방용수시설 또는 비상소화장치를 사용하거나 소방용수시설 또는 비상소화장치의 효용을 해치거나 그 정당한 사용을 방해한 사람은 5년 이하의 징역 또는 5천만원 이하의 벌금에 처한다.
③ 소방안전에 관한 국제협력은 한국소방안전원의 업무이다.
④ 소방청장은 소방행정 발전에 공로가 있다고 인정되는 사람을 명예직 소방대원으로 위촉할 수 있다.

18 소방본부장, 소방서장 또는 소방대장은 사람을 구출하거나 불이 번지는 것을 막기 위하여 필요할 때에는 화재가 발생하거나 불이 번질 우려가 있는 소방대상물 및 토지를 일시적으로 사용하거나 그 사용의 제한 또는 소방활동에 필요한 처분을 할 수 있다.

19 소방체험관 중 화재안전, 시설안전, 보행안전, 자동차안전, 기후성 재난, 지질성 재난, 응급처치 등 소방안전 체험실로 사용되는 부분의 바닥면적의 합이 900제곱미터 이상이 되어야 한다.

20 국가가 기관이나 단체로 하여금 소방기술의 연구·개발사업을 수행하게 하는 경우에는 필요한 경비를 지원해야 한다.

21 가. "생활안전활동"이란 신고가 접수된 생활안전 및 화재, 재난·재해, 그 밖의 위급한 상황에 해당하는 것은 제외한 위험 제거 활동에 대응하기 위하여 소방대를 출동시켜 붕괴, 낙하 등이 우려되는 고드름, 나무, 위험 구조물 제거활동 등 법에서 정해진 활동을 말한다.
나. "소방지원활동"이란 공공의 안녕질서 유지 또는 복리증진을 위하여 필요한 경우 소방활동 외에 산불에 대한 진압활동, 자연재해에 따른 급수 지원활동 등 법에서 정해진 활동을 말한다.
다. "소방활동"이란 화재, 재난·재해, 그 밖의 위급한 상황이 발생하였을 때에는 소방대를 현장에 신속하게 출동시켜 화재진압과 인명구조·구급 등 소방에 필요한 활동을 말한다.

22 ②는 대통령령으로 정하고, 나머지는 행정안전부령으로 정한다.

23 ② 소방체험관에서 2주 이상의 체험교육에 관한 직무교육을 이수한 의무소방원이 조교의 자격이 있다.
③ 소방자동차의 진입이 곤란한 지역 등 화재발생 시에 초기 대응을 위하여 소방호스 또는 호스 릴 등을 소방용수시설에 연결하여 화재를 진압하는 시설이나 장치를 비상소화장치라 한다.
④ 산불에 대한 예방·진압 등 지원활동은 법에 정해진 소방지원활동으로 해당 없다.

24 소방차 전용구역에 차를 주차하거나 전용구역에의 진입을 가로막는 등의 방해 행위를 한 자 : 100만원 이하의 과태료

25 안전원의 운영 경비(법 제44조)
안전원의 운영 및 사업에 소요되는 경비는 다음 각 호의 재원으로 충당한다.
① 소방기술과 안전관리에 관한 교육·조사·연구 및 행정기관의 위탁업무 수행에 따른 수입금
② 회원의 관리에 따른 회원의 회비
③ 자산운영수익금
④ 그 밖의 부대수입

2024 SD에듀 소방승진 소방기본법 최종모의고사

개정6판1쇄 발행	2024년 03월 15일 (인쇄 2024년 02월 16일)
초 판 발 행	2018년 05월 10일 (인쇄 2018년 04월 23일)
발 행 인	박영일
책 임 편 집	이해욱
편 저	문옥섭
편 집 진 행	박종옥 · 이병윤
표지디자인	조혜령
편집디자인	차성미 · 채현주
발 행 처	(주)시대고시기획
출 판 등 록	제10-1521호
주 소	서울시 마포구 큰우물로 75 [도화동 538 성지 B/D] 9F
전 화	1600-3600
팩 스	02-701-8823
홈 페 이 지	www.sdedu.co.kr

I S B N	979-11-383-6707-3 (13500)
정 가	28,000원

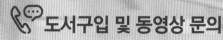

더 이상의
소방 시리즈는
없다!

▶ **현장실무**와 오랜 시간동안 쌓은 **저자의 노하우**를 바탕으로
  최단기간 합격의 기회를 제공합니다.

▶ 2024년 시험대비를 위해 **최신개정법 및 이론**을 반영하였습니다.

▶ **빨간키(빨리보는 간단한 키워드)**를 수록하여
  가장 기본적인 이론을 시험 전에 확인할 수 있도록 하였습니다.

*SD에듀*의
소방 도서는...

알차다!
꼭 알아야 할 내용

친절하다!
쉽게 요약한 핵심

**핵심을
뚫는다!**
시험 유형에 적합한 문제

명쾌하다!
상세하고 친절한 풀이

SD에듀 소방 도서 *LINE UP*

소방승진

위험물안전관리법
위험물안전관리법·소방기본법·소방전술·소방공무원법 최종모의고사

소방공무원

문승철 소방학개론
문승철 소방관계법규

화재감식평가기사·산업기사

한권으로 끝내기
실기 필답형
기출문제집

소방시설관리사

소방시설관리사 1차
소방시설관리사 2차 점검실무행정
소방시설관리사 2차 설계 및 시공